Nikolas Gebhard
Das Verantwortungsverständnis deutscher Spitzenmanager

Nikolas Gebhard

Das Verantwortungsverständnis deutscher Spitzenmanager

UVK Verlagsgesellschaft Konstanz · München

Zugl.: Hohenheim, Univ., Diss., 2013
D 100

Bibliografische Information der Deutschen Nationalbibliothek
Die Deutsche Nationalbibliothek verzeichnet diese Publikation in der Deutschen Nationalbibliografie; detaillierte bibliografische Daten sind im Internet über http://dnb.d-nb.de abrufbar.

ISBN 978-3-86764-486-0

Einbandgestaltung: Susanne Fuellhaas, Konstanz
Printed in Germany

UVK Verlagsgesellschaft mbH
Schützenstr. 24 · D-78462 Konstanz
Tel.: 07531-9053-0 · Fax: 07531-9053-98
www.uvk.de

Vorwort

Verantwortung ist ein vielschichtiges Handlungsprinzip, das seinen besonderen Reichtum aus den Beziehungen zwischen den verschiedenen Beteiligten bezieht. In der Auseinandersetzung mit diesem Handlungsprinzip wurde mir immer wieder bewusst, wie vielen Wegbegleitern und Weichenstellern ich zu großem Dank verpflichtet bin – fachlich wie menschlich.

Mein erster Dank gilt den 30 Spitzenmanagern, die sich nicht nur Zeit für die Gespräche genommen, sondern mit ihren offenen Antworten einen ehrlichen und authentischen Blick auf ihr Verantwortungsverständnis ermöglicht haben!

In ganz besonderem Maße hat mein Doktorvater Herr Prof. Dr. Eugen Buß zum Gelingen dieser Arbeit beigetragen. Neben der wertvollen und immer ermutigend respektvollen Unterstützung, hat sein weitender und zugleich strukturierender Rat mir gänzlich neue Perspektiven des Denkens aufgeschlossen. Er hat mir das Werkzeug und die Begeisterung für den soziologischen Blick auf die Wirtschaft an die Hand gegeben.

Meinen Kollegen am Lehrstuhl für Soziologie und empirische Sozialforschung danke ich für die hervorragende Zusammenarbeit und die einmalige Arbeitsatmosphäre. Mein besonderer Dank gilt dabei Dr. Andreas Bunz und Eva Klinkisch für ihre vielfältige und intensive Unterstützung.

Herrn Prof. Dr. Ernst Troßmann danke ich für die freundliche Übernahme des Zweitgutachtens. Darüber hinaus bin ich ihm aber insbesondere für die jederzeit ehrliche und wo notwendig auch kritische Begleitung meiner Arbeit dankbar.

Das Verantwortungsverständnis der deutschen Spitzenmanager findet, das wird im Verlauf der Arbeit immer wieder deutlich, im eigenen Elternhaus seinen Ursprung. Auch meine Begeisterung für dieses Thema lässt sich dorthin zurückverfolgen. Meinen Eltern gebührt mein größter Dank! Sie haben mich zu jeder Zeit bestmöglich unterstützt und bestärkt. Mehr noch haben sie aber durch ihr Leben dem Begriff Verantwortung eine seltene Tiefe gegeben.

Meinem Bruder danke ich für seine immerwährende Freude daran, mich zu motivieren und durch viele gemeinsame „Horizontwechsel“ die Begeisterung für das Ziel zu erhalten.

Einmalig ist die Unterstützung, die mir meine Frau zu Teil hat werden lassen! In einer unglaublichen Dichte und mit nicht enden wollendem Interesse hat sie meine Gedanken in vielen Diskussionen geprüft und geschärft. Mehr noch bin ich ihr aber für ihre unerschütterliche Zuversicht und ihr tiefes Vertrauen in mich von Herzen dankbar.

Filderstadt, im August 2013 Nikolas Gebhard

Inhaltsverzeichnis

Abbildungsverzeichnis

1 Das Verantwortungsverständnis der deutschen Spitzenmanager: Eine Einleitung

Am 15. November 2012 beendete Bundespräsident Joachim Gauck seine Rede beim „Führungstreffen Wirtschaft 2012" mit den Worten: „Meine Damen und Herren, gerade Sie hier im Saal können in diesen Tagen deutlich machen: Wir alle sind frei, aber keiner von uns ist frei von Verantwortung". In den vorangegangenen 45 Minuten hat Gauck sich in seiner als „Wutrede" bezeichneten Ansprache einem Thema zugewandt, das in der jüngeren Vergangenheit aus keiner Debatte wegzudenken ist: Verantwortung. Kein wirtschaftlicher, politischer, ökologischer oder gesellschaftlicher Megatrend kommt ohne die obligatorische Verantwortungsdebatte aus. Manchen scheint es gar, als sei die moderne Gesellschaft ohne das Verantwortungsprinzip nicht mehr überlebensfähig (Heidbrink, 2006:13). Die Auslöser dieser Debatten mögen noch so unterschiedlich sein, sie enden doch alle mit der einen, der zentralen Frage: wer trägt die Verantwortung? Antworten auf diese Fragen zu finden ist weder simpel noch trivial, in jedem Fall aber folgenreich für denjenigen, der Verantwortung übernimmt oder dem die Verantwortung zugesprochen wird. Einer der im Rahmen dieser Arbeit befragten Spitzenmanager bringt diesen Sachverhalt für sich wie folgt auf den Punkt:

> *„Was ich mich immer wieder frage: wie kann es dazu kommen, dass Manager in den Medien, in den Märkten und in den Unternehmen auftauchen, von denen ich persönlich sagen würde, dass die genau das nicht sind, was ich mir unter einer verantwortungsvollen Führungskraft vorstelle. Sie sind an der kurzen Frist orientiert, sind eitel und auf den eigenen Vorteil bedacht. [...] Da frage ich mich, wie es immer wieder passieren kann, dass solche Personen in diese exponierten Positionen gebracht werden. Sie werden ja schließlich vom Aufsichtsrat bestellt oder von Gesellschaftern benannt. Das ist für mich immer wieder überraschend. Das wäre für mich wirklich interessant zu verstehen." (CEO 17)*

Es lassen sich ohne große Anstrengung unzählige Beispiele für die Brisanz des Themenkomplexes Verantwortung finden, die ihrerseits eine unüberschaubare Komplexität des gesamten Verantwortungsdiskurses bedingen. Nicht zuletzt Massenentlassungen im Zuge der Wirtschaftskrise haben, genauso wie Umweltkatastrophen in Folge wirtschaftlicher Tätigkeiten, die Aufmerksamkeit auf die Verantwortung der Spitzenkräfte von Großunternehmen gelenkt und in der Folge einem eigenen Forschungszweig (Corporate Social Responsibility) erheblichen Auftrieb verliehen.

Den Ansatz, mit dem neue Konzepte für mehr Verantwortung entwickelt werden sollen, bezeichnet Hennecke als „vermessene Wissenschaft", die durch „unzählige ‚Compliance' -Vorschriften, ‚Corporate Social Responsibility', Randgruppenquoten und umfangreiche Tugendkataloge [...] persönliche Verantwortung durch die bloße Erfüllung von vorgegebene Standards und Sollziffern" ersetze (Hennecke, 2012). Ob sich aus einem solchen Ansatz tatsächlich wie von Hennecke angenommen eine „kollektive Verantwortungslosigkeit" ergibt, hängt ganz wesentlich vom Verantwortungsverständnis der Betroffenen ab. Die vorliegende Arbeit versucht sich daher in Zurückhaltung hinsichtlich einer Zuordnung zum einen oder anderen Lager. Sie widmet sich vielmehr dem Verantwortungsbegriff und seiner Verwendung in den Verantwortungsverständnissen der deutschen Spitzenmanager und versucht durch eine nachvollziehbare Strukturierung Anknüpfungspunkte zu schaffen.

Im Verlauf der Arbeit wird dabei deutlich, dass die zentrale Frage nicht ein Für oder Wider der Verantwortungsübernahme betreffen kann. Im Zentrum steht vielmehr die Erkenntnis, dass es um die tiefere Prägung und die hinterliegenden Grundverständnisse der Spitzenmanager im Hinblick auf ihre Verantwortungsverständnisse gehen muss. Verantwortung ist ein Konzept, das bereits in der Kindheit von Bedeutung ist und dessen Umsetzung bis ins hohe Alter verschiedentlich eingefordert wird. Mehr als 85 % der in den World Value Surveys befragten Eltern halten das Erziehungsideal „Verantwortung übernehmen" für bedeutsam. Entsprechend verwundert es nicht, dass die deutsche Wirtschaftselite ohne zu zögern die für sie wichtigsten Verantwortungserfahrungen in ihrer Kinder- und Jugendzeit benennen kann.

> *„Wer stand für mich in meinem Werdegang an erster Stelle? Das war sicher mein Vater durch seine Unternehmertätigkeit; durch seine Disziplin, die er an den Tag gelegt hat und damit natürlich auch durch seine Verantwortung für die Mitarbeiter in diesem Unternehmen. Das prägt einen." (CEO 18)*

Was ist aber von diesen frühen Idealen übrig geblieben und welche Bedeutung haben diese frühen Erfahrungen im heutigen Unternehmensalltag? Wenn Verantwortung als ein auf Gegenseitigkeit angelegtes Handlungskonzept verstanden wird, dann muss sich eine Arbeit zu den Verantwortungsverständnissen auch den wesentlichen Bezügen der „Betroffenen" zuwenden – diese beginnen in der Kindheit und enden im Heute, an der Spitze deutscher Großunternehmen.

Wenn im Bezug auf Unternehmen von Verantwortung die Rede ist, kommt unweigerlich die Frage auf, welchen Einfluss verantwortungsvolles Handeln auf den unternehmerischen Erfolg hat. Die Untersuchungen hierzu sind mannigfaltig und größtenteils widersprüchlich in ihren Ergebnissen. In der Folge wurden sowohl Argumentationen aufgebaut, warum Verantwortung auch trotz negativer Auswirkungen zu übernehmen sei, als auch erfolgversprechende Business Case Szenarien der Verantwortungsübernahme ausgearbeitet. Für die deutsche Wirtschaftselite bietet sich ein entsprechend breiter Fundus an Argumentationsmustern für die eine oder die andere Seite. Es kann allerdings schon hier vorweggenommen werden, dass sie sich weit seltener als vermutet dieser Angebote bedienen, sich um so häufiger aber auf ihre eigene Prägung beziehen. Was bringt sie aber dazu, sich von der Logik der Zahlungsströme frei zu machen? Und bis zu welchem Grad gelten diese Einstellungen? Welche Bedingungen stellen sie an sich und ihr Umfeld, für eine so eindeutige Aussage wie die folgende?

> *„Muss sich Verantwortung rechnen? Also die Ein-Bit-Antwort heißt nein. Wenn sie mir ein paar mehr Bits gönnen, würde ich trotzdem nein sagen.“ (CEO 22)*

Welches innere Verständnis von Verantwortung ermöglicht es einem Teil der Spitzenmanager, trotz schwieriger wirtschaftlicher Umstände, völlig selbstverständlich an ihrem Engagement, beziehungsweise ihren Zusagen, festzuhalten, während andere bereits bei den ersten Anzeichen einer aufkommenden Eintrübung die große Kehrtwende vollziehen? Welcher Unterstützung versichern sie sich und aus welchem Umfeld erwarten sie keine weitere Hilfe? Diese Fragen lassen sich nicht durch Zustimmung zu, oder Ablehnung von vorgefertigten Antworten beantworten, sie benötigen die Tiefe eines Gespräches, in dem sich die Antworten entwickeln können. Nur dann werden Unstimmigkeiten offensichtlich, nur dann können Motive adäquat beschrieben werden, nur dann ist die Zeit und der Raum vorhanden um über die eigene Verantwortung nachzudenken. Dieser Prozess der „Überprüfung unserer inneren Überzeugungen, unserer Motive und Haltungen“, so hat Joachim Gauck in seiner Ansprache immer wieder deutlich gemacht, sei elementar, um Verantwortung zu übernehmen – ich möchte hinzufügen: auch um zu verstehen, warum Verantwortung übernommen wird, wann sie abgelehnt wird und welche Optionen ein Mehr oder Weniger an Verantwortung bedingen.

2 Gesellschaftliche Verantwortungsübernahme im erweiterten Aufgabenspektrum der Wirtschaft

2.1 Die gesellschaftliche Verantwortung der deutschen Wirtschaftselite

Eine besondere Verantwortung der Eliten[1] einzufordern, ist keine Idee der jüngeren Vergangenheit. Dennoch liegen bisher kaum empirische Erkenntnisse über die Verantwortungskonzeptionen der Wirtschaftselite vor. Aus normativer Sicht wurden hingegen verschiedentlich schlüssige Argumentationen für eine besondere Verantwortung ausgearbeitet. Besonders deutlich wird dies beispielsweise im letzten Abschnitt der Elitendefinition von Bohlken:

> „Aus den besonderen Macht- und Einflussmitteln und dem besonderen Potenzial der Mitglieder einer Elite zur Veränderung der Gesellschaft ergibt sich eine besondere Verantwortung der Eliten für das gesellschaftliche Ganze." (Bohlken, 2011:77)

Die Wirtschaftselite bildet eine der zentralen Eliten moderner, hochgradig arbeitsteiliger Gesellschaften. Für die Spitzenmanager ergeben sich dementsprechend bedeutsame Konsequenzen, die, anders als bei politischen Eliten, nicht aus einer Repräsentanz des Gemeinwesens entstehen, sondern allein ihrer hohen Position innerhalb eines zentralen gesellschaftlichen Teilbereichs zuzuordnen sind (Bohlken, 2011:336).

> „Aufgrund ihrer hervorgehobenen Position und des mit dieser verbundenen Status gelten die wirtschaftlichen Eliten vielen als *Vorbild für erfolgreiches wirtschaftsbürgerliches Handeln* – als Muster für Kooperations- wie Konkurrenzverhalten sowie für die Bereitschaft, sich legitimen sozialen Erwartungen zu unterwerfen und einen besonderen Beitrag zur Produktion, Bereithaltung und langfristigen Sicherung öffentlicher Güter zu leisten." (Bohlken, 2011:335)

Aus dieser theoretischen Darstellung der Wirtschaftselite wird deutlich, dass die Verantwortungskonzeptionen der Spitzenmanager nicht unabhängig von den an sie gerichteten Erwartungen verstanden werden können. Der Verantwortungsbegriff enthält, das werden die Ausführungen im weiteren Verlauf der Arbeit

[1] Der Begriff Wirtschaftselite wird in dieser Arbeit synonym zur Gruppe der Spitzenmanager verwendet. Eine solche Verwendung scheint insoweit angemessen, als selbst in Elitestudien vielfach eine ähnliche Verkürzung vorgenommen wird (vgl. Hartmann, 2007:144ff). Ganz offensichtlich bilden die Spitzenmanager den Kristallisationspunkt der Wirtschaftselite (vgl. Buß, 2007:6f).

zeigen, das hierfür notwendige Moment der Antwort und das unabhängig davon, ob dieses auch *bedient* wird.

Gleichzeitig beschränkt sich die Mehrzahl bisheriger Studien auf diese Blickrichtung und untersucht die Verantwortung der Wirtschaftselite als Ableitung aus gesellschaftstheoretischen Beobachtungen (vgl. u.a. Bohlken, 2011; Hiß, 2006; Ulrich, 2007; Müller-Christ, 2006) oder als Analyseergebnis verschiedener Sekundärdaten (vgl. u.a. Galonska et al., 2007; Imbusch und Rucht, 2007).

Auch in all jenen Arbeiten, in denen Verantwortung als ein Teilaspekt des Selbstverständnisses der deutschen Wirtschaftselite betrachtet wird, findet keine tiefergehende Auseinandersetzung mit dem Begriff Verantwortung oder dem Verantwortungsverständnis der Spitzenmanager statt.[2] So bestätigen die verschiedenen Führungskräftebefragungen von Bucksteeg und Hattendorf ((2007, 2009, 2010, 2012)) zwar den Bedeutungsgewinn der Verantwortungsübernahme, liefern aber keine Hinweise darauf, was unter Verantwortung zu verstehen ist. Das Ziel dieser Studien liegt vielmehr einen Schritt weiter, in den Konsequenzen, die sich aus der Hochschätzung der Verantwortungsübernahme ergeben.

> „Den Eckstein des Wertefundaments aber bilden – und zwar mehr als je zuvor – Vertrauen und Verantwortung. Dieses sind Grundwerte, die Mut, Innovationsgeist und Risikofreude erst möglich machen, weil sie Berechenbarkeit und Belastbarkeit ins Spiel bringen. [...] Wie funktioniert der Zusammenhang zwischen Werten und Wertschöpfung? Welches sind die wichtigsten Hebel? Welche Präferenzen setzen sich in der Realität durch, wenn sich Führungskräfte entscheiden müssen zwischen Innovation und Verlässlichkeit, zwischen sozialem Zusammenhalt, Teamgeist und eigenem Ehrgeiz?“ (Bucksteeg und Hattendorf, 2012:10)

Aus der Vielzahl der destillierten Ergebnisse ergeben sich verschiedene Forschungsaufträge; weiter untersucht werden bisher überwiegend mögliche Konsequenzen, hinterliegende Motive werden hingegen nur sehr bedingt betrachtet. Abbildung 1 zeigt die Bedeutung des Wertes Verantwortung im Vergleich zu anderen Werten. In der weiteren Betrachtung werden dann einzelne Themenfelder einer möglichen Verantwortungsübernahme erhoben – für Kultur, Sport, Soziales und anderes mehr. Aufgrund des Forschungsdesigns muss aber beispielsweise unklar bleiben, woraus sich der Wert Verantwortung ableitet, was Verantwortung

---

[2] Eine übersichtliche Darstellung von Arbeiten zum Selbstverständnis der deutschen Spitzenmanager findet sich bei Bunz (2005:12ff). Keine der dort genannten Arbeiten befasst sich tiefergehend mit dem Verantwortungsverständnis. Die Arbeit von Bunz selbst bietet einen Blick auf Verantwortung als Teilaspekt des Führungsverständnisses (Bunz, 2005:99). Die ausführlichste Auseinandersetzung findet sich bei Buß (2007:74ff., 209ff.), der Verantwortung in verschiedenen Dimensionen der Selbstverständnisse der deutschen Wirtschaftselite identifiziert.

heißt und welches Bild eines Gegenübers mit den genannten Begriffen verknüpft ist.[3]

Welche der nachfolgenden Werte sind für das langfristige Fortbestehen Ihres Unternehmens besonders relevant?

	Nach-haltigkeit	Integrität	Trans-parenz	Verant-wortung	Mut	Vertrauen	Respekt	k.A.
0-25	0,47	0,00	0,47	0,00	0,00	0,47	0,00	0,00
26-35	8,02	5,66	6,13	8,49	4,25	8,49	6,13	0,00
36-45	25,94	25,00	18,87	31,60	15,57	31,13	16,98	0,00
46-55	16,98	18,87	12,74	19,81	8,02	19,34	13,21	0,47
55-x	8,49	10,85	5,66	11,79	5,19	10,85	7,55	0,00
Gesamt	**59,90**	**60,38**	**43,87**	**71,69**	**33,03**	**70,28**	**43,87**	**0,47**

Abb 1: Bedeutsamkeit von Werten für das langfristige Fortbestehen des Unternehmens in Abhängigkeit des Alters der Befragten (Bucksteeg und Hattendorf 2012:15)

Eine tiefere Auseinandersetzung leistet die Studie von Heuberger et al. (2009), deren Vorgehen und zentrale Ergebnisse daher im Folgenden kritisch betrachtet werden sollen. In ihrer Studie wenden sich Heuberger et al. direkt dem Verantwortungsverständnis der Wirtschaftselite zu und erheben damit, in Abgrenzung zur Masse der abgeleiteten Selbst- und Fremdbilder anderer Studien, ein genuines Selbstbild. Heuberger et al. haben sich zum Ziel gesetzt, „das Verständnis von Topmanagern transnational agierender Großunternehmen in Deutschland mit Bezug auf ihr Selbstbild und die Wahrnehmung gesellschaftlicher Verantwortung" (Heuberger et al., 2009:7) zu untersuchen. Insbesondere interessiert die Frage, ob es ein geteiltes Verantwortungsethos gibt, oder ob Verantwortung letztendlich Privatsache bleibt. Hierfür wurden 15 Spitzenmanager[4] befragt und die Gesprächsaufzeichnungen inhaltsanalytisch ausgewertet. Die zur Analyse gebildeten Idealtypen wurden aus Gesellschafts- und Wirtschaftsmodellen abgeleitet und der Versuch unternommen, damit eine klarere Abgrenzung zwischen den Aussagen zu erzeugen. Unklar bleibt allerdings, worauf die Auswahl der vier Ge-

[3] Ein Beispiel kann den Zusammenhang verdeutlichen. Bucksteeg und Hattendorf sprechen in ihrer Studie (2012) von einem interessanten Phänomen: „In schwierigen Zeiten fokussieren sich Führungskräfte sozusagen auf die Klassik. Zwar spielen Werte wie Respekt und Transparenz [...] ebenfalls eine Rolle. Den Eckstein des Wertefundaments aber bilden – und zwar mehr als je zuvor – Vertrauen und Verantwortung." (Bucksteeg und Hattendorf, 2012:10) Über die Grundlage für diese Beobachtung gibt die Studie aber keine Auskunft. Da auch eine theoriegeleitete Interpretation ausbleibt, muss es bei einer *freien Schlussfolgerung* bleiben: Vertrauen und Verantwortung sind „Grundwerte die Mut, Innovationsgeist und Risikofreude erst möglich machen" (a.a.O.).

[4] Aus der Dokumentation geht weder die Position der Befragten noch die genaue Zusammensetzung der Unternehmen hervor. Heuberger et al. sprechen von 15 Topmanagern „vorwiegend DAX-notierter Unternehmen in Deutschland" (Heuberger et al., 2009:10).

sellschafts- und Wirtschaftsmodelle fußt. Die Unterscheidung zwischen *korporatistischen, funktionalistischen, neoliberalen* und *kontraktualistischen* Gesellschaftsmodellen wird weder theoretisch begründet, noch empirisch abgeleitet. Überdies bieten die gewählten Modelle wenig Trennschärfe.[5] Unabhängig von einer Typologie arbeiten Heuberger et al. mit Hilfe von sechs Kategorien Ergebnisse zu Einstellungen der befragten Topmanager heraus.

Die zunächst betrachteten *Gesellschaftsbilder* [1] zeigen, dass der Blick der Topmanager nicht ausschließlich „wirtschafts- oder unternehmenszentriert" ist, sie sich aber dennoch mit anderen Perspektiven tendenziell schwer tun (Heuberger et al., 2009:31ff). Die *Rolle der Wirtschaft* [2] wird von den Managern einhellig als besonders bedeutsam für die Gesellschaft bewertet, und dies nicht zuletzt, weil sie Wohlstand ermöglicht (a.a.O. S. 33ff). Durch die Globalisierung sehen sich viele der Befragten aber zunehmend unter Druck und sprechen von deutlichen Einschränkungen in ihren Möglichkeiten, ihrer gesellschaftlichen Aufgabe nachzukommen. Als drittes Ergebnis konstatieren Heuberger et al., dass nach Meinung der befragten Manager die *Rolle von Unternehmen in der Gesellschaft* [3] von letzterer nicht richtig erkannt, zumindest aber nicht angemessen anerkannt wird (a.a.O. S. 36ff). Die Gesellschaft bringe der Wirtschaft, mit der sich die Manager in hohem Maße identifizieren, mangelnde Anerkennung entgegen. Ähnliches gelte für das *Verhältnis von Staat, Politik und Wirtschaft* [4] (a.a.O. S. 40ff). Eigentlich sitze man in einem Boot, dennoch suche man die Verantwortung für Fehlentwicklungen beim Anderen. In der grundsätzlichen Aufgabenverteilung zwischen den gesellschaftlichen Akteuren hat sich nach Ansicht der Topmanager wenig geändert. Gleichzeitig sehen sie sich selbst aber mit einer Flut von (neuen) Ansprüchen konfrontiert. Grundsätzliche Einigkeit besteht auch über die *gesellschaftliche Verantwortung von Unternehmen* [5] (a.a.O. S. 45ff). Sowohl die Zunahme der eigenen Aktivitäten in diesem Bereich, als auch die mangelnde Wahrnehmung seitens der Öffentlichkeit werden durch die Befragten hervorgehoben. Die Grundlage und Voraussetzung einer gesellschaftlichen Verantwortungsübernahme, darin stimmen fast alle der befragten Manager überein, sei eine hohe Rendite des eigenen Unternehmens.

Als Gründe für ein Engagement führen die Erhebungen von Heuberger et al. eine breite Palette an externen und internen Treibern auf. Die Spannbreite reicht von Kundeninteressen bis zu philantropischen Persönlichkeitszügen. Die letzte Auswertungskategorie bildet das *Verständnis und die Vorstellung von Zivilgesellschaft* [6] (a.a.O. S. 57ff). Für die befragten Topmanager hat der Begriff Zivilge-

---

[5] Die mangelnde Trennschärfe könnte durch eine größere Stichprobe entschärft werden, wenn im Abgleich mit der Empirie eindeutige Schlüsse zu generieren wären. Bei 15 Interviewpartnern und 4 Idealtypen ist dies allerdings unwahrscheinlich. Es ist daher folgerichtig, dass Heuberger et al. die skizzierte Typologie äußerst sparsam verwenden – womit ihr allerdings auch jegliche Bedeutung entzogen wird.

sellschaft und das damit verbundene Konzept bisher wenig bis gar keine Bedeutung entwickelt. Zwar könnten viele von Kooperationen mit zivilgesellschaftlichen Akteuren berichten, gesteuert oder bewusst gewollt wirke das aber nicht.

Aufgrund der kleinen Stichprobe und des offenen Forschungsdesigns verzichten Heuberger et al. auf weitreichende Ableitungen, sondern verstehen ihre Studie offensichtlich vielmehr als Aufforderung für eine weitere Auseinandersetzung mit dem Verantwortungsverständnis der deutschen Spitzenmanager. Da auch das Fazit der Studie keine Anbindung an theoretische Ausarbeitungen zur Verantwortung von Unternehmen und deren Spitzenmanagern enthält, bleibt es bei einer Ansammlung von Einzelerkenntnissen.

Keine der vorliegenden Studien untersucht die Verantwortungskonzepte unter Einbeziehung biographischer, struktureller und funktioneller Aspekte, um damit eine ganzheitliche Beschreibung zu erstellen. Der Schwerpunkt der Arbeiten liegt entweder auf der Erarbeitung theoretischer Konzepte oder auf der Erstellung empirischer Momentaufnahmen. Die so wichtige Verknüpfung zwischen beiden Sphären blieb bisher unbeachtet. Auch insgesamt ist das verfügbare Forschungsmaterial zur Identität und zum Selbstverständnis der vielbeachteten Wirtschaftselite überschaubar. Neben der Studie von Eugen Buß (2007) greift nur noch Andreas Bunz (2005) in seiner Arbeit zum Führungsverständnis der deutschen Spitzenmanager einen gesamtanalytischen Ansatz auf. Insoweit kann diese Arbeit, neben ihrem primären Forschungsinteresse am Verantwortungsverständnis der Spitzenmanager als Nebenprodukt einen kleinen Einblick in das Selbstbild der deutschen Wirtschaftselite bieten und dadurch diesen Forschungsansatz weiter beleben.

2.2 Anforderungen an eine Untersuchung des Verantwortungsverständnisses aus soziologischer Perspektive

Sollen bei einem Autorennen die Gewinnchancen abgeschätzt werden, so kann dies sowohl anhand des Fahrers als auch anhand des Rennwagens geschehen. Um ein möglichst umfassendes Bild über das Verantwortungsverständnis deutscher Spitzenmanager zu bekommen, soll demgemäß der Blick nicht voreilig auf die Person als abgeschlossene Einheit beschränkt werden, sondern vielmehr auch der institutionelle und gesellschaftliche Rahmen Beachtung finden. Um das Bild noch einmal zu verwenden: neben dem Fahrer sollen auch Fahrzeug und Rennstrecke untersucht werden. Um den Rahmen der Arbeit aber nicht zu sprengen, ist die Betrachtung von Rennstrecke und Fahrzeug immer auf die Perspektive des Fahrers zu beziehen. Welche Bedeutung gesellschaftliche sowie unternehmensbezogene Determinanten für die Verantwortungsverständnisse der Spitzenmanager entwickeln und wie groß sie ihren Einfluss auf eben jene Determinanten einschätzen, ist Teil des empirischen Forschungsinteresses dieser Arbeit.

Verantwortung im Wirtschaftskontext wird in der Mehrzahl der Veröffentlichungen aus Sicht der Unternehmen beschrieben. Konzepte wie Corporate Citizenship, Corporate Governance und Corporate Social Responsibility stehen im Zentrum der theoretischen Erörterungen und empirischen Untersuchungen. Wenn man die Anzahl und die Intensität der Forschungsarbeiten auf diesem Gebiet als Maßstab der Bedeutung heranzieht, dann scheint zumindest für die Verantwortungsdiskussion die Zeit der Great Man Theories[6] der Vergangenheit anzugehören. Verantwortung wird überwiegend in Strukturen und Regelungen gesucht und implementiert, nicht aber bei den Spitzenmanagern angesiedelt. Auch wenn diese Entwicklung verschiedene Ursachen haben mag, spiegelt sich in den Titeln der Arbeiten von Hartmann (2002) „Vom Versagen der Eliten" und Ogger (1992) „Nieten in Nadelstreifen" ein einheitliches Credo wieder: Bei der deutschen Wirtschaftselite lohnt sich die Suche nach Verantwortung nicht.

Die wichtigsten Veröffentlichungen, die sich den Wirtschaftslenkern trotzdem zuwenden, tun dies überwiegend aus einer gesamtbiographischen[7] oder moralischen[8] Perspektive. Jene wenigen Studien, die explizit das Verantwortungsverständnis der Spitzenmanager empirisch oder theoretisch untersuchen, wurden bereits besprochen. Dass sich eine intensive Untersuchung lohnen könnte, sie nicht bloß ein Schattengefecht auf einem Nebenschauplatz bleibt, unterstützt die Aussage Ropohls, der betont, dass der Begriff „Verantwortung" trotz seiner recht jungen moralphilosophischen Geschichte zu einem zentralen Begriff der Ethik geworden sei (Ropohl, 1994:154). Verantwortung ist zu einem Vehikel für ein ganzes Bündel an moralischen und ethischen Themenstellungen öffentlicher Diskussionen geworden (Stahl, 2000:225). Letztendlich liegt „die besondere Leistungsfähigkeit des Verantwortungsbegriffs [..] darin, auf die Intransparenz und Irritationen neuer gesellschaftlicher Entwicklungen mit Flexibilität und Klugheit zu reagieren, sich nicht auf eine leitende Norm oder einen zentralen Lösungsweg festzulegen, sondern konfliktbereit und improvisierend nach situativ angemessenen Handlungsregeln zu suchen" (Heidbrink, 2003:315).

---

6 Spitzenmanager besonders erfolgreicher Unternehmen haben seit den späten 50er Jahren teilweise autobiograpisch, teilweise im Rahmen von Studien tiefe Einblicke in ihre Werthaltungen und ihr Verantwortungsverständnis gegeben. Der Erfolg der von diesen Managern geführten Unternehmen wurde zum ganz überwiegenden Teil der Person an der Spitze zugeschrieben (vgl. Borgatta et al., 1954). Mit dem Bedeutungsverlust dieser Theorie Ende der 90er Jahre reduzierte sich offensichtlich auch die öffentliche Aufmerksamkeit für die Bedeutung der Werthaltung der Spitzenmanager.

7 Vergleiche hierzu für den deutschsprachigen Raum insbesondere die Arbeiten von Buß (2007) und Hartmann (2002) sowie für den eglischsprachigen Raum (Mills, 2000:118-146; Domhoff, 2005; Domhoff, 1967; Davis et al., 2003).

8 Nur exemplarisch sei auf Carrolls (1987) Aufsatz „In search of the moral manager" verwiesen.

Diese Arbeit sucht nicht nach einem bestimmten Maß an Verantwortung, das sich auf Dauer im Markt stabil darstellen lässt. Wesentlich ist vielmehr die Erkenntnis, dass eine Vielzahl der den Markt strukturierenden Prämissen, in ceteris paribus Klauseln, aus der weiteren Betrachtung ausgeschlossen wurden (Buß, 1983:11). Nach und nach, so scheint es, werden einzelne Elemente sozialer Rahmenbedingungen aus diesen Klauseln entlassen, um einen Erklärungsbeitrag zur krisenhaften Entwicklung der Märkte zu leisten. Vor diesem Hintergrund scheint es angemessen, mit der Untersuchung genau dort zu beginnen, wo die Sozialstrukturen am direktesten sichtbar werden; wo sie vielleicht auch am wenigsten erfolgreich in der Vergangenheit ausgeschlossen werden konnten: im Verantwortungsverständnis der einzelnen Führungskraft.[9]

Trotz großer Schuhe, gefertigt durch die Überlegungen Max Webers zur Gesinnungs- und Verantwortungsethik, sind die soziologischen Füße einer Beschäftigung mit dem Handlungsprinzip Verantwortung noch relativ klein. Die Zahl der Veröffentlichungen von Soziologen bleibt im Vergleich zu denen von Ethikern oder Philosophen, in jüngster Zeit auch von Wirtschaftswissenschaftlern, überschaubar. Ein Grund hierfür könnte darin liegen, dass Verantwortung immer wieder eng an einen normativen Kern gebunden wird (vgl. Jonas, 2002). Das Postulat der Werturteilsfreiheit der Soziologie[10] droht bei der Untersuchung des Verantwortungsbegriffs immer dann in Gefahr zu kommen, wenn bei Erklärungen von Handlungsprinzipien Teile der Handlungsgrundlagen in den Fokus genommen werden.

> „Another aspect that is important to note is that responsibility is always a moral concept. All of the different sorts of responsibility just described have a moral content and affect how we can live our lives and our moral rights and obligations. At the same time, responsibility is a formal notion which describes a social process. This means that while responsibility follows moral aims, it is not possible to know a priori what the results of a responsibility ascription are going to be.“ (Stahl, 2005:120)

Bereits 1995 zeigte andererseits die Arbeit von Kaufmann (1995), dass die *Gefahr der Normativität* des Verantwortungskonzeptes kein Hinderungsgrund für eine intensive Auseinandersetzung sein muss. Trotzdem herrscht nach wie vor eine große Sparsamkeit in der Beschäftigung mit dem Phänomen Verantwortung. In jüngeren Arbeiten zu Themenstellungen im Zusamenhang mit Verantwortung

---

9 Dass es durchaus auch auf dieser Ebene Ausschlussversuche gab, zeigt nicht zuletzt der Ansatz der entpersonalisierten Führung von Türk (1995).

10 Der Anspruch auf Werturteilsfreiheit geht direkt auf Max Weber zurück. Die saubere Trennung von Seins- und Sollens-Aussagen bilden die zentralen Pfeiler einer auf Objektivität und Interessenlosigkeit ausgerichteten Sozialwissenschaft. Dieses Prinzip ist für die Mehrzahl der soziologischen Theoretiker elementarer Bestandteil ihres Arbeitsverständnisses (Hillmann, 2007:965).

ist zu beobachten, dass der Begriff selbst in einer soziologischen Arbeit zur gesellschaftlichen Verantwortung von Unternehmen nicht explizit betrachtet wird.[11] Ganz ähnlich verhält es sich mit den Arbeiten, die Zusammenhänge zwischen Risiko und Verantwortung in modernen Gesellschaften untersuchen. Auch hier liegt der Fokus meist auf der Explikation des Risikobegriffs (vgl. Luhmann, 1991; Pellizzoni, 2010) oder auf den Zusammenhängen zwischen Risiko und Verantwortung (vgl. Strydom, 1999; Pahlke et al., 2010).

Allein durch seine beinahe inflationäre Verwendung im allgmeinen Sprachgebrauch ist der Begriff „Verantwortung" auch für die Soziologie zu einem nur schwer zu umgehenden Phänomen geworden. Verantwortung zeigt sich im Alltag unter anderem im Zusammenspiel und Aushandeln von Interessen. Gerade die Wirtschaft und ihre Eliten sind weltweit am Aushandeln von Interessen zentral beteiligt. Das Aushandeln und Handeln im Ausgleich von Interessen macht Verantwortung zu einem sozialen Phänomen und damit zu einer Aufgabe für die Soziologie.

> „Die im Begriff steckende Vorstellung von einem - sei es wie auch immer gearteten - Partner, dem geantwortet werden muß, und das dem Begriff innewohnende Gewicht fordern seine soziologische Behandlung." (Claessens, 1969)

Hinweise auf die Gefahren einer strikt nach Fächergrenzen getrennten Untersuchung kommen aus verschiedenen Disziplinen. Auch sie können als Aufforderung an die Soziologie verstanden werden. Biesecker richtet sich an die (qualitative) empirische Kompetenz der Sozialwissenschaften, wenn er die Wirtschaftswissenschaften auffordert, sich der Erkenntnisse anderer Disziplinen zu bedienen, um (Verantwortungs-) Handeln zu verstehen.

> „Diese empirische Überprüfung kann sich nicht nur auf quantitative Methoden verlassen, sie muß auch qualitative Fakten in Betracht ziehen, die von der Forschung in anderen Disziplinen als der Wirtschaftswissenschaft erarbeitet werden. Solche Studien würden ein viel komplexeres Bild des menschlichen Verhaltens zeichnen und die Hypothese der wirtschaftlichen Rationalität ergänzen." (Biesecker, 1994:64)

Fetzer weist völlig zu Recht auf die Gefahren einer Aufteilung von Verantwortungstypen nach ökonomischen, rechtlichen, moralischen und anderen Aspekten hin.[12] Wer diese Verantwortungszwiebel schäle, stieße letztendlich auf einen

---

[11] Siehe dazu die Arbeit von Stefanie Hiß (2006). In einer Vielzahl soziologischer Wörterbücher taucht der Begriff *Verantwortung* lediglich als Verweis auf Webers Gesinnungs- und Verantwortungsethik auf. Eine Ausnahme hierzu bildet der Eintrag in Hillmanns Wörterbuch der Soziologie (2007) sowie Claessens Stichwortartikel in Bernsdorf Wörterbuch (Claessens, 1969).

[12] Er bezieht sich in seiner Argumentation auf die Ausdifferenzierung gesellschaftlicher Subsysteme,

„leeren Kern“ (Fetzer, 2004:95). Ziel dieser Arbeit ist es nicht, die Zwiebel zusammenzuhalten, aber wo möglich und nötig soll ein Blick über die Grenzen der eigenen Disziplin hinaus gewagt werden.

Um das Verantwortungsverständnis adäquat beschreiben und vergleichen zu können, bedarf es neben der Zuständigkeit, die offensichtlich vorliegt, auch einer angemessenen Vorgehensweise. Da sich letztere immer auf ein präzises Begriffsverständnis stützen sollte, werden im folgenden Kapitel zentrale Aspekte des Verantwortungsbegriffs betrachtet. Sie bilden die Grundlage der weiteren Untersuchung.

2.3 Die Rede von der Verantwortung

Verantwortung ist in vielerlei Hinsicht ein schillernder Begriff der im Alltagsgebrauch für vielfältige Bedeutungen gebraucht wird. An Stelle einer ausführlichen Diskussion verschiedener Definitionsversuche, strebt diese Arbeit die Beschreibung eines tieferen Verständnisses des Verantwortungsbegriffes in seiner Bedeutung für das Spitzenmanagement an. Um mit Max Weber zu sprechen, „wird sich erst im Laufe der Erörterung und als deren wesentliches Ergebnis zu zeigen haben, wie das, was wir hier unter dem [..] [Verantwortungsverständnis deutscher Spitzenmanager, N.G.] verstehen, am besten - d.h. für die uns hier interessierenden Gesichtspunkte am adäquatesten - zu formulieren sei“[13] (Weber, 1991:39). Um dennoch nicht völlig ohne ein gemeinsames Vorverständnis in die Untersuchung zu starten, soll die soziologische Definition von Karl-Heinz Hillmann als Grundlage dienen. Hillmann beschreibt Verantwortung als

> „die Bezeichnung für ein Handlungsprinzip, demzufolge Akteure bei ihren Entscheidungen über zielgerichtete Handlungen durch Antizipation bzw. gedankliche Vorwegnahme möglichst weitgehend die Folgen ihres späteren Handelns berücksichtigen, und zwar insbesondere hinsichtlich einer Vermeidung oder zumindest Minimierung unerwünschter, negativer oder gar destruktiver Folgen.“ (Hillmann, 2007:929)

An Stelle des hehren Versuchs diese Definition weiter zu präzisieren und auf die Realität der deutschen Wirtschaftselite zu übertragen, soll an dieser Stelle die Wortbedeutung des Verantwortungsbegriffs und deren Entwicklung genauer un-

wie sie prominent von Luhmann beschrieben wurde.

[13] Weber hat diese Herangehensweise ganz bewusst den deterministischen Verfahren ihm vorliegender Arbeiten entgegengestellt. Dieses Vorgehen scheint auch für diese Arbeit angemessen. Eine Vielzahl an Veröffentlichungen zur Verantwortung wirtschaftlicher Akteure stellt sich die Frage nach dem Verantwortungsverständnis nicht explizit oder nutzt überwiegend affirmative Definitionslogiken.

tersucht werden. Diese Vorgehensweise bietet sich aus verschiedenen Gründen an. Einerseits scheint die Diskussion über die vorhandenen Definitionsversuche wenig ergiebig (vgl. Heidbrink, 2003:58). Andererseits eröffnet der Blick auf die Wortbedeutung bereits eine Vielzahl von ganz wesentlichen Merkmalen, die zur Entschlüsselung des Verantwortungsverständnisses deutscher Spitzenmanager beitragen könnte. Aus einem präzisen Begriffsverständnis können die Prämissen der im weiteren Verlauf der Arbeit vorgestellten Verantwortungskonzepte sowie die Selbstbeschreibungen der Spitzenmanager leichter verstanden werden. Überdies ermöglicht die Identifikation des verwendeten Begriffsverständnisses eine Untersuchung auf die logische Stringenz der dargestellten Konzepte und die Durchgängigkeit der Selbstbeschreibungen. So ist durchaus erklärungsbedürftig von welcher Definition von Verantwortung in einer Untersuchung ausgegangen werden soll. Heidbrink identifiziert beispielsweise (mindestens) drei Bedeutungsebenen, die ihrerseits eine je spezifische Definition mit sich brächten:

> Verantwortung im ethischen Sinn bezieht sich auf die moralische Verantwortlichkeit des Individuums das als entscheidungsfähige Person für die Folgen seines Handelns einsteht (responsibility). Aus juristischer Sicht ist Verantwortung primär ein Problem der Haftung, die aus der Schuldigkeit eines Akteurs für begangene Handlungen resultiert (liability). Und in soziologischer Hinsicht besteht Verantwortung darin, aufgetragene Aufgaben zu übernehmen oder sich freiwillig zu erforderlichen Handlungen zu verpflichten (accountability). (Heidbrink, 2006:26)

Anstelle einer Engführung auf eine der Bedeutungsebenen sollen die Verantwortungsverständnisse mit Hilfe eines offen Begriffsverständnisses möglichst umfassend beschrieben werden. Es wird in diesem Zusammenhang unter anderem zu fragen sein, inwiefern die Spitzenmanager über ein präzises Begriffsverständnis verfügen, mit welchen Inhalten sie den Begriff füllen und in wiefern dieses Begriffsverständnis das Ergebnis einer bewussten Reflexion ist.

2.3.1 Erkenntnisse aus der Wortbedeutung

Das Wort Verantwortung setzt sich aus drei Wortbestandteilen zusammen, deren Analyse an dieser Stelle nur schemenhaft erfolgen kann,[14] dennoch sollen zwei zentrale Erkenntnisse aus der Wortbedeutung gewonnen werden.

---

[14] Wortbedeutung und Verwendungsgeschichte werden vielfach strikt getrennt voneinander untersucht (Lin-Hi, 2009; Heidbrink, 2003; Bernasconi, 2006). An dieser Stelle soll aber dennoch der Versuch einer Verzahnung gewagt werden. Wortbedeutung und Verwendungsgeschichte verlaufen nicht parallel, bilden in ihrer spannungsreichen Koexistenz aber wertvolle Interpretationsleitlinien für aktuelle Debatten und das heutige Verständnis.

Den ersten Hinweis liefern die Wortbestandteile „wort“, „ant-“ und „ver-“, die das Wort Verantwortung bilden. Im Zentrum steht der Wortstamm „worten“, was so viel besagt wie „sich im Wort bewegen“ (Weischedel, 1972) oder reden. Aus dem griechischen Wortstamm ergibt sich wiederum, dass Reden als „sich offenbar machen“ verstanden wird. Im Kontext der Verantwortung ist das Reden ein Antworten, nimmt also Bezug auf ein Gegenüber. Dieses Gegenüber wird zum Objekt der Gegenrede, das heißt, es, das Objekt, muss die Gegenrede ermöglichen.[15] Für das Verantwortungsverständnis deutscher Spitzenmanager wird also danach zu fragen sein, wer das Gegenüber bildet, wem diese Elite sich offenbar zu machen sucht.

Der zweite Hinweis bezieht sich auf den reflexiven Charakter von Verantwortung. Er leitet sich aus der Vorsilbe „ver-“ ab. Wer sich verantwortet, greift auf die eigene Tat, auf die eigene Person zurück und bringt sie in die Antwort mit hinein. „Das ganze des herholenden Sich-zurückbiegens nennen wird die Reflexion in der Verantwortung.“ (Weischedel, 1972:16). In der Frage der Verantwortung wird also immer auch ein Teil des Antwortenden sichtbar. Wenn das Verantwortungsverständnis untersucht werden soll, so kann dies demgemäß nur unter einem Einschluss der Werthaltungen der Handelnden geschehen. Auch ohne auf empirische Ergebnisse vorzugreifen, wird an dieser Stelle deutlich, dass die Untersuchung des Verantwortungsverständnisses keine technische, sondern eine soziale Untersuchung sein muss. Die Wertung über gute beziehungsweise schlechte Verantwortung ist hingegen nicht im Begriff enthalten. Zusammenfassend notiert Weischedel hierzu:

> „Verantworten besagt: sich offenbarmachen gegen eine Frage. Der Verantwortende greift auf sich zurück und holt sich her in die Antwort - Reflexion -. Er nimmt sich ganz - bis zum Ende - in das Offenbarmachen hinein und kommt damit weg von der Fraglichkeit.“ (Weischedel, 1972:17)

Gerade der Grad des Sich-Hineingebens in das Antworten gibt einen Hinweis auf den Wesenskern des Verantwortungsverständnisses. Wird die Verantwortung als ein Sich-in-die-Antwort-Hineingeben verstanden, wird sie von einer Verantwortlichkeit zu einer tiefergehenden Verantwortung. Beide Verantwortungsverständnisse finden sich in aktuellen Verantwortungsdebatten wieder. Für das Verantwortungsverständnis der deutschen Wirtschaftselite ergeben sich aus dieser Erkenntnis zwei Möglichkeiten. Einerseits kann Verantwortung nur einen sehr kleinen reflexiven Anteil enthalten und damit vom Charakter der Verantwortlichkeit geprägt sein. Andererseits kann über eine bewusste tiefe Inklusion ein weitreichendes und vielseitiges Verantwortungskonzept entwickelt werden. Sowohl

---

[15] Die Gegenrede muss zumindest möglich erscheinen, sie muss nicht zwingend auf ein verstehendes Gegenüber im engeren Sinne des Wortes treffen (Weischedel, 1972:16f).

die Untersuchung möglicher Ausprägungen als auch deren Auswirkungen auf Verantwortungshandlungen könnte ein tiefergehendes Verständnis fördern.

2.3.2 Entwicklungslinien wesentlicher Verantwortungskonzeptionen

Aufgrund seiner weitverbreiteten Präsenz in ehtischen, politischen und aktuell auch wirtschaftswissenschaftlichen Diskursen kann man leicht übersehen, dass sowohl das Konzept der Verantworung als auch der Begriff selbst erst seit wenig mehr als zweihundert Jahren Verwendung findet. Um 1787 kann der Begriff im französischen und englischen Sprachgebrauch erstmals explizit nachgewiesen werden (Kaufmann, 1995). Die Idee der Verantwortung als zurechenbare Verantwortlichkeit ist hingegen schon bei Plato und Aristoteles zu finden. Diese Verantwortlichkeitsidee ist primär in die Vergangenheit gewandt. Sie zielt vor allem auf die „Wiedergutmachung vergangener Verbrechen oder Versagen" (Bernasconi, 2006:222) und trägt immer einen starken juristischen Kern in sich. Die Betonung liegt auf dem singulären Akt der Handlung und dessen Folge, nicht aber auf der Intention des Handelnden. Der normative Anker für Verantwortlichkeit lag in legalen, nicht in moralischen Normen. Erst durch die Transformation der Auffassung von Ethik, wie sie mit der aufkommenden Christianisierung im Mittelalter verbunden wird, gewann Intention und Wille der Handlung an Bedeutung (Bayertz, 1995:5). Bernasconi schreibt hierzu:

> „Sobald in der Ethik mit Augustinus der Wille in den Mittelpunkt rückt, und sobald die Frage nach der Intention des Handelnden mit Abelard Wichtigkeit erlangt, sticht der Unterschied zwischen der vornehmlich juristischen Auffassung von zurechenbarer Verantwortlichkeit, die sich hauptsächlich auf das konzentriert, was getan wurde, und der moralischen Auffassung, die sich auf das konzentriert, was der Handelnde bei seinem Tun dachte, immer mehr hervor" (Bernasconi, 2006:222).

Da aber die Bewertung einer Handlung in der moralischen Rechtfertigung, das heißt in Erwartung eines göttlichen Urteils, der Bewertung durch ein gerichtliches Urteil sehr ähnlich war, blieb die juristische Konnotation des Verantwortungsbegriffs lange Zeit erhalten. Ein wesentlicher Wandel, vor allem in Bezug auf die Bedeutung eines veränderten Verantwortungsbegriffs, ergab sich durch den Wandel von der traditionalen zur industriellen und schließlich modernen Gesellschaft. Es ist wenig verwunderlich, dass das erste explizite Konzept von Verantwortung im Kontext der franzö¡sischen Revolution und der damit im Zusammenhang stehenden Transformation zu einer Bürgergesellschaft auftaucht. Die damit einhergehende Zerstörung traditionaler Strukturen sowie die Vielfalt der Bindungsmöglichkeiten sind die Triebkräfte, die ein Konzept der Verantwortung notwendig machen, oder zumindest als hilfreich erscheinen lassen, das über das reine Verantwortlichkeitsverständnis hinausgeht (Kaufmann, 1995). Verantwortung kann demgemäß als ein genuin modernes Konzept verstanden werden, das sehr eng an den Horizont einer säkularen und funktional differenzierten Gesellschaft gebunden ist und das einen Schwerpunkt auf das Individuum legt (Heidbrink, 2003:60). Gerade die Frage, auf welche Autorität sich verantwortliches Handeln dann stützt, ist von soziologischem Interesse. Emile Durkheim bemerkt hierzu:

> „Im gleichen Maße wie die Individualisierung, erscheint auch die Vergeistigung der Verantwortlichkeit im Verlauf der Geschichte als eine immense Verarmung, eine fortschreitende Auflösung. Die individuelle Verantwortlichkeit, die, wie allgemein unbestritten ist, weit davon entfernt ist, eine beispielhafte Verantwortlichkeit zu sein, ist eine verkümmerte Form der Verantwortlichkeit" (Fauconnet, 1928:350)[16]

Ganz anders bewertet dies Piaget, den Claessens wie folgt zitiert:

> „Es scheint uns im Gegenteil ... dass die subjektive Verantwortlichkeit auf natürliche Weise aus der objektiven hervorgeht, in dem Maße als der konformistische Zwang der, auf die soziale Differenzierung und auf den Individualismus gegründeten, Zusammenarbeit Platz macht" und: „,... die Entwicklung, die (von der kollektivistischen) zur individuellen Moral führt, ist mit der Gesamtheit der psychosoziologischen Wandlungen verbunden, welche den Überhang vom theokratischen Konformismus der sogenannten ‚primitiven' Gesellschaften zur Solidarität und zur Gleichheit charakterisieren" (Claessens, 1969:1222 sic!).

Für den Blick auf das Verantwortungsverständnis der Wirtschaftselite ergibt sich die Frage, ob sie der verkümmerten Form der Verantwortung, wie Durkheim sie beschreibt, oder aber der Solidarität und Gleichheit das Wort reden. Es wird zu prüfen sein, inwieweit die von Durkheim beschriebene fortschreitende Auflösung als solche erkannt und gegebenenfalls problematisiert wird. Das von Piaget beschriebene Verantwortungsverständnis deutet einerseits auf die Freiwilligkeit der Verantwortung hin. Gleichzeitig legt es offen, dass auch in der freiwilligen Zusammenarbeit die gegenseitige Verantwortungsübernahme ihren Platz, um nicht zu sagen ihre Notwendigkeit, findet. Verantwortungsverständnisse zwischen moralischem Imperativ, als per se zu wünschendem Ideal, und selbst gewählter Nützlichkeit, zur Erhaltung der Funktionsfähigkeit moderner Zusammenarbeit, bilden das Kontinuum zwischen dessen Extremen die empirischen Ergebnisse zu

---

[16] Eigene Übersetzung von: „De même que l'individualisation de la responsabilité, sa spiritualisation au cours de l'histoire apparaît donc comme un immense appauvrissement, une perpétuelle abolition. La responsabilité subjective, bien loin d'être, comme on l'admet généralement, la responsabilité par excellence, est une forme atrophiée de la responsabilité." Anmerkung: Fauconnet hat die Vorlesungsskripte Durkheims zusammengestellt und unter dem Titel „La Responsabilité. Étude sociologique" 1928 herausgegeben.

erwarten sind. Es wird zu untersuchen sein, ob die Spitzenmanager in ihren Selbstbeschreibungen ein am Individuum oder am Kollektiv ausgerichtetes Verantwortungsverständnis aufweisen. Im Selbst- vor allem aber im Fremdbild legen die Spitzenmanager ihre Einschätzungen zur Entwicklung der Verantwortung offen, insofern wird dieser Aspekt im Zusammenhang der Erhebung zu thematisieren sein.

2.3.3 Relata der Verantwortung

Zuletzt soll der Blick auf die drei Grundpfeiler der Verantwortung, Subjekt *(wer)*, Objekt *(wofür)* und Instanz *(gegenüber wem)*, gerichtet werden. Diesen drei Pfeilern, die sich in der Mehrzahl der Verantwortungstheorien wiederfinden, fügt Buddeberg (Buddeberg, 2011) einen vierten, den normativen Bezugsrahmen *(warum)* hinzu. Der Blick auf die Gestalt von Subjekt, Objekt, Instanz und normativem Bezugsrahmen der Verantwortung ist nicht als schließendes Raster, sondern vielmehr als öffnende Kategorie zu verstehen. Dies scheint vor dem Hintergrund des geradezu inflationären Gebrauchs des Verantwortungsbegriffs (Heidbrink, 2003:9) hilfreich, um zu prüfen, ob die geforderte Verantwortung überhaupt auf geeignete Adressaten gerichtet ist – was jedoch noch keine Aussage über Angemessenheit oder Erwünschtheit impliziert. Gleichzeitig verweist Heidbrink zu Recht darauf, dass die Differenzierung und Untersuchung bereits der drei Grundpfeiler – wie viel mehr gilt dies für ein auf vier Grundpfeiler erweitertes Modell – schnell an den Punkt gerät, an dem mehr Unklarheit als Klarheit geschaffen wird.[17] Insofern ist nicht die Modifikation und detailierte Beschreibung der Grundpfeiler ins Zentrum der Betrachtung zu rücken, sondern vielmehr deren Anwendung unter den Prämissen einer modernen Gesellschaft (Heidbrink, 2003:22). Hier heißt das konkret: welchen Einfluss üben die Grundpfeiler auf die Verantwortungsverständnisse der Spitzenmanager aus? Ist beispielsweise die Interpretation der eigenen Verantwortung auf eine Diskussion der Verantwortungsobjekte beschränkt oder finden Instanz und Bezugsrahmen Eingang in die Reflexion?

Subjekt der Verantwortung, so argumentiert Buddeberg kann derjenige sein, der Verantwortung übernimmt oder dies zumindest potentiell tun könnte. Das bedeutet, dass der Träger der Verantwortung erstens in der Lage und zweitens verpflichtet sein muss zu handeln oder eine Handlung zu unterlassen. Das Subjekt der Verantwortung muss also in der Lage sein, sich zu artikulieren und sich damit

[17] Ganz ähnlich argumentiert auch Stahl (Stahl, 2000). Max Weber beschränkt sich in seinen Darstellungen zur Verantwortungs- und Gesinnungsethik explizit auf zwei Relata: Subjekt und Objekt. Webers Beschränkung wurde vielfach in Zweifel gezogen, lässt sich mit einer Beschränkung auf das Wesentliche aber auch gewissenhaft verteidigen (Enderle, 2007).

selbst auszudrücken. Vielfach wird diesen Subjektanforderungen die Voraussetzung einer freien Handlungswahl beigeordnet. Wer unter Zwang steht oder nicht absichtsvoll handelt, könne nicht Träger von Verantwortung sein (Buddeberg, 2011:18). Verantwortung zu übernehmen, so Claessens, sei demgemäß eine Möglichkeit des Menschen, die sich Hund oder Stein verschließe (Claessens, 1969:15). So trivial diese Aussage zunächst scheinen mag, so sehr gewinnt sie in der aktuellen Verantwortungsdebatte an Bedeutung. Kann ein Computer für die Finanzmarkttransaktionen und deren Auswirkungen Verantwortung übernehmen? Sicher nicht. Wie ist es aber, wenn der Algorithmus selbstlernend, also nicht weiter von menschlichen Eingaben abhängig ist? An wen soll dann der Verantwortungsappell seitens der Geschädigten gerichtet werden? Kommt hierfür das den Computer betreibende Unternehmen oder lediglich dessen einzelne Mitarbeiter in Betracht? Und wenn es die Mitarbeiter sind: auf welcher Ebene können sie adressiert werden? Die Klärung des Verantwortungssubjektes steht im Zentrum der Verantwortungsdiskussion. Sie wird im weiteren Verlauf der Arbeit immer wieder aufgegriffen und problematisiert. Es ist zu erwarten, dass diese Frage von besonderer Brisanz an der Spitze eines Unternehmens ist, kommen hier doch Unternehmen und Person sehr eng zusammen.

Als Mindestvoraussetzung kann aber bereits an dieser Stelle die von Buddeberg (2011) aufgeführte Artikulationsfähigkeit und Selbstausdrucksfähigkeit festgehalten werden. Fetzer (2004:88) weist in diesem Zusammenhang darauf hin, dass nur durch die klare Benennung und Beschreibung des Verantwortungssubjektes die von Luhmann verspottete „Appellitis“ der Verantwortlichkeiten für das Gemeinwohl vermieden werden könne. Gleichwohl ist die Benennung eines Subjektes nicht trivial, wohl aber die Voraussetzung einer jeden Form von Verantwortung. Gerade den Eliten aus Politik und Wirtschaft wird es auferlegt, das Subjekt klar zu benennen (Vogt, 2003:86). Im Zusammenhang mit diesen Überlegungen zum Subjekt der Verantwortung wird im empirischen Teil der Arbeit folgenden Fragen nachzugehen sein: Inwiefern wird die Selbstbezichtigung der Spitzenmanager als Verantwortungssubjekt von Unklarheiten gekennzeichnet? Bringen die Spitzenmanager die Wahrnehmung, Verantwortungssubjekt zu sein, eng mit ihrer Person in Verbindung? Sind Spitzenmanager aufgrund ihrer exponierten Position in besonderem Maße in der Lage, sich zu ihrer Verantwortung zu artikuliern?

Das *Objekt der Verantwortung* können sowohl bereits vollzogene Handlungen als auch willentlich unterlassene Handlungen sein. Hinzuzufügen sind all jene Handlungen und Unterlassungen, die in Bezug auf das Ergebnis noch offen sind. Das bedeutet, dass die Handlung oder Unterlassung unabhängig vom Zeitbezug im Zentrum der Betrachtung steht. Im konstruktivistischen Sinne werden Abläufe in dem Moment zu Handlungen, in dem sie von den beteiligten Parteien beschrieben und interpretiert werden. So verstanden ist Verantwortung, oder besser das, was als solche verstanden wird, in hohem Maße von ihrer Interpretation abhängig (Kaufmann, 1995:21). Diese Interpretation ist ihrerseits wesentlich durch Werte, Normen, Rollen und Strukturen beeinflusst.

Herrscht in Bezug auf Verantwortungssubjekt und -objekt noch relative Einigkeit über die Notwendigkeit der Eindeutigkeit, geht diese spätestens mit der Benennung einer *Verantwortungsinstanz* verloren. Unter der Instanz versteht Stahl „die Frage nach dem ‚wovor?', also der-, die- oder dasjenige, dem geantwortet werden soll" (Stahl, 2000:226). Die besondere Schwierigkeit liegt nun darin, dass bei Subjekt und Objekt Klarheit darüber geschaffen werden kann und muss, wer oder was Subjekt und Objekt sind. Diese Klarheit muss sowohl für beide Seiten gelten, als auch von außen erkennbar, zumindest aber erklärbar, sein. Für die Instanz kann diese Einigkeit nicht immer hergestellt werden. Diese Uneindeutigkeit bewertet Bayertz, indem er die Instanz neben dem Subjekt und dem Objekt der Verantwortung als „*ein System* von Bewertungsmaßstäben" (Kaufmann, 1995:15f, Herv. NG) bezeichnet. Die Bedeutung normativer (und deskriptiver) Elemente ist ganz ohne Zweifel von hoher Bedeutung für die Diskussion über Verantwortungsbehauptungen. Gleichwohl sollten sie nicht mit unbedingten Wesensmerkmalen des Verantwortungsbegriffs verwechselt werden (Fetzer, 2004:89).

Nicht eindeutig zu definierende Verantwortungsinstanzen können Handelnde, so sie in ihrer Verantwortungsübernahme auf ein klares „Wovor" Bezug nehmen, vor unkalkulierbare Herausforderungen stellen. Insofern wird zu fragen sein, wie die Spitzenmanager auf die Vielfalt von möglichen Verantwortungsinstanzen reagieren, ob ihnen dieser Sachverhalt bewusst ist und wie sie damit umgehen.

Max Weber ist der wohl prominenteste Autor, der sich mit Verantwortung beschäftigt hat, ohne sich explizit der Problematik einer Verantwortungsinstanz zu stellen (Heidbrink, 2003:59; Fetzer, 2004:88). Für das Verantwortungsverständnis kann dies nur auf eine Art interpretiert werden: Im Diskurs über Subjekt und Objekt wird viel über die meist implizit mitgedachte Instanz klar.[18] Umgekehrt kann durch die Instanz etwas über Subjekt und Objekt der Verantwortung deutlich werden (Fetzer, 2004:89). Um ein vollständiges Bild zu bekommen, scheint es für diese Untersuchung daher ratsam, den Blick auf die Verantwortungsinstanz nicht zu vernachlässigen, ihren Kontext in den Vorstellungen der Spitzenmanager jedoch mit zu berücksichtigen. In der Untersuchung von Pohlmann (2011) wird eine stark pragmatische Haltung seitens der Wirtschaftselite problematisiert. Gerade unter jüngeren Spitzenführungskräften sei die Selbstverständlichkeit von Verantwortungsinstanzen nicht mehr gegeben. In diesem Zu-

[18] Eine ganz besondere Bedeutung kommt diesem *Reden über Verantwortung* zwischen Subjekt und Objekt im Konzept der Diskursverantwortung von Karl-Otto Apel zu (Buddeberg, 2011:92). Apel baut sein Konzept zunächst völlig ohne Bezüge zu einer Verantwortungsinstanz auf. Erst im Nachgang benennt er die Menschen, mit denen die Diskussion über Verantwortung zu führen sei, als Verantwortungsinstanz.

sammenhang ist es ratsam, nicht nur die Vorstellungen, welche direkt mit der Verantwortungsinstanz verknüpft werden, zu berücksichtigen, sondern auch deren Bedeutsamkeit, welche den Verantwortungsinstanzen in den Überlegungen zugewiesen wird. Die Frage, ob die Spitzenmanager lediglich eine allgemeine Entwicklung der Gesellschaft reflektieren oder sie „wirtschaftlich vorantreiben“ (Pohlmann, 2011:99) ist in diesem Zusammenhang zu bedenken. Für die Beschreibung des Verantwortungsverständnisses ist es daher entscheidend, neben den Verantwortungsinstanzen an sich deren Stellenwert im Verantwortungsverständnis sowie Konzeptionen des Wünschenswerten zu untersuchen.

Die Möglichkeiten, den Verantwortungsbegriff zu präzisieren, sind durch die dargestellten Dimensionen noch nicht erschöpft. Neben der lange bekannten Unterscheidung zwischen rechtlicher und moralischer Verantwortung führt Lenk (Lenk und Maring, 1995:249) beispielsweise die Trennung von Rollen- und Aufgabenverantwortung an. Als weitere Differenzierung bietet sich überdies die Art der Verantwortungszuschreibung an. Die von Stahl (2000) hierfür unterschiedenen Arten bezeichnet er als reflexive oder transitive Zuschreibung. Schließlich lässt sich Verantwortung entsprechend ihres Zeitbezuges ex ante oder ex post bewerten (Stahl, 2000:225). Aus zwei Gründen findet in dieser Arbeit trotz der Vielfalt keine tiefere Auseinandersetzung mit diesen Differenzierungen statt. [1] Durch die Aufnahme der Differenzierung würde die Komplexität in der Untersuchung weiter gesteigert, ohne dadurch einen nachgewiesenen Erkenntnisgewinn zu erreichen. Sowohl Fetzer (2004) als auch Heidbrink (2003) weisen verschiedentlich und eindringlich darauf hin, dass der Verantwortungsbegriff permanent gefährdet sei, seine Handlungsrelevanz zu verlieren.[19] Als Gründe hierfür nennen sie einerseits die permanente Erweiterung dessen, was unter Verantwortung zu verstehen ist (2003:257ff). Andererseits wird dieses große Feld immer kleinteiliger zerstückelt und werden die Verbindungslinien gekappt (Fetzer, 2004:94f). Ein umfassendes und konsistentes Bild der Verantwortungskonzeptionen zu zeichnen ist aber gerade das Ziel dieser Arbeit. [2] Es ist zweitens davon auszugehen, dass all jene Differenzierungen, die für die Verantwortungsverständnisse der Spitzenmanager von Bedeutung sind, ohnehin in den empirischen Untersuchungen aufscheinen.[20] Pohlmann schlägt demgemäß eine zurückhaltende Vorgensweise in der Vorstrukturierung des Verantwortungsbegriffs vor (Pohlmann,

[19] Wo der Begriff keine Handlungsrelevanz mehr hat, ist eine Untersuchung überflüssig. Gemeint ist hier die Leere des Begriffs im semantischen Sinne, nicht die Aussage darüber, ob ein semantisch gehaltvoller Begriff durch die Handelnden unzureichend gefüllt wird.

[20] Für die theoriegeleitete Auseinandersetzung von (Neo)Institutionalisten mit klassischer ökonomischer Theorie ist eine ausführliche Argumentation in der Unterscheidung zwischen einer transitiv oder reflexiv zugewiesenen Verantwortung hingegen zweifellos von hoher Bedeutung (Heiskala, 2007:258).

2011). Die im Folgenden dargestellten Themenkomplexe sind dementsprechend eine restriktive Auswahl, die der empirischen Untersuchung Raum lässt.

2.4 Strukturelle Kontextvariablen der Verantwortung

Verantwortung steht als Konzept in einem engen Bezug zu einer Vielzahl von Rahmenbedingungen und Strukturvariablen. Die schiere Menge der Bezüge macht eine umfassende Betrachtung unmöglich, so dass eine Auswahl besonders relevanter Aspekte unter zwei wesentlichen Gesichtspunkten erfolgt: Erstens sollen die ausgewählten Aspekte als zentrale Wesensmerkmale einer modernen Gesellschaft auf breitem Feld Wirkung entfalten, so dass mit hoher Wahrscheinlichkeit auch von einer wesentlichen Bedeutung für die Verantwortungsverständnisse ausgegangen werden kann. Das zweite Merkmal bildet die besondere Relevanz der Kontextvariablen für ökonomische Handlungszusammenhänge. So sind beispielsweise wissenschaftliche Paradigmen eng mit der Bildung der rationalen Wissenschaft, als wesentlichem Subsystem jeder modernen Gesellschaft, verbunden. Für die Spitzenmanager entwickeln die Paradigmen sowohl über biographische Erfahrungen im eigenen Studium als auch über die tägliche Konfrontation mit Experten strukturierende Wirkung. Alle drei Variablen können als Gefährdung oder Angriff auf einen bestimmten Verantwortungsbegriff und mögliche Verantwortungskonzepte verstanden werden. Es gilt jedoch, dem dialektischen Charakter des Verantwortungsbegriffs Rechnung zu tragen: Die Dialektik liegt gerade darin, dass diese Gefährdungen gleichzeitig zur Konjunktur und Belebung des Begriffs beitragen (Heidbrink, 2003:305ff). Aus den Beschreibungen der Variablen ergeben sich dementsprechend immer mindestens zwei Fragen: [1] Inwiefern destabilisieren die dargestellten Zusammenhänge das Verantwortungsverständnis der Wirtschaftselite und [2] inwiefern ermöglichen sie gerade damit das Aufkommen eines anderen Verantwortungsverständnisses?

2.4.1 Wissenschaftliche Fachdisziplinen und deren Einfluss auf die Verantwortungsdiskussion

Wer es heute bis in die Spitzenetage der deutschen Wirtschaft geschafft hat, kann fast immer auf ein Studium an einer Hochschule zurückblicken. Die in dieser Zeit bearbeiteten Themen, mehr aber noch die grundlegenden Paradigmen der Studienfächer, prägen einerseits das Berufsverständnis, nehmen andererseits aber auch Einfluss auf das Selbstverständnis – und damit gegebenenfalls auch auf das Verantwortungsverständnis – des Studierenden.[21] Überdies nimmt zumindest die

[21] Die Auseinandersetzung mit den Forschungsparadigmen dient in dieser Arbeit keinem Selbst-

betriebswirtschaftliche Dogmatik ganz direkt Einfluss auf das Verantwortungsverständnis, nämlich in dem Maße, wie sie die Gestaltung von Steuerungsinstrumenten moderner Unternehmen beeinflusst.[22] Liegt beispielsweise die Annahme von Rationalität und Wertfreiheit der Führungsforschung zugrunde (Bunz, 2005:7), so bleibt dies nicht ohne wesentlichen Einfluss auf die Gestaltung von Anreizsystemen (Grit, 2004:100ff). Die Gestaltung von Anreizsystemen kann und wird in der Folge sicher nicht ausschließlich das Verantwortungsverständnis erklären, vermittelt aber dennoch permanent einen Eindruck des Richtigen und Erstrebenswerten (Borches, 2005). Sie schafft somit also eine Realität, die prägend wirkt.[23] Ganz allgemein beschreibt Max Weber (2002) in seinem Aufsatz „Wissenschaft als Beruf" analog hierzu den Prozess der Entzauberung der Welt, in dessen Folge eine Vielzahl lebensweltlicher Prozesse dem Diktum der Wissenschaft unterworfen werden (Weyer, 2005:3). Dass im Folgenden vor allem die Natur- und Wirtschaftswissenschaften in den Blick genommen werden sollen, beruht auf zweierlei Überlegungen. Erstens legt die Studienfachwahl der aktuellen Wirtschaftslenker diese Auswahl nahe. So haben knapp 90 Prozent aller Spitzenmanager ein Studium absolviert, wovon 36 Prozent Wirtschaftswissenschaften und 33 Prozent ingenieur- beziehungsweise naturwissenschaftliche Studienabschlüsse vorweisen können. Mit lediglich 15 Prozent der Studienabschlüsse fällt die Bedeutung der Rechtswissenschaften bereits deutlich geringer aus (Buß, 2004:107).[24] Zweitens kann insbesondere zwischen den Natur- und Wirtschaftswissenschaften ein Annäherungsversuch nachgezeichnet werden, der auf andere Wissenschaftsbereiche übertragen werden kann (Weyer, 2005:7).

Es ist das eherne Ideal von Ideologiefreiheit und Neutralität, die eine Auseinandersetzung mit normativen Untersuchungsobjekten für die moderne Wissen-

---

zweck und muss als unvollständig angesehen werden. Ziel der Ausarbeitungen ist nicht die Vollständigkeit der Darstellungen, sondern vielmehr ein Abstecken des relevanten Rahmens. Das Relevanzkriterium seinerseits bemisst sich an den *Grundwahrheiten*, mit denen die Wirtschaftselite in ihrer Ausbildung konfrontiert wurde, um im empirischen Teil überprüfen zu können, inwieweit diese *Grundwahrheiten* Einfluss auf das Verantwortungsverständnis genommen haben.

[22] Sehr anschaulich diskutiert Wuttke einen Ausschnitt dieser Fragestellung für die betriebliche Funktion des Controlling. Auf die rhetorische Frage, ob verantwortliches Handeln überhaupt durch Controlling unterstützt werden könne, ob nicht vielmehr Controlling mit Arbeitsplatzabbau gleichzusetzen sein, antwortet er: „Möglicherweise ist der Controller selbst gar nicht der eigentlich ‚Schuldige' dafür, daß unverantwortliche Konsequenzen aus Entscheidungen resultieren. Vielleicht hat sich der Controller einfach nur an den gegebenen Unternehmenszielen orientiert und – gewissermaßen pflichtgemäß – darauf bezogen die entsprechenden Maßnahmen vorgeschlagen." (Wuttke, 2000:4)

[23] Entsprechend folgerichtig nimmt Wuttke die Entwicklung eines verantwortungsförderlichen Anreizsystems in den Blick (Wuttke, 2000:286ff).

[24] Die von Buß überdies konstatierte Korrelation von Alter und Studienabschluss wertet er als eindeutigen Hinweis darauf, dass sich die zukünftige Wirtschaftselite aus den Wirtschafts- und Naturwissenschaften rekrutieren wird.

schaft so schwierig macht (Pohlmann, 2011:79f). Die wissenschaftliche Verpflichtung führt, und dieser folgt in diesem Fall die Praxis auf dem Fuße, zu einer (scheinbar) höchstmöglichen Objektivität, zur Verpflichtung auf das Ideal der Vollständigkeit der Erklärungen sowie zu einer unverzerrten Darstellung unverrückbarer Tatsachen. Die Zielsetzung der Wissenschaft ist auf nichts geringeres als die Beherrschung der Natur, mindestens jedoch auf deren umfassende Erklärung (Weber, 2002:488), gerichtet.[25] Es ist demgemäß wenig verwunderlich, wenn die modernen Natur- und Wirtschaftswissenschaften beinahe reflexartig auf ihre Unzuständigkeit für all jene Fragestellungen verweisen, „in denen ursächlich rationale Marktentscheidungen von gesellschaftlichen Faktoren überlagert" (Buß, 1983:1) oder gar als normativ vorbelastet bewertet werden.[26] Verantwortung kann diesem Paradigma folgend nicht im Blickfeld der Forschung liegen, wird doch die Unschuld der Ergebnisse aus Forschung und Wissenschaft angenommen. Nicht in den wissenschaftlichen Ergebnissen liegt das moralisch Gute oder Böse, sondern allein in der Anwendung und den dabei erzeugten, gewollten wie ungewollten, Wirkungen und Nebenwirkungen (Snell, 2009:16). Dennoch lassen sich in allen Wissenschaftsdisziplinen Zeichen eines Wandels in der Absolutheit der Paradigmen finden. Für die Naturwissenschaften ist dies spätestens mit dem Aufkommen der Biotechnologiedebatte der Fall. Die Debatte über die Annahme der ethischen Neutralität wissenschaftlicher Arbeit ist über dem Themenfeld der Biotechnologie so dauerhaft und tiefgreifend entbrannt, dass dies nur als grundlegende Erschütterung bisheriger Annahmen bezeichnet werden kann (Delanty, 1999:37). O'Mahony (1999:1-2) bemerkt hierzu, dass man gerade nicht davon ausgehen könne, dass die Art und Weise, wie biotechnologische Prozesse im Moment der Anwendung die Natur- oder Lebensprozesse beeinflussen, mit den Annahmen der zu Grunde gelegten Anwendungen übereinstimmen. Deshalb sind diese Technologien im Besonderen auf einen verantwortungsvollen Umgang des Menschen angewiesen. Menschen kann aber nicht attestiert werden, dass sie in allen Fällen und zu jeder Zeit verantwortungsvoll handeln. Die Verantwortung kehre damit in das primäre Feld der Naturwissenschaft zurück. Dementsprechend hält Delanty (Delanty, 1999:37) die (natur)wissenschaftliche Neutralität durch die Verantwortungsdiskurse für ganz wesentlich he-

---

[25] An dieser Stelle soll nicht die Debatte über die Möglichkeit oder Unmöglichkeit eines kulturunabhängigen Moralverständnisses fortgesetzt werden (vgl. Donaldson und Dunfee, 1994:264). Um die Diskussion über die Möglichkeit und Notwendigkeit einer Verantwortungsübernahme seitens der Wirtschaftselite nachvollziehen zu können, ist eine prägnante Darstellung der wesentlichen Aspekte jedoch unumgänglich.

[26] Besonders hervorgetan haben sich hierbei die Naturwissenschaften, um sich von der Verquickung von Glaube und Wissenschaft zu lösen (Weber, 2002:488). Die Sozialwissenschaften folgten dieser Prämisse aus verschiedenen Gründen mit Zeitversatz, unterschiedlicher Intensität und Konsequenz (Buß, 1983:1).

rausgefordert. Zumindest für die Ausbildung der heute aktiven Spitzenmanager käme diese Wendung aber zu spät, sie müssten noch nach dem alten Ideal gelernt haben.

Auch die Betriebswirtschaftslehre hat in ihrer Geschichte einen nervösen Abwehrreflex auf die Annahme der Normativität eines Forschungsobjektes entwickelt. Dieser Reflex hat sich, spätestens mit den Erfahrungen der normativen Umdeutungen während der Zeit des Nationalsozialismus, im Sinne einer strengen Zurückhaltung im Hinblick auf potentiell präskriptive Forschungsinhalte verfestigt (Hansen und Schrader, 2005:381). Dass diese Selbstverordnung eine hypothetische Forschungsprämisse bleibt, wurde ausführlich und kontrovers diskutiert (vgl. Weisser, 1956:976). Nichtsdestotrotz hat sich weder die grundsätzliche Skepsis noch das geringe Forschungsinteresse gegenüber all jenem, dem der Geist des Normativen innewohnen könnte, dadurch verringert. Verantwortung wurde von der Betriebswirtschaftslehre lange Zeit als kaum zugänglich beschrieben. Es sei weder klar wofür, noch warum auf verantwortungsvolle Art gearbeitet wird. Verantwortung wird immer wieder als „eine Erfahrung, die ausbleibt“ beschrieben (Gablentz, 1956:808). Es scheint unmöglich, an Verantwortung direkt heranzukommen. Der Sinn von Verantwortung wird demgemäß außerhalb der Sache gesucht. Für eine Suche außerhalb der Sache fühlt sich die betriebswirtschaftliche Forschung aber meist nicht zuständig.[27] In modernen Darstellungen von Corporate Social Responsibility werden eine Vielzahl von Gründen für und wider verantwortungsvollen Handelns dargestellt. Von betriebswirtschaftlicher Seite sind dies vor allem jene Perspektiven, die eine Win-Win-Konstellation oder den Business Case beschreiben. In einer empirischen Untersuchung ist demgemäß zu klären, ob einerseits diese Paradigmen von den Spitzenmanagern als hilfreiche Handreichungen beschrieben werden und andererseits inwieweit diese Paradigmen zu einem Teil des Verantwortungsverständnisses geworden sind. Anders formuliert: welches Bild eines Spitzenmanagers ist in den Beschreibungen der im eigenen Studium vermittelten Inhalte enthalten und welche Bedeutung wird diesem Bild zugemessen? Ist Verantwortung selbstverständliches Element (auch) der Rollenbeschreibung oder werden die Verantwortungsinhalte *fremd*, d.h. beispielsweise über private Ideale, eingeführt?

[27] Eine sowohl praxisrelevante als auch theoretisch fundierte Ausnahme bildet die Arbeit von Wuttke (2000) unter dem Titel „Verantwortung und Controlling“. Wuttke betrachtet neben den Kennzeichen verantwortungsvollen Handelns auch die Möglichkeiten, solches Handeln durch Methoden des Controlling in einem „verantwortungsorientierten Zielsystem“ zu verankern (Wuttke, 2000:133ff).

2.4.2 Der Einfluss von Risiko und Komplexität auf Verantwortung

Die Überlegungen zur Risikogesellschaft, geprägt von den Ausführungen Ulrich Becks, zählen zu den prägnantesten Analysen der modernen Gesellschaft. Die mit dem Begriff der Risikogesellschaft verbundene Natur der Unsicherheit von Entscheidungen liefert in einem zunehmend komplexer werdenden System von möglichen Handlungsoptionen einen weiteren Anhaltspunkt dafür, warum Verantwortung zu einem eigenständigen Handlungsprinzip wurde (Pellizzoni, 2010:465).[28]

Die Geschichte des Risikobegriffs verläuft ganz ähnlich wie die des Verantwortungsbegriffs. Der Risikobegriff findet erstmals um 1500 im Zusammenhang mit Versicherungen in Form von Ausfallwetten der Seefahrt Verwendung (Luhmann, 1991:18). Er unterscheidet sich elementar von den bis dahin verwendeten Begriffen für unsichere zukünftige Ereignisse. Niklas Luhmann legt mit seiner Unterscheidung zwischen den Begriffen Risiko und Gefahr den elementaren Kern der Veränderung, wie er im Risikobegriff steckt, offen. Dem Verständnis Luhmanns (1991:31) folgend beschreibt *Gefahr* all jene Situationen, in denen zukünftige Handlungen als unsicher und unabhängig von der eigenen Handlung wahrgenommen werden. *Risiko* bezeichnet hingegen all jene Situationen, in denen ein Zusammenhang zwischen eigenem Handeln und einer unsicheren Handlungsfolge wahrgenommen wird. In dem Maße, wie das Vertrauen in die Fiktion von Machbarkeit und Beherrschbarkeit ansteigt, wird für die Unsicherheit zukünftiger Ereignisse der Risikobegriff bedeutungsvoller (Pellizzoni, 2010:464). Je häufiger Unsicherheit mit Entscheidungen für oder Unterlassungen von Handlungen in Verbindung gebracht wird, desto häufiger wird Unsicherheit zu einem Risko.[29] Im gleichen Zug verliert Gefahr, als vormodernes Konzept, an Bedeutung. Dies wird durch die Ausdifferenzierung der Subsysteme der Gesellschaft weiter verstärkt. Für Luhmann liegt das Risiko nicht im Nichtwissen, sondern in der Illusion vermeintlichen Wissens über zukünftige Ereignisse (Luhmann, 1991:83-92). In Verbindung mit der klaren Codierung in den Subsystemen der Gesellschaft verleite dies zu erhöhter Risikoneigung (Luhmann, 1991:92).

[28] Verantwortung und Unsicherheit, vor allem Handlungsunsicherheit im Kontext moderner Gesellschaften, werden immer wieder als eng miteinander verwobene Begriffe bezeichnet (vgl. Heidbrink, 2003; Lin-Hi, 2009; Hillmann, 2007:930). Verantwortung scheint ganz offensichtlich immer dann besondere Bedeutung zu gewinnen, wenn die Zusammenhänge zwischen Handlungen, Handlungsfolgen und Handlungsnebenfolgen nicht eindeutig sind. Verstärkt wird dies durch unklare Zuständigkeiten und Unsicherheiten hinsichtlich Handlungssubjekt und -objekt (Stahl, 2000:226f).

[29] Luhmann weist explizit darauf hin, dass Risiko kein objektives Faktum, sondern ein sozial determiniertes Konstrukt sei (Luhmann, 1991:25). Auch die Unterscheidung zwischen Risiko und Gefahr kann nur subjekt- und situationsbezogen verstanden werden. Luhmann merkt überdies an, dass eine Situation immer nur entweder als Risiko oder als Gefahr bewertet werden könne, nie als beides zugleich (Luhmann, 1991:33).

Wenn alle Handlungen im Subsystem Wirtschaft durch Zahlungen ausgedrückt werden, lässt sich auch die Zukunft in Zahlungen ausdrücken. Damit liegt die Versuchung nahe, eine (Zahlungs-) Wahrscheinlichkeit mit einer Sicherheit gleichzusetzen. Für die Wirtschaft bedeutet dies, dass durch Markt- und Verbraucherstudien eine Fiktion von Handlungssicherheit und Prognostizierbarkeit geschaffen wird. Diese Sicherheit erlaubt es, die Hebel, die mit Entscheidungen verknüpft sind, zu verlängern. Falls dann negative Handlungs(neben)folgen eintreten, belastet dies die Klärung der Verantwortung aus mindestens zwei Gründen. Erstens erschwert der Hebel die Identifikation des Auslösers. Zweitens schützt die Fiktion des Wissens jeden potentiellen Auslöser vor seiner Verurteilung.

Beispielhaft ließe sich der gesamte Zusammenhang wie folgt beschreiben: Eine Gefahr, beispielsweise der Erdrutsch in einem steilen Baugebiet, wird zu einem Risiko erklärt. Möglich wird das durch technischen Fortschritt in Form von neuen Verankerungstechniken und geologischen Studien. Wenn nun der Schadensfall eintritt, ist zunächst kein Schuldiger auszumachen. Das Geschäft lief über so viele Tische (Forschungsinstitute, Konstrukteur, Architekt, Behörden), wurde neu verpackt und erweitert, dass kein Schuldiger zu finden ist. Wenn dann doch ein Verursacher benannt wird, beispielsweise der Bauleiter, kann dem kein Mangel an Verantwortung zugewiesen werden, schließlich hat er alle Variablen (das vermeintliche Zukunftswissen der Forschungsinstitute, Konstrukteure und Architekten) in sein Kalkül mit einbezogen. Übrig bleibt der Ruf nach Verantwortung.

Letztendlich bleibt die Risikoerfahrung eben nicht innerhalb ihrer Systemgrenzen. Luhmann vermerkt hierzu: „Es wird gut gehen oder nicht gut gehen – je nach dem, ob die einzelnen Funktionssysteme die Risikobereitschaft anderer Funktionssysteme aushalten und mit Eigenmitteln ausgleichen können." (Luhmann, 1991:92) Für Verantwortung gilt dies insofern, als sowohl die Zuschreibung von Verantwortung als auch ggf. die Übernahme eben jener nicht an Systemgrenzen halt machen (Heidbrink, 2003:28). Diese Tendenz der Entgrenzung bedeutet für jeden Akteur, dass er nie sicher wissen kann, welchen Standpunkt und welche Mittel ein Beobachter zur Erfassung eines bestimmten Phänomens verwendet. Aus dem verwendeten Standpunkt leitet sich aber wiederum seine Vorstellung von Verantwortung ab. Für diese Herausforderungen muss das Verantwortungsverständnis jeden Akteurs gerüstet sein.

Es scheint, als sei Verantwortung nicht nur in der engeren Wortbedeutung auf eine Gegenseitigkeit angewiesen, sondern bedürfe auch in ihrer Anpassung an die moderne (Risiko-) Gesellschaft eines Austausches. Von theoretischer Seite wollen sowohl das stärker diskursiv angelegte Verständnis Strydoms als auch der zweistufige Konzeptentwurf Heidbrinks dieser Strukturveränderung Rechnung tragen.[30]

2.4.3 Die Gefahr einer Allzuständigkeit der Verantwortung

Eine dritte Herausforderung für den Verantwortungsbegriff stellt die vielfach konstatierte, uferlose Erweiterung des Verantwortungskonzeptes dar. Sie berge das Gefahrenpotential, eine Beliebigkeit in der Begriffsverwendung und damit die Auflösung der Handlungsrelevanz herbeizuführen (Heidbrink, 2003:35ff). Auch diese Feststellung fußt auf den veränderten Strukturbedingungen in der modernen Gesellschaft und nimmt weitreichenden Einfluss auf mögliche Verantwortungskonzepte ihrer Eliten. Die Grundlage der Entwicklung sieht Heidbrink in sechs typischen Merkmalen moderner Gesellschaften, die zur Ausweitung des Verantwortungsfeldes führen.

Das *erste* Merkmal sei eine Ausweitung temporaler Natur. In zunehmendem Maße finden auch zeitlich weit entfernte Ereignisse Eingang in den aktuellen Verantwortungskontext. „Der traditionell gegenwartsbezogene Verantwortungsbegriff hat eine prospektive und retrospektive Ausrichtung erhalten, die dafür sorgt, dass die Bereiche der Vergangenheit und der Zukunft in den aktuellen Verantwortungsraum mit einbezogen werden, so dass nun auch ehemalige und erwartbare Handlungsfolgen einen moralfähigen Status besitzen" (Heidbrink, 2003:36). Welche Auswirkungen diese temporale Erweiterung für die Wirtschaft hat, wird deutlich, wenn man sich die Intensität von Prognosen und Folgeabschätzungen zukünftiger Geschäftsentwicklungen in Geschäftsberichten vor Augen führt. Gerade vom Spitzenmanagement wird eine entsprechende Weitsicht erwartet und eingefordert. Verantwortung heißt in diesem Fall, wesentliche Eventualitäten zu antizipieren, zumindest aber auf deren Existenz hinzuweisen. Aber auch rückwirkend wird Verantwortung eingefordert, wie beispielsweise die Entschädigungszahlungen durch Unternehmen an Zwangsarbeiter des NS-Regimes zeigen. Bedeutsam ist nicht die Erkenntnis, dass Verantwortung eine temporale Dimension besitzt, sondern deren wesentliche Ausweitung.

Das *zweite* Merkmal leitet sich aus der Schwierigkeit ab, mit der in komplexen Systemen einzelnen Handlungen ein Ursache-Wirkungszusammenhang zugewiesen werden kann. Kaufmann beschreibt dieses Phänomen als den „Ruf nach Verantwortung", der immer dann aufkommt, wenn in einem ausdifferenzierten Prozess unklar sei, wem Verantwortung zugerechnet werden könne (Kaufmann, 1992:9). Verantwortung wird nicht mehr in jedem Fall konkret adressiert, sondern teilweise nur noch allgemein gewünscht, bzw. gefordert.

---

[30] Beide Konzepte werden in Kapitel 2.5.4 auf Seite 53 dargestellt und auf ihre Bedeutung für mögliche Verantwortungskonzeptionen der deutschen Wirtschaftselite untersucht.

Diese Wünsche und Forderungen werden in hohem Maße an sichtbare Vertreter einer Handlungsfolge gerichtet. Im Unternehmenskontext sind das fast immer Spitzenführungskräfte.

In engem Zusammenhang mit dieser Beobachtung steht auch das *dritte* Merkmal. Überall dort, wo Leistungen in enger Kooperation vieler Beteiligter entstehen und die Summe aller Teilleistungen nicht das Ganze erklären, wird Verantwortung auch auf Korporationen und Kollektive übertragen. Spitzenmanagern kommt in diesem Zusammenhang die Funktion des Repräsentanten der Korporation zu, wobei dies insbesondere für den Vorstandsvorsitzenden gilt. Die an Korporationen und Kollektive übertragene Verantwortung kommt damit zu einem großen Teil zurück zu Personen, die dem körperlosen Gebilde als Identifikationspunkt dienen.

Das *vierte* Merkmal ergibt sich durch die vielfältigen Rollenkonstellationen, in denen sich jedes einzelne Subjekt befindet und denen unterschiedliche Formen der Verantwortung zugeordnet werden. In dieser Vielfalt an Rollen- und Aufgabenverantwortungen sieht Heidbrink eine Erweiterung des Verantwortungsbegriffs, wie sie ausschließlich in der modernen Gesellschaft geformt wird. Für die Wirtschaftselite ergeben sich durch die vielen Bezüge, in denen sie stehen, sei es als direkter Vorgesetzter, als abstrakter Vorgesetzter aller Mitarbeiter, als Repräsentant des Unternehmens, als Repräsentant einer Branche u.v.m. besonders vielfältige Überschneidungen und Rollenzusammensetzungen, die unweigerlich über das normale Maß hinausgehen.

Als Reaktion auf die bisher skizzierten Entwicklungen der Komplexitätserhöhung findet eine Rückbesinnung auf die „aktive Partizipation und das gesellschaftliche Engagement des Einzelnen“ (Heidbrink, 2003:39) statt. Dieses *fünfte* Merkmal stellt keine Ausweitung im eigentlichen Sinne dar, führt aber durch die Rückbesinnung zu einer Reaktivierung von Verantwortungsbezügen, die bereits in das technische Feld von Ursache und Wirkung übertragen worden waren. In der Konsequenz aus dieser Rückbesinnung, die unweigerlich in einem spannungsvollen Verhältnis zu den zuvor beschriebenen Entwicklungen steht, entsteht ein *sechstes* und vorerst letztes Merkmal: Der Verantwortungsbegriff „soll die Lücken zwischen geschuldeten und verdienstlichen Pflichten füllen, kategorische und situative Handlungsnormen in Einklang bringen, unbedingte und bedingte Geltungsgründe miteinander versöhnen.“ (Heidbrink, 2003:39)

Die von Heidbrink geschilderten Entwicklungen treffen und betreffen in hohem Maße die deutsche Wirtschaftselite. Keiner der genannten Aspekte lässt eine berechtigte Hoffnung auf Nichtzuständigkeit der Spitzenmanager entstehen. Vielmehr machen gerade diese Entwicklungen das Topmanagement zu primären Adressaten eines erweiterten Verantwortungsbegriffs und erzwingen damit eine Auseinandersetzung sowohl mit den Inhalten als auch dem Umfang der Veränderungen.

Verschiedene theoretische Konzepte bieten sich für die Untersuchung der Verantwortungsverständnisse der Spitzenmanager an. In Verbindung mit den bisher dargestellten Begriffsdetails bilden die im Folgenden betrachteten Konzepte die Grundlage für die Analyse des Verhältnisses zwischen Wirtschaft, hier insbesondere vertreten durch die Wirtschaftselite, und Gesellschaft. Dieses Verhältnis von Wirtschaft und Gesellschaft bildet seinerseits die notwendige Konstellation des *Gegenübers* von Spitzenmanagement und Verantwortungsobjekt, wie es anschließend, im dritten Teil der Arbeit, empirisch untersucht wird.

2.5 Verantwortung als Phänomen sozialer Interaktion

Verantwortung kann aus soziologischer Sicht nicht ohne einen Blick auf die normative Basis des Verantwortungsbegriffs untersucht werden. Gleichzeitig liegt gerade in der Überwindung einer auf den normativen Kern beschränkten Untersuchung die zentrale Herausforderung einer genuin soziologischen Verantwortungsdefinition. Bleibt der Verantwortungsbegriff ausschließlich auf den Charakter eines Wertes beschränkt, wäre eine Untersuchung im Rahmen von Wertwandelsstudien die angemessene Vorgehensweise. Verantwortung ist in diesem Fall im direkten Zusammenhang mit der Bedeutungsentwicklung anderer Werte zu betrachten. Bliebe Verantwortung ein rein normatives Konzept, wäre eine Untersuchung auf letztgültige Normen oder entsprechende Aushandlungsprozesse auszurichten. Verantwortung nimmt aber, zumindest aus einem soziologischen Blickwinkel, mehr und anders gearteten Einfluss auf soziale Interaktionsprozesse und legt damit die Betrachtung von Verantwortung als Handlungsprinzip nahe.[31] Verantwortung strukturiert soziale Interaktion beispielsweise insofern, als Akteure „bei ihren Entscheidungen über zielgerichtete Handlungen durch Antizipation bzw. gedankliche Vorwegnahme möglichst weitgehend die Folgen ihres späteren Handelns berücksichtigen, und zwar insbesondere hinsichtlich einer Vermeidung oder zumindest Minimierung unerwünschter, negativer oder gar destruktiver Folgen." (Hillmann, 2007:929) Worauf die Vermeidung oder Minimierung der Handlungsfolgen fußt, und welche Rolle den Handlungsnebenfolgen zukommt, soll im Weiteren untersucht werden. Ihre strukturierende Wirkung entfaltet Verantwortung aber bereits in der gedanklichen Vorwegnahme von

---

[31] Sehr ausführlich stellt Buddeberg die Bedeutsamkeit des Zusammenhangs von Handlung und Verantwortung dar (Buddeberg, 2011:234ff). Die Verbindung zwischen beiden Begriffen ist bereits in der Grundlage des Handlungsbegriffs angelegt, kann demgemäß nicht als nachträglich auferlegte Pflicht verstanden werden. Zwei Handlungsmerkmale verdeutlichen dies: Handlungen sind *erstens* durch vernünftige (an Vernunft orientierte) Gründe zu rechtfertigen und *zweitens* kann bei keiner Handlung ganz sicher die Betroffenheit anderer ausgeschlossen werden. Damit steht „jegliches Handeln grundsätzlich unter dem Anspruch, vor Anderen begründet werden zu können" (Buddeberg, 2011:234).

Handlungsfolgen und Nebenfolgen an sich. Auf diese Eigenschaft nehmen insbesondere jüngere Konzepte, wie die von Strydom (1999) und Hiß (2006), Bezug.

2.5.1 Verantwortung als normatives Konzept

Die Liste normativer Verantwortungskonzepte ist lang und von heftigen Auseinandersetzungen in allen Teilbereichen des Verantwortungsbegriffs geprägt. Anstelle eines überblicksartigen Streifzuges durch die Windungen der Vielzähligen klassischen Konzepte, soll das prägnante und für das Verantwortungsverständnis der Wirtschaftselite voraussichtlich besonders fruchtbare Konzepte von Hans Jonas (1979) dargestellt werden.[32] Aus der Vielzahl möglicher Konzepte scheint dieses für die vorliegende Arbeit aus zwei Gründen interessant zu sein. Jonas löst sich erstmals ganz explizit von der „traditionell präsentisch begrenzten Ethik" (Heidbrink, 2003:103) und macht damit den Zeithorizont zu einer zentralen Dimension der Verantwortung. Gerade im Kontext wirtschaftlicher Handlungen in einer modernen Gesellschaft stellt der Zeithorizont eine wesentliche Determinante für Entscheidungen und Entwicklungen dar.[33] Zweitens schreibt Jonas insbesondere der Wissenschaft und Wirtschaft die Macht zu, die permanente Existenz des Menschen zu bedrohen (Jonas, 2002:293ff.) Beide Faktoren, Macht und Zeit, bilden den Kern, um den sich die Überlegungen von Jonas anordnen lassen und die fortan in jeder Verantwortungsdebatte auftauchen.

Der von Jonas aufgestellte Imperativ greift beide Faktoren, Macht und Zeit, wie folgt auf: „Handle so, dass die Wirkungen deiner Handlungen verträglich sind mit der Permanenz echten menschlichen Lebens auf Erden" (Jonas, 2002:36). Die Verbindung von wünschenswertem Zustand und der sich daraus ergebenden Verantwortung wird deutlich, wenn Jonas sein Konzept des Sollens von dem Kants abgrenzt. Heidbrink schreibt hierzu:

> „Jonas nimmt Kants Bestimmung kategorischer Verpflichtungen auf, stellt sie jedoch auf eine ontologische Grundlage: Die zukünftige Existenz der Menschheit folgt nicht aus dem Gebot der moralischen Achtung, sondern aus der ‚Idee des Menschen', gehört somit nicht in die Ethik, sondern in die ‚Metaphysik als einer Lehre vom Sein, wovon die Idee des Menschen ein Teil ist'." (Heidbrink, 2003:123)

Jonas leitet die Verpflichtung zur Verantwortung demgemäß nicht aus der Fürsorge für zukünftige Generationen ab, sondern aus der Art und Weise menschli-

---

[32] Eine ausführliche Darstellung normativer Verantwortungskonzepte findet sich bei Heidbrink (2003:89-128).

[33] Vergleiche hierzu die Vielzahl von Nachhaltigkeitsdebatten (Müller-Christ, 2006; Schulz und Kirstein, 2006) und die in diesem Zusammenhang geführten Diskussionen zu geeigneten Planungshorizonten (Weber et al., 2010).

cher Existenz. Für uns, die wir diese Existenz gefährden können, wird die Behütung letzterer damit zur Pflicht. Verantwortung findet folglich seinen normativen Grund und verlässt das, wie Jonas es bezeichnet, Va-banque-Spiel der unbegründeten Verantwortungsübernahme. „Erst die Idee des Menschen, indem sie uns sagt, *warum* Menschen sein sollen, sagt uns damit auch, *wie* sie sein sollen.“ (Jonas, 2002:91, H.i.O.). Für das Verantwortungsverständnis der Wirtschaftselite bedeutet dies, dass (gesellschaftliche) Verantwortung eine Verpflichtung aller darstellt. Insbesondere gilt das für alle jene, die über entsprechende Mittel verfügen, die Existenz zu schützen oder gegebenenfalls zu schädigen (Imbusch und Rucht, 2007:10). Für alle Menschen gilt gleichzeitig, dass sie ein Recht auf Schutz genießen. Das Menschsein kann nicht abgesprochen werden. Denjenigen, die nicht die Mittel haben, einzugreifen, steht dieser Schutz in besonderer Weise zu. Sollte sich der notwendige Konsens zu dieser Einsicht nicht einstellen, so müsse gegebenenfalls durch gesetzgeberischen Zwang die „Bändigung des *Vollbringungstriebes*“ durchgesetzt werden (Jonas, 2002:70, H.i.O.). Dieses Verantwortungsverständnis habe aber, so Imbusch und Rucht (2007), heute in Deutschland wesentlich an Bedeutung verloren. Von verschiedenen Seiten werden eine ganze Reihe von Gründen hierfür angeführt (vgl. Heidbrink, 2003:125ff). Für diese Arbeit sind insbesondere die Kritik einer anscheinend unterkomplexen Normbegründung samt fehlender Handlungsimplikationen (Donaldson und Dunfee, 1994) sowie die Annahme eines veränderten Moralverständnisses, das Pflichten nicht mehr als Ausgangspunkt von Handlungen akzeptiere (Lin-Hi, 2009), von Bedeutung. Aus diesen Überlegungen ergibt sich die Frage, inwiefern Spitzenmanager sich bei der Begründung eigener Verantwortung auf eine höhere Macht, einen Schöpfungsgedanken, rückbeziehen.

Kritik an einem normativen Verantwortungsverständnis

An erster Stelle steht die Kritik, dass aus dem Sein des Menschen das Sollen, also dessen Fortbestand, abgeleitet wird. Diese Begründung der Verantwortung sei unterkomplex und werde der modernen Gesellschaft nicht gerecht (Heidbrink, 2003:126). Der Bezug auf eine höhere Macht, aus der sich die Bewahrung der Erde im Sinne eines Schöpfungsgedankens ableiten lasse, werde der nachmetaphysischen Moderne mit ihrem rationalen Selbstverständnis nicht gerecht. Insbesondere in der von rationalen Handlungskalkülen[34] getriebenen Wirtschaft wird die Akzeptanz eines Schöpfungsgedankens als Handlungsprämisse in Zweifel gezogen. Inwieweit der Schöpfungsgedanke tatsächlich seine Handlungsrelevanz für die deutschen Spitzenmanager verloren hat, wird indes zu untersuchen sein. Spätestens in Form der Entzauberungsthese Webers wird aber

[34] Zum Rationalitätsmythos der Wirtschaft siehe (Hiß, 2006:133ff; Bluhm, 2008).

klar, dass ein unbedingter Schöpfungsbezug in der modernen Wirtschaftswelt nicht mehr möglich ist. Die Orientierungslosigkeit, die durch den Wegfall einer ontologischen Moralbasis entstanden ist, wird hauptsächlich durch zwei Konzepte versucht zu kompensieren. Einerseits durch die Suche nach allgemeinen, weit hin akzeptierten abstrakten Normen und andererseits durch die Implementierung der Normen auf rationaler, individualistischer Grundlage. Nicht zuletzt aufgrund seiner engen Bindung an eine der Grundfesten vieler ökonomischer Theorien, den individualistisch und rational handelnden Akteur, hat die Entdeckung des zweiten Theoriezweigs auch für die Diskussion des Verantwortungsbegriffs einige Aufmerksamkeit erzeugt.[35] Die Entwicklung so genannter Hypernormen konnte hingegen keine vergleichbare Bedeutung entwickeln.

Die Entwicklung von Hypernormen sucht nach allgemein gültigen, in hohem Maße abstrakten Normen, auf die in der Folge sämtliche Interpretationen verantwortungsvollen Handelns zurückbezogen werden können. Verantwortung wird in dieser Vorstellung zu einer Teilstrategie der natürlichen Suche nach Legitimität von Individuen und Institutionen. Das Fehlen einer omnipotenten moralischen Autorität zur Entwicklung dieser Normen wird durch vielschichtige Konvergenzprozesse verschiedenster Normsetzungssysteme ersetzt (Donaldson und Dunfee, 1994). Die Reziprozität der Hypernormen führe dazu, so Donaldson und Dunfee, dass auf Dauer jeder soziale Akteur an diese gebunden werden könne (Donaldson und Dunfee, 1994:268). Verantwortung richtet sich demgemäß nach allgemein gültigen Hypernormen, die von den einzelnen Akteuren weiter ausgebaut, aber nicht unterschritten werden können. Um die Handlungsrelevanz der Hypernormen zu sichern, werden diese durch Prioritätsregeln ergänzt. Prioritätsregeln helfen bei der Lösung von Konflikten zwischen den erstellten und ergänzten Normen. Als letzte Linie der Überprüfung müssen die Normen dem Geist des makrosozialen Vertrages entsprechen. Wenn Unternehmen, meist repräsentiert durch ihre höchsten Vertreter, sich an diese Normen binden, so Donaldson und Dunfee, und bei der Aushandlung eine aktive Rolle spielen, können sie sich der Legitimation ihrer Handlungen sicher sein. Auch wenn bereits die Möglichkeit der Begründung solcher Hypernormen bestritten wird, so findet sich der zweite Kerngedanke, möglichst viele Akteure am Aushandlungsprozess der gültigen Normen zu beteiligen, unter anderem in der Diskursethik wieder (vgl. Heidbrink, 2003:128). Mit viel Verve wird dieses Prinzip beispielsweise in der Holzindustrie betrieben. Wenn der Erfolg auch unterschiedlich bewertet wird, ist die Zusammenarbeit im Forest Stewardship Council (FSC) dennoch ein Beispiel dafür, wie fehlende gemeinsame Normen in intensiver Abstimmung erarbeitet werden und Handlungsrelevanz erlangen können. Welchen Anteil diskursive Ele-

[35] Für eine nähere Betrachtung siehe Kapitel 2.5.3, Seite 48.

mente am Verantwortungsverständnis der Wirtschaftselite haben, bleibt in der empirischen Erhebung zu klären.

Die von Max Weber entwickelten Idealtypen ethischen Handelns enthalten sowohl die bis hierin betrachtete Handlungsorientierung an *höheren Prinzipien* als auch eine Ausrichtung an Konsequenzen für *andere* – wie sie in den folgenden Kapiteln betrachtet werden.

2.5.2 Gesinnungs- und Verantwortungsethik als Ausgangspunkt

Max Weber entwickelt in seinem 1919 gehaltenen Vortrag mit dem Titel „Politik als Beruf" zwei sich grundsätzlich und unvereinbar gegenüberstehende Idealtypen ethischen Handelns (Weber, 2005:441f). Gegenstand der Unterscheidung sind die unbeabsichtigten, unabsehbaren Handlungsnebenfolgen intendierter, zielgerichteter Entscheidungen. Es liegt in der Natur dieser Nebenfolgen, dass sie durch die Anwendung vom Entscheider beherrschter Mittel, in einer, der eigentlichen Zielabsicht entgegenstehenden Weise, Wirkung entfalten, und damit die Zielerreichung belasten.[36] Auch wenn diese Belastung nicht unmittelbar zu einer offensichtlichen Unmöglichkeit der Zielerreichung führen muss, so behindert sie zumindest die Erreichung der intendierten Handlungsfolge.

Auf der einen Seite beschreibt Weber den *gesinnungsethischen Typus*. Er orientiert sein Handeln ausschließlich an der „reinen Gesinnung" (Weber, 2005:442). Die Ursache für ein Misslingen diesbezüglich motivierten Handelns sucht er bei der „Welt", der Unfähigkeit der Menschen oder im Willen Gottes (a.a.O.). Die ursprüngliche Grundentscheidung bleibt alleiniger Referenzpunkt, unabhängig davon, ob die Nebenfolgen die Zielerreichung gefährden oder gar unmöglich machen. Gerade in einer komplexen Entscheidungssituation entwickelt diese Fokussierung auf eine Grundüberzeugung eine große Attraktivität. Die Grundüberzeugung muss dabei keineswegs über die Maßen simplifiziert oder ideologisch überhöht sein, auch wenn Lin-Hi berechtigter Weise auf die Gefahr und Praxis einer solchen Simplifizierung hinweist (Lin-Hi, 2009:49).

Der *verantwortungsethische Typus* hingegen sieht sich außer Stande, die negativen Handlungsfolgen, „soweit er sie voraussehen konnte" (Weber, 2005:442), auf andere abzuwälzen. Grundlegend sind diese beiden Typen insoweit, als dass

[36] Positive Handlungsnebenfolgen werden in diesem Zusammenhang ausgeblendet. Dies scheint zunächst logisch, wird sich doch niemand über zusätzlichen, wenn auch unerwarteten Nutzen seiner Handlungen, beschweren. Gleichzeitig spielen diese positiven Nebenwirkungen eine ganz entscheidende Rolle in der Argumentation für verantwortungsvolles Handeln, zumindest innerhalb einzelner Teilbereiche der aktuellen betriebswirtschaftlichen Debatte. Die Win-Win-Ideologie übt sich in einem Gedankenspiel unter der Maxime: Handle verantwortungsvoll und erwarte die positiven Nebenfolgen; sage aber niemand, dass du (nur) in Erwartung der positiven Nebenfolgen so gehandelt hast.

in ihnen die möglichen Orientierungen verantwortlichen Handelns sichtbar werden. In der Zusammenschau aus gesinnungsethischer Prinzipienfundierung und verantwortungsethischer Folgenberücksichtigung entsteht ein Handlungsmodell, das die Selbstbestimmung autonomer Individuen in den pluralistischen Kontext moderner Gesellschaften einzubetten sucht (Heidbrink, 2003:92). Gerade diese Brücke zwischen kantischem Autonomieprinzip und dem hegelschen Modell sozialer Anerkennung wird von Heidbrink als besonders bedeutsam bezeichnet. Der verantwortungsethische Typus zeigt in seinem Bezug sowohl auf den inneren Gesinnungswert als auch auf dessen Beziehung zu anderen Werten einen Weg aus dem monologisch reflexiven Verantwortungsverständnis auf. Die Prüfung der Beziehung zu anderen Werten erfolgt dabei eben nicht unter dem Gesetz des kategorischen Imperativs, sondern auf der Grundlage der Selbstzurechnung moralischer und politischer Entscheidungen (vgl. Heidbrink, 2003:59ff). Mit dieser Wendung öffnet Max Weber den Verantwortungsbegriff nicht nur für die Komplexität und Volatilität der Risikogesellschaft,[37] sondern verweist sowohl auf sein dialogisches Moment, das auf ein Gegenüber gerichtet ist, als auch auf den Ausgleich zwischen ethischen und außerethischen Werten, die auf einer bewussten Entscheidung des Einzelnen beruhen. Wolfgang Schluchter fasst dies so zusammen:

> „Mit Agathe Bienfait bin ich der Meinung, daß der Begriff Verantwortungsethik bei Max Weber einen moralischen Individualismus impliziert, der *wertrational* fundiert ist, was den *Dialog* mit dem Anderen sowie den *Ausgleich* zwischen ethischen und außerethischen Werten erfordert. Das normative Fundament dieses Individualismus ist kein Charisma der Vernunft, sondern der Mensch als freies und vernünftiges Wesen, der an der Stelle der Einheit des Erlebens die Einheit des Wertbezuges zu setzen vermag, indem er die axiologische Kehre vollzieht.“ (Schluchter, 2000:34)

Max Weber baut den Begriff der Verantwortungsethik auf einem gehaltvollen Subjektbegriff auf. Ein in diesem Sinne freies und vernünftiges Subjekt erkennt sich selbst, erkennt sein Gegenüber (als Nutzen stiftend) und ist in der Lage, in eine zielführende Interaktion mit seinem Gegenüber zu treten (Schluchter, 2000:49). Weber beschreibt damit eine ganz eigene, neue Rückbindung des Verantwortungssubjekts, die weder im Abgleich mit höheren Prinzipien noch in einem idealen Diskurs liegt. Verantwortung wird vielmehr zu einem Prinzip des Ausgleichs, das auf (festen) Wertprämissen basiert.

In der Rezeption von Webers Typologie ist vielfach ein wesentlicher Punkt unter den Tisch gefallen, den Weber selbst wie folgt darstellt: „Nicht daß Gesin-

[37] Die besondere Bedeutung der Risikowahrnehmung für den Verantwortungsbegriff wird im Folgenden noch vertieft thematisiert. An dieser Stelle soll lediglich die reflexive Wendung des Verantwortungsverständnisses betont werden.

nungsethik mit Verantwortungslosigkeit und Verantwortungsethik mit Gesinnungslosigkeit identisch wäre. Davon ist natürlich keine Rede" (Weber, 2005:441). Weber stellt die grundsätzliche Orientierung ins Zentrum seiner Überlegungen. Und als solche haben beide Typen nichts von ihrer Bedeutung verloren. Für die Untersuchung der Verantwortungskonzepte deutscher Spitzenmanager liegt gerade in der deutlichen Unterscheidung der grunsätzlichen Handlungsorientierung ein hilfreiches Beschreibungsmerkmal. Es stellt sich demgemäß die Frage, ob das Verantwortungsverständnis der Wirtschaftselite auf einem höheren Prinzip, gleichviel worin dieses bestehen mag, oder auf der Vermeidung potentieller Schädigungen Dritter basiert. Noch mehr wird aber danach zu Fragen sein, welchen Gehalt die deutsche Wirtschaftselite dem handelnden Subjekt zumisst.

Einer weiteren Verlockung, die durch die Weber'sche Begrifflichkeit entstehen könnte, sollte ebenfalls widerstanden werden: auch wenn Weber für die gesinnungsethische Handlungsmotivation den christlichen Glauben als Beispiel heranzieht, so beschränkt er sie in keinem Fall darauf. Für modernes Management kann die Gesinnung genauso gut in einem überhöhten Marktglauben in Verbindung mit einem rationalen Menschenbild bestehen. Verantwortung nach gesinnungsethischer Maxime könnte für die deutsche Wirtschaftselite beispielsweise bedeuten, die reine Lehre des Marktes in den eigenen Entscheidungen umzusetzen und zu verteidigen, auch wenn damit zunächst negative Auswirkungen für die eigenen Mitarbeiter oder das eigene Land verbunden sind. In diesem Zusammenhang wird zu fragen sein, in welchem Umfang sich deutsche Spitzenmanager in ihrer Verantwortungskonzeption auf höhere Prinzipien im Sinne einer Gesinnungsethik beziehen und welche Bedeutung der veranwortungsethische Typus darin hat.

2.5.3 Verantwortung als individualistisches Optimierungsproblem

Nick Lin-Hi (2009) beschreibt ein Verantwortungsverständnis, das der *Gesinnung des Marktes* eng verbunden ist. Diese Gesinnung löst sich sehr deutlich von einem gehaltvollen Subjektbegriff und fokussiert sich auf strukturelle Elemente des Tausches. Die individuelle Disposition wird auf ein einfaches Motiv gelenkt, das in der Folge über nachvollziehbare Mechanismen koordiniert werden kann. Die hierbei entwickelte Theorie der Unternehmensverantwortung ist eine moderne Wendung des Verantwortungsbegriffs, die sich bewusst und sehr deutlich von allen normativen Prämissen zu trennen versucht.[38] Lin-Hi beschreibt Verant-

[38] Die Rede von einem *modernen* Verantwortungsverständnis folgt Lin-His eigener Terminologie. Modernität ist für ihn eng mit einer ausdifferenzierten, insbesondere aber hochgradig individualisierten Gesellschaft verbunden (Lin-Hi, 2009:52f).

wortung als ein Konzept, das von sämtlichem normativen Ballast zu befreien sei, um in der Komplexität moderner Gesellschaften seine Wirkung entfalten zu können.[39] Hintergrund dieser Überlegung ist Lin-His' Überzeugung, dass durch die Auseinandersetzung mit der normativen Gültigkeit der Grundlage von Verantwortung nicht gleichzeitig Orientierung oder gar „Lösungen für gesellschaftliche Probleme" (Lin-Hi, 2009:47) geschaffen werden würden. Zentraler Kritik- und damit Ausgangspunkt für die Entwicklung eines modernen Verantwortungsverständnisses sei die unumgängliche Beachtung gesellschaftlicher Komplexität in Handlungszusammenhängen. Im klassischen Verantwortungsverständnis findet keine Unterscheidung zwischen komplexen und einfachen Sachverhalten statt. Lin-Hi argumentiert, dass die Verantwortungszuschreibungen deshalb unterkomplex seien. Im handlungstheoretischen Verständnis, gegen welches Lin-Hi sich hier wendet, liegen Verantwortung und Macht eng beieinander. Absolute Machtlosigkeit schließt Verantwortung aus, zunehmende Macht bringt auch zunehmende Verantwortung mit sich. „Der handlungstheoretischen Logik liegt die Vorstellung einer *gezielten Gestaltbarkeit* gesellschaftlicher Phänomene zugrunde, demgemäß [sic!] sich gesellschaftliche Problemlagen (1) auf bewusste Entscheidungen bzw. Interessen von (einzelnen) Akteuren zurückführen und (2) durch geeignete Maßnahmen beheben lassen." (Lin-Hi, 2009:48 H.i.O.) Damit erfolge die Zuschreibung von Verantwortung nur noch über die Frage *„an wen"* und nicht mehr über das *„Warum"*. Ein modernes Verantwortungsverständnis, wie Lin-Hi es beschreibt, orientiert sich hingegen stark an heutigen Gesellschaftsdiagnosen, wie sie beispielsweise von Karl Homann und John Rawls formuliert wurden. Um der Komplexität von Handlungssituationen gerecht zu werden und damit „Fehldiagnosen" vorzubeugen, fordert Homann eine systematische Trennung von Handlungen (Spielzügen) und Handlungsbedingungen (Spielregeln) (Homann und Suchanek, 2000:37ff). Verantwortung finde nur dann eine verlässliche Basis, wenn sie an klare Spielregeln gebunden sei. Die Grundlage solcher Spielregeln sucht Lin-Hi in den Diagnosen der Handlungsbedingungen moderner Gesellschaften, wie sie John Rawls beschrieben hat (Rawls, 1993). Rawls attestiert einen Pluralismus ohne gemeinsame Wertebasis. Es fehle die gemeinsame Basis für anerkannte Regeln, es existiere keine geteilte Konzeption des Guten mehr. Lin-Hi folgert hieraus, dass Verantwortung demgemäß nicht mehr auf ein gemeinsames normatives Fundament zurückgreifen könne. In der Folge ergibt sich ein individualistisch gewendetes Verantwortungsverständnis, das Lin-Hi wie folgt zusammenfasst:

[39] In dieser Forderung orientiert sich Lin-Hi sehr eng an den Vorstellungen seiner akademischen Lehrer Suchanek und Hohmann (vgl. Lin-Hi, 2009:40 Fn. 172 und Fn. 210, S.51).

> Die Begründung von Verantwortung ist im wohlverstandenen Eigeninteresse des Einzelnen zu suchen. (Lin-Hi, 2009:53)

Durch den Wegfall einer normativen Letztinstanz müssen alle Betroffenen an der Implementierung von notwendigen Regeln beteiligt werden. Normativität kann allein auf dem Wollen der Einzelnen aufbauen. Dieses Konsenskriterium schließt eine kurzfristige Schlechterstellung eines Einzelnen so lange nicht aus, wie langfristig dadurch eine Besserstellung erreicht wird. Verantwortung kann demgemäß immer dann abgelehnt werden, wenn deren Erfüllung nicht mit den Zielen des zur Verantwortung Gerufenen anreizkompatibel ist. Die fehlende Anreizkompatibilität wiederum „hat ihren Ursprung in einer unzureichenden institutionellen Kanalisierung von individuellen Handlungen" (Lin-Hi, 2009:83).

> „Da es dem Einzelnen nicht zugemutet werden kann, systematisch gegen sein Eigeninteresse verstoßen zu sollen und dies gleichsam als moralische Norm zu verstehen ist, ist es legitim, die Übernahme von Verantwortung bei fehlender Anreizkompatibilität abzulehnen." (Lin-Hi, 2009:83)

Um also ein gewünschtes Ausmaß an Verantwortung zu erreichen, sind die Dilemmastrukturen so zu gestalten, dass Anreiz und Handlungsmotivation zusammenpassen. Der Einzelne wird immer dann verantwortlich handeln, wenn er durch diese Handlung seine zukünftige Handlungsfreiheit gesichert sieht. Die Sicherung und Begrenzung der Handlungsfreiheit erfolgt über Institutionen.[40] Im Verständnis von Lin-Hi wird damit die Etablierung von geeigneten Institutionen zur konstitutiven Bedingung, um Verantwortung als eine Investition in die zukünftigen Handlungsbedingungen zu verstehen. Die im Verantwortungsbegriff angelegte Interaktion zwischen Subjekt und Objekt beschränkt sich für Lin-Hi auf die wechselseitige Aushandlung von Freiheiten unter der Bedingung, die damit verbundenen Verantwortlichkeiten anzuerkennen. Als logische Konsequenz ergibt sich daraus:

> „Da der Einzelne ein Interesse an Freiheit hat, muss er stets auch ein Interesse an Verantwortung haben. Da die Freiheit des Einzelnen nicht ohne die Freiheit der Anderen gedacht werden kann, muss er ebenso stets ein Interesse daran haben, dass die Anderen Verantwortung übernehmen." (Lin-Hi, 2009:81)

In einem solchen Verantwortungsverständnis sind selbstverständlich Situationen denkbar, in denen die Gründe für eine Zuschreibung von Verantwortung nicht

[40] Es ist an dieser Stelle wichtig festzustellen, dass der von Lin-Hi verwendete Institutionenbegriff sowohl utilitaristisch als auch funktionalistisch geprägt ist. Auch wenn unklar bleibt, was genau er unter Institutionen versteht, so wird doch deutlich, dass deren „Etablierung" dem vornehmlichen Ziel der Sicherung zukünftiger Investitionen dient (Lin-Hi, 2009:80). Dementsprechend stellen „geeignete Institutionen" für Lin-Hi „Vermögenswerte" dar.

mit den Gründen für die Übernahme eben jener übereinstimmen. Es ist also durchaus denkbar, dass der kollektive Konsens die Reduktion des Energieverbrauchs mit einer Verbundenheit zur Natur begründet und unter Zuhilfenahme einer Energiesteuer anreizwirksam umsetzt. Gleichzeitig verhalten sich aber einzelne Unternehmen aus ganz anderen, wettbewerbspolitischen, Gründen *verantwortlich.* Sie reduzieren ihren Energieverbrauch, unterstützen gar die Verschärfung solcher Richtlinien, weil sie hoffen, aufgrund der eigenen Anstrengungen dem Wettbewerb unter diesen Bedingungen deutlicher überlegen zu sein und damit schneller eine für sie vorteilhafte Marktkonsolidierung herbeizuführen.[41]

Situationen, in den Verantwortung übernommen wird, obwohl dies institutionell nicht mit Anreizstrukturen verknüpft ist, schließt Lin-Hi in seiner Betrachtung aus. Für ihn sind diese freiwilligen Verantwortungsübernahmen nicht normativ begründbar und als Ausnahmefall zu bewerten. Verantwortung wird in diesem Verständnis sehr eng an den Markttausch (exchange of equivalents) gebunden und vollständig vom Prinzip der Reziprozität getrennt.[42] Ein solches modernes Verantwortungsverständnis kommt immer dann in Bedrängnis, wenn die Rationalität der handelnden Akteure nicht vollständig gegeben ist, wenn zumindest ein Teil der Motivation für die Verantwortungsübernahme außerhalb des reinen Tauschgedankens liegt.

Gleichzeitig bleibt die *versteckte Normativität* des Ansatzes, wie sie in den Marktprämissen von Hayek (Lin-Hi, 2009:54), dem rational agierenden Nutzenmaximierer nach Smith (Lin-Hi, 2009:59) und der Sozialisationsthese nach Rawls (Lin-Hi, 2009:53) vorzufinden ist, unbeachtet. Die Bedeutung dieser unumgänglichen normativen Grundlage wird in der Vorstellung deutlich, dass Verantwortung, ebenso wie Freiheit, nicht darauf hin beschrieben wird, was zu tun sei, sondern darauf hin, was zu unterlassen sei. Das von Lin-Hi entwickelte Verantwortungsverständnis ist ein minimalinvasives Instrument, das die notwendige Koordination zur Hebung möglicher Kooperationsgewinne sichern soll. Worin dann aber das unverwechselbar Eigene des Verantwortungsbegriffs liegt, bleibt unklar. Diese Überlegungen fließen insofern in die durchzuführende Erhebung ein, als dass danach gefragt werden soll, wie stark die Verknüpfung von Anreiz und Verantwortungsübernahme im Verantwortungsverständnis ausfällt und ob

---

[41] Zu beobachten sind solche Kalküle vor allem dann, wenn Wettbewerber unterschiedlicher Größe im Markt aktiv sind. In einem solchen Fall kann es durchaus rational sein, zusätzliche Verantwortung zu übernehmen, diese institutionell zu verankern und damit Wettbewerber aus dem Markt zu drängen. Jüngere Beispiele finden sich unter anderem in der Solar-, der chemischen und der Pharmaindustrie.

[42] Die Bedeutung der Unterscheidung zwischen einer Interaktion, die auf Reziprozität im Gegensatz zu einem Austausch gleicher Werte basiert, wird im weiteren Verlauf der Arbeit immer wieder aufgegriffen. So widmet sich Kapitel 3.2.1 auf Seite 83 unter anderem diesem Aspekt.

sich die Spitzenmanager tatsächlich zu Advokaten eines modernen Verantwortungsverständnisses im Sinne Lin-His machen.

Die Implementierung von Normen auf individueller, vor allem aber auf rationaler Ebene, als Grundlage verantwortlichen Handelns, tut sich schwer mit einer konsistenen Konzeption. Sowohl die Arbeiten von Müller (2004) als auch von Lin-Hi führen aber dennoch verschiedene Argumente für die grundsätzliche Möglichkeit solcher Konzeptionen an. Die Vorstellung, für eine Gesellschaft wünschenswerte Zustände durch individuelles und rationales Vorteilsstreben zu sichern, kann dabei beim besten Willen nicht als neu bezeichnet werden.[43] Die von Müller und Lin-Hi hoffnungsfroh aufgegriffene Handlungsmotivation individualistischer und rationaler Akteure stand bereits vielfach und sehr grundlegend in der Kritik. In seinem Aufsatz zur Motivierung wirtschaftlichen Handelns weist beispielsweise Talcott Parsons darauf hin, dass die Annahme, Handlungen zielten einzig auf die rationale Verfolgung des Eigeninteresses, im Gegensatz zur Wert- und Verteilungslehre, nicht das Ergebnis „intensiver, wissenschaftlich angelegter Wirtschaftsbeobachtungen und -analysen“ sei, sondern die Antwort auf den Wunsch nach einem plausiblen Weg, logische Lücken des Systems zu schließen (Parsons, 1973:137f).

> „Die in jener Zeit gängigen Lehrmeinungen außerhalb des streng wirtschaftlichen Bereichs – etwa der Hedonismus in der Psychologie – schienen diese Formel zu bestätigen und erhöhten so das Vertrauen in die universale Anwendbarkeit des ökonomischen Begriffsschemas“ (Parsons, 1973:138)

Auch die Thesen von Lin-Hi weisen Anzeichen dieses Wunsches nach Plausibilisierung eines bestehenden Systems auf. Unhinterfragt bleiben dabei die Prämissen des Systems Wirtschaft und seiner üblichen Wirkungsmechanismen. Dass aber selbst direkte finanzielle Anreize erst in Verbindung mit sozialer Anerkennung handlungsleitend werden, darf für ein Verantwortungskonzept nicht unbeachtet bleiben.

Das Verantwortungsverständnis der Spitzenmanager kann nur dann erfasst und erklärt werden, wenn den Bezügen der sozialen Struktur angemessen Rechnung getragen wird. Was vielfach als Eigeninteresse erfasst wird, ist in hohem Maße an sozialen Institutionen orientiert und entsprechend auch nur im Zusammenhang mit diesen zu verstehen (Parsons, 1973:151). Gerade in der Organisation und Vorselektion der schier unbeschränkten Möglichkeiten liegt die Leistung und Hauptaufgabe sozialer Institutionen. Indem sie dieser Aufgabe nachkommen, wird (gesellschaftliche) Ordnung möglich.

> „Welche konkrete Richtung das eigennützige Handeln nimmt und damit auch, welche sozialen Folgen es mit sich bringt, ist also abhängig von den Maß-

[43] Adam Smiths *invisible hand* ist nach wie vor das Paradebeispiel einer solchen Paradigmatik.

stäben, nach denen Anerkennung gewährt wird, von den Handlungen, mit denen sich Lust verknüpft, und von den Prestige- und Statussymbolen, die allgemein anerkannt werden. Dies gilt wiederum genauso gut für die üblicherweise als ‚wirtschafllich' bezeichneten Interessen wie für alle anderen." (Parsons, 1973:151)

Verantwortung enthält in seiner ursprünglichen Wortbedeutung den Impuls, sich in die Situation des Anderen hineinzubegeben. In der von Lin-Hi vorgestellten Idee der Verantwortung bleibt die Entscheidung über das *ob* und *wie* des sich Hineinbegebens allein im Verfügungsraum des Verantwortungssubjekts. Tatsächlich wird aber sowohl das Hineinbegeben immer wieder erzwungen als auch eine Reaktion gegebenenfalls sanktioniert – und das zunächst einmal unabhängig von funktionalen Nutzenkalkülen. Die aktuelle Rede von Verantwortung betont die Freiwilligkeit und ist deshalb attraktiv für eine Gesellschaft, die sich nicht mehr verpflichten will.[44] Allerdings sollte dies nicht über gegenläufige Entwicklungen hinwegtäuschen. Aller Rhetorik zum Trotz hat die soziale Realität mehrfach gezeigt, dass bereits über den bloßen Ruf nach Verantwortung ein solcher Druck erzeugt werden kann, dass ein verändertes Verantwortungsverständnis handlungsleitend wird.[45]

2.5.4 Auf dem Weg zu einem erweiterten Verantwortungsverständnis

Der Weg von einem teleologischen Verantwortungskonzept (Jonas, 2002) über die dargestellte individualistische Wendung (Lin-Hi, 2009) bis hin zu einem erweiterten Verantwortungsverständnis im Sinne eines Rahmenkonzepts (Strydom, 1999) ist weit.[46] Um einen solch umfassenden Entwicklungspfad angemessen zu

---

[44] Zur Bedeutung der Pflicht als Wertvorstellung einer modernen Gesellschaft vergleiche die Ergebnisse der Studie von Buß (vgl. Buß, 1997).

[45] Bereits 1983 hat Eugen Buß mit seinen Ausarbeitungen zur kommunikativen Marktöffentlichkeit auf die besondere, neue Beziehung zwischen Unternehmen und Martöffentlichkeit hingewiesen. Buß macht deutlich, dass in dieser Austauschbeziehung im einfachsten Fall lediglich eine unverbindliche Regelhaftigkeit enthalten sei, diese aber auch zugunsten einer Verbindlichkeit aufgelöst werden könne. „Dann hätte die Koordination des Handelns normativen Charakter, d.h. aus einer regelmäßig wiederkehrenden sozialen Koordination hätte sich eine normative Gesellschaftsinstitution entwickelt, kurz: ein Strukturprinzip sozialen Handelns" (Buß, 1983:72).

[46] Es ist nicht abschließend zu klären, ab wann genau von erweiterter Verantwortung zu sprechen ist. Für Stefanie Hiß ist all jene Verantwortungsübernahme erweitert, die nicht zum inneren Verantwortungsbereich von *Markt und Gesetz* gezählt werden kann (Hiß, 2006:38). Eine ähnliche Argumentation wählt auch Schwerk (Schwerk, 2008). Galonska et al. begründen eine Trennung anhand gesetzlicher Mindeststandards (Galonska et al., 2007:16). Heiß (2011) trennt hingegen zwischen traditioneller und erweiterter Verantwortung. Sein Traditionsbegriff ist dabei eine Abgrenzung zu den Bedingungen einer modernen, komplexen, spezialisierten und individualisierten Gesellschaft. Für Heidbrink nimmt sich nur die erweiterte Verantwortung der Herausforderungen nichtdeterministischer Prozesse in nicht kausal zurechenbaren Situationen moderner Gesellschaften an (Heidb-

beschreiben, bedarf es mindestens eines einschränkenden Hinweises. Wenn hier von einer Entwicklung oder gar einem Wandel die Rede ist, sollte das nicht als lineare Entwicklung missverstanden werden. Vielmehr vollzieht sich dieser Prozess unter dem steten Einfluss revolvierender und retardierender Kräfte, die eine ungleichmäßige, schubartige, wellenförmige oder zyklische Entwicklung begünstigen (Hillmann, 2007:967). Das bedeutet nichts anderes, als dass manche Neuentdeckung im Verantwortungsverständnis eine Wiederentdeckung darstellt. Wesentliche Veränderungen sind vor allem dort zu erwarten, wo Akteure sich vermehrt den Bedingungen eines neuen, reflexiven Typs von Institutionen und dem Aufkommen einer kommunikativ mediatisierten Grundordnung gegenübergestellt sehen (vgl. Strydom, 1999:69). Dementsprechend sind die folgenden Betrachtungen überwiegend auf diejenigen Verantwortungskonzeptionen gerichtet, die sowohl in hohem Maße dem neuen Typus von Institutionen als auch der veränderten Grundordnung Rechnung tragen.[47] Die Auseinandersetzung mit diesen Aspekten soll dazu beitragen, zu untersuchen, welche Idee vom Wandel im Verantwortungsverständnis deutscher Spitzenmanager möglicherweise verankert ist.

Verantwortungskonzeptionen als Ergebnis eines Diskurses

Mit dem Ziel, die praktische Anwendbarkeit primär normativer Verantwortungskonzeptionen wesentlich zu erweitern, entwickelt die Diskursethik, hier unter anderem vertreten durch Jürgen Habermas und Karl-Otto Apel, ein diskursives Verantwortungskonzept. Apel misst in einem ersten Schritt die Universalisierbarkeit gültiger Normen an der grundsätzlichen Zustimmungsfähigkeit aller betroffenen Akteure. Kann die Zustimmungsfähigkeit angenommen werden, sind in einem zweiten Schritt diese Normen auf ihre *Handlungskonsequenzen* zu überprüfen. Das bedeutet, dass die Prämissen kontrafaktischer Handlungsbedingungen im ethischen Dialog aufrecht erhalten werden (erster Schritt) und eine verantwortungsethische Brücke in die faktischen Handlungsbezüge geschlagen wird (zweiter Schritt). Durch den Rückbezug auf die soziale Handlungsrealität, in Form eines Abgleichs mit den entwickelten Normen, wird eine Überforderung der handelnden Akteure verhindert (vgl. Heidbrink, 2003:135f). Die Zweiteilung

---

rink, 2003:35). Schranz wiederum trennt ganz allgemein nach Freiwilligkeit und Verpflichtung (Schranz, 2007:39). Fasst man diese Sichtweisen zusammen, ergibt sich im Kern ein Begriff; erweiterte Verantwortung ist *mehr:* mehr als gesetzlich kodifiziert, mehr als traditionell überliefert, mehr als am Markt gehandelt. Für eine Diskriminanzfunktion reicht diese Definition nicht, da sie an den Rändern unscharf bleibt. Im Zentrum wird aber deutlich, was gemeint ist.

[47] An dieser Stelle muss unbedingt dem Eindruck entgegengewirkt werden, der Autor sei auf der Suche nach einem *neuen und erweiterten Verantwortungsverständnis*, für dessen Validierung er sich in der Folge einer empirischen Erhebung bedient. Das Gegenteil ist der Fall. Es wird gerade zu untersuchen sein, inwieweit die Selbstbeschreibungen der Wirtschaftselite Anteile eines erweiterten Verantwortungsverständnisses in sich tragen oder sich auf andere Bezüge berufen.

der Moral begründet Apel damit, dass die Bedingungen für den zwanglosen Diskurs noch nicht gegeben, und somit nicht alle sozialen Bedingungen in der Entwicklung der Verantwortungskonzeption angemessen vertreten sind. So lange dies der Fall sei, so Apel, bliebe eine Trennung zwischen den beiden Sphären unumgänglich.

Die Leistung Apels besteht darin, dass er der kantischen Normenbegründung aus reinen Vernunftgründen eine teleologische Ergänzung an die Seite stellt. Damit wird die philosophische Reflexion des universalisierbar Guten einer subjektiven Gewissensprüfung unterzogen und damit eine situativ-historische Anknüpfung hergestellt (Heidbrink, 2003:136). Apel positioniert sich mit seinem Verantwortungskonzept „in der Mitte zwischen einer bloß *internen, normativ-hermeneutischen und handlungstheoretischen* Perspektive, die es mit moralischen Postulaten und regulativen Ideen [...] zu tun hat, und einer bloß *externen, funktionalistisch-systemtheoretischen* Perspektive, die das verantwortliche Selbstverständnis der miteinander handelnden Menschen überhaupt nicht ernstnehmen kann." (Apel, 1975:304, H.i.O) Die Mitte zu finden, also auszuhandeln, wie viel interne und wie viel externe Perspektive angemessen ist, liegt genauso im Zentrum des Diskurses wie die Einigung über Inhalte (interne Persektive) und Grenzsetzungen (externe Perspektive). In der Verantwortungsdiskussion war der Blick bisher primär auf Subjekt, Objekt und gegebenenfalls Instanz gerichtet. Durch die Einführung des Diskursgedankens in die Verantwortungskonzeption wird aus dem Dreieck zwar kein Vieleck, die Bestimmung der Eckpunkte ändert sich aber erheblich. Die für diese Arbeit wertvolle und untersuchenswerte Erkenntnis liegt nicht in der Bestimmung des Diskurses und seiner idealen Sprechsituationen, sondern in der Idee einer Beteiligung am Aushandlungsprozess der Eckpunkte. Verantwortung bedarf der Verständigung im Diskurs um zu klären, wer welche Verantwortung vor wem zu tragen hat. Gleichzeitig kann der Verantwortungsdiskurs der Verständigung unter den Diskursteilnehmern dienen. Zu fragen wird sein, worin die Spitzenmanager ihren Anteil bei der Erarbeitung von Konfliktlösungsmechanismen sehen und wie intensiv sie am gesellschaftlichen Diskurs der Normenkonkretion teilnehmen.

Das Rahmenkonzept der Verantwortung als Reaktion auf die Risikogesellschaft

Piet Strydom (1999) baut auf der Grundlage der Apel'schen Konzeption auf. Er hebt hervor, dass die veränderten Verhältnisse in einer Risikogesellschaft eine Verantwortungskonzeption erfordern, die sich von einer individuellen hin zu einer kollektiven Mitverantwortung entwickelt. Aufgrund der wesentlichen Eingriffsmöglichkeiten, die dem Menschen heute zur Verfügung stehen, müsse ein Verantwortungskonzept vornehmlich auf der Makro-Ebene angesiedelt sein. Gerade auf dieser Ebene entfalte das Verantwortungskonzept eine strukturierende

Funktion. Die Grundannahme des Framing liegt darin, dass Handlungen nicht (ausschließlich) durch fixe Präferenzen oder stabile Erwartungen bestimmt werden, sondern vielmehr sowohl Präferenzen als auch Erwartungen einem stetigen Wandel unterliegen und immer wieder neu definiert werden. Handeln kann demnach dadurch erklärt werden, dass Bedeutungen generiert und deklariert werden. „Hierbei werde unter den Akteuren ein Relevanzrahmen (‚frame') darüber festgelegt, was der ‚Sinn' der jeweiligen Situation sei. [..] Welcher ‚frame' in der Situation dominant wird, bestimmt danach das Handeln [..]." (Esser, 1990:233f).

Am zunächst semi-öffentlichen Diskurs über Risiken der Mensch-Natur Beziehung, wie er zwischen verschiedenen Akteursgruppen im Laufe der Jahre 1970 bis 1999 stattfand, zeigt Strydom exemplarisch auf, wie ein Rahmen für ein grundsätzliches Verantwortungsverständnis geschaffen wurde (Strydom, 1999:70). Durch die vielfältige Teilhabe an diesem Diskurs, befördert durch die mediale Aufarbeitung, löste sich dieser Rahmen von den einzelnen Akteuren ab und wurde als eigenständiger Master-Frame der Verantwortung auf der Makro-Ebene der Gesellschaft verankert. Der Verantwortungsrahmen ist nicht als rein beschränkender kultureller Rahmen, sondern vielmehr auch als eine ermöglichende Struktur zu verstehen, die eine große Vielzahl an Praktiken und Interpretationen erlaubt (Strydom, 1999:75).

McAdam et al. definieren Framing noch in einem eher engen Sinne „as referring to the conscious strategic efforts by groups of people to fashion shared understandings of the world and of themselves that legitimate and motivate collective action" (McAdam et al., 1996:6). Strydom erweitert diese Perspektive um den Hinweis, dass der Master-Frame der Verantwortung, als ein etabliertes Kulturmodell, nicht nur strukturierend auf den Einzelnen wirke, sondern die Risikokommunikation der verschiedenen Teilnehmer auch den Diskurs selbst strukturiere. Es liegt in der Natur eines solchen Referenzrahmens, dass alle Teilnehmer des Diskurses den Rahmen formen, wenn auch von unterschiedlichen, um nicht zu sagen konfligierenden, Standpunkten. Als semantisches Beispiel für diesen Prozess bezieht sich Strydom beispielhaft auf die veränderte Rhetorik der Öffentlichkeit, die bisher auf das ökonomische Wohlergehen des Einzelnen gerichtet war und nun primär auf die Sorge um die kollektive Sicherheit und Verantwortung gerichtet ist. Dieser Master-Frame strukturiert soziales Handeln und füllt damit die von Recht und Justiz geschaffene, bisher unbearbeitete, Lücke.

Die Risikogesellschaft hat die Grundlage für die Entwicklung des Master-Frames gelegt und sie ist nach wie vor die treibende Kraft hinter den Kulissen. Die Kritik, dass die Idee des Master-Frames ein Rückschritt in Richtung eines generalisierten und situationsindifferenten Konzeptes sei, übersieht die Tatsache, dass sich der Frame in hohem Maße der Diversität im Diskurs geäußerter Normen bedient. Strydom sieht dementsprechend keine Anzeichen eines übermäßigen Konformitätsprozesses, er konstatiert vielmehr das Gegenteil (Strydom, 1999:68ff).

Eine ganz ähnliche Richtung nimmt das Konzept der Metaverantwortung auf.[48] Sowohl Master-Frame als auch Metaverantwortung nehmen zwei grundsätzliche Änderungen im Vergleich zu *klassischen* Verantwortungskonzepten auf. Verantwortung wird erstens zu einem Ausdruck der gewachsenen Reflexivität moderner Gesellschaften, in der eine Ausrichtung von Verantwortungsgrundsätzen an kodifizierten Kriterien nicht mehr möglich ist. Keine auch noch so komplexen Kodizes sind in der Lage, die individuelle Handlungssituation abzubilden und können daher den Inhalt und Umfang von Verantwortung nicht ausreichend bestimmen. Zweitens lösen sich beide Konzepte von der engen Verknüpfung zwischen Handlung und Handlungsfolgen, und wenden sich den *Handlungsnormen* direkt zu. In der Konsequenz sinkt die Bedeutung der direkten Handlungsfakten, während die Bedeutung der Handlungsmotivation erheblich zunimmt.

> „In vielen Bereichen wird man daher, wenn die Handlungsfolgen Anlass zur Besorgnis oder Kritik geben, nicht nur fragen müssen, auf welche Handlung diese Folgen zurückzuführen sind und welches Handlungssubjekt daher verantwortlich zu machen ist: Man wird darüber hinaus die Frage stellen müssen, welcher Theorie das Subjekt in seiner Handlung gefolgt ist.“ (Kaufmann, 1995:62f)

Unter dieser Prämisse werden „durchgreifende und nachhaltige Änderungen des Handelns [..] erst dann wahrscheinlich, wenn die handlungsleitenden Theorien geändert werden können“ (Kaufmann, 1995:62f). Gerade auf diese handlungsleitenden Theorien zielen wiederum die diskursiven Verständigungsprozesse des Master-Frames der Verantwortung. Das von Strydom entwickelte Verantwortungsverständnis bringt für die deutsche Wirtschaftselite eine Vielzahl von Veränderungen mit sich. So müssten die Spitzenmanager ihre Erfüllungshaltung zugunsten einer aktiven Teilnahme am Verantwortungsdiskurs aufgeben. Die Absicherung von Handlungen und deren Folgen bedürfte einer viel stärkeren Betrachtung von Werthaltungen, während gleichzeitig die Anstrengungen, Sicherheit durch Kodifizierung zu erreichen, gesenkt werden könnten. Verantwortung wäre in hohem Maße an die *Aushandlung* von Verantwortungsgrundsätzen gebunden, in deren Folge die Pflege einer leistungsstarken Strafverfolgung zugunsten der Schaffung von Präzedenzfällen an Gewicht verlöre. In welchem Umfang ein solches Verantwortungsverständnis tatsächlich Eingang in die Selbstbeschreibungen findet, wird sich zeigen.

---

[48] Für eine ausführliche Darstellung des Konzepts der Metaverantwortung sei auf die Ausführungen von Kurt Bayertz (1995:60-64) und Ludger Heidbrink (2003:255f) verwiesen.

Kritik einer erweiterten Verantwortung in ungewissen Handlungszusammenhängen

In der dargestellten Entwicklung werden unzweifelhaft die besonderen Stärken des Verantwortungsbegriffs deutlich. Die besondere Leistung des Verantwortungsbegriffs liegt in der Möglichkeit, auf die Intransparenz und die Irritationen der modernen Gesellschaft mit einem hohen Maß an Flexibilität und Klugheit zu antworten. Verantwortung beschränkt sich nicht auf eine einzige leitende Norm oder einen zentralen Lösungsweg, sondern bietet die Möglichkeit, konfliktbereit und innovativ der Situation angemessene Handlungsregeln zu entwickeln (Heidbrink, 2003:313). Gleichzeitig liegen gerade in diesen Stärken auch die größten Herausforderungen: Einerseits eine fortschreitende Expansion des Verantwortungsbegriffs, durch die immer mehr Bereiche dem Verantwortungsimperativ unterworfen werden, andererseits eine mangelnde Verbindlichkeit von Kriterien, mit denen die Gültigkeit der (notwendigen) Maßstäbe für Verantwortung untermauert werden können (Heidbrink, 2003:257). Beide Entwicklungen lassen eine Rückbesinnung auf klassische Verantwortungselemente insoweit anziehend erscheinen, als diese „Hinterlist der sozialen Evolution“ (Heidbrink, 2003:305) die Handlungsbedeutung durch eine Eingrenzung des Geltungsbereiches sichert.

Um die dialektische Endlosschleife der Argumentation zwischen klassischem und erweitertem Verantwortungsverständnis zu verlassen, entwickelt Heidbrink einen zweistufigen Ansatz. Die Konzeption dieses Differenzierungsprinzips ist darauf ausgerichtet, die Vorzüge beider Konzepte zu nutzen und gleichzeitig limitierende Wirkung zu entfalten. Auch ohne die Details des Konzeptes nachzuzeichnen, lassen sich die Trennlinien zwischen primärem und sekundärem Verantwortungsprinzip schnell verdeutlichen. Das Subjekt primärer Verantwortungsverhältnisse sind einzelne Personen, im Falle sekundärer Verantwortung handelt es sich hingegen um Gruppen, Institutionen oder Kollektive. Ähnliches gilt für das Objekt der sekundären Verantwortung, das „beispielsweise soziale Gebilde oder abwesende – nicht mehr lebende oder ungeborene – Personen“ mit einschließt (Heidbrink, 2003:305). Aus unbedingten Verpflichtungen im primären Verantwortungsverständnis können bedingte Pflichten der Fürsorge und Solidarität im sekundären Verständnis werden. „Die Selbstverantwortung läßt sich durch die Eigenverantwortung ergänzen, die Fremdverantwortung auf die nicht menschliche Natur übertragen, die Sozialverantwortung auf vergangene und zukünftige Generationen ausdehnen.“ (Heidbrink, 2003:306)

Den unbedingten Gültigkeitsanspruch des primären Verantwortungsprinzips kann die sekundäre Verantwortung nicht für sich beanspruchen, sie bedarf daher der Begründung und Erläuterung. Heidbrink setzt bewusst einen sparsamen Ausgangspunkt: sekundäre Verantwortung beschreibt eine abgeleitete Form der primären Verantwortung. Sie darf nur dann in Ansatz gebracht werden, wenn dadurch eine bessere Bewältigung der Handlungssituation möglich wird. Dieses utilitaristische Differenzierungsprinzip scheint auf den ersten Blick nicht recht zum Verantwortungsbegriff zu passen. Heidbrink argumentiert daher wie folgt: „Gegenüber einfachen Formen des Utilitarismus ist das Verantwortungsprinzip jedoch dadurch ausgezeichnet, daß es die Verhältnismäßigkeit von Regeln und Nutzen, von Zwecken und Mitteln zum Gegenstand einer eingehenden Angemessenheitsprüfung macht, die den Kriterien der spezifischen Verallgemeinerungsfähigkeit gehorcht." (Heidbrink, 2003:306) In dieser Angemessenheitsprüfung liegt der entscheidende Unterschied zu anderen Konzepten, wie beispielsweise dem von Lin-Hi. Die Einmaligkeit des Verantwortungsbegriffs bleibt erhalten und gleichzeitig findet eine Anknüpfung an die Bedingungen der modernen Gesellschaft statt. Die zweite Sparsamkeit liegt in der Voraussetzung des *Wissen-Könnens* als Determinante der Zurechnung. Diese Voraussetzung trägt zweierlei Entwicklungen Rechnung: Einerseits geht sie über den reinen Zusammenhang zwischen Handlung und Handlungsfolge hinaus, andererseits wirkt sie auf eine uferlose Expansion beschränkend ein.[49]

Der für diese Arbeit zentrale Erkenntnisgewinn liegt aber in der „normativen Erweiterung des Zurechnungsbereichs auf diejenigen Prozesse, die aus dem Geltungshorizont kausaler und intentionaler Handlungsregeln *herausfallen*, ohne sich ihm vollständig zu *entziehen*" (Heidbrink, 2003:309 H.i.O.). Handlungsfolgen, die sowohl über die Grenze des kognitiven Wissens als auch über die der praktischen Einflussnahme hinausreichen, können Akteuren demgemäß unter einer Bedingung dennoch zugerechnet werden: wenn ihre Berücksichtigung mit guten Gründen hätte erwartet werden können (a.a.O). An dieser Stelle wird die feine Linie zwischen Fremdzuschreibung und Selbstzuschreibung deutlich. Die Verantwortung kann nicht von außen durch kausale Ketten zur Verpflichtung gemacht werden, es kann aber mit guten Gründen erwartet werden, dass der Einzelne die Handlungsfolgen *sich selbst zuschreibt*. Gerade in dieser Selbstzuschreibung liegt für Heidbrink die gesamte Dialektik des Verantwortungsbegriffs. Im Hinblick auf das Verantwortungsverständnis der deutschen Wirtschaftselite kommt mit dieser Erweiterung des Verantwortungsbegriffs eine ganz wesentliche zusätzliche Facette in den Blick: welche Verantwortung schreiben sich die Spitzenmanager selbst zu? Welche Vorstellung haben sie von Verantwortungsinhalten, die man mit guten Gründen von ihnen erwarten kann? Dass derartige Selbstzuschreibungen zu einer *kognitiven Verpflichtung* (Heidbrink, 2003:310) geworden sind, ist in der anwachsenden Vernetzungsdichte und Komplexitätssteigerung sozialer Prozesse begründet. Es ist schlicht unmöglich geworden, Aussagen darüber zu treffen, welche Folgen durch heutige Eingriffe in der Zu-

[49] Die uferlose Expansion besteht unter anderem darin, dass in zunehmendem Maße auch bloß ereignishafte, natürliche Abläufe in den Bereich von Handlungen gebracht werden. Da aber negative Handlungsfolgen deutlich weniger Akzeptanz finden als negative Folgen natürlicher Prozesse, erweitert sich die Zuschreibung von Verantwortung in nicht enden-wollendem Gleichklang.

kunft erzeugt werden, und welche Reaktionen hierauf als angemessen bewertet werden.

Heidbrink zeichnet das Bild eines Verantwortungsbegriffes, das direkt an der Schnittstelle der Teilsysteme der Gesellschaft steht. Verantwortung ist in seinem primären Bezug ein Selbstbezug zwischen Subjekt, Objekt und Instanz. In seiner Erweiterung tritt der Verantwortungsbegriff aber in den Gesamtkontext der Gesellschaft. Hier findet er den Bezugsrahmen, aus dem sich die guten Gründe des Erwarten-Könnens speisen. Im folgenden zweiten Kapitel steht gerade diese Beziehung im Vordergrund. Um in die Betrachtung eben jener Beziehung die Essenz des bis hierhin ausgearbeiteten mit hineinzunehmen, soll, bei aller notwendigen Vorsicht, der Versuch einer Zusammenfassung wesentlicher Merkmale des Verantwortungsbegriffs unternommen werden. Gemeinsam sind allen Argumentationen drei allgemeine Charakteristika. Zunächst der Gedanke des guten Lebens (Bohlken, 2011:286). Zweitens die Annahme, dass die Folgen einer Handlung für deren (moralische, ethische, juristische, finanzielle ...) Beurteilung entscheidend sind (Stahl, 2000:226). Und drittens, dass Verantwortung immer dann an Bedeutsamkeit gewinnt, wenn Unsicherheit eine Sachlage bestimmt (vgl. Kaufmann, 1992). Diese drei Merkmale strukturieren die folgenden Kapitel unter verschiedenen Blickwinkeln.

3 Die Beziehung von Wirtschaft und Gesellschaft im Hinblick auf Aufgabenteilung und Verantwortungszuschreibung

3.1 Ebenen der Verantwortungsübernahme

Um ein klares Verständnis der Verantwortungskonzeptionen der deutschen Wirtschaftselite entwickeln zu können, bedarf es neben der Betrachtung individueller Handlungsmotive einer Untersuchung der wesentlichen Beziehungen zwischen Wirtschaft und Gesellschaft sowie zwischen Person und Unternehmen. Nur in dieser Matrix aus Ansprüchen, Rollen und Verflechtungen lassen sich die individuellen Handlungsbezüge anschließend interpretieren. Die bereits allgemein angesprochenen Änderungen in der Zuschreibung von Verantwortung werden für die deutsche Wirtschaftselite beispielsweise durch die Bindung von Erwartungen an das eigene Unternehmen (als Repräsentant des Unternehmens), die eigene Rolle (als Mitglied des Vorstandes) und die eigene Position (als Führungskraft) deutlich (vgl. Heidbrink, 2003:200). Der Einzelne wird somit einerseits zum Träger einer Verantwortung, die ihm durch sein Bezugssystem auferlegt wird. Andererseits orientiert er sich an den Leitlinien seines Bezugssystems und leitet daraus Schlüsse für eigene Handlungen ab. Die zugeschriebene Verantwortung muss dabei nicht deckungsgleich mit dem (bisherigen) eigenen Verantwortungsverständnis sein. Gleiches kann für Leitlinien einer Organisation gelten, die zunächst von den eigenen Maximen abweichen. Dennoch entfalten beide Bezüge, abhängig von der Bedeutung der Bezugssysteme, Auswirkungen auf die individuellen Verantwortungskonzeptionen. Für die deutsche Wirtschaftselite ist das eigene Unternehmen ein zentrales Bezugssystem, in dessen Rahmen ein Abgleich zwischen den eigenen und den im Unternehmen fixierten Wertvorstellungen stattfindet (Pohlmann, 2008:164ff).

Jeder Einzelne ist damit mindestens dreifach in eine Verantwortungsreflexion eingebunden. Zunächst auf individueller Ebene, wie sie bereits Hegel beschrieben hat, und wie sie in der Folge von Jonas rezipiert wurde (Heidbrink, 2006:16f). Zweitens auf der Ebene der Teilsysteme, zu denen der Einzelne in Beziehung steht. Und drittens auf Ebene der System und Individuum umgebenden Umwelt. Das Verantwortungskonzept wird so gesehen zu einer Art Klammer, die den vielen Beziehungen und Handlungskontexten moderner Gesellschaften Rechnung tragen muss (Pundt et al., 2007:37).

3.1.1 Unternehmen als Träger von Verantwortung

Es ist unübersehbar, dass in der sozialen Realität moderner Gesellschaften neben natürlichen Personen immer häufiger auch „Gebilde überindividueller Art" als Akteure in Erscheinung treten (Geser, 1990:401; Heidbrink, 2003:200ff). Geser bezeichnet die Zunahme an kollektiven Akteuren als Ergebnis der fortschreitenden Ausdifferenzierung und der damit einhergehenden Komplexitätserhöhung in Handlungszusammenhängen.

> „Im Vergleich zum Emanzipationsprozess des Individuums im Zuge bürgerlicher Revolutionen stellt der neuere, viel weniger beachtete Emanzipationsprozess korporativer Akteure wohl längerfristig eine tiefgreifendere, risikoreichere gesellschaftliche Entwicklung dar, weil autonome Organisationen in viel fundamentalere Weise auf die makropolitischen und makroökonomischen Verhältnisse bestimmenden Einfluss nehmen." (Geser, 1990:405)

Für das Maß an Veränderung, das mit dieser Erkenntnis einhergeht, ist das Abhängigkeitsverhältnis der Organisation von den sie konstituierenden Individuen wesentlich. Wenn Organisationen als körperlose Gebilde, die direkt an den Willen der sie leitenden Personen gebunden sind, beschrieben werden, bleiben die Einschnitte relativ gering. In diesem Fall bilden Eliten und andere machtvolle Zusammenschlüsse von Individuen nach wie vor die handelnden Akteure. Ganz anders gestaltet sich die Situation für den Fall, dass Organisationen sich teilweise oder ganz von den Orientierungen der sie konstituierenden Individuen lösen und eigene Handlungsmaximen entwickeln. Organisationen wäre es dementsprechend möglich, aufgrund ihrer Binnenstruktur und ihres Verhältnisses zur Umwelt, eigene Reaktionsmuster zu entwickeln.

> „Erst das Zugeständnis einer solchen – wenn auch partiellen – Autonomie nötigt dazu, Organisationen analog zu Individuen als soziale Akteure sui generis zu respektieren und alle Konzepte und Hypothesen, die bisher ausschließlich der Analyse interindividueller Verhältnisse dienten, derart zu modifizieren, dass sie auch für interorganisationelle Verhältnisse sowie für Beziehungen zwischen Individuen und Organisationen Verwendung finden können." (Geser, 1990:402)

Der Verantwortungsbegriff kommt an mindestens zwei Stellen mit kollektiven Akteuren in Berührung. Zunächst überall dort, wo Handlungs- und damit Verantwortungszusammenhänge aufgrund der hohen Komplexität innerhalb einer Organisation nicht mehr einem einzelnen Akteur *zugeordnet werden können (vgl. Heidbrink, 2003:201).* Zweitens dort, wo diese Zusammenhänge kollektiven Akteuren von Dritten *zugeschrieben werden* (Aßländer und Brink, 2008:110f). Als entscheidende Konsequenz aus der Unmöglichkeit, Handlungen zuzuordnen, ergibt sich für Unternehmen die Notwendigkeit, Handlungsorientierungen nach innen sicherzustellen. Verantwortungszuschreibungen von außen sind hingegen vor allem auf die Moralfähigkeit des kollektiven Akteurs gerichtet.[50] Innerhalb der unternehmensethischen Literatur existieren verschiedene Ansätze, diese Moralfähigkeit zu bestätigen. Die Ergebnisse weisen mehrheitlich einen moralfähigen Akteur aus, der nur geringen Einschränkungen unterliegt.[51]

Unabhängig von der theoretischen Moralfähigkeit der Unternehmen bedürfen Mitarbeiter in ihren komplexen Handlungszusammenhängen einer übergeordneten Orientierung, auch im Hinblick auf Verantwortung. Hier sehen Aßländer und Brink die Gruppe der Spitzenführungskräfte, namentlich Vorstand und Aufsichtsrat, in der Verantwortung, den Diskurs über ein geteiltes Verantwortungsverständnis zu initiieren und zu gestalten (Aßländer und Brink, 2008:119). Dabei sind zwei Ziele anzustreben: erstens müssen universelle Normen konkretisiert werden und zweitens müssen nicht-universelle Normen legitimiert werden. Der geforderte deliberative Prozess erfolgt sowohl unter Rückgriff auf die individuellen Werthaltungen der Beteiligten als auch in Anknüpfung an die Historie des Unternehmens.

Welche Bedeutung die Möglichkeit kollektiver Verantwortungsübernahme hat, wird in Folge dieser Überlegungen zu erheben sein. Dieser Bereich schließt Fragen danach mit ein, wie der Verantwortungsdiskurs im Unternehmen auf das eigene Verantwortungsverständnis Einfluss nimmt und welche Rolle die Spitzenmanager bei der Gestaltung des Verantwortungsverständnisses des Unternehmens spielen.

Ob Verantwortung von Kollektiven getragen werden kann, hängt eng mit der Frage zusammen, ob Kollektive eine eigenständige Existenz haben können (vgl. Stahl, 2000:232). Die vorangegangene Argumentation hat gezeigt, dass es für diese Annahme durchaus hörbare Argumente gibt. Gleichzeitig schafft sich die Wahrnehmung der Gesellschaft ihre eigene Realität. Auch wenn teilweise noch Zweifel an der Handlungsfähigkeit von Unternehmen als Akteuren bestehen bleiben, so ist die Wahrnehmung der Öffentlichkeit eindeutig: Unternehmen werden, auch unabhängig von den Einzelpersonen der Führungsmanschaft, als handelnde Akteure beschrieben.[52] Ob dies als Ausweichmechanismus in Folge

---

[50] Die Moralfähigkeit von Unternehmen bildet vornehmlich in angloamerikanischen Studien den Forschungsschwerpunkt (vgl. Werhane und Freeman, 1999; Aßländer und Brink, 2008:110).

[51] Als problematisch erweist sich allerdings der starke Rückbezug auf den aggregierten Willen aller „innerhalb der Organisation zusammengeschlossenen Individuen“ (Aßländer und Brink, 2008:111). Ein unumstößlicher Hinderungsgrund, Unternehmen nicht als Verantwortungssubjekte zu verstehen, geht daraus aber nicht hervor.

[52] Beinahe beiläufig greift die Corporate Citizenship Forschung diese Feststellung auf. Unternehmen werden hier wie Bürger behandelt und ihnen werden entsprechend Rechte und Pflichten zugeschrieben. Die Debatte ist dabei überwiegend auf Umfang und Bedeutung der Bügerpflichten gerichtet, der Bürgerstatus der Unternehmen wird nur am Rande thematisiert (Arbeitskreis Nachhaltige Unternehmensführung der Schmalenbach-Gesellschaft für Betriebswirtschaft e.V, 2012:40). Auch hier scheint sich die Praxis, unabhängig von einer theoretischen Fundierung, eine eigene Re-

fehlender Zuschreibungsmöglichkeiten geschieht oder andere Gründe hat, ist zweitrangig. Durch die öffentliche Artikulation wurden soziale Fakten geschaffen (vgl. Kaufmann, 1992). Die anfänglichen Abwehrreaktionen gegenüber der Konstruktion eines kollektiven Akteurs – *Unternehmen* oder *Wirtschaft* – sind seitens der Wirtschaftslenker deutlich zurückgegangen. Gleichzeitig wurde die Notwendigkeit einer nach innen gerichteten Orientierung entdeckt.[53] Diese Aufgabe ist aber eng mit der Unterstützung durch Spitzenführungskräfte verbunden (Aßländer und Brink, 2008:121).

3.1.2 Spitzenmanager als Verantwortungsträger

Spitzenmanagern eine besondere Rolle im Hinblick auf Verantwortung im Unternehmenskontext zuzuschreiben, ist aus handlungstheoretischer Perspektive naheliegend. Gleichzeitig wird die These einer *besonderen* Verantwortung von Vertretern systemischer Ansätze immer wieder in Frage gestellt. Im Zentrum der Auseinandersetzung steht die Bedeutung zweier Eigenschaften von Spitzenführungskräften: Macht und Moralfähigkeit. Die Grundlinien beider Theoriezweige, handlungs- wie systemtheoretisch, eröffnen einmal mehr Einblicke in Teilaspekte möglicher Verantwortungsverständnisse. In der Idee der Repräsentanz werden systemische und handlungstheoretische Aspekte zusammengeführt und offenbaren dabei mögliche Synergien und Konflikte zwischen Unternehmensrepräsentanten und Unternehmen im Hinblick auf Verantwortungspflichten, -zuschreibungen und -akzeptanzen.

Die besondere Eignung von Spitzenführungskräften als Träger von Verantwortung

Aus einer handlungstheoretischen Perspektive haben Spitzenführungskräfte aufgrund ihrer Machtposition eine besondere Verpflichtung gegenüber den ihnen Unterstellten und von „ihren" Handlungen Betroffenen inne. Die zweite Eigenschaft, die Spitzenmanager zu Adressaten von Verantwortung macht, liegt in ihrer personalen Moralfähigkeit. Im Streit um die Moralfähigkeit von kollektiven Akteuren – beispielsweise Unternehmen – rücken die per Definition moralfä-

---

alität geschaffen zu haben.

[53] Wenn Verantwortung auf der Systemebene betrachtet wird, so sind für das Verantwortungsverständnis der deutschen Spitzenmanager insbesondere die Beschreibungen der „angebbaren Maximen" (Schluchter, 2000:47), an denen Handlung orientiert ist, von Interesse. Anders ausgedrückt ist nicht die auf der Systemebene übernommene Verantwortung selbst bedeutsam, sondern das, was die Spitzenmanager an ihr als Handlungsmaxime beschreiben. Gerade diese Maximen, an denen sich Handlung orientiert, bilden für Max Weber das zentralen Unterscheidungsmerkmal von sozialer Beziehung und sozialer Ordnung (Weber, 1984:§5).

higen Personen an der Spitze der Entscheidungsketten damit ganz automatisch in den Blick (Pies, 2001:177). Unklar und kontrovers diskutiert ist der Anteil beziehungsweise Bezugspunkt der Verantwortung, den Spitzenführungskräfte tragen (Aßländer und Brink, 2008:104). Annette Kleinfeld entwickelt in diesem Zusammenhang eine Typologie der Verantwortung, die zwischen einer primären und einer sekundären Verantwortung unterscheidet. Primäre Verantwortung der Unternehmen sei beispielsweise die Versorgung der Gesellschaft mit Gütern unter Einbeziehung des Gewinnerzielungsinteresses. Unternehmen als kollektive Akteure könnten diese primäre Verantwortung ohne Einschränkungen tragen. Als sekundäre Verantwortung nennt Kleinfeld die Internalisierung externer Effekte sowie eine bedingte Pflicht zur Übernahme freiwilliger Verantwortung für nicht vorhersehbare und nicht kausal zurechenbare Folgen unternehmerischen Handelns (Kleinfeld, 1998:338). Diese Form der Verantwortung ist für Unternehmen hingegen an die Personalität ihrer leitenden Repräsentanten gebunden (Kleinfeld, 1998; vgl. Rehbock, 2000). Verantwortung durch den Begriff der Person(engerechtigkeit) zu bestimmen und dadurch teilweise dem Unternehmen als kollektivem Akteur und teilweise den Spitzenführungskräften zuzuordnen, ist, abseits aller Kritik an der Theorie Annette Kleinfelds, bedenkenswert (Pies, 2001:179). Die Ergebnisse der Spitzenmanagerstudie von Buß liefern interessante Anhaltspunkte dafür, wie Spitzenmanager ihre eigene Verantwortung von der des Unternehmens abgrenzen. Demnach „interpretieren die Spitzenmanager soziale Verantwortung anders als dies die öffentliche Debatte derzeit nahelegt. Sie unterscheiden offenbar zwischen der Corporate Social Responsibility des Unternehmens und ihrer eigenen persönlichen Verantwortung, die erkennbar enger formuliert wird." (Buß, 2007:209) Moderiert wird diese Vorstellung durch das Managementverständnis der Verantwortungsträger. Vor allem angestellte Spitzenmanager großer Aktiengesellschaften neigten zu einer deutlichen Trennung von individuellem und korporativem Verantwortungsverständnis. Das hohe Maß an Identifikation innerhalb von eigentümergeführten Familienunternehmen mache eine solche Trennung hingegen unwahrscheinlich bis unmöglich. Zu fragen wird demnach sein, wie die Spitzenmanager ihr Verantwortungsverständnis im Verhältnis zur Unternehmensverantwortung beschreiben. Welche Verantwortung sehen die deutschen Spitzenmanager zwingend an natürliche Personen gebunden, welche Verantwortung können kollektive Akteure tragen?

Repräsentationsfunktion und Gestaltungsfreiheit in der Übernahme von Verantwortung

Während vor allem in Arbeiten aus dem Forschungsfeld der Wirtschaftsethik eine normativ-ethische Perspektive der Verantwortungsübernahme untersucht wird (Schultz und Wehmeier, 2011:373), betont die von der Systemtheorie durchdrungene wirtschaftswissenschaftliche Betrachtung oftmals die Ebene eines strategischen Kalküls (Pies, 2001:171). Strategisch bedeutet in diesem Zusammenhang, dass eine Optimierung der wirtschaftlichen Tätigkeit im geschickten Abgleich von Angebot und Nachfrage am Markt angestrebt wird. Verantwortung als strategischer Marktfaktor führt demgemäß im rein betriebswirtschaftlichen Verständnis nicht dazu, dass sich die Betrachtung der Zusammenhänge zwischen Führungskraft im Unternehmen, Mitarbeiter, Kunden und der Gesellschaft im Grundsatz verändert. Das Repräsentationsverhältnis von Spitzenmanagern und deren Unternehmen bleibt von der Funktion geprägt. Das Prozessverständnis ist in diesem Fall linear. Die von der Führungskraft zu verkörpernde Aufgabe besteht darin, die im Unternehmenszweck angelegten Handlungsmotive nach außen zu tragen. Das per se körperlose Unternehmen bedient sich, so könnte man sagen, der Physis des Spitzenmanagers. Repräsentation ist in diesem Fall kein Selbstzweck oder gar eine gestaltende Funktion, es ist vielmehr einer Notwendigkeit geschuldet. Im deutschen Sprachgebrauch finden sich deutliche Hinweise auf ein solches Führungsverständnis. So ist es nach wie vor üblich, aus dem Kreis der Spitzenführungskräfte – in Aktiengesellschaften ist dies der Kreis der Vorstände – eine Führungskraft zum „Sprecher" zu ernennen.[54] Die Vorstellung, dass lediglich eine, in ihrer Interpretation beschränkte, Repräsentation stattfindet, verschiebt den Fokus in Richtung constrained choice. Wenn den Handlungssubjekten keine freie Handlungswahl offen steht, verletzt dies eine der grundlegenden Voraussetzungen der Zuschreibung und Übernahme von Verantwortung. Für das Spitzenmanagement entwickeln vornehmlich juristische und marktwirtschaftliche Zwänge eine die freie Entscheidungsfindung einschränkende Wirkung. Ganz ähnlich wie Führung könnte auch Verantwortung unter diesen Annahmen als Restgröße[55] bezeichnet werden (Coelho et al., 2003b:52). Welcher unbedingte Zwang in den angeführten Bedingungen und Notwendigkeiten tatsächlich enthalten ist, zu welchem Grad sich Rahmensetzungen beispielsweise beeinflussen lassen, spielt im constrained choice Ansatz eine nachgeordnete Rolle. Zu fragen ist in diesem Zusammenhang, welche Bedeutung juristische Regelwerke für das Verantwortungsverständnis haben sowie in welchem Umfang das Verantwortungsverständnis von marktwirtschaftlichen Notwendigkeiten und Zwängen beeinflusst wird.

Von den Spitzenmanagern selbst wird die These der eingeschränkten Handlungswahl allerdings nicht durchweg geteilt. Auf die Frage, welche Gestaltungschancen gegenüber der Vielzahl an Sachzwängen bestünden, erhielt Bunz bereits 2005 nur von 18 Prozent der deutschen Spitzenmanager die Antwort, dass die

---

[54] Das Aktiengesetz bezeichnet die „Vertretung nach Außen" als eine der zentralen Aufgaben des Vorstandes (vgl. §77 AktG).

[55] Zur Bewertung von Führung als Restgröße sowie deren Bedeutung für Spitzenführungskräfte vergleiche Buß (2007:202).

Gestaltungsmöglichkeiten abnähmen (Bunz, 2005:98). Knapp 50 Prozent sahen zunehmende Gestaltungschancen und vermitteln damit ein grundsätzlich anderes Verständnis von Repräsentation. Die im constrained choice Ansatz angenommene Machtfülle der Struktur[56] wird durch eine akteurszentrierte Bewertung abgelöst. Organisationssoziologische sowie die eng damit verbundenen organisationstheoretischen Studien richten ihren Blick auf die bestehenden Wecheselwirkungen zwischen Organisationen (Wirtschaft, Politik, etc.), Gesellschaft und Akteuren (Individuen und Gruppen) (Endruweit, 2004). Von Bedeutung sind dabei die teilweise konfligierenden Bedingungen, unter denen Entscheidungen getroffen werden, sowie „Prozesse der individuellen Rezeption und kommunikativen Aushandlung von Wirklichkeiten auf der Mikroebene" (Schultz und Wehmeier, 2011:373). Besonders die interpretative Perspektive nimmt, in Abgrenzung zum Neo-Institutionalismus, primär die Mikro-Ebene in den Fokus. Bedeutung leitet sich nicht primär aus den determinierten und kontrollierten Regeln der Organisation ab, sondern wird durch die kommunikative Verwendung von Symbolen in sozialer Interaktion deutlich. Für Führungskräfte eines Unternehmens bedeutet dies, dass in ihrer sozialen Interaktion immer auch Interpretationen der Bedeutung von gesellschaftlicher Verantwortung mitschwingen. Der Sinnstiftungsprozess verläuft in diesem Fall vom Individuum zur Organisation. Nicht die Organisationen geben den Akteuren den Sinn ihrer Handlungen mit, sondern durch die Interpretation der möglichen Handlungsoptionen finden Prozesse der Sinnzuschreibung in Richtung der Organisation statt. Treiber und Strukturen der Umwelt verlieren damit ihre dominante, prägende Funktion und werden durch eine akteurszentrierte Sicht ersetzt (Schultz und Wehmeier, 2011:379).

In diese Richtung deutet auch die Praxis, durch die Wahl eines Vorstandsvorsitzenden aus dem nur gemeinschaftlich vertretungsberechtigten Vorstand eine personenbezogene Institution zu machen (vgl. § 78 AktG). Auch wenn dieses Konzept noch nicht dem Modell des CEO börsennotierter amerikanischer Konzerne entspricht, kann bei aller Vorsicht von einem Anzeichen der Veränderung, zumindest einer Ergänzung, des tieferliegenden Repräsentanzgedankens gesprochen werden. Der prägende Einfluss, der dem Vorstandsvorsitzenden durch die öffentliche Wahrnehmung zugeschrieben wird (vgl. Buß, 1999:98), schafft sich seine eigene Legitimation und Wirkung. Für das Verantwortungsverständnis werden durch diesen Wandel, der mit großer Sicherheit auch durch den allgemeinen Trend der Personalisierung und Emotionalisierung (vgl. Buß, 1999:14ff) befördert wird, vielfältige Fragen aufgeworfen.

---

[56] Aus einer anderen Perspektive, aber mit dem selben Ergebnis, argumentieren Vertreter des Neo-Institutionalismus. Wie in Kapitel 3.2.3 auf Seite 86 dargestellt wird, führen auch Mythen zu einer Einschränkung der Handlungsalternativen, die letztendlich weder einem rationalen Kalkül noch der individuellen Werthaltung der Entscheider zugeschrieben werden können (Schultz und Wehmeier, 2011:375).

Zunächst liefert diese Perspektive einen Gegenentwurf zur Annahme, man könne sich bei der Frage, wie Verantwortung in Unternehmen zu verankern sei, auf die institutionelle Ebene konzentrieren. Zweitens rückt das Binnenverhältnis zwischen den Vorständen in den Blick. Welche Verantwortung liegt bei den einzelnen Vorständen, welche im gesamten Gremium als Kollektiv und welche beim Vorstandsvorsitzenden? Untersucht wird diese Frage momentan vornehmlich im Rahmen von internationalen Gesetzgebungen, die immer wieder dem deutschen Aktienrecht entgegenstehen. Wie gehen Vorstände mit der Spannung um, wenn nach deutschem Aktienrecht der Vorstand nur gesamtverantwortlich handeln kann, internationale Handelsbestimmungen aber explizit einen verantwortlichen Vorstand als Weisungsberechtigten fordern?[57] Zu Berücksichtigen ist in der sich anschließenden empirischen Erhebung, wie das Binnenverhältnis des Vorstandes und die Funktion des Vorstandsvorsitzenden auf das Verantwortungsverständnis Einfluss nehmen. Welche Freiräume reklamieren deutsche Spitzenmanager in ihren Verantwortungsverständnissen für sich?

Bedeutung und Einbettung des Einzelnen in soziokulturelle Mechanismen

Bisher wurden überwiegend unmittelbare Einflüsse auf die Handlungsfreiheit in der Übernahme von Verantwortung betrachtet. Neben diesen Einflüssen dürfen die bisher unbeachteten mittelbaren Bedingungen aber nicht außer Acht gelassen werden. Im Konzept der Verantwortung steckt, wie bereits verschiedentlich erörtert, ein fortwährender Bezug auf ein Gegenüber. Dabei kommen unweigerlich Rollenerwartungen, geteilte Konzeptionen des Wünschenswerten und andere Strukturelemente in Ansatz. Für Spitzenmanager ist daher bereits durch die öffentlich geäußerten Rollenerwartungen von einer Relevanz[58] der Struktur für ihr Verantwortungsverständnis auszugehen.[59]

---

[57] Ein Beispiel hierfür ist die Regelung des Exportkontrollgesetzes, das einen Ausfuhrverantwortlichen fordert, das deutsche Aktiengesetzt aber gleichzeitig nur eine Vertretung als Gesamtorgan vorsieht.

[58] Relevanz heißt nicht, dass die Rollenerwartungen übernommen werden müssen. Auch in der bewussten Ablehnung könnte die Bedeutung zum Ausdruck kommen. Bewertungen von Normalität und Pathologie, vor allem aber die angeführten Bezugsrahmen für eine entsprechende Klassifizierung, können Hinweise auf den Grad der Internalisierung gesellschaftlicher Strukturmerkmale auf Seiten der Spitzenmanager geben (Abels, 2009b:147ff).

[59] Einen weiteren Grund für eine vertiefte Betrachtung der Zusammenhänge zwischen Akteur und Struktur liefert nicht zuletzt die konsequente Missachtung struktureller Einflüsse durch die betriebswirtschaftliche Literatur. Dass vornehmlich die neoklassische Schule gemeint ist, schränkt die Auswahl betriebswirtschaftlicher Forschung nicht wesentlich ein. In der großen Mehrzahl der Veröffentlichungen findet sich ein deutlicher Hinweis auf neoklassische Wurzeln und damit auf den strukturell verkürzten Ansatz (Colander et al., 2009). Was quasi automatisch oder mit großem Verve in die ceteris paribus Klausel verschoben wird, erweckt unweigerlich irgendwann das Interesse von Kritikern (Granovetter, 1985:506).

Für die Beschreibung des Verantwortungsverständnisses deutscher Spitzenmanager ist, nach der Terminologie der struktur-funktionalen Theorie, das Zusammenspiel zwischen kulturellem, sozialem und persönlichem System von besonderer Bedeutung. Verantwortung kann auf allen drei Ebenen untersucht werden: Auf der Ebene des kulturellen Systems in Form eines eher abstrakten Wissens um eine Wichtigkeit und grundsätzliche Verpflichtung zur Verantwortung, wie sie im deutschen Kulturverständnis liegt. Auf der Ebene des sozialen Systems im Sinne einer Verantwortungskultur eines Unternehmens oder der eigenen Familie, die eine Rollenerwartung in besonderem Maße prägt. Und schließlich im Persönlichkeitssystem, das in der Verküpfung von eigenen Verantwortungserfahrungen und Enkulturationsprozessen ein eigenes Verantwortungsverständnis entwickelt hat (vgl. Claessens, 1979:38).

Einmal mehr bietet das Bild des Motorsports eine anschauliche Darstellung des grundsätzlichen Zusammenwirkens von Akteur und Struktur. Auch ein noch so ausgefeiltes Fahrzeug bedarf eines Fahrers, der in der Lage ist, die Systemkomponenten auf der Rennstrecke zu orchestrieren. Sowohl Rennstrecke als auch Rennwagen ermöglichen erst das Rennen, bilden aber gleichzeitig auch wesentliche Grenzen. Der Fahrer wird wiederum durch seine Fahrpraxis die Weiterentwicklung des Fahrzeuges beeinflussen und als Teil der Gesamtheit des Rennfeldes am Streckenumbau mitwirken. Für den Blick auf das Verantwortungsverständnis deutscher Spitzenmanager ergibt sich aus diesem Bild eine enge gegenseitige Bindung von Handlung und Struktur, eine Verschränkung von Gesellschaft, Unternehmen und Führungskraft. Sichtbar wird diese Bindung in der Gesamtheit der Erwartungen, Normen, Positionen, Rollen, Gruppen, Organisationen, Institutionen, Schichten oder Klassen, aus deren Vorschriften, Rechten, Verpflichtungen, Zugehörigkeiten und Mitgliedschaften sich wiederum Regelmäßigkeiten und Funktionszusammenhänge, aber auch Konflikte, Störungen und Veränderungen in sozialen Beziehungen ergeben (Hillmann, 2007:867).

In seinem vielbeachteten Artikel *„Economic Action and Social Strukture: The Problem of Embeddedness"* spannt Mark Granovetter (1985) ein Kontinuum zwischen der Überhöhung des ungebundenen Individuums auf der einen und der Übermacht der Struktur auf der anderen Seite auf. In der Mitte beider Pole befindet sich die von Giddens als Dualität der Struktur beschriebene beidseitige Bindung. Sie geht davon aus, dass Strukturen auf menschliches Handeln nicht nur Zwang ausüben, sondern es auch ermöglichen (Giddens, 1984:197). Ähnlich äußert sich auch Jonas, wenn er Struktur „als Ermöglichung und als Restriktion des Handelns, als Medium und als Resultat der Praxis" beschreibt (Jonas, 1997:14). Für diese Arbeit kann das nur bedeuten, die fortdauernden Strukturen sozialer Beziehungen als wesentliche Variablen ökonomischen Handelns zu verstehen und deren Einfluss auf das Verantwortungsverständnis zu untersuchen.[60]

Prozesse der Integration und Absicherung der Einbettung

Mit der Annahme, dass das Verantwortungsverständnis der deutschen Spitzenmanager nur unter Einbeziehung ihrer Einbettung in die soziokulturelle Struktur vollständig verstanden werden kann, drängt sich die Frage nach den Mechanismen auf, die diese Einbettung leisten. Die struktur-funktionale Theorie benennt drei Prozesse, um die Integration von personalem, kulturellem und sozialem System zu beschreiben. Sie beschreibt diese Prozesse als Internalisierung, Institutionalisierung und Sozialisation. Internalisierung bedeutet, soziokulturelle Elemente so zu verinnerlichen, dass sie in die Persönlichkeitsstruktur übergehen. So verinnerlichte Elemente verlieren jeden Anschein des Fremden oder Erzwungenen, sie werden zur quasi-automatischen Antwort. Claessens sieht im Abgleich zwischen passenden Reaktionen und tatsächlichen oder möglichen Fragestellungen eines realen oder idiierten Partners den Kern der Internalisierung von Verantwortung (Claessens, 1969). Die Forderung nach Einpassung der Handlungen des Verantwortlichen erfolgt unter dem Rückbezug auf Normen, die ihre Legitimation aus geteilten Wertesets beziehen. Für Claessens ist das Moment der Internalisierung so zentral, dass er es zu einer von zwei Grundvoraussetzungen für die Möglichkeit der Verantwortungsübernahme macht. Nur durch die Internalisierung von Instanzen könne das für Verantwortung notwendige innere Zwiegespräch über Handlungen, Handlungsfolgen, Normen und deren Passung stattfinden (Claessens, 1969:1222). Woher die internalisierten Instanzen in einer modernen Gesellschaft, in der von einer gemeinsamen und stabilen Wertgrundlage nicht mehr per se ausgegangen werden kann, ihre Autorität beziehen, wird unterschiedlich beantwortet.[61] Werden durch die Konfrontation mit alternativen, even-

---

[60] Das Ansinnen hingegen, Handlungen ohne soziale Beziehungen zu beschreiben, sei, so Granovetter, nur in Gedankenexperimenten möglich (Granovetter, 1985:481). Auf solchen Gedankenexperimenten, wie sie von Hobbes und Rawls beschrieben wurden, fußt aber letztendlich die Idee des rationalen Akteurs. Die Vorstellung von sich selbst regulierenden ökonomischen Strukturen ist unzweifelhaft attraktiv und entfaltet auch auf Verantwortungskonzeptionen ihre Anziehungskraft (vgl. Colander et al., 2009). Im Falle komplexer Handlungszusammenhänge, in denen Verantwortung und Vertrauen in Gefahr stehen, wählt der ungebundene Akteur einfach einen der unzähligen anderen Handlungspartner aus. Welches Maß an Verantwortung notwendig ist und was von der Verantwortung erfasst sein soll, regelt damit der Markt. Für die ungebundene Handlungswahl liegt der Ausdruck von Verantwortung damit „lediglich" in der Entscheidung für oder gegen eine Alternative. Becker et al. kokettieren mit dieser allzu schönen Vorstellung wie folgt: „economics is all about how people make choices; sociology is all about how they don't have any choices to make" (Becker et al., 1960:233).

[61] Vergleiche hierzu beispielhaft die Zitate von Durkheim und Piaget auf Seite 29 sowie die Argumentation bei Weaver et al. (1999).

tuell konfligierenden, Wertesets bereits internalisierte Elemente als fremd oder aufgezwungen bewertet, reagieren aufgeklärte und nach Autonomie strebende Individuen gegebenenfalls durch Relativierungen, Variationen oder Ausblendung. Die stabilisierende Wirkung, die durch die Aufweichung der Internalisierung verloren geht, muss durch äußere Kontrolle kompensiert werden. Zu welchem Grad diese Diagnose für das Verantwortungsverständnis deutscher Spitzenmanager bedeutsam ist, wird sich zeigen müssen. Deutlich zu erkennen ist allerdings, dass die Mehrzahl der Verantwortungskonzeptionen von einer zunehmenden Auflösung beziehungsweise Unkalkulierbarkeit der internalisierten Elemente des Verantwortungsbegriffs ausgeht und ihr Heil in externen Regelungen sucht. Zweifel daran, dass dieser Abgesang verfrüht sein könnte, wecken die Untersuchungen von Hartmann über die Auswirkungen der Sozialisation der Wirtschaftselite. Nach seinen Erhebungen ist nach wie vor ein elitentypischer Habitus, gespickt mit einer Häufung von *Selbstverständlichkeiten*, erkennbar. Hartmann (2002:117ff) geht sogar so weit, diese als Einstellungskriterium für die Spitzenetage zu bezeichnen. Enthält dieser Habitus auch Aspekte der Verantwortung, besteht die Möglichkeit, in den Verantwortungsverständnissen der Wirtschaftselite noch *Unhinterfragtes* zu entdecken. Zu fragen wird sein, welche Selbstverständlichkeiten für das Verantwortungsverständnis genannt werden und ob es bewusste Prozesse der eigenen Ablösung von internalisierten Elementen der Verantwortung gibt.

Die im Prozess der Sozialisation angelegte Übertragung kultureller Werte auf den Einzelnen findet bisher wenig Beachtung, wenn es um die Untersuchung von Verantwortung geht. Die bereits angesprochene Untersuchung von Hartmann, insbesondere aber auch die Untersuchung von Buß (2007), legt aber eine hohe Bedeutsamkeit der eigenen primären Sozialisationserfahrung für deutsche Spitzenmanager nahe. Gleichzeitig möchte Pohlmann, und mit seiner Einschätzung weiß er sich in bester Gesellschaft, die Verantwortungsübernahme im Unternehmenskontext nicht der „ordentlichen Erziehung" der Spitzenmanager überlassen (vgl. Pohlmann, 2008:172f). Ob die angenommene geringe Bedeutung der primären Sozialisation im Kindes- und Jugendalter durch eine strukturelle Überformung oder einfach durch die Pluralität von Sozialisationsinhalten begründet ist, wird bei ihm nicht weiter thematisiert. Für beide Annahmen ließen sich Analogien aus anderen Erkenntnissen bilden, empirische Evidenzen liegen aber bisher nicht vor.[62] Hier wird es relevant sein, der Frage nachzugehen, welche Bedeutung die eigene Sozialisation für das Verantwortungsverständnis hat, und herauszuarbeiten, welche Bezüge zum eigenen Kulturverständnis hergestellt werden.

---

[62] Eine mögliche Reaktion auf unvorhersehbare Sozialisationsinhalte bilden Verantwortungskonzeptionen, wie sie beispielsweise von Lin-Hi (Kapitel 2.5.3, Seite 48) beschrieben werden. Verantwortung wird in diesen Konzepten so am Eigennutz modelliert, dass ihre Umsetzung unabhängig von individuellen Werthaltungen gesichert scheint.

Sozialisation wird ebenfalls im Unternehmen fortgesetzt und ist hierbei eng mit dem eigenen Arbeitsplatz verbunden. Diese Phase der Sozialisation wird von Pohlmann indirekt angesprochen, wenn er die Notwendigkeit einer Verantwortungskultur in einem Unternehmen zur Bekämpfung brauchbarer Illegalität betont. Die Unternehmenskultur ist darauf gerichtet, den Akteuren ein wünschenswertes Verhalten so zu signalisieren, dass dieses „nach und nach die kulturellen Spielregeln brauchbarer Illegalität verändert“ (Pohlmann, 2008:173). Diese Form der tertiären Sozialisation übt demgemäß Einfluss auf das Verantwortungsverständnis aus. Vielfache Beachtung findet diese These im Zusammenhang des Bestechungsskandals bei Siemens. Heidbrink schreibt hierzu, dass der Manager davon überzeugt sein müsse, dass die Einhaltung der Normen und die Verfolgung der Werte wohl bedachten Gründen seiner Firma dienten, wenn sie eine handlungsleitende Wirkung entfalten sollen (Heidbrink, 2008:5). Diesen Überlegungen folgend wird im Rahmen der Erhebung zu fragen sein, welche Bedeutung die Spitzenmanager der Sozialisation im Unternehmen im Vergleich zur Sozialisation während ihrer Kindheit und Jugend für die Ausbildung ihres Verantwortungsverständnisses beimessen.

Die Diskussion über den Grad der Freiheit handelnder Akteure im Unternehmensumfeld soll an dieser Stelle nicht weiter vertieft werden. Die vorgestellten Theorien deuten darauf hin, dass es sowohl für institutions- als auch akteurszentrierte Interpretationen bedenkenswerte Argumente gibt. Ähnliches gilt überdies für einen zwischen beiden Polen vermittelnden Weg, wie ihn Weber und Glynn beschreiten. Sie beschreiben Institutionen als dynamische Gleichgewichte, die einer fortwährenden Bestätigung bedürften (Weber und Glynn, 2006:1647). In der empirischen Erhebung wird dementsprechend zu untersuchen sein, welcher Perspektive die deutschen Wirtschaftslenker sich in ihren Verantwortungskonstruktionen bedienen und welche Konsequenzen sich daraus ergeben.

3.2 Verantwortungsverständnisse an der Schnittstelle zwischen Wirtschaft und Gesellschaft

Nicht zuletzt durch seinen Austauschcharakter ist Verantwortung fast unweigerlich ein Begriff, der insbesondere an Schnittstellen seine Bedeutung entfaltet. Eine für die deutsche Wirtschaftselite unzweifelhaft elementare Schnittstelle liegt zwischen Wirtschaft und Gesellschaft. Gerade diese Schnittstelle birgt allerdings vielseitige Herausforderung im Hinblick auf Konsistenz und Kompatibilität von Verantwortungsverständnissen: welche Ansprüche und welche Bedingungen sollen unter Zuhilfenahme welcher Messgrößen handlungsleitend werden?

> „Soziale Verantwortung von Unternehmen bedeutet, dass die Handlungen eines Unternehmens sich nicht allein an Motiven der Maximierung ökonomi-

scher Kennzahlen wie Gewinn- oder Umsatzsteigerung orientieren (sollen), sondern die möglicherweise durch die Entscheidungen verursachten externen Kosten bei Arbeitnehmern, Verbrauchern oder der natürlichen Umwelt in die Entscheidung mit einbeziehen und so handeln, dass diese Kosten gering gehalten werden" (Beckert, 2006)

Entscheidungen und Handlungen, die dieser Aussage entsprechen, wenden sich von der Ausschließlichkeit der reinen Maximierung ökonomischer Kenngrößen ab. Durch die Abwendung werden ökonomische Grundprinzipien in ihrer Exklusivität beschränkt, ihre grundsätzliche Bedeutung verlieren sie dadurch aber nicht. Mit welchen Inhalten die dabei entstehende Lücke in Begründungszusammenhängen gefüllt wird, ist genauso Inhalt der folgenden Überlegungen wie die Frage, ob überhaupt auf die Anfragen eines Gegenübers geantwortet werden muss.

3.2.1 Der neue Wert der Verantwortung

Der Begriff Verantwortung kann und wird als vieles bezeichnet, als Reflex (in unüberschaubaren Situationen), als Strukturelement (um Abläufe zu organisieren) und als normatives Konzept (um Handlungen einzufordern oder zu legitimieren).[63] Die Bedeutung des Verantwortungsbegriffs neben diesen Beschreibungen auch als gesellschaftlichen Wert zu untersuchen, bezeichnet Münch als zentrale Aufgabe einer soziologischen Untersuchung (Münch, 2011:105ff). Er stellt fest, dass diese „Ebene kulturell geteilter Wertvorstellungen" bisher selbst in etablierten Modellen des Wertemanagements keine Beachtung findet (Münch, 2011:127). Dieser Beobachtung steht die häufige Verbindung der Begriffe Werte und Verantwortung in jüngeren Veröffentlichungen deutlich entgegen.

Die im Folgenden angestellten Überlegungen zu diesem spannungsvollen Verhältnis sind nicht auf die Erarbeitung eines gehaltvollen Verantwortungswertes gerichtet, so hilfreich und erhellend eine solche auch wäre. Vielmehr beschränken sie sich auf Beobachtungen dessen, *wie* der Wert Verantwortung gebraucht wird und *wo* der Wert Verantwortung gerade keine Verwendung findet. Dementsprechend folgen der knappen Betrachtung des Wertbegriffs einige Beobachtungen zur Verwendung des Wertbegriffs in klassischen und modernen Wertewandelsstudien. Im dritten Schritt wird schließlich untersucht, mit welchem Verständnis der Wert Verantwortung gefüllt und verwendet wird.

Die wohl am häufigsten zitierte Definition des Wertbegriffs stammt von Kluckhohn und bezeichnet Werte als Konzeptionen des Wünschenswerten oder genauer:

---

[63] Insbesondere auf Unternehmensverantwortung bezogen stellt Stark die unterschiedlichen Schwerpunkte in dieser Dreiteilung dar (Stark, 2008:342ff).

> „A Value is a conception, explicit or implicit, distinctive of an individual or characteristic of a group, of the desirable which influences the selection from available modes, means, and ends of action.“ (Kluckhohn, 1951:395)

Als solche Konzeptionen sind Werte einerseits an das angebunden, was von Individuen gesagt oder getan wird, bleiben andererseits aber dennoch interpretationsbedürftig. Sie müssen herausgearbeitet und verstanden werden, sie liegen nicht offen (Kluckhohn, 1951:396). Sie zu ergründen bedarf einiger Anstrengungen. Die zur Offenlegung notwendige Anstrengung lohnt insofern die Mühe, als dass Werte die Grundorientierung des Handelns bestimmen und damit einen tiefen Einblick in die Handlungsmotivation von Akteuren liefern (Welzel, 2009:134). Werden die Wertbilder neben einer statischen Momentaufnahme auch in ihrer Bedeutungsentwicklung im Zeitablauf betrachtet, kann ein besseres Verständnis auch für gesamtgesellschaftliche Prozesse erzeugt werden.

Wie elementar das Verständnis von Entscheidungsverläufen durch Werthaltungen beeinflusst wird, macht Duncker (1998:54ff) an einem zweistufigen Modell deutlich. Duncker geht davon aus, dass sämtliche Entscheidungen durch einen primären und einen sekundären Filter laufen und dabei die Menge der vorstellbaren situationsbezogenen Handlungsoptionen eingeschränkt werden.

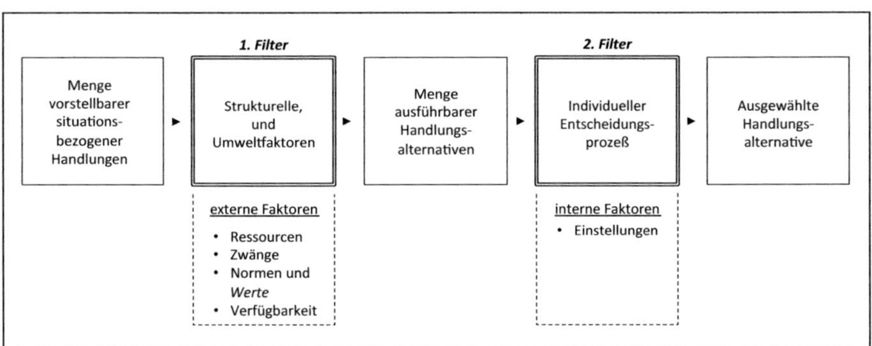

Abb 2: Zwei-Stufen-Modell der Handlungswahl von Individuen (Duncker 1998:54)

„Dieses zusammenfassende Modell berücksichtigt die Wirkung von externen Faktoren, wie materielle und immaterielle Ressourcen sowie vor allem die Bedeutung von Normen und Werten (1. Filter), die noch ***vor dem individuellen Entscheidungsprozeß*** (2. Filter) wirksam sind.“ (Duncker, 1998:55 H.i.O) Der Beziehung zwischen Wirtschaft und Gesellschaft kommt damit insofern große Bedeutung zu, als Wertvorstellungen nicht individuell gebildet, sondern von der Gesellschaft an das Individuum herangetragen werden. Erst im zweiten Schritt greift dann die individuelle Optimierung. Wenn Verantwortung als bedeutsamer

Wert in den Verantwortungskonzeptionen der Spitzenmanager sichtbar wird, ist davon auszugehen, dass bereits sehr frühzeitig im Entscheidungsablauf Handlungsmöglichkeiten ausgeschlossen werden, die dem Wertanspruch nicht gerecht werden. Ist Verantwortung hingegen kein Wert, sondern eine individuelle Strategie, werden, im Bezug auf Verantwortungsaspekte, relativ ungefilterte Handlungsoptionen im individuellen Entscheidungsprozess zu bearbeiten sein. In diesem Fall steigt unweigerlich die Komplexität und die Gefahr von Konflikten in der individuellen Entscheidungsoptimierung.[64]

Untersuchungen zum Wandel des Wertes Verantwortung

Angesichts der heutigen Omnipräsenz des Verantwortungsbegriffs könnte man davon ausgehen, dass die Karriere des Wertes Verantwortung in Wertwandelsstudien nachzuvollziehen ist. Diese Vermutung kann aber nur in sehr beschränktem Umfang bestätigt werden. Weder in den bekannten Studien von Inglehart (1989, 1998) noch in der Ausarbeitungen von Klages (Klages et al., 1992; Klages, 2001) finden sich Ergebnisse zur Verantwortung. Diese Sparsamkeit kann unterschiedlich begründet sein. Es wäre denkbar, dass Verantwortung die Wesensmerkmale eines Wertes nicht erfüllt und demgemäß nicht in Studien zum Wertewandel betrachtet werden kann. Ein solch grundsätzlicher Ausschluss scheint aufgrund der relativen Offenheit dessen, was unter einem Wert zu verstehen ist, allerdings nur schwer begründbar zu sein.

Eine zweite Erklärung könnte darin liegen, dass Verantwortung keine ausreichende Distinktion bietet, also bereits in anderen Werten enthalten ist und daher keiner eigenen Betrachtung bedarf. Eine ähnliche Argumentation findet sich in den frühen philosophischen Betrachtungen des Verantwortungsbegriffs, die von einem sekundären Konzept sprechen, das sich aus höheren, klareren Konzepten ableiten lasse (Bernasconi, 2006:228f). Diese Betrachtungsweise wurde allerdings bereits Anfang des 19. Jahrhunderts verworfen. Auch für ein Verständnis, das Verantwortung als Wert bezeichnet, scheint sich diese Argumentation nicht halten zu lassen. Im Verständnis des Wertbegriffs sind keine Kriterien zur Rangreihung angelegt, von einer Hierarchie gar nicht zu sprechen. Wenn also hochgradig korrelierte Werte zusammengefasst werden, entspringt diese Über- bzw. Unterordnung nicht der inhärenten Logik der Werte, sondern der gewissenhaften Argumentation des Wissenschaftlers (vgl. Mohler, 1992:47ff). Diese Argumentation ist wiederum abhängig von der kulturellen Prägung des Forschenden. Fakt ist, dass die Wertwandelsforschung der letzten Jahrzehnte stark auf eine prominente Theorie ausgerichtet war: die Untersuchung und Verifizierung einer fort-

[64] Die grundsätzliche Offenheit des Wertebegriffs macht beide Varianten möglich; dass auch empirische Bedeutung erlangt wird, zeigen bereits die Ergebnisse der Studie von Buß (2007:107ff).

schreitenden Individualisierung der Gesellschaft (vgl. Hradil, 2002). Verantwortung konnte für diese Forschungsprämisse offensichtlich keine Bedeutung entwickeln, blieb entsprechend unbeachtet. Bemerkenswert ist allerdings, dass Verantwortung als *„important child qualities"* dennoch seit 1981 in den World Values Surveys (WVS)[65] durch das Item *„feeling of responsibility"* vertreten ist. Die Häufigkeit der Nennungen ist im Untersuchungszeitraum (1981 bis 2005) von 62,7% auf 85,6% gestiegen. Zwar gab es auch bei anderen Erziehungsidealen deutliche Veränderungen, allerdings nur wenige mit einer ähnlichen Gleichförmigkeit und Stärke.[66] Allein aus diesem Bedeutungszuwachs als wünschenswerte Eigenschaft der eigenen Kinder hätte sich auch an anderer Stelle der Werteforschung eine breitere Aufmerksamkeit ergeben müssen (vgl. Hradil, 2002:43f). Die Allensbacher Werbeträger Analyse erfasst beispielsweise bereits seit 1985 Aussagen zur Neigung *„gerne Verantwortung zu übernehmen"* und zeichnet damit eindrücklich die Entwicklung des Wertes[67] auch abseits von Erziehungsidealen nach (vlg. Abb. 3).

In jüngsten Untersuchungen zu Werthaltungen ist der Wert Verantwortung regelmäßig enthalten (vgl. Compact, 2010). Dies gilt insbesondere für Untersuchungen zu den Wertesets von Führungskräften (Bucksteeg und Hattendorf, 2009; Bucksteeg und Hattendorf, 2010).

---

[65] Alle Schlussfolgerungen, die auf den Daten der World Values Surveys (WVS) aufbauen, wurden aus eigenen Recherchen und Auswertungen der WVS Datenbank generiert. Die WVS Datenbank ist im Internet frei unter http://www.worldvaluessurvey.org zugänglich und bietet länderspezifische Wertstudien für den Zeitraum von 1981 bis 2008. Die neuesten Daten für Deutschland stammen aus 2006 (n = 2052). Die World Values Survey basieren auf den Ausarbeitungen Ronald Ingleharts, der durch seine Tätigkeit im Exekutivkomitee auch deren Weiterentwicklung begleitet.

[66] Das Ideal der *Unabhängigkeit* hat beispielsweise im gleichen Zeitraum von 46,4 % auf 78 % zugenommen und zeigt damit die Spannung auf, in der sich der Verantwortungsbegriff bereits als Erziehungsideal bewegt.

[67] Duncker (Duncker, 1998:187) weist darauf hin, dass die Frage des Allensbach Instituts nicht im engeren Sinne auf einen Wert gerichtet sei, man aber davon ausgehen könne, dass, wer von sich selbst sagt, er übernehme gerne Verantwortung, auch über eine entsprechende Werthaltung verfüge.

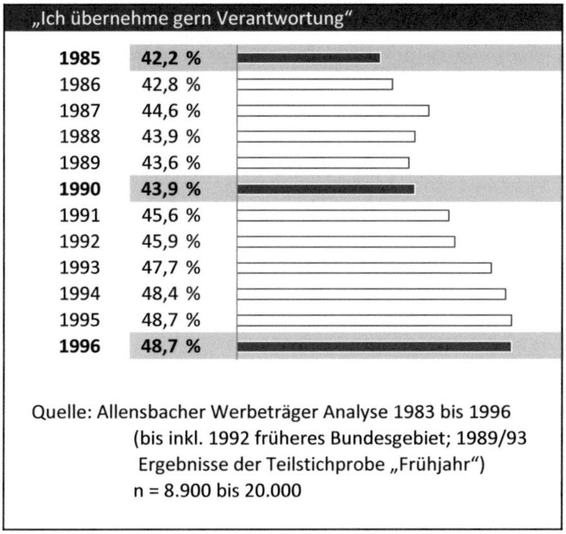

„Ich übernehme gern Verantwortung“

Jahr	Anteil
1985	**42,2 %**
1986	42,8 %
1987	44,6 %
1988	43,9 %
1989	43,6 %
1990	**43,9 %**
1991	45,6 %
1992	45,9 %
1993	47,7 %
1994	48,4 %
1995	48,7 %
1996	**48,7 %**

Quelle: Allensbacher Werbeträger Analyse 1983 bis 1996
(bis inkl. 1992 früheres Bundesgebiet; 1989/93
Ergebnisse der Teilstichprobe „Frühjahr“)
n = 8.900 bis 20.000

Abb 3: Allensbacher Werbeträger Analyse 1983 bis 1996 (Duncker 1998:201)

Für die deutschen Spitzenmanager hat Buß (2007) die Wertvorstellungen erfasst. Verantwortung wird zusammen mit Werten wie Fairness, Treue, Loyalität und Vertrauen unter dem Überbegriff *soziale Werte* zusammengefasst. Gut jeder zweite Spitzenmanager misst diesen sozialen Werten einen hohen Rang zu (vgl. Buß, 2007:112). Unter jungen Nachwuchsführungskräften liegt ihre Bedeutung mit 80% noch deutlich höher (Bucksteeg und Hattendorf, 2010:9). Auch wenn Buß völlig zu Recht darauf hinweist, dass „die Hochschätzung dieser Werte [..] alles andere als neu“ sei (Buß, 2007:112), stellt sich doch die Frage, welche Begleiterscheinungen zu einer derartigen Konjunktur beigetragen, und welchen Einfluss diese auf den Kern des Wertes genommen haben.[68] Duncker (1998:50ff) verweist hierbei auf den Zusammenhang zwischen sozialstrukturellem Wandel und Wertewandel. Verantwortung kann als Wert sowohl aufgrund eines Wertewandels an Hochachtung gewinnen, möglich ist aber auch ein Bedeutungsgewinn als Folge eines sozialstrukturellen Wandels.

[68] Erste Anzeichen für diese Entwicklung hat laut Buß das Battelle-Institut in Frankfurt bereits 1997 vor allem für jüngere Manager festgestellt (Buß, 1997:201).

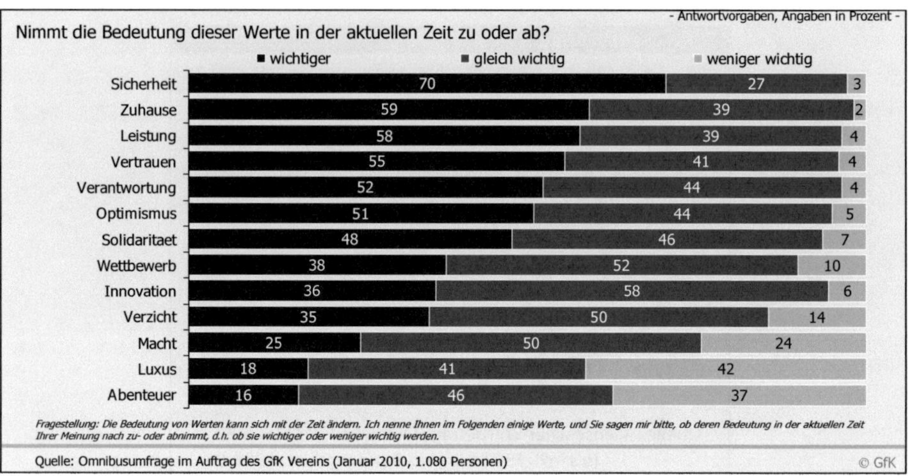

Abb 4: Entwicklung der Bedeutung gesellschaftlicher Werte (GfK Compact 2010)

„Im Sinne eines wechselseitigen dynamischen Modells sind die verschiedenen Wandlungsformen voneinander abhängig: Lösungsprozesse von strukturellen Gegebenheiten ermöglichen das Schaffen und Leben neuer Wertmuster (beispielsweise Hedonismus, Ungebundenheit, Gleichbehandlung etc.) und umgekehrt führen «neue» Werthaltungen auch zu sozialstrukturellen Wandlungen (Lösung von traditionellen Bindungen hin zu «neuen» Formen der Vergemeinschaftung)." (Duncker, 1998:52 H.i.O.) Als eine solche strukturelle Veränderung wurde bereits auf die gesteigerte Komplexität in einer hochgradig arbeitsteiligen Wirtschaft verwiesen. In dem Maße, wie Zusammenhänge zerteilt und an verschiedene, nicht miteinander verbundene Kontraktoren vergeben werden, verlieren soziale Werte zunächst an Bedeutung. Verantwortung als Konzept einer vertraglichen Sicherung steigerte hingegen seinen Stellenwert. Dieser Zusammenhang ist aber nicht zwingend als Einbahnstraße zu verstehen. Strukturelle Krisen – wie sie zuletzt äußerst dramatisch in der Finanzkrise deutlich wurden – können einer solchen Entwicklung auch wieder eine andere Richtung geben. Inwieweit die Struktur der dominante Treiber ist, oder aber ein genuiner Wertewandel einen Strukturwandel vor sich hertreibt, ist nicht abschließend zu klären. Relativ sicher ist aber, dass auch der Wandel kein einfaches *Zurück* bedeutet, sondern vielmehr eine Neuinterpretation vormaliger Wertmuster enthält (Duncker, 1998:52; Hradil, 2002:44; Buß, 2007:100). Für eben jene Neuinterpretation werden im Folgenden zwei Beobachtungen als Interpretationsangebote dargestellt. Beide können helfen, die Werthaltungen in den Verantwortungsverständnissen der Spitzenmanager offen zu legen.

Mögliche Erklärungen für den Bedeutungszuwachs des Wertes Verantwortung

Leider steht bisher keine intensive Untersuchung der inhaltlichen Verwendung und Wandlung des Wertes Verantwortung zur Verfügung. Ein solcher Versuch, eine schlüssige Erklärung oder zumindest eine nachvollziehbare Entwicklungsgeschichte zu ergründen, wäre sicher aller Mühe wert, liegt aber außerhalb der Möglichkeiten dieser Arbeit. Dennoch sollen zwei Beobachtungen skizziert werden. Die erste versteht Verantwortung als Wert in der Folge einer postmaterialistischen Gesellschaftsentwicklung, die zweite beschreibt hingegen eine Revitalisierung von Gemeinschaftswerten. Gemeinsam ist beiden, dass sie als Ablösung vorheriger Wertesets beschrieben werden (vgl. Hradil, 2002; Duncker, 1998). Für diese Arbeit geht es aber weder darum, eine der beiden Beobachtungen zu bestätigen, noch sie zu hinterfragen. Beide können dennoch helfen, die geäußerten Wertvorstellungen der Wirtschaftselite zu interpretieren.

Werte, die im Zuge der Postmodernisierung eine besondere Bedeutung erlangt haben, sind eng mit einer steigenden Individualisierung verbunden (Welzel, 2009). Dies sind für Spitzenführungskräfte in erster Linie Werte der ungebundenen Gestaltung (Buß, 2007:115). Verantwortung reiht sich in diesem Verständnis in eine Phalanx neuer Arbeitswerte im Sinne einer instrumentellen Arbeitsauffassung, einem neuen ökonomischen Individualismus sowie einer Arbeitsmoral als „Vertragsmoral“ (Buß, 1997) ein.[69] Die Attraktivität von Verantwortung liegt in ihrem Angebot, als Ersatz eines mit höherer Bindung und Unfreiheit verbundenen Wertes zu fungieren. Die Betonung der Freiwilligkeit in der Verantwortungsübernahme kann als Hinweis auf ein solches Wertverständnis gesehen werden. Verantwortung wird zu einer wünschenswerten Konzeption, weil sie all jene Aspekte des Zusammenlebens abdeckt, die nicht über den noch unabhängigeren Mechanismus des Marktes abgebildet werden können, und sie gleichzeitig hierfür den geringsten Grad an Vergemeinschaftung einfordert.[70]

Insbesondere die öffentliche Verantwortungsdiskussion der letzten Jahre hat aber noch ein anderes Werteverständnis gezeigt. Im Zuge einer Revitalisierung von Gemeinschaftswerten hat die Beziehungskomponente des Verantwortungsbegriffs neue Aufmerksamkeit bekommen (Hradil, 2002:38). Der neue Wunsch nach Gemeinschaft kann dabei keinesfalls als ein Zurück zu alten Werten verstanden werden (vgl. Klages, 2001:8). Verantwortung wird vielmehr zu einem „sich in Beziehung stellen“, dessen Maßstab vornehmlich lokal, nur selten

[69] Zu den Begriffen der instrumentellen Arbeitsauffassung, dem ökonomischen Individualismus sowie der Arbeitsmoral als Vertragsmoral siehe die Ausführungen bei Buß (1997:192ff).

[70] In dieser Lesart müsste der zweite Halbsatz eigentlich so heißen: „die **noch** nicht über den unabhängigeren Mechanismus des Marktes abgebildet werden können“.

global, ist. Mit *lokal* und *global* ist hier keine geographische Beschränkung gemeint, sondern der Geltungsbereich der rechtfertigenden Logik. Verantwortung bezieht sich auf individuelle Konzeptionen der Moral und nicht mehr auf allgemeingültige höhere Visionen (Bunz, 2005:101). Im Gegensatz zum zuvor dargestellten Wertverständnis ist Verantwortung in dieser Deutung nicht auf eine Reduzierung, sondern auf eine Erweiterung der Bedeutung gerichtet. Für die amerikanische Wirtschaftselite hat Holmes (1976) eine solche Erweiterung bereits vor gut 20 Jahren dokumentiert. In ihrer Untersuchung zeigt sie, dass amerikanische Spitzenmanager gesellschaftliche Verantwortung auch abseits der eigenen Unternehmenstätigkeit in deutlich zunehmendem Maße als wünschenswert bezeichnen. Lag die Zustimmung zu diesem Gemeinschaftswert 1970 noch bei 8%, so stieg sie bis 1975 bereits auf 14% an. In der angeschlossenen Untersuchung, inwieweit dieser Wert auch zu Handlungen führe, zeigt sich ein nachlaufender Trend. Im Jahr 1970 konnten nur 5% solche Auswirkungen bestätigen, fünf Jahre später waren es dann bereits 13% (Holmes, 1976:36). Aber auch in Deutschland wird eine solches Wertverständnis sichtbar. So lässt kaum ein Geschäftsbericht den Wunsch nach einer Ausweitung der Verantwortung vermissen.[71] Damit ist weder eine Aussage über das Ausmaß der tatsächlichen Anstrengungen, noch über die Bereitschaft zur Übernahme eventuell entstehender Nachteile verbunden. Eine entsprechende Konzeption des Wünschenswerten ist aber dokumentiert, der Wert wird verfestigt und damit Handlungsorientierung geschaffen (Hafner, 2008; Kaptein, 2004; Attarca und Jacquot, 2005).

Der Wert Verantwortung gehört zu einem breiten Angebot an Werten, die das Werteset einer modernen Gesellschaft bilden. Die ihm heute schon zugemessene hohe und in Zukunft weiter steigende Bedeutung zeigt Abbildung 5. Dass dies auch, und insbesondere, für die Wirtschaftselite gilt, belegen die angesprochenen Studien eindrücklich (Bucksteeg und Hattendorf, 2009; Bucksteeg und Hattendorf, 2010; Bunz, 2005; Buß, 2007; Pohlmann und Lämmlin, 2011).

---

[71] Beispiele finden sich in den Geschäftsberichten aller DAX Unternehmen. Knapp 50 mal spricht beispielsweise der Geschäftsbericht 2011 der BASF SE von „Verantwortung". Ein Auszug: „Als verlässlicher Teil der Gesellschaft handeln wir verantwortungsvoll. Hierbei halten wir uns strikt an unsere Compliance-Standards. In allem, was wir tun, geben wir Sicherheit immer Vorrang." (S.17) Noch deutlicher: „Unsere Standards entsprechen mindestens den international anerkannten Grundsätzen, erfüllen geltende Gesetze und Vorschriften **oder gehen über sie hinaus**. Basis ist unser Wert, verantwortungsvoll als verlässlicher Teil der Gesellschaft zu handeln." (S.19, H.d.V.)

- Antwortvorgaben, Angaben in Prozent -

Werte, deren Bedeutung in der aktuellen Zeit zunimmt	Gesamt	14-24 Jahre	25-34 Jahre	35-49 Jahre	50-64 Jahre	65 Jahre und älter
Sicherheit	**70**	**65**	**66**	**76**	**71**	**69**
Zuhause	**59**	58	56	**65**	**58**	**55**
Leistung	**58**	**74**	**66**	56	**55**	49
Vertrauen	55	52	**58**	**61**	53	**51**
Verantwortung	52	**64**	57	57	44	45
Optimismus	51	63	44	53	48	46
Solidarität	48	45	46	50	46	49
Wettbewerb	38	47	30	34	41	37
Innovation	36	49	31	35	35	35
Verzicht	35	31	29	34	39	40
Macht	25	30	27	26	22	24
Luxus	18	25	15	18	17	15
Abenteuer	16	32	18	13	14	12

Fragestellung: Die Bedeutung von Werten kann sich mit der Zeit ändern. Ich nenne Ihnen im Folgenden einige Werte, und Sie sagen mir bitte, ob deren Bedeutung in der aktuellen Zeit Ihrer Meinung nach zu- oder abnimmt, d.h. ob sie wichtiger oder weniger wichtig werden.

Quelle: Omnibusumfrage im Auftrag des GfK Vereins (Januar 2010, 1.080 Personen, davon 155 Personen (14-24 Jahre), 130 Personen (25-34 Jahre), 308 Personen (35-49 Jahre), 256 Personen (50-64 Jahre), 231 Personen (65 Jahre und älter))

Abb 5: Entwicklung der Bedeutung gesellschaftlicher Werte in Abhängigkeit vom Alter der Befragten (GfK Compact 2010)

3.2.2 Die Frage nach der Freiwilligkeit

Sowohl in theoretischen Überlegungen wie auch in Debatten über Möglichkeiten und Wege der praktischen Umsetzung wird vielfach über das „Moment der Freiwilligkeit" (Beckert, 2006:2; Hafner, 2007:40) diskutiert. Dies gilt ganz allgemein für das moderne Verantwortungsverständnis. Inbesondere die Wirtschaft, immer wieder lautstark vertreten durch ihre Eliten, tut sich aber besonders hervor.[72] Es stellt sich daher die Frage, ob eine Verantwortungsübernahme nur dann ihrem Sinn und Wesen nach erweitert[73] ist, wenn sie freiwillig erfolgt (vgl. Hiß, 2009:299). Oder umgekehrt gefragt: ist die soziale Verantwortungsübernahme nicht mehr erweitert, wenn sie in gesetzlichen Vorschriften fixiert und

---

[72] Die Liste von Beispielen ist lang. Sie reicht von der freiwilligen Selbstverpflichtung einer hohen Ausbildungsquote bis hin zur freiwilligen Selbstbeschränkung von Exporten in den Iran. Beinahe reflexartig folgt auf jede Androhung einer gesetzlichen Regelung die Ankündigung einer freiwilligen Selbstverpflichtung. Auch die Definition von Corporate Social Responsibility, wie sie von der europäischen Union herausgegeben wurde, enthält den Aspekt der Freiwilligkeit: „Soziale Verantwortung der Unternehmen [...] ist ein Konzept, das den Unternehmen als Grundlage dient, um auf freiwilliger Basis soziale und ökologische Belange in ihre Unternehmenstätigkeit und in die Beziehungen zu Stakeholdern zu integrieren" (Kommission der Europäischen Gemeinschaft, 2006).

[73] Zur Problematik der Begriffsbestimmung von erweiterter Verantwortung siehe Kapitel 2.5.4, Seite 53.

deren Übertretung durch eine enge Überwachung ökonomisch unattrakiv geworden ist?

Es ist weniger der objektive Charakter der Freiwilligkeit, als vielmehr die Frage nach der Institution, von der ein Zwang – oder besser gesagt eine Verpflichtung – ausgeht, der die entscheidende Auskunft über die innere Natur der Verantwortung gibt. So weist Abels in seinen Ausführungen zu Talcott Parsons darauf hin, dass dauerhafte stabile soziale Ordnung nur dann möglich sei, „wenn alle Handelnden etwas *gemeinsam* wollen. Und Sie müssen es *freiwillig* wollen!" (Abels, 2009a:134) Für die Bewertung und Bedeutung des Charakters der Freiwilligkeit bedeutet dies, dass Zwang nicht unbedingt als Mittel der Sanktion abweichenden Verhaltens bewertet werden muss, sondern durchaus Ausdruck der Institutionalisierung gemeinsamen Wollens sein kann. Die Bewertung der Freiwilligkeit eigener Handlungen kann in diesem Zusammenhang Auskunft darüber geben, inwiefern der handelnde Akteur sich als Teil einer Gemeinschaft gemeinsamen Wollens sieht.[74]

Die höchste Form der Übersteigerung liefert hingegen die neo-klassische Theorie. Hier entfalten selbst gesetzliche Vorgaben nur dann zwingende Wirkung, wenn eine ausreichend hohe Entdeckungswahrscheinlichkeit, verbunden mit entsprechend hohen Strafen, die Gesetzestreue rational erscheinen lässt. Damit wird selbst die Befolgung der Gesetze im Falle *unzureichender* Kontrollen mit einem hohen Maß an Freiwilligkeit belegt (Beckert, 2006:1). Die Beobachtung, dass Unternehmen in höchstem Maße auf der Freiwilligkeit ihrer Verantwortungsübernahme beharren, sie aber gleichzeitig immer wieder zugeben müssen, dass sie gar nicht anders können als Verantwortung zu übernehmen, führt die Ambivalenz der Situation vor Augen. Die Bedrohung der Freiwilligkeit speist sich aus mindestens zwei Quellen: Einerseits aus einer Zusammenstellung gesellschaftlich bedeutsamer Werte, die gegebenenfalls wider aller anderen Logiken die Freiheit einschränkt. Andererseits aber in ganz ähnlicher Weise auch aus dem Wettbewerbsprinzip an sich. So hat der Markt in Bezug auf eine freiwillige Verantwortungsübernahme neben seinen bestärkenden eben auch zwingende Tendenzen.

Versteht man unter Wettbewerb „eine endlose Kette von Konkurrenzakten um einzelne, nacheinander auftretende Verkaufschancen" (Buß, 1983:61f), so wird deutlich, dass die Freiwilligkeit der Marktteilnahme durch deutlich restriktive und defensive Elemente flankiert wird. Wenn soziale Verantwortung in der Abfolge der Konkurrenzakte zu einem unmittelbaren Markt- und Erfolgsfaktor wird, kann dieser letztendlich auch über den Markterfolg entscheiden (vgl.

---

[74] Hafner (2007) spricht vom Grad der Einbettung, der Auskunft über das Maß der Übereinstimmung des gemeinsamen Wollens gebe. Der auch an anderer Stelle verwendete Begriff der „Einbettung klingt missverständlich sanft, weil damit tatsächlich vor allem institutionelle Zwänge, gegenseitige Erwartungen und Abhängigkeiten verbunden sind" (Hafner, 2007:39).

Waldman et al., 2006:824). Möchte ein Marktteilnehmer sein Marktpotential erhalten, ist er *gezwungen*, Marktanforderungen zu erfüllen – explizit auch die der Verantwortungsübernahme (vgl. McWilliams und Siegel, 2001:125). Ein Beispiel kann die Zusammenhänge verdeutlichen: Den Co^2 Ausstoß über Marktmechanismen zu reduzieren, ist wohl der bekannteste Versuch, ein wünschenswertes Ziel über den Druck des Marktes zu etablieren. Durch die Preisbildung für den Ausstoß können sich Anbieter über eine Reduktion ihrer Emissionen einen Kostenvorteil verschaffen und damit Marktvorteile generieren. Dieser Push-Effekt, der durch eine regulierende Instanz in den Markt gebracht wurde, wird durch einen Pull-Effekt seitens der Kunden ergänzt. So bietet beispielsweise die Deutsche Post gegen Aufpreis einen Co^2 neutralen Versand. Auch in diesem Fall werden andere Anbieter im Erfolgsfall des Angebotes durch den Markt zu mehr Verantwortung gezwungen. Was in den geschilderten Beispielen banal scheint, ist für die Interpretation der Verantwortungsverständnisse von wesentlicher Bedeutung. Es wird zu untersuchen sein, welche Hinweise auf ein marktzentriertes Verständnis die Verantwortungskonzepte der Spitzenmanager enthalten. Fraglich ist, ob die Wirtschaftselite durch Marktmechanismen die Freiwilligkeit in ihren Verantwortungskonzepten bedroht sieht oder ob der Markt als Koordinationsinstanz auch für Themen der Verantwortungsübernahme von den Spitzenmanagern bevorzugt wird. Bei einer solch engen Verknüpfung zwischen Markt und Verantwortung sind gegenseitige Einflüsse unumgänglich. Auf der Seite des Marktes ergeben sich aus den notwendigen Legitimationsanstrengungen bedeutsame Einflüsse (vgl. Kapitel 3.2.3, Seite 86). Auf der Seite des Verantwortungsbegriffs gilt das insbesondere dann, wenn ein *Business Case der Verantwortung* geschaffen werden soll.

Verantwortung als Busines Case – Darf sich gesellschaftliche Verantwortung rechnen oder muss sie es sogar?

Die Beziehung zwischen Wirtschafts- und zivilgesellschaftlichen Akteuren kann als eine der zentralen Beziehungen moderner Gesellschaften beschrieben werden. Eine moderne Gesellschaft ist elementar auf einen funktionierenden Leistungstransfer dieser Subsysteme angewiesen. Um Leistungen austauschen zu können, bedarf es universeller Medien, mit denen die Wertigkeit der Transfers ausgedrückt werden kann. Für die Wirtschaft hat Niklas Luhmann (1988a:101ff) Zahlungen als dominantes Medium[75] identifiziert. Sämtliche Interaktionen mit dem Wirtschaftssystem müssen demgemäß in Zahlungsströmen modelliert werden. Nur durch die ausschließliche Konzentration auf Zahlungen sei die Wirt-

[75] Luhmann spricht in diesem Zusammenhang von den systemspezifischen Codes, die sich für das System Wirtschaft in „Zahlen/Nicht-Zahlen“ darstellen (Luhmann, 1988a:103).

schaft in der Lage, ein Höchstmaß an Produktivität zu gewährleisten und damit die Anforderungen einer modernen Gesellschaft zu erfüllen.

Dass die Verantwortungsübernahme seitens der Wirtschaftslenker meist in Zahlungsflüssen ihren Ausdruck findet, ist dementsprechend nur konsequent.[76] Weil aber die ermittelten Rückflüsse oftmals nicht unmittelbar in Zahlungsgrößen gemessen werden können, kommt es in der Verantwortungsdiskussion zu mindestens einer problematischen Ungenauigkeit: der Gleichsetzung des *Tausches gleicher Werte*[77] mit dem Prinzip der *Reziprozität* (vgl. Leitner und Lessenich, 2007:163ff). In vielen Fällen ist der Tausch gleicher Werte identisch mit dem Prinzip der Reziprozität, dies kann aber keinesfalls vorausgesetzt werden. Der Tausch ist darauf gerichtet, gegenseitige Interessen über den Tausch gleicher Werte zu befriedigen. Die Beziehung aus Leistung und Gegenleistung ist zumindest theoretisch vertraglich gesichert und damit einklagbar. Dies gilt insbesondere für das *Verhältnis* von Leistung und Gegenleistung. Im Falle von Reziprozität handelt es sich primär um eine nicht-marktliche Beziehung, die zu einem gewissen Grad auf sozialer Gegenseitigkeit beruht.[78] Diese Gegenseitigkeit *kann* dazu führen, dass ein Austausch im Sinne des Tausches gleicher Werte stattfindet. Im Zentrum der Reziprozität steht aber nicht der Tausch, sondern die Beziehung. Es ist gerade Wesensmerkmal der Reziprozität, dass eine Leistung von A auch mit einer wertmäßig geringeren Gegenleistung von B angemessen beantwortet werden kann. Die Leistungsarten in dieser Beziehung müssen sich weder entsprechen, noch muss eine gemeinsame Maßgröße existieren.

Die Bedeutung des Unterschiedes wird an einem Beispiel schnell deutlich: Orientiert sich ein Unternehmenslenker in seinem Verantwortungsverständnis am Tausch, wird er für den Kindergarten am Unternehmensstandort eine ähnliche wie die folgende Argumentation suchen: Die investierten Gelder für Bau und Betrieb sowie die investierten Arbeitsstunden der Mitarbeiter für Planung und Verwaltung finden ein Äquivalent in einem verbesserten Arbeitsklima, einer höheren Attraktivität als Arbeitgeber sowie einer gesteigerten Reputation als Produzent („Premium in allen Bereichen"). Um seine Investition zu sichern, wird er zu ermitteln versuchen, welche Aktivitäten und welche Konfiguration bei den angesprochenen Gruppen die erwartete Gegenleistung erzeugt. Fällt die Gegenleistung anders als erwartet aus, werden also weder entsprechende Reputationswerte

[76] In der Konsequenz verwundert es daher auch nicht, dass „der weit überwiegende Teil der bisherigen Berichte und Arbeiten zu CSR und CC [..] sich auf die Fragen [konzentriert], weshalb CSR/CC für heutige Unternehmen wichtig ist [...]" (Stark, 2008:342).

[77] Wenn ab hier verkürzt vom *Tausch* die Rede ist, muss unbedingt der *exchange of equivalents* gemeint sein. Um eine klare Trennung zwischen beiden Prinzipien zu erreichen, werden Unterschiede im Folgenden überbewertet, während Gemeinsamkeiten untergewichtet bleiben.

[78] Aus der Abstraktion dieser sozialen Gegenseitigkeit ist der Markt im Sinne eines Tausches gleicher Werte entstanden, kann aber keinesfalls mit diesem gleichgesetzt werden (vgl. Klein, 1995:334).

noch höhere Produktivitäten festgestellt, wird das Investment zurückgefahren oder der Kindergarten wieder geschlossen. Orientiert sich der Unternehmenslenker hingegen am Prinzip der Reziprozität, stellt der Kindergarten für ihn eine Investition in die Beziehung zu den Bezugsgruppen Mitarbeiter und Standortgesellschaft sowie ggf. Kunden dar. Für seine Argumentation braucht er keine *direkte* Gegenleistung, auch wenn ein dauerhaft einseitiges Verhältnis unstabil werden würde (Leitner und Lessenich, 2003:329).[79] Der Kindergarten symbolisiert für ihn beispielsweise seine Zugehörigkeit zur Standortgemeinde, die dieses wiederum durch ihr Wohlwollen in verschiedenen Situationen zum Ausdruck bringt.[80] Selbstverständlich lässt sich mit entsprechendem Aufwand auch aus dieser Beziehung ein Tauschverhältnis konstruieren. Allerdings läuft dieses Konstrukt permanent Gefahr, die sich verändernden Zusammenhänge nicht oder zu spät zu erfassen, und damit bedeutungslos zu werden. Die durch den Tausch erfassten Größen, hier beispielsweise Investitionsgelder in Kindergärten gegen Reputation und Zugehörigkeitsgefühl, sind Mittel, keine Zwecke. In Reziprozitätsbeziehungen geht es aber gerade um Zwecke. Reziprozität kann mit Begriffen wie Tausch gleicher Werte oder Wechselwirkung nicht adäquat beschrieben werden.

Der Verantwortungsbegriff ist nicht ursprünglich mit dem Markt und damit mit dem Tausch äquivalenter Werte verknüpft. Er steht viel mehr dem Reziprozitätsprinzp nahe (vgl. Gouldner, 1960:171). Durch die leichtfertige Gleichsetzung von Reziprozität und Tausch wurde der Verantwortungsbegriff ohne wesentliche Modifikation für die Wirtschaft nutzbar gemacht, damit allerdings auch deutlich beschnitten. Wenn also die Frage gestellt wird, ob gesellschaftliche Verantwortung sich rechnen darf, ist immer offenzulegen, welche Beziehung zwischen Verantwortungssubjekt und -objekt vorausgesetzt wird: lediglich Tausch oder auch Reziprozität? Ist per Definition nur Tausch vorgesehen, *muss* sich Verantwortung rechnen; ist auch Reziprozität denkbar, *kann* sie sich rechnen (vgl. Klein, 1995:334). Für die Elite der Wirtschaft wird in dieser Perspektive ganz unerwartet eine tiefere Integration in die Gesellschaft sichtbar. Reiht sich für die Wirtschaftselite Verantwortung als weiteres Mittel im Sinne des Tausches gleicher Werte ein oder beschreiben die Spitzenmanager in ihr eine Beziehung zur Gesellschaft?

---

[79] Hillmann bezeichnet das Verhältnis von Leistung und Gegenleistung sehr offen als „möglichst weitgehend ausgewogen" (Hillmann, 2007:752).

[80] Reziprozität bedeutet, dass das soziale Zusammenleben nicht mit Begriffen wie Tausch gleicher Werte oder Wechselwirkung adäquat beschrieben werden kann. Beide Begriffe enthalten die Fiktion einer möglichen Unterscheidung von genuin individuellen und genuin gesellschaftlichen Bezügen (vgl. Gouldner, 1960). Aufgrund der Dominanz ökonomischer Prozesse ist es wenig verwunderlich, dass die Idee, die in den Begriffen *Tausch* und *Wechselwirkung* steckt, in modernen Gesellschaften äußerst präsent ist, während die Idee der Reziprozität eher fremd wirkt.

Der Business Case der Verantwortung wird vielfach mit einem Wertewandel der Wirtschaft in Verbindung gebracht. Heidbrink warnt allerdings völlig zu Recht davor, allein in der Begründung des Business Cases das Anzeichen eines solchen Wandels zu sehen (Heidbrink, 2008:4). Der Business Case sei vielmehr eine Konsequenz der Moralisierung der Märkte (Stehr, 2007). Verantwortung sei in diesem Fall tatsächlich ein Marktprodukt, das die Bedeutung von Rentabilität und Produktivität nicht grundsätzlich in Frage stelle oder deren Bedeutung abschwäche. Durch die zunehmende Notwendigkeit sich zu legitimieren werde die Bedeutung von Rentabilität und Produktivität hingegen in ihrer Ausschließlichkeit in Frage gestellt.

3.2.3 Verantwortung als Strategie auf dem Weg zur Sicherung der eigenen Legitimation durch die Gesellschaft

Die Wirtschaft als Subsystem in einer vielschichtig ausdifferenzierten Gesellschaft bedarf wie jedes andere Teilsystem der Gesellschaft der Legitimation[81] durch letztere, um dauerhaft und – mehr oder weniger – stabil bestehen zu können (Parsons und Shils, 2001). Durkheim drückte dies so aus: „Die menschlichen Leidenschaften halten nur vor einer moralischen Macht inne, die sie respektieren“ (Durkheim, 1902). Die Notwendigkeit, sich zu legitimieren, ist kein Ergebnis von Protestbewegungen als Folge der Finanzmarktkrise, hat durch sie aber noch einmal neue Aufmerksamkeit gewonnen (Castelló und Lozano, 2011:11). Für die Wirtschaft stellt sich damit die Frage, auf welche Weise eine solche Legitimation gesichert werden kann. Ganz allgemein bemerkt Lindblom hierzu:

> „Organizations are perceived to be legitimate when their goals, methods of operation, and outcomes are congruent with the expectations of those who confer legitimacy“ (Lindblom, 1994)

Lange Zeit hat sich die Wirtschaft ausschließlich durch die bestmögliche Allokation von Ressourcen gegenüber der Gesellschaft legitimiert (Polterauer, 2004:15). Durch diese Fokussierung konnte sie hohe Effizienzgrade realisieren und damit ihrem institutionellen Ziel, der Rentabilität, gerecht werden. Die Legitimation war dabei durch eine hohe Deckung dieses institutionellen Ziels mit gesellschaftlichen Werten gesichert (Heidenreich, 2008). Um Verantwortung in die Austauschbeziehung zwischen Wirtschaft und Gesellschaft zu integrieren, be-

[81] Suchman definiert Legitimation als die wahrgenommene Notwendigkeit, gesellschaftliche Akzeptanz zu erlangen. Diese wahrgenommene Notwendigkeit lässt Organisationen nach einer Passung mit gesellschaftlichen Normen, Werten und Definitionen streben (Suchman, 1995:574).

durfte es in dieser Konstellation des zwingenden Moments des Marktes in seiner oben umrissenen Form.

Durch den Bedeutungszuwachs des von Buß (1983) als kommunikative Marktöffentlichkeit beschriebenen Integrations- und Interaktionsdruckes der Öffentlichkeit, entstand für die Wirtschaft die Notwendigkeit, sich auf andere Weise zu legitimieren.

> „Es wird einfach erwartet, daß die Unternehmen auch öffentliche Belange in ihre betriebswirtschaftliche Disposition einbeziehen. Eine Indifferenz der Wirtschaft gegenüber öffentlichen Problemen wird als unberechtigt angesehen, die Indifferenz gegenüber der Übernahme sozialer Funktionen zurückgewiesen. Wie nach wie vor auf der einen Seite die strategisch-rationalen Bedingungen des Marktes wirksam sind, präjudizieren auf der anderen Seite bis zu einem noch ungeklärten Maß die Themen, Werte und Interessen des Marktpublikums die unternehmerischen Entscheidungen in den modernen Wirtschaftssystemen." (Buß, 1983:58)

Eine ganz ähnliche Diagnose stellt Peter Berger (1981). Er sieht die Legitimation der Wirtschaft – aus einer rein ökonomischen Dimension – in Gefahr. Die Wirtschaft müsse, so Berger, eine neue Sprache lernen. Bisher spreche sie ökonomisch, teilweise auch noch politisch. In zunehmendem Maße müsse sie sich aber darüber hinaus des Vokabulars der *Bedeutung* und der *Werte* bedienen, um Legitimation zu erlangen (Berger, 1981:89).[82] In diesem Zusammenhang gerät, „zusätzlich zur Frage des (ökonomischen) Wertes eines Unternehmens auch der Diskurs [über] die Werte von Organisationen, ihre Führung, [ihre] Mitarbeiter und damit [letztendlich] auch ihre gesellschaftliche Verantwortung in den Blickpunkt." (Stark, 2008:343)

Vor allem in Zeiten großer Unsicherheit steigt die gefühlte Notwendigkeit, sich der Legitimation der eigenen Handlungen zu versichern (Schultz und Wehmeier, 2011:375). Es verwundert daher wenig, dass mit den Verwerfungen an den globalen Märkten sich auch die Stimmen derer mehren, die eine Zunahme und Erweiterung der Legitimationsanstrengungen der Wirtschaft beobachtet haben. Polterauer (2004:19) spricht beispielsweise von einer gewissen Eigendynamik, mit der sich Unternehmen auch abseits einer monetären Aufrechnung gesellschaftlich engagierten. Dieses Engagement sei aber nicht das Ergebnis von Gutmenschentum, sondern eine der Legitimation geschuldete Notwendigkeit. „Unternehmen versuchen also durch Corporate Citizenship Einfluss zu gewinnen, um ihre Ansprüche auf Ressourcen rechtfertigen und damit wirtschaftlich handlungsfähig bleiben zu können." (Polterauer, 2004:20) Für das Zusammenspiel

[82] Wie sehr sich Unternehmen bereits des Vokabulars der Bedeutung und Werte bedienen um Legitimation zu erlangen, wird insbesondere in den veröffentlichten Nachhaltigkeitsbrichten sichtbar (Reynolds und Yuthas, 2008; Castelló und Lozano, 2011; Loew et al., 2004).

von Wirtschaft und Öffentlichkeit stehen, wenn auch nicht zum ersten Mal so doch in besonderer Deutlichkeit, die Diskussionen um eine erweiterte Verantwortungsübernahme seitens der Wirtschaft im Zentrum der Aufmerksamkeit, gerade weil die Formen und Prozesse der Integration von Institutionen in der Gesellschaft so bedeutsam werden (Curbach, 2009:113). Unternehmen treten in die Diskussionen um ihre Verantwortung unter anderem durch die Publikation von Nachhaltigkeitsberichten ein. Castelló und Lozano (2011:11) haben in diesen Berichten drei verschiedene Rhetoriken identifiziert, die von Unternehmen auf der Suche nach Legitimation durch verantwortungsvolles Handeln eingesetzt werden. Die *strategische* Rhetorik ist eingebettet in das wissenschaftlich-ökonomische Paradigma. Sie orientiert sich an klassisch ökonomischen Mustern und strebt nach Reputationsgewinnen zur Steigerung von Innovation und Gewinn. Die *institutionale* Rhetorik nimmt Bezug auf wichtige Praktiken – Beispiele wären die Stakeholder Dialoge und Nachhaltigkeitsstandards – um damit Kompatibilität zu signalisieren. In der *dialektischen* Rhetorik liegt der Fokus auf den Verantwortungsthemen an sich. Inklusion und ein wesentlicher Beitrag zur sozialen Gemeinschaft werden thematisiert (Castelló und Lozano, 2011:17ff). Gerade die dritte Form der Rhetorik befindet sich im Ausbau und steht damit beispielhaft für die neue Form der Legitimation, derer Unternehmen bedürfen. Castelló und Lozano verweisen darauf, dass die verwendete Rhetorik der Berichte ganz bewusst an die Spitzenkräfte der Unternehmen gebunden werde. Ob diese Rhetorik aber auch von den Spitzenmanagern für die Beschreibung ihres eigenen Verantwortungsverständnisses verwendet wird, und wie sehr sie damit Legitimation anstreben, wird erst eine empirische Untersuchung zeigen können. Sollte sich eine andere Rhetorik finden, wird zu untersuchen sein, welche Bedeutung diese Diskrepanz für das Verantwortungsverständnis entwickelt.

3.3 Die Wirtschaftselite in ihrer politischen Verantwortung

Die Beziehung zwischen Wirtschaft und Gesellschaft basiert in Deutschland im Wesentlichen auf zwei institutionalisierten Säulen: einerseits auf Marktbeziehungen, andererseits auf staatlicher Regulation (Seitz, 2002:31).[83] Es ist daher davon auszugehen, dass das Verantwortungsverständnis der Wirtschaftselite eine politische Dimension enthält. Forschungsinteresse ist primär die politische Be-

[83] Mit der Betonung dieser beiden Dimensionen wird den zuvor angesprochenen Entwicklungen keinesfalls die Bedeutung abgesprochen. Als reine Strukturprinzipien sind aber Markt und Regulation nach wie vor die dominanten Treiber. Andere Einflüsse wie beispielsweise die kommunikative Marktöffentlichkeit haben einerseits noch nicht die gleiche Bedeutung und bedienen sich andererseits der „alten“ Strukturen. Mit Regulation sind dabei sowohl Beschränkende als auch ermöglichende Einflussnahmen staatlicher Institutionen gemeint.

ziehung von Wirtschaft und Staat an sich, und weniger das individuelle parteipolitische Engagement. Eine solche Schwerpunktsetzung bietet sich insofern an, als damit die politische Dimension sowohl auf Unternehmensebene als auch auf individueller Ebene durchgängig betrachtet werden kann. Insbesondere durch das hohe Aufkommen von Arbeiten zum Thema Corporate Citizenship ist die politische Dimension der Beziehung zwischen Wirtschaft und Bürgergesellschaft weiter ins Zentrum des Interesses gerückt (Moon et al., 2008:51ff; Wieland, 2002).

> „Gesellschaftliches Engagement von Unternehmen ist in Deutschland einerseits (immer noch) staatlich reguliert und andererseits – für einen nennenswerten Teil deutscher Unternehmen – eine in der Unternehmenstradition und -kultur begründete Selbstverständlichkeit.“ (Backhaus-Maul et al., 2008:16)

Das Feld, auf dem die politische Verantwortung der Wirtschaftselite sich entfalten könnte, ist indes im Wachstum begriffen. Moon et al. attestieren einen allgemeinen Rückzug staatlicher Einrichtungen, die eine Vielzahl unterschiedlicher Aufgaben für neue Akteure offen lassen (Moon et al., 2008:52). Gleichzeitig führe die Erschließung neuer Märkte zu neuen Politikfeldern und dies sowohl im Inland als auch im Ausland. So verstanden sei ein Teil des politischen Engagements auf regulatorische Fehler und ein regulatorisches Vakuum zurückzuführen, ein anderer Teil aber eben das Ergebnis bewusst gestalteter Partizipation (Moon et al., 2008:51ff). In der bewusst gestalteten Partizipation folgen die Unternehmen verschiedenen Anreizen. Neben der Sicherung stabiler Strukturen sind dies vornehmlich positive Effekte auf die eigene Reputation. Der Bürgerbegriff ist allgemein positiv konnotiert und lässt auf eine Übertragung dieser Konnotation hoffen. Überdies bekräftigen die Unternehmen mit der Übernahme ihrer bürgerlichen Pflichten ihren *„Anspruch auf politische Freiheit“,* der ihnen „im Rahmen der sich ausweitenden Bürgergesellschaft [..] ein *größtmögliches Maß an Selbstregulierung“* zusichert (Bohlken, 2011:338 H.i.O.).

Diesen gesamtgesellschaftlichen Beobachtungen steht eine eher reservierte und vorsichtige Haltung der deutschen Wirtschaftselite gegenüber. „Nur eine verschwindend geringe Minderheit von 5 % der Spitzenmanager engagiert sich politisch. Die Identität von Spitzenmanagern speist sich derzeit kaum aus dem Anspruch, gesellschaftliche und politische Prozesse mitzugestalten.“ (Buß, 2007:219) Die Möglichkeiten, die sich aus einer Bindung ergeben, wurden bisher nur einseitig von der Politik, als Zeichen für die Stärke der Demokratie, genutzt (Heidenreich, 2008; Buß, 2007:221). Die von Bohlken herausgearbeitete Argumentation, nach der es in der Verantwortung der Wirtschaftselite liege, die Wirtschaftspolitik kritisch zu begleiten, verhallt ungehört. Grundlage einer solchen Verantwortung sei die „erfahrungsgesättigte Expertise in Sachen Wirtschaft“, die im Gegensatz zum Mandat politischer Eliten keiner persönlichen Disposition oder gar einer demokratischen Wahl unterliege (Bohlken, 2011:330).[84]

Die durch den Ansatz des Corporate Citizen ausgerufene Bügerschaft der Unternehmen könnte die Spitzenmanager nun aber zumindest als Stellvertreter zu politischem Engagement nötigen (Bohlken, 2011:329ff). Durch das Konzept des Corporate Citizenship werden Unternehmen in den Kontext „des Diskurses über Rechte und Pflichten, die mit dem Status des Bürgers verbunden sind“ (Bohlken, 2011:337), gestellt. Führungskräfte kommen in diesem Kontext nicht umhin, eine eigene Position zu formulieren und damit einen Beitrag zum Bürgerschaftscharakter des Unternehmens zu leisten. In Bezug auf Unternehmenswerte und Unternehmenskultur wird vielfach auf die prägende Wirkung der Unternehmenslenker verwiesen (vgl. Hilti, 2007). Im Hinblick auf die Übernahme politischer Verantwortung könnte nun ein umgekehrter Prozess vorliegen, in dessen Verlauf die bürgerschaftliche Positionierung des Unternehmens prägenden Einfluss auf die leitenden Angestellten nimmt. Die genaue Beziehung zwischen Corporate Citizenship und politischem Selbstverständnis der Wirtschaftselite ist bisher nicht bekannt und kann auch im Rahmen dieser Arbeit nicht endgültig geklärt werden. Es wird aber zu untersuchen sein, welche Konsequenzen sich aus den Bemühungen im Rahmen des Corporate Citizenship für das Verantwortungsverständnis der Spitzenmanager ergeben und welche Bedeutung die politische Verantwortungsübernahme ganz allgemein im Verantwortungsverständnis zugewiesen bekommt.

3.4 Fazit der theoretischen Betrachtung

Bereits die zu Beginn dieser Arbeit vorgestellte Untersuchung der Wortbedeutung des Verantwortungsbegriffs hat gezeigt, dass Verantwortung ein in mehrfacher Hinsicht komplexes Konzept darstellt. Verantwortung ist dementsprechend kein Handlungskonzept, in dessen Wortbedeutung und Begriffsgeschichte sich ein allgemeingültiges Arbeitspaket verbirgt, das nur abgearbeitet werden muss. Vielmehr bedarf es einer Gegenseitigkeit, aus deren Konsequenz die bedeutsamen Merkmale von Verantwortung ermittelt werden. Es ist dabei mehrfach deutlich geworden, dass diese Gegenseitigkeit eine Integration der verschiedenen Relata – mindestens Subjekt *(wer)*, Objekt *(wofür)* und Instanz *(gegenüber wem)* – fordert. Auf welche Weise eine solche Integration durch die Wirtschaftselite stattfindet, ob über normative Setzungen, reflexive Verständigung oder individualistisches Aushandeln, ist bisher unbekannt.

---

[84] Zu den Bedingungen und Grenzen der Verantwortungsübernahme von Eliten siehe die Ausarbeitungen von Bohlken (2011).

Insgesamt zeigt sich eine breite theoretische Basis, die sich mit dem Begriff und Konzept Verantwortung beschäftigt. Die vorhandenen Ausarbeitungen bleiben aber größtenteils isoliert und ihre spezifischen Erkenntnisse werden in Fortentwicklungen nicht mehr aufgenommen. Es scheint, als kämen immer solche Konzeptionen zum Einsatz, die dem jeweiligen Forschungsinteresse *zuträglich* sind, die übrigen Erkenntnisse finden hingegen keine Erwähnung.[85] So hat Max Weber in seiner feinen Unterscheidung zwischen Gesinnungs- und Verantwortungsethik bereits 1919 die Bedeutung der Motive, die einer Handlung zugrunde liegen, herausgearbeitet. In der Verantwortungsdiskussion wurden diese Überlegungen aber bis heute nicht ernsthaft aufgegriffen. Das ist insofern verwunderlich, als beispielsweise die Diskussion über die Freiwilligkeit der Verantwortungsübernahme durch Webers Arbeit entscheidend bereichert wird.[86]

In der Zusammenschau der Forschungsliteratur ergibt sich ein Gesamtbild, das Verantwortung als modernes, mehrdimensionales und offenes Konzept beschreibt. Dieses Konzept stellt die deutsche Wirtschaftselite unter ganz spezifischen Gesichtspunkten vor verschiedene Herausforderungen. So geben beispielsweise die verschiedenen Bedeutungsebenen der *responsibility*, der *liability* und der *accountability* einen Eindruck von der Verschiedenartigkeit der sozialen Beziehungen, die durch Verantwortung bedient werden können und gegebenenfalls bedient werden müssen.

Und auch wenn sich eine Untersuchung des Verantwortungsverständnisses deutscher Spitzenmanager unmittelbar auf den Spitzenmanager als Verantwortungssubjekt festlegt, dürfen dennoch die angrenzenden Verantwortungssubjekte – beispielsweise Unternehmen als Träger von Verantwortung – nicht aus dem Blick verloren werden. Die Unterscheidung zwischen Unternehmensverantwortung und Personenverantwortung ist weder trivial noch folgenlos. So hat die Betrachtung des Wertewandels gezeigt, dass durch die Zuschreibung von Verantwortung auf allen Ebene, auch entgegen statthafter Bedenken, eigene Realitäten geschaffen werden. Welche Prozesse und Prägungen durch diese neuen Realitäten auf Seiten der Spitzenmanager in Frage gestellt werden, blieb, neben vielen anderen Aspekten, bisher völlig unbeachtet.

Gleichzeitig steht der Begriff Verantwortung in der Gefahr, zu einem holen Modewort zu verkommen und durch zunehmende Entgrenzung seine Trenn-

[85] Es ist nicht eindeutig festzustellen, welchen Anteil an dieser Feststellung die Beschränkung auf Fächergrenzen trägt. Offensichtlich ist aber, dass betriebswirtschaftliche Untersuchungen einen anderen Verantwortungsbegriff entwickeln, als dies beispielsweise Arbeiten aus dem Fachgebiet der Ethik tun.

[86] Diese Perspektive kann nicht direkt an der jeweiligen Handlung abgelesen werden, sie muss aus tiefergehenden Erkenntnissen abgeleitet – im besten Falle erfragt – werden. Der hohe Aufwand und die mit diesem Vorgehen verbundenen Probleme könnten ein Grund für die zögerliche Nutzung eines solchen Ansatzes, der die hinterliegenden Motive mit betrachtet, sein.

schärfe zu verlieren. Die deutsche Wirtschaftselite sieht sich dementsprechend einem Konzept gegenübergestellt, dessen temporale Ausweitung in Verbindung mit Schwierigkeiten bei der Adressierung von Bezügen schnell grenzenlos scheint. Andererseits hat sich gezeigt, dass sowohl die exponierte Stellung als auch die vorhandenen Handlungsräume dem Spitzenmanagement in Deutschland die Teilhabe sichern. Ob und wie sie sich dieser Aufgabe stellen, kann aus den theoretischen Erörterungen allerdings nicht abgeleitet werden.

Die bis hierhin zusammengestellten Facetten des Verantwortungsbegriffs bilden den möglichen Rahmen der empirisch zu erfassenden Verantwortungsverständnisse. Es ist nicht damit zu rechnen, dass alle Interviewpartner sämtliche Aspekte benennen oder indirekt ansprechen. Die Klammerfunktion, die Verantwortung vielfach zugesprochen wird, kann aber nur dann erfüllt werden, wenn keine Engführung stattfindet. So gesehen wird im Folgenden neben der thematischen Tiefe der Verantwortungsverständnisse auch ihre konzeptionelle Breite zu betrachten sein. Verantwortung wurde als vielschichtiges Handlungskonzept vorgestellt, dementsprechend facettenreich muss auch die Beschreibung angelegt sein.

4 Empirische Erhebung unter deutschen Spitzenmanagern

Verantwortung ist, das wurde in der vorangegangenen Diskussion mehrfach deutlich, ein Handlungsprinzip das in vielerlei Hinsicht anknüpft beziehungsweise an Folgen von Handlungen angeschlossen ist. Das Verantwortungsverständnis der deutschen Spitzenmanager kann dementsprechend nur dann beschrieben werden, wenn die Betroffenen selbst über die für sie relevanten Anknüpfungspunkte Auskunft geben und ihr Verständnis von Verantwortung beschreiben. Wie sehr dieser Blick für auch für die Befragten selbst von Interesse ist, sich also nicht von alleine erschließt, zeigt sich in folgendem Zitat eines jungen Vorstandes:

> *„Was ich mich immer wieder frage: wie kann es dazu kommen, dass Manager in den Medien, in den Märkten und in den Unternehmen auftauchen, von denen ich persönlich sagen würde, dass die genau das nicht sind, was ich mir unter einer verantwortungsvollen Führungskraft vorstelle. Sie sind an der kurzen Frist orientiert, sind eitel und auf den eigenen Vorteil bedacht. Und so kommen sie auch rein optisch rüber. Da frage ich mich, wie es immer wieder passieren kann, dass solche Personen in diese exponierten Positionen gebracht werden. Sie werden ja schließlich vom Aufsichtsrat bestellt oder von Gesellschaftern benannt. Das ist für mich immer wieder überraschend. Das wäre für mich wirklich interessant zu verstehen." (CEO 17, Zeile 106)*

Auch wenn diese Arbeit nicht nach Ursachen für offensichtliche Verfehlungen in den Rekrutierungsprozessen der deutschen Wirtschaftselite sucht, bietet ein möglichst präzises Abbild der Verantwortungsverständnisse auch für solche Fragestellungen eine solide Basis für weitere Untersuchungen. So kann anhand dieser Erhebung beispielsweise sowohl ein Abgleich mit den medial transportierten Bildern der „Nieten in Nadelstreifen" (Ogger, 1992), als auch mit normativen Konzepten der Wirtschaftsethik stattfinden.

4.1 Sozialwissenschaftliche Methodologie

4.1.1 Empirische Basis der Untersuchung

Die empirische Basis, die dieser Arbeit zugrunde liegt, wurde bewusst in mehrfacher Hinsicht eng beschränkt. Zunächst wurde der Kreis möglicher Interviewpartner innerhalb eines Unternehmens auf die erste Führungsebene begrenzt. In vergleichbaren Studien mit ähnlichem Fokus werden in der Regel auch Führungskräfte der zweiten und dritten Ebene einbezogen, teilweise wird der Kreis gar auf alle leitenden Angestellten ausgeweitet. Unter forschungspragmatischen Gesichtspunkten ist dies nachvollziehbar. Für die Forschungsfrage dieser Arbeit birgt ein solches Vorgehen allerdings mindestens zwei Gefahren. Einerseits sollte das Thema Verantwortung mit dem Kreis von Personen besprochen werden, dem in höchstem Maße *Bewegungsfreiheit* zugesprochen werden kann und der darum am wenigsten Verantwortung mit Verpflichtung oder Bindung assoziieren *muss* – auch wenn er durchaus Verantwortung mit Verpflichtung assoziieren *kann*. Andererseits sollte, wenn der Begriff der Elite schon verwendet wird, ein möglichst enges und klares Maß angelegt werden, um zu klären, wer zu diesem Kreis gehört und wer nicht. Für die hier vorliegende Studie kann dies nur bedeuten, dass sowohl an die hierarchische Position als auch an die Auswahl der Unternehmen hohe Ansprüche gestellt werden müssen. Es wurden demgemäß durchweg Gespräche mit Vorstandsvorsitzenden, Vorstandsmitgliedern oder Geschäftsführern deutscher Konzerne geführt. Um neben der Hierarchiestufe auch im Bezug auf die Auswahl der Unternehmen dem Elitenanspruch gerecht zu werden, wurden lediglich solche Unternehmen in die Untersuchung einbezogen, die mindestens eines der folgenden Kriterien erfüllen (Stichjahr 2010): Das Unternehmen ist im DAX gelistet, der Umsatz liegt über 2 Mrd. Euro, es sind mehr als 2.000 Mitarbeiter beschäftigt.[87]

Da die Bereitschaft zur Teilnahme an qualitativen Studien mit einem Befragungshorizont von mindestens 60 Minuten erfahrungsgemäß gering ist, war im Voraus mit einer geringen Ausschöpfungsquote zu rechnen.[88] Die von Marti et al. (2011) als *Maximum Diversity* bezeichnete Auswahl maximal verschiedener Elemente in einer Grundgesamtheit bietet für diese Problematik eine praktikable Lösung.[89] Bei dieser Methode werden aus einer Grundgesamtheit, in diesem Fall der Datensatz aus über 500 möglichen Interviewpartnern, eine feste Zahl von möglichst unterschiedlichen Elementen (Gesprächspartnern) ausgewählt.[90] Um

[87] Um eine möglichst vollständige Liste derjenigen Unternehmen zu erhalten, die diese Anforderungen erfüllen, wurden Verzeichnisse, wie sie von der Süddeutschen Zeitung, der Frankfurter Allgemeinen Zeitung oder auch dem Hoppenstedt-Verlag jährlich erstellt werden, hinzugezogen.

[88] Vergleiche hierzu u.a. die Erfahrungen von Heuberger et al. (2009). Buß (2007:7) dokumentiert die schwierige Situation mit einer Ausschöpfungsquote von 14 % in einer ähnlichen Grundgesamtheit.

[89] Nach Lamnek bietet sich das theoretical sampling als Lösung für die angesprochenen Schwierigkeiten an (Lamnek, 1995). Da Reaktionszeiten und Terminfindung aber einen großen Vorlauf brauchen, war, um eine überschaubare Erhebungsdauer sicherzustellen, eine Variation des theoretical samplings notwendig. Mit dem Ansatz der Maximum-Diversity-Auswahl, die teilweise auch als Varianzmaximierung bezeichnet wird, steht eine Variation des theoretical sampling zur Verfügung, die einerseits die Vorzüge erhält, andererseits aber die Sequentialität der Gesprächsanfragen zu Gunsten einer Parallelität aufhebt. Zum Vorgehen vergleiche die Ausführungen bei Patton (2002:234f).

[90] Marti et al. (2011:4ff) stellen fest, dass bereits einfache Modelle wie ErkC gute Ergebnisse liefern.

die Unterschiedlichkeit festzustellen, wurden die Merkmale Branche und Umsatz des vertretenen Unternehmens sowie das Alter der Vorstände herangezogen. Sagt ein angefragter Interviewpartner ab, wird einfach die nächste, möglichst verschiedenartige, Kombination ermittelt. Eine maximal verschiedenartige Kombination scheint deshalb geeignet, da sie innerhalb einer streng begrenzten Grundgesamtheit eine möglichst breite Untersuchungsbasis bietet. Mit anderen Worten: Wenn diese maximal inhomogene Teilgruppe einer möglichst homogenen Grundgesamtheit untersucht wird, kann das Ergebnis, bei aller wissenschaftlichen Vorsicht, als umfassendes Bild des Verantwortungsverständnisses deutscher Spitzenmanager bezeichnet werden.

Insgesamt 30 Spitzenmanager konnten für die Untersuchung gewonnen werden. Alle Teilnehmer sind Männer, die zwischen 43 und 72 Jahren alt sind – der Mittelwert liegt bei knapp 55 Jahren. Fast alle befragten Spitzenmanager sind momentan in erster Ehe verheiratet und haben im Mittel zwei Kinder. Das Verhältnis aus Vorstandsvorsitzenden und Vorstandsmitgliedern beträgt 40 zu 60.

Alter	
▪ min	43 Jahre
▪ max	72 Jahre
Mittelwert	55 Jahre
Geschlecht	
▪ männlich	100 %
▪ weiblich	0 %
Familienstand	
Verheiratet	95 %
Kinderzahl	2,0 Ø
Bildungsabschluss	
▪ Studium	96 %
▪ Promotion	43 %

Abb 6: Demographie der befragten Spitzenmanager (n = 30)

In der Summe vertreten sie gut 1,6 Mio. Mitarbeiter, die zusammen 518 Mrd. Euro Jahresumsatz erwirtschaften. Im Durchschnitt entspricht das 17,8 Mrd. Euro Umsatz bei 53.600 Mitarbeitern. Die Spannweite der Mitarbeiterzahl reicht von gut 1.600 bis über 400.000, der Umsatz verteilt sich zwischen 310 Millionen und über 100 Milliarden. Es sind alle Branchen vertreten, wobei Unternehmen aus dem Segment *Industrie* einen Schwerpunkt bilden. Gut 70 % der Unternehmen sind börsennotiert, 30 % werden nicht öffentlich gehandelt.

Es wurde daher auf eine komplexe Simulationslösung verzichtet.

Umsatz	
▪ min	0,3 mrd. Euro
▪ max	102,8 mrd. Euro
Mittelwert	17,8 mrd. Euro
Mitarbeiter	
▪ min	1,6 Tsd.
▪ max	400,0 Tsd.
Mittelwert	53,6 Tsd.
Rechtsform	
▪ AG	70 %
▪ GmbH / KG	30 %

Abb 7: Kennzahlen der vertretenen Unternehmen (n = 30)

Um die zugesicherte Anonymisierung der Gespräche zu gewährleisten, wurden sämtliche Hinweise auf Orte oder Unternehmen, wenn diese einen Hinweis auf die Person enthielten, entfernt. Ferner wurde jedem Gesprächspartner ein Kürzel zugewiesen, das im Folgenden mit CEO 1 bis CEO 30 dargestellt wird. Sämtliche Gespräche wurden in den Räumen der jeweiligen Unternehmen aufgezeichnet und anschließend anonymisiert. In einem nächsten Arbeitsschritt wurden die 50 bis 75-minütigen Gespräche, der Mittelwert lag bei 58 Minuten, transkribiert und für die Auswertung aufbereitet.

4.1.2 Entwicklung des Leitfadens

Für die empirische Erhebung dieser Arbeit wurde ein Leitfaden mit 37 Fragen entwickelt, die unter zehn Überschriften zu thematischen Blöcken zusammengefasst wurden. Zusätzlich zur thematischen Zusammenfassung wurden die Fragen in Unterscheidung von drei Dimensionen gestaltet: (1) Sachebene, (2) biographische Verknüpfung und (3) Sollvorstellungen. Die Betrachtung aus diesen drei Dimensionen erlaubt es, die Verantwortungskonzeptionen aus verschiedenen Perspektiven zu untersuchen und damit ein breites Bild zu erhalten. Überdies wird es dem Befragten durch diese Vorgehensweise erleichtert, seine tatsächlichen Prägungen und deren Konsequenzen zu benennen und damit deren Bedeutung für die eigene Verantwortungskonzeption zu erfassen. Auf der Sachebene werden vornehmlich Einstellungen zu Fragen der Verantwortungsübernahme als Spitzenführungskraft thematisiert. Diese Dimension ähnelt in den Forschungsfragen denen der Studien von Heuberger et al. (2009) sowie Bucksteeg und Hattendorf (2010).

Die biographische Verknüpfung dient dreierlei Interessen. Erstens der Herstellung eines realen Bezuges. Die Spitzenmanager werden nach tatsächlichen Verantwortungserfahrungen und Momenten der eigenen Verantwortungsübernahme befragt. Zweitens der Offenlegung tieferliegender Grundhaltungen, die eine Interpretation unterstützen.[91] Und drittens erleichtert die biographische Verknüpfung die Überwindung vorherrschender Erwartungsmuster der Manager (Trinczek, 2005). Letztere sind vor allem darauf gerichtet, Antworten auf Fragen zu liefern, wie dies im betrieblichen Alltag üblich ist. Kurz, präzise und von Kompetenz geprägt. Wie weit diese Rollenerwartungen die Antworten vorstrukturieren und kanalisieren, lässt sich nur schwer vorhersehen, dass sie aber eine hohe Bedeutung entwickeln können, zeigt folgende Äußerung eines CEOs direkt zu Beginn des Gesprächs:

> *„Bitte führen sie mich durch Ihre Fragen und dann versuchen wir das zu beantworten. Ich habe in Vorbereitung dessen ein bisschen etwas mitgebracht, weil ich vermute, dass sie darauf [zu sprechen] kommen werden. Einen Vortrag, den ich in den nächsten zwei bis drei Wochen zwei bis drei Mal halten werde über das, was wir die letzten drei Jahre gemacht haben. Was so ein bisschen die Finanzsicht beleuchtet; wie sich das Unternehmen in der Finanzkriese bewähren musste. Das sind sicher auch Dinge, die sie sehr interessieren werden." (CEO 11, Absatz 2)*

Die Frage nach der eigenen Biographie ermöglicht es nun, trotz des Settings – schließlich fanden sämtliche Gespräche in den Büros der Vorstände oder in Sitzungszimmern der Unternehmen statt – einen unaufdringlichen Ausbruch[92] aus der Rolle zu ermöglichen und den Blick auf Verantwortung zu weiten.

Die Ebene der Sollvorstellungen erlaubt es den Befragten schließlich, wünschenswerte Handlungsmotive zu benennen, ohne dabei selbst permanent die Frage nach der Machbarkeit, auch als kritische Anfrage an sich selbst, zu stellen. Aus den Sollvorstellungen lassen sich dann die „zentralen Werte und Vorbedingungen, Eigenschaften und Charaktermerkmale" (Bunz, 2005:77) herauspräparieren, deren Vorhandensein von den Spitzenmanagern für bedeutsam gehalten werden.

Der Leitfaden enthält zu jeder der drei Dimensionen weit mehr Fragen, als sie im Verlauf eines einstündigen Gesprächs gestellt werden können. Der damit verhandene Fundus an Leitfragen ermöglicht es dem Interviewer, das Gespräch den Schwerpunktsetzungen des Befragten anzupassen und dennoch innerhalb einer, wenn auch sehr weiten, Struktur zu bleiben.[93]

---

[91] Heuberger et al. (2009:10) weisen an dieser Stelle darauf hin, dass nur unter Zuhilfenahme solcher biographischen Fragen die Sinnhaftigkeit von Antworten auf Sachfragen hinreichend eingeordnet und verstanden werden können. In der Dokumentation und Interpretation ihrer Ergebnisse tauchen diese rahmenden Variablen allerdings nicht auf.

[92] Trinczek (2005:213f) weist darauf hin, dass ein direkter Hinweis auf die zu überwindende Rolle die gesamte Gesprächssituation zerstören kann.

[93] Im Verlauf der Erhebung hat sich herausgestellt, dass die Schwerpunkte in den Gesprächen in hohem Maße ähnlich strukturiert waren. Da aber im Vorhinein nicht abzusehen war, worin die Überschneidungen liegen würden, kann dies als nachträgliche Bestätigung des Verfahrens betrachtet

4.1.3 Methodik und Auswertungsziele der empirischen Ergebnisse

Es ist das erklärte Ziel der Auswertung, durch die möglicherweise vorformulierten Phrasen oder vielfach eingeübten Formulierungen zum inneren Verantwortungsverständnis vorzudringen. Um diesem Ansinnen gerecht zu werden, kann sich die Herangehensweise weder eines im vorhinein entwickelten Analyserasters noch einer rein lexikalischen oder direkt quantitativen Methodik bedienen. Bunz (2005:39-53) hat in einer ähnlichen Studie erfolgreich das Konzept der Verstehenden Soziologie angewandt. Diese Arbeit orientiert sich in der Auswertungsmethodik an dem von Bunz ausführlich dargestellten Vorgehen, weshalb an dieser Stelle nur ausgewählte Aspekte erneut betrachtet werden sollen. Indem sich die Verstehende Soziologie der geisteswissenschaftlichen Ansätze der Hermeneutik bedient, verfügt sie über ein Vorgehensprinzip, das einen Zugang sowohl zu den oberflächlichen als auch den tieferliegenden Ebenen des Verantwortungsverständnisses der Spitzenmanager bietet (Heckmann, 1992:142ff). Um das Verantwortungsverständnis tatsächlich verstehen zu können, müssen dementsprechend die grundlegenden Identitätsbestandteile in den Verstehensprozess Eingang finden. Grundhaltungen zu Glaube, Tugenden und der eigenen Prägung bilden den Hintergrund, vor dem die Äußerungen über alltägliche Handlungen verstanden werden müssen. Gerade durch die große Aufmerksamkeit, die das Thema Verantwortung in den letzten Jahren erlebt hat, wird es notwendig, die hinter den Hochglanzformulierungen liegenden Motive freizulegen, um langfristige Entwicklungen von kurzfristigen Wendungen unterscheiden zu können. Der hierfür notwendige Tiefgang steht in direkter Konkurrenz zur vielfach geforderten Breite in empirischen Erhebungen. Liefert nur eine tiefgehende Befragung ausreichendes Material für ein kontextbezogenes Verstehen, so verspricht die Breite vielfältige Möglichkeiten der Quantifizierung und Klassifizierung. Da bisher keine vergleichbare Studie vorliegt, ist der tiefgehenden Betrachtung Vorrang vor einer breiten, vorstrukturierten Vorgehensweise einzuräumen. Dennoch sollen, wo immer möglich, aus den Erkenntnissen einzelner Gespräche Vergleiche zur Gesamtgruppe gezogen werden.[94] In der Leitfadenentwicklung wurde dieser Spannung in der bereits dargestellten Weise Rechnung getragen. Für die Auswertung soll dies über die Kombination qualitativer wie quantitativer inhaltsanalytischer Ansätze erreicht werden.

werden.

[94] Zu möglichen Schwierigkeiten, vor allem aber den Chancen eines solchen Vorgehens siehe die Ausarbeitungen bei Mathes (Mathes, 1992).

Von der qualitativen zur quantitativen Inhaltsanalyse

Im ersten Schritt der Auswertung liegt der Fokus einzig auf dem Verstehen des Materials. Im zweiten Schritt erfolgt darauf aufbauend, wo dies sinnvoll erscheint eine Quantifizierung. Das hermeneutische Verstehen mit einer quantifizierenden Auswertung zu verknüpfen bietet die Möglichkeit, sich der Stärken beider Verfahren zu bedienen. Die quantitative Inhaltsanalyse setzt in einem ersten Schritt immer die Rekonstruktion der Bedeutung voraus, „um in einem zweiten Schritt diese Bedeutung klassifizieren und festhalten zu können" (Mathes, 1992:406). Aus der vielfach konstatierten Inkompatibilität der beiden Verfahren macht Mathes auf diese Art eine Komplementarität. Die notwendige Nachvollziehbarkeit in der Auswertung wird einerseits durch die unverzerrte und vollständige Transkription der Interviews sowie andererseits durch die Entwicklung eines Analyserasters sichergestellt. Beides, Transkripte wie Analyseraster, dokumentieren nicht nur das Vorgehen, sondern ermöglichen auch die kritische Reflexion durch Außenstehende während der Auswertung. Aus dem bisher Dargestellten ergibt sich damit ein Ablaufschema, wie es Abbildung 8 zusammenfasst.

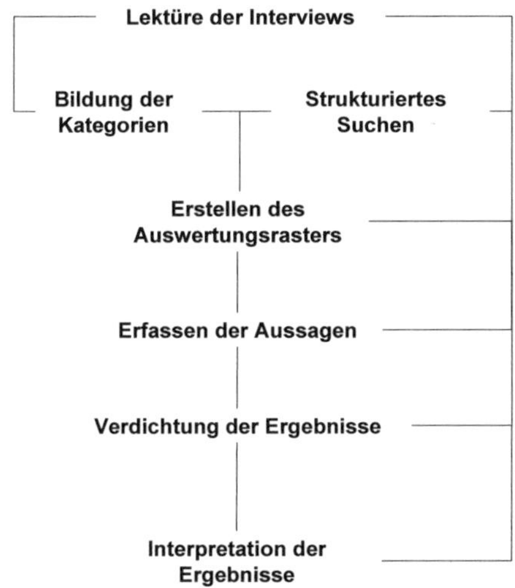

Abb 8: Phasen der Auswertung der empirischen Daten (Bunz 2005, S. 49)

Im zweiten Schritt der Auswertung werden die Dimensionen des Analyserasters theoriegeleitet interpretiert. Die theoretische Ausgangsbasis für diese Untersuchung bilden die zuvor erarbeiteten Forschungsfragen. Unter Verwendung soziologischer Kategorien wird es damit möglich, Verbindungen zwischen den Dimensionen des Analyserasters herzustellen. In einem zweiten Interpretationsschritt wird das Ergebnis dieser Interpretationen vor dem AGIL-Schema Talcott Parsons betrachtet. In einem letzten Schritt werden schließlich im Zuge einer Typenbildung idealtyische Verantwortungskonzepte aus den Erkenntnissen gebildet.[95]

Auch wenn das von Bunz (2005) gewählte Vorgehen andere Schwerpunkte setzt, bleibt die von ihm als Dreischritt bezeichnete Vorgehensweise aus Verstehen, Interpretieren und Typenbildung in ihren Grundzügen erhalten.

4.2 Verantwortung als Teil der eigenen Biographie

Die erste Berührung mit dem Begriff der Verantwortung kann ganz sicher nicht zwangsweise mit dem erstmaligen Eintritt in ein Unternehmen verbunden werden. Um die prägenden Einflüsse, wie sie von den Spitzenmanagern selbst wahrgenommen wurden, nicht durch einen vordefinierten Zeitpunkt der Bewusstwerdung (Kindergarten, Schule oder Studium) auszuschließen, wurde die erste Frage bewusst offen formuliert. Überdies erwies sich die Frage nach der Biographie als ein hervorragendes Mittel, die teilweise äußerst professionelle Gesprächssituation – wie wird die Anonymität gewährleistet, gibt es die Notwendigkeit einer eigenen Dokumentation aus Compliance Gründen, u.v.m – in eine offenere Atmosphäre zu übertragen. Abbildung 9 fasst die Ergebnisse vorab zusammen und erleichtert durch diesen Überblick die Einordnung der nachfolgenden Ergebnisdarstellungen.

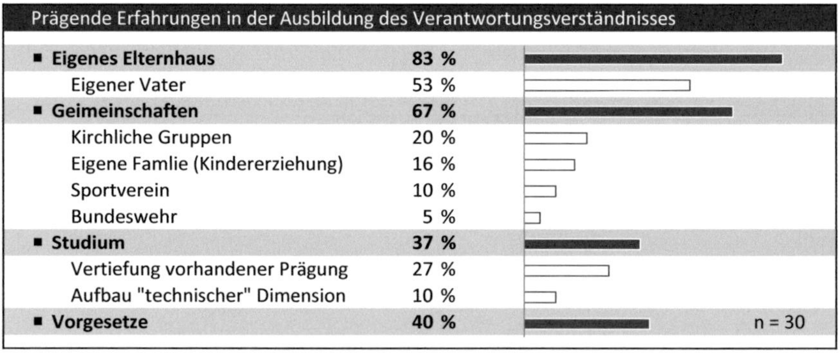

Prägende Erfahrungen in der Ausbildung des Verantwortungsverständnisses		
▪ **Eigenes Elternhaus**	**83 %**	
Eigener Vater	53 %	
▪ **Geimeinschaften**	**67 %**	
Kirchliche Gruppen	20 %	
Eigene Famlie (Kindererziehung)	16 %	
Sportverein	10 %	
Bundeswehr	5 %	
▪ **Studium**	**37 %**	
Vertiefung vorhandener Prägung	27 %	
Aufbau "technischer" Dimension	10 %	
▪ **Vorgesetze**	**40 %**	n = 30

Abb 9: Prägende Personen / Erfahrungen, die Einfluss auf das eigene Verantwortungsverständnis hatten

[95] In Kapitel 5 auf Seite 209 wird die Vorgehensweise der letzten beiden Schritte detailliert dargestellt.

4.2.1 Das Verantwortungsverständnis im Elternhaus

Die Spitzenmanager benennen verschiedene Stationen ihrer eigenen Biographie. Die deutlich höchste Bedeutung kommt dem eigenen Elternhaus zu, das 83 % als besonders prägend benennen. Für gut die Hälfte der Befragten ist diese Erfahrung im Elternhaus eng mit dem eigenen Vater verbunden. Das Vorbild des eigenen Vaters entwickelt aus zwei Perspektiven Wirkung auf das eigene Verständnis: Einerseits als Person und Rollenträger des Arbeitslebens und andererseits als Privatperson und Familienoberhaupt. Die Erfahrungen am Arbeitsplatz als Rollenträger, die der Vater nach Hause getragen hat, haben unmittelbar Wirkung auf das Familienleben entfaltet und wurden offensichtlich im Familienalltag thematisiert.

> *„Das heißt, er war wirklich verantwortlich, als geschäftsführender Vorstand für das Unternehmen. Was ich von ihm z.B. gelernt habe, ist was Verantwortung oder Führung bedeutet an Engagement. Auch erfahren als Kind, dass das durchaus heißt, dass die Familie ein Stück zurückgesetzt wurde. Aber ich habe auch gelernt, dass das ganz besonders gegenüber den Mitarbeitern gilt. Auch da zu sein für den Mitarbeiter und nicht nur Vorgesetzter, sondern auch als Ratgeber Hilfestellung zu leisten. Das habe ich sicherlich frühzeitig von meinem Vater mitbekommen." (CEO 14, Absatz 4)*

Besonders deutlich wird diese Erfahrung überall dort, wo der Vater als Unternehmer im eigenen Betrieb tätig war. Diese Art der Verantwortung, eine unternehmerische, wird von 30 % der Vorstände als sehr prägend und mit hoher Bedeutung für die eigene Verantwortungskonzeption bewertet.

> *„Wer stand für mich in meinem Werdegang an erster Stelle? Das war sicher mein Vater durch seine Unternehmertätigkeit; durch seine Disziplin, die er an den Tag gelegt hat und damit natürlich auch durch seine Verantwortung für die Mitarbeiter in diesem Unternehmen. Und das prägt einen." (CEO 18, Absatz 8)*

Mit der Beschreibung der unternehmerischen Verantwortung ist immer auch eine Idee der Tatkraft und Schaffensfreude verbunden.[96] Der Blick ist nach vorne gerichtet. Man ist sich einer Art inneren Verpflichtung für ein den eigenen Kräften entsprechendes Engagement bewusst. Ein puritanisches Arbeitsideal wird dabei aber nicht erreicht; immer wieder wird der Leistungshinweis um einen Hinweis auf die behütete eigene Kindheit ergänzt. Besonders eindrücklich war für sie die

---

[96] Auf ganz ähnliche Weise beschreibt Buß (2007) „Selbstständigkeit und Wagnisfreude" als bemerkenswerte Wesensmerkmale der Spitzenführungskräfte. Über die deutschen Topmanager schreibt er: „Sie distanzieren sich von der in Deutschland weit verbreiteten Neigung, das, was ist oder was man hat, zu bewahren. Sie schätzen vielmehr ein Leitbild des Schaffens, der Eigenverantwortung und Unabhängigkeit – und dies möglichst im Komparativ." (Buß, 2007:99)

Bereitschaft der Väter, eigene Bedürfnisse und Wünsche zurückzustellen, um den Kindern eine gute Ausbildung zu ermöglichen.

Die in dieser Untersuchung erfasste Verteilung der Berufe der Väter bestätigt die von Buß gemessene Verteilung (Buß, 2007:16). Die Spitzenmanager selbst teilen sich allerdings lediglich in zwei Gruppen ein. Über 60 % geben an, dass sie aus Familien stammen, in denen der Vater dem Berufsstand der Unternehmer, Landwirte, (freien) akademischen Berufe oder leitenden Angestellten zugeordnet werden könne. Spitzenmanager, deren Väter zu diesen Berufsgruppen gehörten, betonen durchweg die unternehmerische Perspektive der Verantwortung. Diese Bewertung ist unabhängig davon, ob die unternehmerische Verantwortung auch durch eigenen Besitz an der Unternehmung begründet ist. Die zweite Gruppe (knapp 40 %) ordnet sich – besser gesagt die eigene Familie – der Sozialschicht der „Arbeiter" oder „einfachen Angestellten" zu. Für diese Gruppe ist die Erinnerung an die Verantwortung des Vaters vornehmlich als die des Familienoberhauptes bedeutsam. Über beide Gruppen hinweg fällt auf, dass vor allem traditionelle Werte wie Fleiß, Pünktlichkeit und Strebsamkeit hohes Ansehen genossen.

> *„Das sind letzten Endes auch die Kardinalstugenden, die man da vor Augen haben muss, Fleiß, Pünktlichkeit, Ehrlichkeit, Zuverlässigkeit, also Werthaltungen. Und ich glaube, dass man diese Werthaltungen, gerade als Führungskraft, vorleben muss, weil Mitarbeiter ja auch darauf achten, und insofern verbindet sich das schon. Das ist auch nicht etwas, was man irgendwann, ich sag mal, beginnt, sondern das muss sich, egal wo sie sind, im familiären Umfeld, in der Familie, muss sich das im Grunde genommen fortsetzen." (CEO 2, Absatz 9)*

Die im Elternhaus vorherrschende Werthaltung wird von mehr als der Hälfte der Spitzenmanager als traditionell, auch im Sinne einer christlichen Wertethik, bezeichnet. Diese Leitideen bilden den Rahmen, in dessen Grenzen die eigene Jugend interpretiert wird. Immer wieder betonen die Spitzenmanager, wie bedeutsam die Grundlage solcher Leitlinien für das eigene Leben, auch und insbesondere als Führungskraft ist.

> *„Also was ich damit sagen will: das Grundgerüst an Werteparadigmen meiner christlich abendländischen Erziehung, da reden wir ganz offen über die 10 Gebote und ähnlichem. [...] Darauf aufbauend können sie dann natürlich über kulturelle Werte trefflich streiten. Aber es gibt so Grundgerüste, die sie immer wieder erkennen. Das heißt weitaus mehr als das Vermitteln von Werten durch Worte wirkt das Vorbild. Ganz wichtig sind dabei das Arbeits- und das Sozialverhalten. Damit geht für mich eine ganz starke Prägung hervor, die ich durch meine Eltern erfahren habe. Und das ist für mich auch ein großer Teil meines beruflichen Erfolges gewesen." (CEO 27, Absatz 10)*

Die Bekundung einer hohen Bedeutung darf aber nicht mit einer unhinterfragten Übernahme und Fortführung dieser Werte gleichgesetzt werden. Neben den hohen Kontinuitäten sind gerade auch die bewussten Diskontinuitäten bezeichnend. Übernommen wurde vor allem die grundsätzliche Werthaltung, die grundsätzliche Achtung für Andere. Wie diese Werthaltung dann aber zum Ausdruck gebracht wird, kann sich wesentlich unterscheiden. So wird beispielsweise die hohe Verbundenheit mit den Mitarbeitern als prägendes Ideal bezeichnet, dem es nachzueifern gilt. Gleichzeitig soll aber die hohe Belastung der Familie durch eine anderes Arbeitsverständnis möglichst vermieden werden. Dass die grundsätzlich positive Haltung gegenüber dem Verantwortungsverständnis der Eltern, es gibt keine einzige negative oder abwertende Äußerung in dieser Hinsicht, nicht automatisch auf andere Vorbilder und Beziehungen übertragen werden kann, zeigt sich spätestens an den Verantwortungsbeschreibungen von früheren Vorgesetzten, insbesondere aber bei Vorgängern des eigenen Vorstandsposten. Dieses Bild, das im weiteren Verlauf der Arbeit genauer betrachtet wird, ist wesentlich durchwachsener und kritischer.

4.2.2 Prägende Gemeinschaften und Engagements

Neben den geteilten Lebensstationen, die einen Einfluss auf das Verantwortungsverständnis der Spitzenmanager entwickeln konnten (Elternhaus, Studium und erste Berufsjahre), benennen zwei Drittel individuelle Erfahrungen in Gemeinschaften als besonders bedeutsam. Gemeinsam ist allen Erfahrungen, dass Verantwortung in der Gruppe erlebt und praktiziert wurde. Sich selbst als Teil einer Gemeinschaft zu verstehen, kann als das verbindende Element bezeichnet werden. Immerhin 20% der Spitzenmanager haben diese Erfahrung im kirchlichen Umfeld gesammelt. Das hier gezeigte Engagement ist von hoher Identifikation gekennzeichnet und wird als sehr bedeutsam beschrieben.

> *„Ich habe mich in der kirchlichen Jugendarbeit sehr heftig engagiert seit ich 15 war. Und das dann lange betrieben, nicht professionell, aber doch sehr intensiv, bis zum Abschluss meiner Promotion, dann ging es nicht mehr. [...] Und dieser Kontext hat mich auch persönlich sehr geprägt, auch im Verantwortung für andere Übernehmen, Verantwortung für inhaltliche Aussagen übernehmen. [...] Das hat also meinen Umgang mit Verantwortung, mein Wachsen mit Verantwortung deutlich mehr geprägt, das war ja zeitgleich zum Studium, und auch noch über die Jahre der Promotion hinweg, der Treiber war da sicherlich diese Beschäftigung und weniger in der Differenzierung im Studium oder auch die Promotionszeit." (CEO 22, Absatz 10)*

Mit 16% wird die eigene Familiengründung ähnlich häufig genannt wie das kirchliche Engagement. Verantwortung bedeutet in diesem Fall, in Abstimmung mit dem Partner die eigenen Kinder zu schützen und für die „Welt" bereit zu machen (CEO 27, Absatz 46). Die eigene Familie ist sowohl Ansporn „es besser zu machen" als auch Korrektiv für verfehlte Zielsetzungen (CEO 15, Absatz 4). Ein

CEO beschreibt die Besonderheit dieser Form der Verantwortung als erste Situation, in der sich der generische Kreis der Verantwortung erweitert. Es ist kein anderer da, der diese Verantwortung in gleicher Form trägt oder tragen kann.

Ähnliche Erfahrungen wie im kirchlichen Engagement beschreibt jeder Zehnte Befragten, der sich im Sportverein eingebracht habt. Nicht in der Mitgliedschaft, sondern im Engagement, insbesondere im Weitergeben von Kenntnissen und gemeinsamen Erreichen von Zielen, sehen die Spitzenmanager die Bereicherung ihres Horizonts. Gute 6% verbinden ähnliche Erfahrungen mit der Zeit bei der Bundeswehr. In dieser Zeit wurde deutlich, was es heißt, schwächere in die Gruppe zu integrieren und gemeinsam ein Ziel zu erreichen.

4.2.3 Verantwortung als Studieninhalt

Der Weg in die Vorstandsetage führt in aller Regel über ein Hochschulstudium. In dieser Erhebung haben bis auf einen Vorstand alle Befragten studiert (96%). Es besteht offensichtlich ein Zusammenhang zwischen der Komplexität der Aufgabe und der Bedeutung des höchsten Bildungsabschlusses. Mit 60% der Studienabschlüsse liegen die Wirtschaftswissenschaften unangefochten auf Platz eins, gefolgt von den Ingenieurswissenschaften (17%), den Naturwissenschaften (13%) und den Rechtswissenschaften (6%). Es fällt auf, dass von einer Offenheit im Hinblick auf die Studienfächer als Ausgangsbasis für die Spitzenpositionen keine Rede sein kann. Auch wenn die in dieser Hinsicht relativ kleine Stichprobe keine statistische Sicherheit bietet, so ist doch unübersehbar, dass kein einziger „exotischer“ Studiengang vertreten ist und selbst die Trennung zwischen Natur- und Ingenieurswissenschaften vollständig mit dem grundlegenden Geschäftsbereich des Unternehmens korreliert. Der zweite Trend liegt in der starken Präsenz der Wirtschaftswissenschaften, die mit 60% deutlich die von Buß beschriebene Entwicklung bestätigt (Buß, 2007:34).[97]

Die Bedeutung, die dem Studium von den Spitzenmanagern im Hinblick auf das eigene Verantwortungsverständnis zugemessen wird, lässt sich in drei Gruppen teilen. Zunächst in die *technische Verantwortung* der Ingenieure (10%), zweitens die Gruppe derjenigen, die eine Vertiefung des vorhandenen Verantwortungsverständnisses beschreiben (27%) und schließlich mit knapp zwei Dritteln die große Gruppe all jener, für die das Studium keine besondere Bedeutung in Bezug auf den Verantwortungsbegriff entwickelt hat.

[97] Buß weißt darauf hin, dass die Dominanz der rechts- und ingenieurwissenschaftlichen Studienabschlüsse an der Spitze deutscher Unternehmen in zunehmendem Maße durch wirtschaftswissenschaftliche Abschlüsse relativiert beziehungsweise abgelöst wird (Buß, 2007:34).

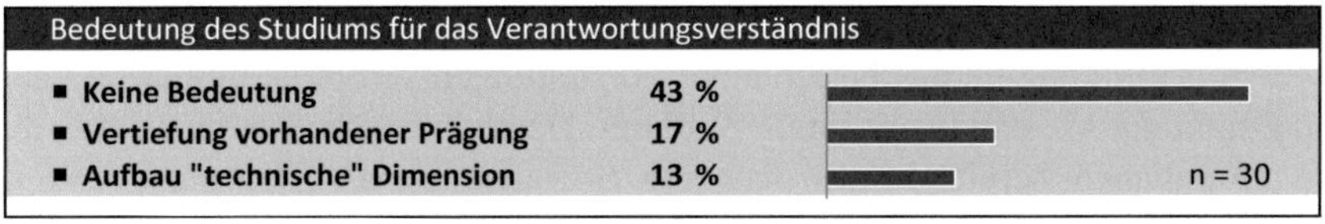

Bedeutung des Studiums für das Verantwortungsverständnis	
▪ **Keine Bedeutung**	**43 %**
▪ **Vertiefung vorhandener Prägung**	**17 %**
▪ **Aufbau "technische" Dimension**	**13 %**
	n = 30

Abb 10: Bedeutung des Studiums für die Entwicklung des eigenen Verantwortungsverständnisses

[1] Der Sonderfall der Ingenieure bildet einen Ausschnitt des Verantwortungsverständnisses, der insbesondere technische Aspekte enthält. Der Fall der Ingenieure ist insofern ein Sonderfall, als 60 % der Ingenieure die Bedeutung ihres Studiums für das eigene Verantwortungsverständnis hervorheben, während kein anderer Studiengang auch nur annähernd als so bedeutsam und prägend beschrieben wird. Ausgehend von einem idealisierten Bild des Ingenieurs bedeutet Verantwortung, ein Produkt oder einen Prozess so zu gestalten, dass sein Ergebnis mindestens einem angemessenen Zweck dient und in seiner Erreichung keine unangemessene Gefahr für andere bildet. Angemessenheit bedeutet in dieser Vorstellung, einen Schritt zu konzipieren, dann die Folgen zu evaluieren, daraus zu lernen und dann den nächsten Schritt zu planen. Sorgsamkeit und Kompetenz leiten dieses Verantwortungsverständnis.

> *„Ich denke schon, dass die Ausbildung des Ingenieurs viel mit Verantwortung zu tun hat. [...] Ich glaube, dem Ingenieur wird von vornherein in die Wiege gelegt, dass er für das, was er konzipiert, in der Regel technisch Verantwortung trägt. Ob das jetzt der Architekt ist, der ein Haus baut, ob es der Maschinenbauer ist, der eine Maschine entwickelt, ob das ein Elektroingenieur ist, der irgendwelche Überlandleitungen macht. Die Ausbildung zum Ingenieur ist eine Ausbildung, Verantwortung für das zu übernehmen, was man tut. Insofern denke ich schon, dass eine Ingenieurausbildung für Verantwortung prägend ist.“ (CEO 4, Absatz 16)*

Interessant ist dabei, dass auch Vorstände mit anderen Studiengängen durchaus positive Erfahrungen mit ihrem Studium verbinden und die fachliche Ausbildung schätzen. Im Gegensatz zu den Ingenieuren stellen sie aber keine Verbindung zwischen Fachinhalten und Verantwortungsverständnis her.

> *„Nicht mittelbar, nicht direkt. Ich glaube ein betriebswirtschaftliches Studium ist ja zunächst mal darauf ausgerichtet, betriebswirtschaftliche Ergebnisse zu erzielen, sich wirtschaftlich auszurichten. Ich habe an einer Universität gearbeitet, wo Mathematik, das analytische Denken, sehr im Vordergrund stand. Auch die Fachrichtung, die ich gewählt hatte, war sehr analytisch ausgeprägt. Zusammen mit der Einstellung zu wissen was man will, [...] ist das eine gute Kombination gewesen. Aber ich würde nicht sagen, dass das [Studium]*

mit dem [Verantwortungsverständnis] unmittelbar etwas zu tun hat." (CEO 7, Absatz 12)

[2] Eine Vertiefung bereits bestehender Vorstellungen verbindet immerhin knapp ein Drittel der Vorstände mit ihrem Studium. Deutlich weisen sie darauf hin, dass die Grundlagen bereits in der früheren Sozialisation im Elternhaus und der Schule gelegt wurden und durch das Studium fundiert, nicht aber abgelöst wurden.

„Die Konkretisierung zu unternehmerischem Handeln, die dann durch erste Eigenerfahrung erfolgt ist, die geht möglicherweise eher auf das Studium und erste berufliche Erfahrungen zurück. Aber ich würde das wirklich als Konkretisierung sehen und nicht als Ablösung." (CEO 28, Absatz 8)

Vielfach sind es eher die Nebenbedingungen des Studiums in Form von Studentengruppen wie AIESEC oder neue Freundeskreise, die Einfluss auf das Verantwortungsverständnis nehmen und weniger die Studieninhalte. Sowohl Studentengruppen als auch Studienfreunde werden nach wie vor eng mit dem Studium verbunden, Fachinhalte treten im Vergleich hierzu in den Hintergrund. Gut jeder zehnte Spitzenmanager nennt Studieninhalte als förderlich für die Entwicklung seines Verantwortungsverständnisses. Auf die Nachfrage, welche Inhalte besonders bedeutsam gewesen seien, stellen sie klar, dass nicht theoretische Konstrukte, sondern einzelne vorbildhafte Hochschullehrer die eigene Entwicklung befördert hätten.

[3] Für etwas weniger als die Hälfte der Spitzenmanager hat das Studium keine Bedeutung für das eigene Verantwortungsverständnis entwickelt. Studium und Verantwortung sind zwei Begriffe, die in den Beschreibungen dieser Spitzenmanager keine Verknüpfung besitzen.

„Das kann ich ganz einfach beantworten: überhaupt nicht. Weil das im Studium nie ein Thema war. Auch später bei der Promotion nicht. Ich habe in Karlsruhe Wirtschaftsingenieurwesen studiert. Das war mehr durch Wissensvermittlung geprägt. Dadurch, dass das Studium relativ vollgestopft war mit Lehrstoff, war da wenig Zeit, um das, was man normalerweise vielleicht im Studium Generale lernt, zu thematisieren." (CEO 1, Absatz 14)

Die Bandbreite der Bewertungen reicht von neutralen Positionen wie: „Hat man an der Uni Verantwortungsbewusstsein gelernt? Eher weniger" (CEO 2, Absatz 11), bis hin zu deutlichen Anklagen: „Ich habe durch die eigene Kompetenz intuitiv mehr gelernt. Also nicht über das Studium, wo ich das Rüstzeug hätte mitbekommen sollen" (CEO 18, Absatz 16). Die Mehrheit stellt fest, dass das Studium mit seinen Fachinhalten wenige bis keine Anknüpfungspunkte für die Entwicklung des eigenen Verantwortungsverstädnisses geboten hat. Gleichzeitig herrscht Uneinigkeit darüber, ob dies in Zukunft Aufgabe der Universitäten sein sollte.

Insgesamt 43 % der Spitzenmanager dieser Studie tragen den Doktortitel. Jene 92 % unter ihnen, die während ihrer Promotion an der Universität beschäftigt waren, werfen einen etwas anderen Blick auf ihre „Studienzeit“. Die in der Zeit der Promotion gesammelten Erfahrungen entsprechen aber eher denen, die von den übrigen Spitzenmanagern während der ersten Berufsjahre gesammelt wurden und werden daher zusammen mit den ersten Berufserfahrungen in der freien Wirtschaft betrachtet. Der Prozess der Promotion an sich, sowie die eigene Forschungsarbeit, wird als „Suchen nach technischen Lösungen“ beschrieben. Diese Suche wird begleitet von der Frage, wem mit all der Forschung geholfen ist, und welche Verantwortung man als Forscher trägt. Eine Verbindung zum heutigen Verantwortungsverständnis möchte aber keiner der Spitzenmanager herstellen.

4.2.4 Erste Erfahrungen im Unternehmen und bedeutsame Vorgesetzte

Spätestens mit dem erstmaligen Eintritt in ein Unternehmen wird Verantwortung für alle Spitzenmanager auch als Unternehmens- und Personalverantwortung erlebbar. Immerhin 40 % beschreiben die Erfahrungen, die sie mit Vorgesetzten gemacht haben, als bedeutsam - als positives wie auch negatives Beispiel. Die positive Seite schildert ein Vorstandsvorsitzender wie folgt:

> *„Wenn Sie jetzt das Thema Verantwortung noch in Richtung unternehmerisches Tun sehen wollen, dann hat das natürlich erst dann so richtig seine Bedeutung erhalten, als ich in den Beruf eingetreten bin. Ich bin dort in ein Umfeld gekommen, in dem ich gelernt habe, das Thema unternehmerische Verantwortung zu erkennen und wahr zu nehmen. Das wurde immer unter dem Aspekt und dem Satz ‚da müssen wir uns drum kümmern‘ zusammengefasst.“ (CEO 15, Absatz 4)*

Aber auch aus den negativen Erfahrungen entwickelt sich eine Prägung, die für die eigene Werthaltung von Bedeutung ist.

> *„Wenn sich Menschen einem anvertrauen, ihre Karriereplanung und ihre Berufsplanung[...] an einem ausrichten, dann müssen sie sich darauf verlassen können, dass man über ein [fundiertes] Werteparadigma Menschen führt uns entsprechende Führungsgrundsätze hat. Diese Dinge habe ich sicherlich durch mein Elternhaus erfahren und durch das ein oder andere Vorbild, das ich in meiner beruflichen Laufbahn hatte. Vor allen Dingen aber Vorbilder in negativer Hinsicht. Genau gesehen zu haben, wie man es nicht machen sollte, um daraus seine Schlüsse zu ziehen und es dann so zu machen, wie man es eben richtig macht. Die wahren Schwierigkeiten sind immer menschlicher Natur, nie sachlicher Natur.“ (CEO 27, Absatz 10)*

Dass die Werthaltung der eigenen Vorgesetzten in einer frühen Phase der Berufstätigkeit von Bedeutung sind und gegebenenfalls deutliche Konsequenzen mit sich bringen können, zeigt sich in den Ausführungen zweier Vorstände. Für einen liegt die Konsequenz darin, die Firma zu wechseln, für den anderen, sich die Führungskraft und nicht den Job auszusuchen.

> *„Ich habe mir eigentlich nicht den Job, sondern immer die Vorgesetzten ausgesucht; ob die passen zu dem, wie ich mir Führung vorstelle. Und im Nachhinein hat sich das sehr positiv entwickelt. Ein Vorgesetzter, zu dem man aufblickt, den man akzeptiert, von dem lernt man eine ganze Menge. Ich glaube, dass das auch wichtig war immer wieder mit Persönlichkeiten zusammen zu arbeiten, die einem was geben konnten." (CEO 7, Absatz 10)*

Diese Darstellungen decken sich eng mit den Ergebnissen, die im Rahmen der Führungskräftebefragung durch die Wertekommission im Jahr 2009 veröffentlicht wurden. Die größten Potentiale sowohl der *Ermöglichung* als auch der *Hinderung* liegen demgemäß im Verhalten der direkten Vorgesetzten. Mit 38 % übertrifft deren Einfluss sogar „die deutliche Profitorientierung" (36 %), die in der Studie von Bucksteeg und Hattendorf (2010:20) als zweitstärkster „En- oder disabler" für die Umsetzung der eigenen Werthaltung genannt wird.

4.3 Werte als Basis für das Verantwortungsverständnis

Keine Unternehmensbroschüre kommt heute mehr ohne die Nennung von zentralen Unternehmenswerten aus. Wie diese Werte erarbeitet, beziehungsweise ausgewählt wurden, wird deutlich seltener beschrieben. Der Versuch herauszuarbeiten, wie diese Werte Einfluss auf die Handlungsweisen der Mitarbeiter haben, unterbleibt dann meist vollständig. Die Antworten der befragten deutschen Spitzenmanager bieten hingegen einen tiefen und gleichzeitig umfassenden Einblick in die Grundorientierungen ihres Verantwortungsverständnisses. In ihren Schilderungen zur Verantwortung als Teil ihrer Biographie haben sie den Grundstein für die Entwicklung ihres Verantwortungsverständnisses beschrieben. Die Beschreibung bedeutsamer Werte nimmt diese Prägungen auf, ist aber auf die heute eigenen Schwerpunkte gerichtet.

> „Die Imprägnierung unseres moralischen Bewußtseins durch Werte, Orientierungen und Lebenspläne, durch Freiheits- und Gleichheitsvorstellungen, durch kulturelle Traditionen und nationale Zugehörigkeiten spielt eine entscheidende Rolle dafür, Verantwortung nicht nur zu haben, sondern sie auch zu übernehmen." (Heidbrink, 2003:54)

Die Spitzenmanager beschreiben einen breiten Fundus an Werten, den sie eng mit ihrem Elternhaus verknüpfen. Neben dieser biographischen Komponente weisen 30 % darauf hin, dass sich auch ohne eine solche Prägung ein sehr ähnliches Werteset rein aus Nützlichkeitserwägungen hätte ergeben können. Den Beweis kann allerdings keiner der Vorstände antreten.

„Ich denke, wenn ich aus einer ganz anderen erzieherischen Richtung gekommen wäre – gleichwohl das ist natürlich eine artifizielle Überlegung – und diesen Werdegang eingeschlagen hätte, dann wären mir diese Werte spätestens im Rahmen der beruflichen Entwicklung als unabdingbar und wichtig aufgegangen. Ich hätte mich dann entscheiden müssen, ob ich sie adaptiere – um weiterhin erfolgreich diesen Werdegang beschreiten zu können – oder ob ich eine andere Meinung zu diesen Themen habe. Dann wäre ich aber sicherlich nicht in der Funktion, in der ich heute bin." (CEO 21, Absatz 18)

Keiner der Spitzenmanager weist auf wesentliche und permanente *Verfehlungen* in der eigenen Sozialisation hin. Es ist weder von überhöhten Idealen, die nicht einzuhalten sind, noch von falschen Ausrichtungen, die falsche Handlungsanreize setzen, die Rede. Demgemäß finden sich auch keine Hinweise auf über Bord geworfene Werte, die Nützlichkeitsüberlegungen im Unternehmensalltag hätten geopfert werden müssen. Die nachträgliche utilitaristische Legitimierung der eigenen Werthaltung kann daher als ein gewisses Unbehagen über die Bedeutung der eigenen Prägung verstanden werden. Die Erkenntnis über die Bedeutung der eigenen Sozialisation wird durch die nachträgliche utilitaristische Bestätigung auch für die Funktion als Spitzenmanager legitimiert. Bei aller Aufmerksamkeit, die das Thema Werte und Wertemanagement heute in Spitzenunternehmen erfährt, tut sich gut ein Drittel der Wirtschaftselite immer noch mit einem von Rationalitätskalkülen *unabhängigen* Werteverständnis schwer.

In der Zusammenschau ergibt sich ein Set aus sieben zentralen Werten, das als Basis des Verantwortungsverständnisses der deutschen Wirtschaftselite verstanden werden kann. Die Bedeutung, die den genannten Werten durch die Spitzenmanager zugesprochen wird, lässt sich nur bedingt aus den Prozentzahlen ablesen. Die Befragten beschäftigen sich im Verlauf der Gespräche immer wieder auch mit den „mit gedachten" Inhalten und den inhärenten Schwierigkeiten ihren eigenen Konzeptionen des Wünschenswerten gerecht zu werden. Vor allem in der differenzierten Zusammenschau der jeweiligen Kontexte, in denen die Werte genannt wurden, ergibt sich aber ein aufschlussreiches Bild über die Wertelandkarte der deutschen Wirtschaftselite. Die angegebenen Prozentwerte bieten demgemäß einen Überblick der eine Einordnung erleichtert. Dem nachvollziehbaren Verlangen schneller Interpretationen gepaart mit kantigen Interpretationen sollte aber, wo immer möglich, widerstanden werden.

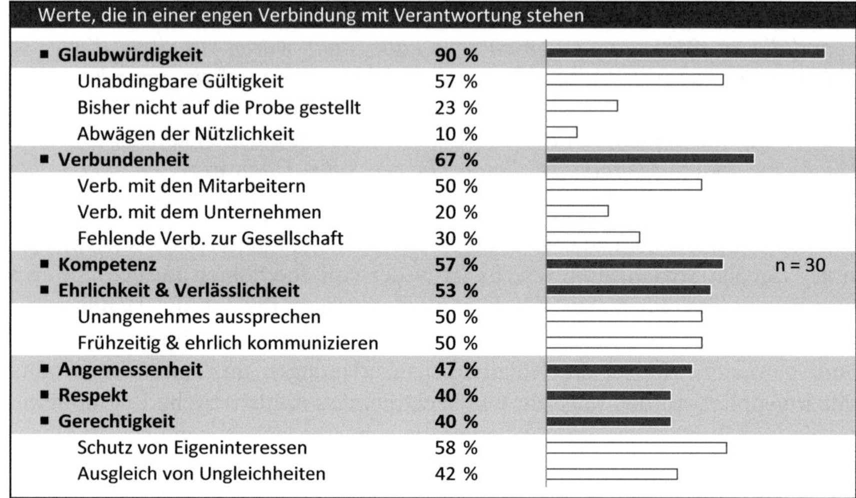

Abb 11: Werte, die für die deutsche Wirtschaftselite in einer engen Beziehung zu ihrem Verantwortungsverständnis stehen

4.3.1 Persönliche Authentizität und Glaubwürdigkeit als höchste Maxime des Handelns

Neun von zehn Spitzenmanager nennen Glaubwürdigkeit[98] als bedeutsamen Wert und stellen ihn ins Zentrum ihres Verantwortungsverständnisses. Kein anderer Wert wird so ausführlich beschrieben, kein anderer Wert so häufig genannt. Fast scheint es, als wollten die Befragten mit einem latenten Vorwurf aufräumen und sich dabei ihrer eigenen Position versichern.

Auf den ersten Blick wirkt es so, als seien Glaubwürdigkeit und Authentizität Werte, die einem allgemeinen Bild des Wünschenswerten entsprechen und die keiner weiteren Erklärung oder Rechtfertigung bedürfen. Bei genauerem Hinsehen beziehungsweise Nachfragen ergibt sich aber ein anderes Bild. Gut jeder fünfte Spitzenmanager verbindet Glaubwürdigkeit und Authentizität mit einem

[98] In der Wortbedeutung greifen die Spitzenmanager immer wieder auf unterschiedliche Begriffe zurück. Sie sprechen von der Notwendigkeit einer persönlichen Integrität, führen ihre Argumentation im nächsten Satz dann aber mit dem Begriff der Authentizität fort, nur um dann in ihrer eigenen Zusammenfassung von einem inneren Drang zur Glaubwürdigkeit zu sprechen. Im Folgenden werden demgemäß die Begriffe ebenfalls synonym verwendet, auch wenn sich durchaus bedeutsame Unterschiede herausarbeiten ließen; allein das empirische Material enthält keinen Hinweis auf eine solch feingliedrige Unterscheidung.

Nutzenkalkül. Berechenbarkeit ist ein wesentlicher Nutzfaktor, der mit Authentizität und Glaubwürdigkeit in Verbindung gebracht wird. Aus der Berechenbarkeit kann dann im Geschäftsalltag ein Vorteil geschöpft werden, da Absicherungen für Unerwartetes reduziert oder ganz vermieden werden können.

> *„Ich denke, gute Führungskräfte sollen authentisch sein. Gradlinigkeit, Berechenbarkeit, das sind für mich Stichwörter, von denen ich sage, dass sie wichtig sind. Nur dann verstehen die Mitarbeiter, wo man eigentlich mit einem Unternehmen hin möchte." (CEO 29, Absatz 80)*

> *„Profillose Führungskräfte werden auf Dauer nicht erfolgreich sein. Selbst wenn sie möglicherweise ein Profil haben, an dem sich andere stoßen, ist dies immer noch eher Anlass für eine Kommunikation und auch möglicherweise für Lösungsmöglichkeiten, als wenn jemand sich profillos durch sein Managerleben laviert und auf dem Wege niemandem klarmacht wofür er eigentlich steht." (CEO 21, Absatz 52).*

Es wäre aber eine unzulässige Verkürzung, würde die Nützlichkeit in ein über die Maßen mechanistisches Verhältnis zum Wert der persönlichen Glaubwürdigkeit gedrängt. Die Vorstände betonen vielmehr die Bedeutung der Glaubwürdigkeit und schieben dann eine Argumentation der Nützlichkeit nach. Man möchte eine Führungskraft sein, die zu seinen Prinzipien steht, deren Wort gilt. Daraus ergibt sich dann aber auch etwas. Quasi als nachgeschobene Legitimierung. Glaubwürdigkeit wird nämlich fast ausschließlich außerhalb der fachlichen Qualifikationen angesiedelt und mit dem Hinweis auf einen (ökonomischen) Nutzen in den unternehmensnahen Kontext zurückgeholt.

> *„Ich glaube, ein Großteil der internen Zufriedenheit, das Betriebsklima und so weiter, wird dadurch erzeugt, dass man sich möglichst authentisch und konform verhält." (CEO 1, Absatz 68)*

> *„Wir versuchen durchaus [frühzeitig und ehrlich zu kommunizieren]. Das ist für mich ein Thema des ehrlichen Umgangs miteinander. Ich zweifle hochgradig an, dass es ‚die Wirtschaft' gibt; am Ende ist es die Aufgabe der Unternehmensvertreter [...] authentisch zu sein und zu sagen, ich kann nicht alle Erwartungen erfüllen." (CEO 22, Absatz 46)*

Eine zweite wesentliche Variable für das Verständnis der Werte Authentizität und Glaubwürdigkeit bildet die Zeit. Zeit ist anscheinend ein ganz wesentlicher Parameter, der immer wieder zur Verdeutlichung der eigenen Werthaltung herangezogen wird. Die kurze Frist wird als unangemessener Bewertungshorizont durchweg abgelehnt. Gleichzeitig steht die schnelle Reaktion für Effizienz und als solche ist sie eine der zentralen Zielgrößen. Auf diese Dualität von Zeit verweist ein CEO, wenn er sich zu den Folgen eines dauerhaften Auseinanderfallens von eigenen Überzeugungen und rein am Erfolg ausgerichteten Handlungen äußert:

„Allein, das ist jetzt Lebenserfahrung, das Kausalitätsprinzip sagt mir, es kommen alle Dinge auf dich zurück. Sich so zu verhalten, dass man es vor sich selber immer stehen lassen kann oder dass man es für sich auch so akzeptieren kann, ist am nachhaltigsten. Denn wer weiß, ob der Konkurrent immer Konkurrent bleibt, ob der Mitarbeiter immer Mitarbeiter ist oder ob er nicht auch mal Konkurrent wird. Ein böser Spruch sagt auch: ‚Schau dir genau an, wen du siehst, wenn du die Treppe hochgehst, du wirst ihn auch wieder sehen, wenn du die Treppe runter gehst.' Die Zeit ist so schnelllebig, dass sowohl ein ordentliches und stringent durchgezogenes Sozialverhalten als auch ein wertegeprägtes Verhalten insgesamt, nachhaltig am sinnvollsten für eine Unternehmung ist." (CEO 27, Absatz 20)

Ohne jegliche Verknüpfung mit Nützlichkeitserwägungen argumentieren diejenigen Spitzenmanager, für die Glaubwürdigkeit zu einem hohen moralischen Prinzip geworden ist. Für sie ist Authentizität eher mit einem moralischen Imperativ verbunden und erstreckt sich in diesem Verständnis auch auf Handlungen, die aller Wahrscheinlichkeit nach nie ans Licht kommen werden und dennoch entsprechend der eigenen Wertvorstellungen umzusetzen sind.

„Ich glaube, wenn man in einem Haushalt aufwächst, der auf sehr viel Geschichte zurückblickt, dann spielen verschiedene Elemente eine große Rolle: Werte, Grundprinzipien zu haben, diese Werte auch hochzuhalten, sich mit jedem Handeln daran messen lassen zu wollen." (CEO 28, Absatz 8)

Zentrale Werte sind für mich: „Zuverlässigkeit und absolute Glaubwürdigkeit. Auch Offenheit, wirklich die Themen, wenn es auch schwerfällt, gerade im Vorstandsgremium, offen anzusprechen. Auch wenn man weiß, dass man vier Kollegen gegen sich hat hilft das ja nichts, da muss man trotzdem durch. Ich glaube, man muss seinen Weg gehen, man muss geradlinig sein, man muss offen sein, man muss konsequent sein. Auch das ist wichtig: nicht nur reden, sondern auch danach handeln." (CEO 20, Absatz 18)

Mehr als die Hälfte der Spitzenmanager äußern die unbedingte Gültigkeit ihres persönlichen Anspruches an Glaubwürdigkeit. Sie sind nicht bereit, eigene Überzeugungen in Tauschgeschäften aufzugeben. Diese Bereitschaft geht so weit, dass jeder Fünfte Spitzenmanager angibt, im Zweifel lieber seinen Job aufzugeben, als seine Glaubwürdigkeit zu zerstören.

„Es ist immer irgendwann so, dass jemand die Spielregeln und das Handlungsfeld beschreibt. Und dann muss ich mich fragen: auf welchem Spielfeld bewege ich mich und wie sind die Spielregeln hier? Wenn die Spielregeln, die dort definiert sind, nicht den ihrigen entsprechen, müssen Sie irgendwann sagen, ich spiel nicht [mehr] mit auf dem Feld. Ich verlass das Spielfeld und gehe in ein anderes Stadion." (CEO 11, Absatz 6)

Mehr als 10 % verweisen auf mindestens eine Situation in ihrer eigenen Laufbahn, an der sie deutliche Konsequenzen gezogen und beispielsweise den Arbeitgeber gewechselt hätten, um nicht weiter gegen ihre Grundsätze zu verstoßen. Nur so sei es ihnen möglich gewesen, authentisch zu bleiben.

„Ganz entscheidend ist, sich zu überlegen, wofür ich stehe und wofür ich stehen will. Wie ist meine Außenwahrnehmung? Denn diese Dinge können Sie nicht mehr korrigieren. Wenn man erst einmal auf einer Linie ist, ist es unheimlich schwer, zu sagen: Ich will es jetzt doch anders haben." (CEO 18, Absatz 100)

„Es kann keine Verantwortung geben, die nicht verlässlich ist. Wenn ich für etwas Verantwortung übernehme, dann muss mein Mitarbeiter auch wissen, dass das auch gilt. Dann muss der Kunde auch wissen, dass das auch gilt. Verantwortung ohne Glaubwürdigkeit geht nicht. Auf jeder Ebene." (CEO 14, Absatz 12)

„Das erfordert eben auch, dass man dann von den Analysten möglicherweise abgestraft wird. Dann geht mal der Aktienkurs runter, oder ihr Aufsichtsrat ist nicht so richtig amused. Das kann passieren. Die Frage ist dann aber, wie weit steht man dahinter? Wie weit würde man diese Diskussion führen? Man könnte es vielleicht einfacher haben." (CEO 17, Absatz 88)

„Das heißt aber, weil man die Verantwortung hat, auch eine schwierige Entscheidung zu treffen, sich zu widersetzen. Im schlimmsten Fall wird man irgendwann geopfert, aber man hat seine Bühne nicht verlassen." (CEO 13, Absatz 74)

Die zweite Gruppe der Spitzenmanager kommt hingegen ins Schwanken, wenn Glaubwürdigkeit und Nützlichkeit miteinander in Konflikt geraten. Das heißt nicht, dass sofort alle Grundsätze über Bord geworfen werden, die Deutlichkeit, mit der zuvor Handlungsleitlinien beschrieben wurden, wird aber in weichere Formulierungen abgemildert. Gerade auf diese Gefahr weist ein Vorstand hin, wenn er davon spricht, dass zugunsten eines „warm and fuzzy feelings" die eigene Verantwortung zur Glaubwürdigkeit aufgeweicht wird.

„Wichtig ist, dass man vor lauter ‚warm and fuzzy feeling' den eigenen Verantwortungsbereich nicht vernachlässigt. [...] Es darf nicht das Motto gelten: Das machen wir heute mal so, und dann morgen mal anders; nur um dann überall Ruhe zu haben. Nein, auch da ist es wichtig, dass man sich klar positioniert. Es gehört dazu, dass sich dieses ‚warm and fuzzy feeling' ausbreitet. Gleichzeitig müssen die Leute wissen, dass es hier Leitplanken gibt, dass es hier in eine Richtung läuft, dass es [..] Linien gibt, die man beachten muss." (CEO 3, Absatz 40)

Ein anderer Vorstand wird deutlicher: finanzielle Interessen könnten durchaus dazu führen, dass die eigene Glaubwürdigkeit im engeren Sinne zurückgestellt wird.

> *„Das bringt auch die Schnelllebigkeit der heutigen Zeit mit sich, dass diese Dinge leider leider auf der Strecke bleiben und man auch auf Mainstream gehen muss, im Unternehmensinteresse. Dass man auch mal den Weg des Ehrbaren Kaufmanns verlässt, weil im Unternehmensinteresse andere Ansätze schlagender sind." (CEO 18, Absatz 24)*

So oder ähnlich antworten immerhin 10% der Befragten. Diesem Aufweichen sind aber, so die einhellige Betonung, deutliche Grenzen gesetzt. Einerseits könne ein solches Abwägen nur zugunsten des Unternehmensinteresses stattfinden und nicht zum eigenen Nutzen und andererseits wolle man nicht zum Schauspieler werden, der völlig abseits eigener Überzeugungen handle. Die übrigen 23% verweisen darauf, dass die Bedeutung der eigenen Glaubwürdigkeit erst dann bewertet werden kann, wenn sie auf die Probe gestellt wurde. Glaubwürdigkeit, die Zusagen für Verantwortung enthält, bewähre sich erst an der Tat. Da sie bisher noch nicht in eine solche Situation gekommen seien, könnten sie keine Aussage hierzu machen.

Der Grad an Glaubwürdigkeit wird vor allem an der Übereinstimmung zwischen Reden und Handeln gemessen. „Wasser predigen und Wein saufen" (CEO 29, Absatz 16) ist die kurze Formel, die hinter einem vielfach beobachteten Prinzip steckt.

> *„Das heißt, ich muss Vertrauen erstmal durch konsistentes Verhalten begründen. Das heißt, dass ich nicht so rede und anders handle." (CEO 5, Absatz 44)*

> *„Dass man das, was man sagt, auch ordentlich recherchiert hat und diese Meinung dann auch woanders vertritt und nicht wie das Fähnlein im Winde heute das Eine und morgen etwas Anderes sagt. Diese Verantwortung für das was man sagt, wird von einem erwartet, und das erwarte ich auch von einer Führungskraft." (CEO 4, Absatz 42)*

> *„Deswegen sage ich immer, der erste Schmerz ist der beste. Frühzeitig ein klares Signal zu setzen und zu sagen: ‚so verstehen wir die Verantwortung, die wir haben, und deswegen tun wir jenes [...] und deswegen tun wir etwas anderes eben nicht'." (CEO 22, Absatz 46)*

Dass die Übereinstimmung zwischen Reden und Handeln ganz offensichtlich nicht immer gegeben ist, gefährdet die eigene Glaubwürdigkeit. Gerade wenn es um die eigene Verantwortung geht, so betont ein Vorstand, könne diese nur dann als eingelöst gelten, wenn den Versprechungen unbedingt auch Taten folgten (CEO 14, Absatz 10). Das kann auch bedeuten, dass zunächst Versprechungen zurückgefahren werden, um eine Deckung mit den erlebbaren Taten zu erreichen.

„Es gibt aber auch Themen, z.B. Cooperate Social Responsibility, die ich bewusst zurückgefahren habe, weil ich das immer ein bisschen verlogen fand. Mein Vorgänger hat das etwas stärker ausgeprägt. Das habe ich jetzt ganz bewusst in der Außendarstellung zurückgefahren, weil ich gesagt habe, dass ich nicht diesen ‚Beauty Contest' möchte. Da ist Glaubwürdigkeit [für mich] ein ganz großes Thema. Dass jetzt nicht der Mitarbeiter liest: ‚Toll, was die da alles machen. Tolles soziales Unternehmen!' Sondern lieber weniger Dinge, aber, dass er das dann auch selber am eigenen Leib erfährt, und sagen kann: ‚jawohl, stimmt, die bieten hier eine Menge'." (CEO 29, Absatz 62)

Glaubwürdigkeit wird immer wieder als ein Wert der Stärke beschrieben, dessen Bedeutung sich erst dann erschließt, wenn der Gegenwind härter wird. Auch in diesen Fällen den eigenen Prinzipien treu zu bleiben, wird als wünschenswert bezeichnet. Diese Vorstellung wiederspricht auf den ersten Blick Kalkülen der Nützlichkeit, wie sie für einen Teil der Spitzenmanager dargestellt wurden. Allerdings sind sie gleichzeitig Vorbedingung für die Hebung potentieller Vorteile, wie sie aus einer erhöhten Berechenbarkeit entstehen können. Diese Spannung zwischen Prinzipientreue – als Resultante der Glaubwürdigkeit – und der Hoffnung auf einen Nutzen bleibt von den deutschen Spitzenmanagern unbeachtet. Sie riskieren mit der Verquickung permanent, vor die Wahl zwischen Glaubwürdigkeit und Nützlichkeit gestellt zu werden. Ähnliches hat Heidenreich (2008) bereits für die demokratische Gesellschaftsordnung festgestellt. Wenn sich die Demokratie zu sehr dadurch zu rechtfertigen sucht, dass aus ihr heraus wirtschaftliche Prosperität entsteht, riskiert sie, in wirtschaftlichen Krisenzeiten ihre Legitimation zu verlieren. Ähnliche Sorgen treiben die Wirtschaftslenker aber nicht um.

4.3.2 Verbundenheit als Ausgangspunkt für Verantwortung

Es ist für zwei Drittel der deutschen Wirtschaftselite ein deutlich wahrnehmbares Anliegen, eine Verbundenheit sowohl zu den Menschen am Standort, als auch zu ihren Mitarbeitern herzustellen. Wie bereits das gewisse Unbehagen im Umgang mit dem Elitenbegriff zeigt, kann von einem Dünkel oder einer bewussten Abschottung keine Rede sein. Für die Mehrzahl der Vorstände wird die Zugehörigkeit auch daran deutlich, dass der Kontakt zu alten Studienfreunden noch besteht, oder gefühlt noch bestehen könnte. Weiterhin den selben Freundeskreis zu pflegen, ist offensichtlich damit verknüpft, durch die herausgehobene Position nicht sämtliche Bezüge verloren zu haben. Überprüfen lässt sich die eigene Entfernung zum Leben der Gesellschaft im eng getakteten Alltag allerdings nicht ohne Weiteres. Immer wieder greifen die Topmanager daher auf eigene Beobachtungen in alltäglichen Situationen zurück, um sich ihrer eigenen Bodenhaftung rückzuversichern.

„Ich vergesse nie in meinem Leben, das Schockerlebnis das ich einmal hatte: ich war mit einem Mitarbeiter essen und ein anderer Unternehmer kam zu uns rein. Der hat nicht verstehen können, dass ich mit einem Mitarbeiter an einem Tisch saß – das konnte der wirklich gar nicht verstehen. Das ist für mich auch so eine [unverständliche] Geschichte." (CEO 30, Absatz 71)

Welche Intention hinter den Bekundungen einer Verbundenheit steht, geht aus den Äußerungen nicht eindeutig hervor. Es ist einerseits denkbar, dass es sich bei den Äußerungen um Gesprächsangebote an die Gesellschaft handelt. Andererseits könnte es sich aber auch lediglich um Unglücksbekundung, im Sinne fehlender gemeinsamer Momente, handeln. Für eine Interpretation im Sinne eines Gesprächsangebotes spricht die selbst auferlegte Pflicht eine „Atmosphäre zu schaffen, die es erlaubt, die Wahrheit zu sagen" (CEO 21, Absatz 40) wie sie von gut der Hälfte der Spitzenmanager formuliert wird. Eine ähnliche Interpretation legt auch das ehrenamtliche Engagement einzelner Spitzenmanager nahe, mit dessen Hilfe sie die eigene Verbundenheit zu Teilen der Gesellschaft signalisieren. Die andere Hälfte der Spitzenmanager belässt es hingegen lediglich bei einem Verweis auf die Bedeutung des *Verbunden-Seins*. Wie diesem Ideal nach Verbundenheit Ausdruck verliehen werden könnte, bleibt unklar.

Verantwortung bedarf des Erkennens eines Subjektes. Wenn die Flughöhe so hoch geworden ist, dass selbst die eigenen Mitarbeiter fern scheinen, wird die Verantwortungsübernahme schwierig. Das hat offensichtlich jeder zweite Spitzenmanager erkannt.

„Es gibt natürlich ein unterschiedliches Level an Verantwortung. Ich sage, liebe Leute, ich habe Verantwortung für dieses Unternehmen, ich sehe das Problem für euch, und trotzdem muss ich diese Entscheidung treffen, auch wenn ich weiß, dass sie euch individuell schadet. In der Güterabwägung von Verantwortungsdimensionen muss ich das aber so tun. Nur, ich muss mich der Diskussion stellen, das ist mein eigener Anspruch. Ich kann nicht sagen: ‚ich bin der Chef, ich bin der Vorstand und ich entscheide das, weil ich es besser weiß, Punkt'." (CEO 22, Absatz 38)

Auf die Frage hin, mit wem sie sich denn in ihren Handlungen am meisten verbunden fühlen, antwortet die Hälfte aller Befragten: mit den Mitarbeitern. Dem Unternehmen, insbesondere seiner Kultur fühlen sich weitere 20 % der Spitzenkräfte verbunden. Damit endet allerdings die Liste der Verbundenheiten auch schon. Interessant ist die Wendung der Verbundenheit auf die Gesellschaft hin. Hier wird von knapp einem Drittel der Vorstände auf eine *fehlende Verbundenheit* verwiesen. Gegenüber Aktionären und anderen Stakeholdern fühlt man sich verpflichtet, aber nicht verbunden. In der direkten Beziehung zu den eigenen Mitarbeitern möchte man gern die Bindung herstellen oder bewahren. Man möchte nicht zu den Vorständen gezählt werden, die unerreichbar scheinen, die in völlig anderen Lebenswelten agieren und denen das Bewusstsein für die Mitarbeiter des eigenen Unternehmens abhanden gekommen ist. Dass das durchaus schwierig ist und teilweise noch vom direkten Vorgänger anders gesehen und zelebriert wurde, wird an einzelnen Stellen deutlich.

„Ich habe da durchaus bewusst, und auch teilweise etwas symbolisch, ein paar Dinge [..] versucht zu ändern. Wenn wir vom physischen Stuhl sprechen, der stand in X, im obersten Stockwerk. Da sind Sie in die Tiefgarage eingefahren und dann mit dem Aufzug, so einem besonderen Vorstandsaufzug, in ihren Siloteil eingefüttert worden. Und in der Zeitung haben die Mitarbeiter dann gesehen, dass es dort [oben] jemanden gibt." (CEO26, Absatz 24)

Insgesamt weist die Hälfte der Vorstände darauf hin, wie wichtig und gleichzeitig wie schwierig es ist, die Verbindung zu den Mitarbeitern zu halten. Dass die Verbindung, und damit die Möglichkeit, die Verantwortung in dieser Beziehung angemessen wahrzunehmen, von beiden Seiten, von Seiten der Vorstände wie von Seiten der Mitarbeiter, bedroht ist, drückt ein CEO wie folgt aus:

„Das Problem ist, dass man doch sehr gut sein Ohr an der Basis haben muss. Das ist aber nur die zweite schwierige Herausforderung, weil es ja nicht nur so ist, dass die Führungsebenen [...], nur weil sie so abgehoben denken [..], so viel verdienen und sowieso über ganz andere Themen philosophieren, irgendwann der betrieblichen tagesgeschäftlichen Realität enthoben werden. Sondern, und das ist die erste Herausforderung, dass das ein intendierter Prozess ist, in dem die Mitarbeiter ihre Führungskräfte auch der Realität entrücken. Sie merken, das will er nicht hören, dann erzähle ich ihm das nicht. Das andere wäre ihm lieber, dann werde ich das verstärken. Daraus entwickelt sich ein Verhältnis, das das hohe Risiko in sich birgt, dass eben die Führungselite nicht nur Kraft eigener Verantwortung [...], sondern auch durchaus Kraft der Verantwortung und des Verhaltens in der Belegschaft der Realität entrückt wird." (CEO21, Absatz 38)

Wenn Verantwortung im Sinne des „sich Hineingebens" verstanden wird, auch als Ausdruck einer andauernden Beziehung, dann ist die Zahl derer, für die das Spitzenmanagement deutscher Konzerne Verantwortung empfindet, sehr klein; sie beschränkt sich praktisch auf die Mitarbeiter. Allerdings kann man das Ergebnis auch anders interpretieren: Es ist eine kleine Sensation, dass in der primär rationalen Wirtschaft ein Wert wie Verbundenheit eine solche Bedeutung erreicht. Es wird immer wieder deutlich, dass die hier beschriebene Verbundenheit nicht primär von einem Nutzenkalkül gekennzeichnet ist, sondern einer tieferen Überzeugung der Zusammengehörigkeit folgt.

„Ich war bei Unternehmen X und dort hat man zwei Dinge relativ schnell gelernt: Du bist nichts Besseres, ob du ein Studium hast oder ob du kein Studium hast. Du hast die gleiche Chance im Unternehmen und jeder an seinem Platz. [...] Das waren so die prägenden Dinge, sodass man nicht irgendwo ein

Dünkel sich hat aneignen können, ich bin jetzt der Akademiker und ihr seid in der Produktion oder sonstwas am Band. Für uns waren die Mensch immer schon im Mittelpunkt. Das war kein leeres Geschwätz." (CEO 23, Absatz 6)

Wer sich mit seinen Mitarbeitern verbunden fühlt, der muss über eine Betrachtung des Einzelnen als Teil eines Humankapitals hinauskommen. So verwundert es nicht, wenn ein Spitzenmanager darauf hinweist, dass man sich immer wieder bewusst machen müsse, dass man nicht mit Schachfiguren in Beziehung stehe, sondern mit Menschen und deren sozialem Umfeld. Daraus entstehe vom Moment der Einstellung bis zum Ruhestand eine Verbundenheit, die ganz klar auch eine soziale Verantwortung bedinge (CEO 20, Absatz 64). Mit Sozialromantik hat das alles nichts zu tun. Verbundenheit heißt nicht, dass nicht auch harte Entscheidungen getroffen werden müssen und getroffen werden. Die Hälfte der Spitzenmanager vergegenwärtigen sich die Schmerzen, die mit ihren Entscheidungen gegebenenfalls verbunden sind, aber ganz bewusst, und handeln aus dem Wissen um die Bedeutung ihrer Entscheidung entsprechend. Das Ausmaß der Konsequenzen, die sich aus der Verbundenheit ergeben, reicht dabei von der Überlegung, wie mit einem kranken Mitarbeiter verfahren werden soll – welche Unterstützung er erhalten kann – (CEO 13, Absatz 28) bis hin zu Überlegungen, die Verlegung der Produktionskapazitäten nach China für die Mitarbeiter annehmbar zu gestalten – Perspektiven zu bieten und um Lösungen zu ringen (CEO 8, Absatz 62). Aus der Verbundenheit entsteht so eine innere Verpflichtung zur Verantwortung. Dort, wo Spitzenmanager keine Verbundenheit beschreiben, sprechen sie auch nicht von Verantwortung. Offensichtlich ist die Vorstellung von Verbundenheit, Ludger Heidbrink spricht in einem ähnlichen Zusammenhang von Gleichheit, die Basis dafür, „Verantwortung nicht nur zu haben, sondern sie auch zu übernehmen" (Heidbrink, 2003:54).

Letztendlich könnte der Wert Verbundenheit aber auch lediglich einer praktischen Notwendigkeit entspringen und somit einen Teil seines Charakters als (frei gewählte) Konzeption des Wünschenswerten verlieren. Immerhin ein Vorstandsvorsitzender lässt diese Überlegung plausibel erscheinen, wenn er auf die relative Macht- und Kraftlosigkeit des Einzelnen verweist und damit die Gruppe als notwendigen Zusammenschluss zur Erreichung von größeren Zielen macht.

„Als Einzelner kann man in der Führungsstruktur gar nichts erreichen. Man braucht ein solides Fundament im eigenen Bereich und zwar in allen Funktionen. Das ist, glaube ich, neben der fachlichen Qualifikation das Verständnis dafür, dass man eigentlich nur ein Baustein ist." (CEO14, Absatz 70)

Aber auch in dieser singulären Äußerung schwingt neben der zweckmäßigen Erkenntnis eine gewisse Demut mit, die kein Interpretation im Sinne eines reinen Utilitarismus zulässt. Verantwortung, das kann an dieser Stelle ohne übertriebene Vereinfachung gesagt werden, hängt eng mit dem Wunsch einer Verbundenheit zwischen Spitzenmanagement und Mitarbeitern zusammen. Nur vereinzelt wird diese Verbundenheit auf die Gesellschaft erweitert. Es fällt dabei auf, dass die Verbundenheit mit den Mitarbeitern nicht auf das Vorstandsgremium bezogen wird, sondern auf die eigene Person. Verbundenheit mit den Vorstandskollegen wird zwar an anderer Stelle angedeutet, nicht aber direkt genannt und entwickelt bei weitem nicht die gleiche Bedeutung. Offensichtlich wird Verbunden primär als Person angestrebt und nicht als Rollenträger.

4.3.3 Fachliche Kompetenz und Fundiertheit der Arbeit

Niemand kann heute mehr in die höchsten Positionen der Wirtschaft gelangen, ohne über ein solides Fachwissen zu verfügen. Die Wahrscheinlichkeit, allein aufgrund repräsentativer Fähigkeiten oder bestimmter Charaktermerkmale in den Vorstand eines Konzerns berufen zu werden, kann als äußerst gering bezeichnet werden. Die Fähigkeiten müssen nicht zwingend im direkten Wirtschaftsumfeld erworben worden sein, müssen sich wohl aber auf letzteres übertragen lassen. Alle in dieser Studie befragten Spitzenmanager verfügen über einen langjährigen und äußerst intensiven wirtschaftlichen Hintergrund. Es verwundert daher wenig, dass Kompetenz als einer der zentralen Werte von deutschen Spitzenmanagern genannt wird. Mit 57% rangiert Kompetenz auf Rang 3 der bedeutsamsten Werte. Dass nicht mehr Vorstände diesen Wert genannt haben, sollte nicht als eine Geringschätzung der übrigen 43% interpretiert werden. Vielmehr weist Bunz (2005:57f) drauf hin, dass Fachkompetenz ab einer gewissen Hierarchiestufe als eine unausgesprochene Selbstverständlichkeit verstanden werde, die daher nicht jedes Mal erneut Erwähnung fände.

Kompetenz bildet eine Grundlage, von der sich viele Entwicklungen ergeben, von der viele Werte abhängen. So lautet eine der vielen Verknüpfungen, die von den Spitzenmanagern dargestellt werden: Nur wer weiß, wovon er spricht, kann auch etwas versprechen, das später eingehalten werden kann (vgl. CEO 4, Absatz 52). Kompetenz muss insofern kein Zielzustand an sich darstellen, sie sichert aber die Erreichung anderer Konzeptionen des Wünschenswerten. So kann über die fachliche Kompetenz eine Verbindung zu und Anerkennung durch die eigenen Mitarbeiter hergestellt werden. Beinahe selbstverständlich ist die Bedeutung einer Kontrollmöglichkeit. Hier ist aber noch etwas anderes gemeint. Die Fachkompetenz erlaubt eine Zusammenarbeit im engeren Sinne des Wortes.

> *„Nicht, dass ich nicht hervorragende Leute hätte, aber es ist dann doch eher ein doppeltes Netz und Boden, wo man wissen muss, was entscheiden die Fachkräfte, die Spezialisten. Was ist das Problem? Wie ist es zu transferieren auf die anderen Fachbereiche? Wie stimmen wir uns miteinander ab? Und wenn sie dort nicht die gleiche Sprache sprechen und das nicht verstehen, dann haben sie natürlich ein Problem. Hier ist also nicht nur die leitende Funktion irgendeines Vorstandes gefragt, sondern aus meiner Sicht auch die*

verständige, innerliche Arbeit mit den einzelnen Themen. Und dies natürlich sehr interdisziplinär." (CEO 11, Absatz 52)

Ein zweiter Aspekt liegt in dem Wunsch, als Vorstand eines Konzerns als eine Person wahrgenommen zu werden, deren Aussage fundiert ist und die damit einer Überprüfung standhält. Auf keinen Fall möchten die 57% der Spitzenmanager als „Schaumschläger" oder „Highflyer" ohne fachlich fundierte Positionen bewertet werden. Bunz (2005:101) verweist in seiner Studie darauf, dass der Blickwinkel der Wirtschaftselite im Hinblick auf Verantwortung weniger an „großen und weitreichenden Visionen und Entwicklungen orientiert" sei. Vielmehr orientierten sie sich am eigenen Fachgebiet, ihren Wirkungsbereichen. Ähnliches kann über die Kompetenzbeschreibungen der Wirtschaftselite gesagt werden. Wünschenswert ist eine Kompetenz, die sich an Anforderungen orientiert, wie sie aus dem eigenen Umfeld entstehen. Von großartigen visionären Fähigkeiten, wie man sie an der Unternehmensspitze erwarten könnte, ist keine Rede.

„Wichtig ist, dass man genau weiß: wir haben diese Ziele, das sind die Anforderungen. Man muss aber auch in der Lage sein, inhaltlich mit zu führen, also auch Rat geben können und nicht nur sagt: ‚Kollege jetzt wär's mal gut, wenn wir etwas machen könnten, weiß aber auch nicht wie'. Man muss schon in der Lage sein, eine gewisse Hilfestellung zu leisten." (CEO 24, Absatz 50)

Nur wer fachlich kompetent agiert, ist in der Lage, plötzlich aufkommende Störungen zu beherrschen. Diese Perspektive wird unter anderem historisch abgegrenzt. Man ist sich nicht sicher, ob Vorsände vor 15 bis 20 Jahren ähnlich tief in die Materie des Alltagsgeschäfts integriert waren und über ähnliche Sachkompetenz verfügten. Heute, so sind sich aber alle Vorstände einig, sei dies unumgänglich. Einen weiteren Unterschied, die Kompetenz betreffend, machen die Spitzenmanager im Hinblick auf die Verknüpfung zwischen Position und Kompetenzvermutung aus. Ihrer Wahrnehmung nach würde ihnen heute aufgrund ihrer Position nicht mehr automatisch Kompetenz zugesprochen. Vielmehr würde sich ihre Kompetenz heute auf die Position übertragen; „früher" sei dies noch umgekehrt gewesen (CEO 27, Abssatz 28).

Als plastisches Gegenbeispiel zur eigenen Kompetenz wird immer wieder das Berufsbild des Politikers angeführt. Dieser müsse sich, gezwungen durch wiederkehrende Wahlen und fehlende Fachkompetenz, auf wechselnde Positionen begeben. Als Vorstand sei man hingegen per se von der Wahl befreit und könne auch bei ausreichender Kompetenz unangenehme Wahrheiten vertreten. Solche Kompetenz anzuhäufen und damit zum Fortschritt beizutragen, gehört zum elementaren Selbstverständnis einer Spitzenführungskraft. An die Adresse der Politik gerichtet äußert sich ein Manager zur Energiewende wie folgt:

„Angenommen, wir gehen hier in Deutschland von der Atomkraft ganz weg, dann muss man – hab ich vor Kurzem gelesen – 111.000 Windkraftwerke bauen. Wind hat es im Norden. Dann brauche ich 3.600 km neues Stromnetz, um die Energie im Süden Deutschlands auch nutzen zu können. Wenn ich Energie brauche, hat es nicht immer Wind, ich muss zwischenspeichern, d.h. es müssen Täler geflutet werden, es müssen Wasserkraftwerke gebaut werden. Das muss man sich mal vor Augen halten, über was für Zeiträume wir hier reden, wie lange man dafür benötigt. Und da muss man dann eben zu vernünftigen Entscheidungen kommen. Aber dann auch klar entscheiden und sich auch daran messen lassen, wie man das umsetzt. Das ist wiederum Verantwortung, das ist Nachhaltigkeit, das ist auch Berechenbarkeit." (CEO 25, Absatz 56)

Die Fundiertheit der eigenen Aussagen bietet die Möglichkeit, selbstbestimmt Ziele zu stecken und an diesen die eigene Leistung ablesen zu können. Es entsteht dadurch der Eindruck, die Situation zu beherrschen und selbst zur Beherrschung einen Beitrag zu leisten.

„Ich weiß, dass ich weiß, dass ich nichts weiß. Und damit weiß ich mehr als alle anderen. Und das ist eben ein Problem, wenn eine Person mit Halbwissen auf dem Topf sitzt, dann ist es schwer, Entscheidungen zu treffen. Ich möchte nicht wissen, wie ich ohne meine Berufsexamina die letzten drei Jahre hätte überstehen können." (CEO 11, Absatz 52)

Es gibt also neben dem fern zu haltenden Bild des abgehobenen Managers ohne fachlichen Einblick den Wunsch, dem Anspruch an fundierten Entscheidungen gerecht zu werden. Dies gilt über alle Studienrichtungen hinweg, wobei insbesondere Ingenieure eine Verknüpfung mit ihrem Studienfach herstellen. Für sie scheint das Studium, quasi per Definition, eine Verpflichtung zur Kompetenz zu enthalten.

Verantwortung entsteht, so das Credo von mehr als der Hälfte der Spitzenmanager, auch aus dem eigenen Wissen und der eigenen Kompetenz. Fundiert an der Lösung von Problemen zu arbeiten ist Kernaufgabe einer Spitzenführungskraft. Wird sie diesem Anspruch nicht gerecht, seien Konsequenzen unvermeidlich. Die erste Pflicht, so könnte man zusammenfassend sagen, ist fundiert zu arbeiten. Kompetenz ist die grundsätzlichste Verantwortung, die dem Vorstand eines Großunternehmens zugeschrieben wird. Sowohl als Konzept des Wünschenswerten, wie es die Spitzenmanager selbst beschreiben, als auch in Form von angenommenen oder auch tatsächlich vorhandenen Erwartungen, die von Außen an das Spitzenmanagement gerichtet werden.

4.3.4 Ehrlichkeit und Verlässlichkeit als Grundpfeiler der Verantwortung

Als Ausdruck der Authentizität beschreiben gut die Hälfte der Spitzenmanager die eigenen Bestrebungen, als eine ehrliche und verlässliche Person wahrgenommen zu werden. Ein altes Sprichwort beschreibt Ehrlichkeit als schmückendes Beiwerk, das für das eigene Fortkommen eher hinderlich denn fördernd sei. Unzweifelhaft muss dem Topmanagement deutscher Konzerne attestiert werden, dass sie weit gekommen sind. Und das, obwohl, oder gerade weil, sie auf Ehrlichkeit im Umgang mit Anderen gesetzt haben. Ehrlichkeit darf hier nicht als romantisches oder idealisiertes Ideal verstanden werden. Für gut 50% der Spitzenmanager ist Ehrlichkeit vielmehr damit verbunden, „unangenehme Wahrheiten“ genauso zu kommunizieren wie diejenigen, die auf „freudige Gegenliebe“ stoßen (CEO 8, Absatz 42). Ehrlichkeit wird von den Wirtschaftslenkern als ein auf Personen gerichtetes Konzept beschrieben. Im Vordergrund stehen die eigenen Mitarbeiter als Gegenüber. Ihnen möchte man ehrlich entgegentreten. Knapp 50 % der Äußerungen beziehen sich demgemäß auf Personalabbaumaßnahmen, die „frühzeitig und ehrlich angesprochen werden“ müssten (CEO 20, Absatz 18). Eine falsche Verschwiegenheit sei genauso fehl am Platz wie falsche Versprechungen. Aber auch gegenüber Kunden und Investoren sei Ehrlichkeit ein unerlässlicher Wert. Ein Vorstand bringt seine Überzeugung, stellvertretend, so auf den Punkt:

> *„Ich glaube, und das ist für mich ein ganz wichtiger Punkt, Ehrlichkeit gehört einfach ins Geschäft. Wenn man das in einem Unternehmen nicht vorfindet, dann muss man auch die Konsequenzen ziehen. Bei meinem ersten Sanierungsjob den ich gemacht habe, [...] habe ich relativ schnell entdeckt, dass [...] man aus einem Euro [...] zweieinhalb oder drei macht. Man hat einfach von einer Gesellschaft in die andere faktoriert und dann wiederum an die Leasinggesellschaft zurück faktoriert und die hat wiederum an den Kunden fakturiert. Aber man hat das nicht konsolidiert und nach Außen etwas anderes dargestellt. Ich habe dann relativ schnell mit dem Geschäftsführer geredet und der sagte dann: ‚zerbrechen Sie sich nicht meinen Kopf‘. Nach einem halben Jahr, als die Bilanz dann fertig war und unterschrieben werden sollte, habe ich gesagt: ‚ich kann die nicht unterschreiben, weil es so nicht stimmt‘. Das war für mich der entscheidende Moment zu sagen, dann müssen [wir] uns einfach trennen. Und dann muss man wirklich auch die Konsequenz ziehen.“ (CEO 23, Absatz 8)*

Alle Spitzenmanager, die Ehrlichkeit explizit als wünschenswerte Handlungsorientierung benennen, tun dies ohne Verweis auf Strukturen oder Prozesse. Ehrlichkeit ist ein Wert, der im Sinne einer Tugend sehr eng an persönliche Überzeugungen gebunden wird. Man möchte eine ehrliche Person sein, eine Person, deren Handschlag noch etwas gilt. Gleiches erwartet man vom Gegenüber. Man möchte gerade nicht kontrollieren müssen.

„Ich meine, es gibt genauso viele Erfolgreiche, die nicht ehrlich handeln. Also ich sehe einfach, für mich persönlich ist es wichtig, dass ich mit Leuten zu tun habe, auch bei den Mitarbeiter, die eine gewisse Ehrlichkeit haben. Ich kann nicht mit jemandem etwas anfangen, bei dem ich dauernd aufpassen muss, was führt er jetzt schon wieder im Sinne."(CEO 19, Absatz 18)

Es verwundert wenig, dass mit Ehrlichkeit kein (wirtschaftlicher) Nutzen verbunden wird. Der Wert Ehrlichkeit gilt, oder er gilt nicht. Am Erfolg einer Person lässt sich das nicht ablesen.

4.3.5 Angemessenheit als Indikator möglicher Verantwortungsübernahme

Die Frage nach der Angemessenheit gehört ganz sicher nicht zum Kern betriebs- oder Volkswirtschaftlicher Überlegungen. Bereits Adam Smith (Smith, 1974:§2) weist darauf hin, dass es nicht das Wohlwollen des Metzgers sei, ich füge hinzu: oder Überlegungen zur Angemessenheit seiner Handlungen, denen wir unser Mittagessen verdanken, sondern dessen Eigeninteresse.

„It is not from the benevolence of the butcher, the brewer, or the baker, that we can expect our dinner, but from their regard to their own interest" (Smith, 1981)

Um so bemerkenswerter ist daher, dass 47 % der Spitzenmanager Angemessenheit als bedeutsame Wertorientierung ihres Verantwortungshandelns nennen. Wie fügt die Wirtschaftselite dieses nicht am Markt abbildbare Konzept in ihr rationales Entscheidungsumfeld ein?

Der Kern dessen, was die deutsche Wirtschaftselite unter Angemessenheit versteht, lässt sich mit der Unterscheidung zwischen dem, was legal und dem, was legitim ist, beschreiben.[99] Ein Vorstand bemerkt dazu:

„Der Unterschied zwischen Legalität und Legitimität ist im Berufsleben, vielleicht auch im Privatleben, [...] sehr wichtig. Ein Unterschied der häufig nicht präsent ist, der insbesondere für technisch ausgebildeten Kollegen nicht auf der Hand liegt und der dann teilweise nur sehr schwer vermittelbar ist. (CEO 12, Absatz 8)

Angemessenheit reiht sich ein in die Reihe der Werte, die von keinem direkten Nützlichkeitskalkül unterstützt und gefördert werden. Das heißt aber auch, dass Angemessenheit, ganz ähnlich wie zuvor schon für den Wert Ehrlichkeit festgestellt, eng mit der Person verbunden ist. Weder von Strukturen, noch von Pro-

---

[99] Diese Unterscheidung wird im weiteren Verlauf der Arbeit in Kapitel 4.4.6 im Hinblick auf den Umgang mit gesetzlichen Vorschriften bedeutsam.

zessen erwarten sich die Vorstände Hilfestellungen für die Ermittlung dessen, was als angemessen bewertet werden kann.

Neben den eigenen Mitarbeitern nennen die Spitzenmanager Geschäftspartner als Objekte, denen gegenüber man Überlegungen der Angemessenheit anstelle.

> *„Man muss mit der Ehrbarkeit, eine Verhaltensweise finden, die die unternehmerische Gewinnerzielungsabsicht gesellschaftlich, moralisch und sozial akzeptabel macht. Dazu gehört, eine gewisse Angemessenheit des Gewinns, dazu gehört ein Augenmaß im Umgang mit einem Geschäftspartner, dazu gehört Honorigkeit und dazu gehört zu seinem Wort zu stehen." (CEO 12, Absatz 14)*

Insgesamt bleiben die Ausführungen zu dem, was unter Angemessenheit im Detail zu verstehen ist und ab wann etwas als unangemessen eingestuft wird, vage. Keiner der Vorstände mag, oder kann, ein Verhältnis nennen, ab dessen Überschreitung Gewinne, Löhne, Renditen oder andere Zielgrößen als unangemessen bezeichnet werden können. Ein einzelnes Thema kommt in diesem Zusammenhang aber immer wieder zur Sprache: das eigene Gehalt. Die Angemessenheit von Vorstandsvergütungen scheint ganz allgemein ein Thema zu sein, das eng mit den Begriffen Angemessenheit und Verantwortung in Beziehung steht. Alle Befragten stimmen darüber überein, dass eine an die Leistung gekoppelte Bezahlung gerechtfertigt sei. Als angemessen wird diese dann bewertet, wenn Boni sich am langfristigen Erfolg des Unternehmens orientierten. Nur ein Viertel der Vorstände fügt dieser allgemeinen Feststellung hinzu, dass gewisse „Exzesse" (CEO 27, Absatz 32), wie das Gehalt von Joseph Ackermann von einem Vorstand bezeichnet wird, nicht angemessen seien. Eine Erkenntnis zieht sich allerdings durch: Angemessenheit wird als Verhältnis bestimmt. Nur: was die Basis für den Vergleich liefert, unterscheidet sich erheblich. Die Mehrheit gibt an, sich an den eigenen Mitarbeitern zu orientieren. Als Strategie beschreiben die Vorstände je nach Möglichkeiten sowohl die eigene Anpassung nach unten – wir können uns nicht mehr nehmen, wenn wir den Mitarbeitern nicht mehr geben (können) – als auch die Anhebung der Basis.

> *„Wenn es uns gut geht, dann soll es auch dem Mitarbeiter gut gehen. Klar verhandelt man Tarifverhandlungen immer sehr hart, aber im Jahr 2010, das ist das beste Beispiel, hat sich in unserer Firma etwas verändert. Wir haben im Jahr 2010 ein sehr gutes Ergebnis erzielt und haben dann als Vorstand vorgeschlagen, die Dividende zu erhöhen. Und dann haben wir gesagt: ‚aber das Ergebnis kommt nicht nur von den Aktionären, die uns Geld geben, sondern auch von den Mitarbeitern'. Also machen wir erstmalig in der Geschichte der Firma X eine Sonderzahlung an die Mitarbeiter. Einfach um auch den Dank weiterzugeben und die Mitarbeiter auch am Erfolg zu beteiligen." (CEO 23, Absatz 10)*

Die Schwierigkeit, das eigene Empfinden von Angemessenheit auch dann als Handlungsmaxime zu erhalten, wenn andere Vorgaben etwas Gegenteiliges verlangen, bedrängt, bei aller Autonomie, ganz offensichtlich auch die Wirtschaftselite. Nichtsdestotrotz betonen die Spitzenmanager ihre Freiräume und wollen strukturelle Einengungen nicht als Ausreden gelten lassen. Zum Anspruch des Aktiengesetzes und den damit verbundenen Erwartungen seitens der Investoren sagt ein Vorstand:

> *„Wir sind bewusst als Aktiengesellschaft organisiert. Die Maßgabe und Aufgabe des Vorstandes ist es, ein Gesamtoptimum, auch im Hinblick auf Ergebnisausschüttung und Positionierung des Unternehmens, anzustreben. Und dazu gibt es ein Ermessen des Vorstandes. Wir haben unser Ermessen wie folgt ausgeübt: nämlich neunzig dahin und zehn wo anders hin. [...] Das ist auch vorher kommuniziert, dass wir uns sozial engagieren. Nicht die Verteilung ‚zehn' und ‚neunzig', aber dass wir ein Unternehmen sind, das sich sozial engagiert, das ist bekannt. Wenn man das nicht will, dann hat [ein potentieller Investor] die falsche Investitionsentscheidung getroffen. Dann muss er zu einem Hedgefonds oder sonst wo hingehen, der ihm klar sagt: ‚für mich zählt nur Shareholder Value. That's it.'"* (CEO 12, Absatz 62)

In der Bewertung der Angemessenheit der eigenen Handlungen äußert sich lediglich ein Vorstand kritisch, indem er zu bedenken gibt, dass „nicht nur die Politiker, [sondern] wir alle [..] abgehoben" sind (CEO19, Absatz 70). Es fällt an dieser Stelle auf, dass so gut wie keine Reflexion über die Grundlagen der Angemessenheit geäußert werden. Auch wenn an anderer Stelle deutlich wird, dass Reflexionen durchaus stattfinden, so bleibt die Verknüpfung zu einem so bedeutsamen Wert wie Angemessenheit sehr unsystematisch und schwach. Überlegungen zur Angemessenheit werden von der Wirtschaftselite zwar als bedeutsam bezeichnet, eine Stabilität sichernde Basis für das eigene Verantwortungsverständnis bildet sie aber offensichtlich nicht.

4.3.6 Respekt konkretisiert Verantwortung

Mehr Identifikation und damit eine größere Bedeutung für das Verantwortungsverständnis entwickelt der Wert Respekt, wie ihn 40 % der Spitzenmanager beschreiben. Im Gegensatz zur relativen Unschärfe in den Schilderungen der Angemessenheit entwickelt der Wert Respekt ein deutliches Profil. In ihren Schilderungen greift die Wirtschaftselite dabei zwei Begriffsverständnisse von Respekt auf: eines, das auf erarbeiteten Fähigkeiten beruht und eines, das unabhängig von Verdiensten gilt. Van Quaquebeke et al. beschreiben diese beiden Formen wie folgt:

> „Additionally, we propose that it is necessary to divide these attitudes further into those that are reflections of a subject's decisions on concrete issues concerning the object and those that are concerned with the decision process itself. Whereas we consider acceptance, tolerance and one kind of respect

(i.e., appraisal respect) as issue driven attitudes (for which the object needs to fulfil certain conditions in order to be responded to favourably), we propose that another specific type of respect (i.e., recognition respect) should be seen as an attitude that is mainly concerned about the process, i.e., independent of an object's concrete features" (van Quaquebeke et al., 2007:186).

Respekt im Sinne einer Achtung für die Leistungen einer Person beschreiben knapp 20 % der Spitzenmanager, wenn sie über die Mitarbeiter ihres Unternehmen sprechen. Die Spitzenmanager verdeutlichen an persönlichen Erfahrungen mit Mitarbeitern, wie sie der Respekt für deren konkrete Leistung auch zur Verantwortung verpflichtet.

„Dann später bei meinen Schwiegereltern, die auch eine Firma hatten, habe ich am Band mitgearbeitet. Da entwickelt man dann schon auch ein anderes Verständnis für Arbeitsprozesse und kann sich natürlich viel besser in das Gefühlsleben der Mitarbeiter hineinversetzen, weil man es selber mal hautnah erlebt hat, was es heißt, acht oder zehn Stunden irgendwo zu stehen und eine monotone Arbeit auszuführen. Es ist wichtig, dass man dafür auch einen gewissen Respekt bekommt [...].“ (CEO 29, Absatz 6)

Aber auch der ganz grundsätzliche Respekt vor dem Menschen wird für das Verantwortungsverständnis als bedeutsam beschrieben.

„Ich glaube, es ist wichtig, sich das immer wieder bewusst zu machen, dass man da nicht irgendwelche Schachfiguren, Marionetten oder sonst was vor sich hat, sondern dass das Menschen sind, die auch in einem sozialen Umfeld leben. Was bedeuten meine Entscheidungen für sie? Deswegen ist es ganz wichtig, wenn man Einstellungen betreibt, sich immer wieder klar zu machen, dass man dann auch die soziale Verantwortung für den [neuen Mitarbeiter] übernimmt.“ (CEO 20, Absatz 64)

Aus beiden Formen des Respekts entwickeln sich konkrete Verantwortungsobjekte: die Mitarbeiter. Die Werte Respekt und Verbundenheit bilden eine starke Basis für ein auf die Mitarbeiter des Unternehmens ausgerichtetes Verantwortungsverständnis. Sowohl Verbundenheit als auch Respekt werden mit frühen Prägungen verknüpft und als wichtiger Wert für Nachwuchskräfte geschätzt. An dieser Stelle zeigt sich: für weitere Bezugskreise haben die Wirtschaftslenker kaum Antennen. Weder die Gruppen der Gesellschaft noch die Gesellschaft als Ganzes werden als Objekte des Respekts benannt. Dass überdies die Natur (Umwelt) keine Erwähnung findet, verwundert, muss aber nicht überbewertet werden. Van Quaquebeke et al. weisen bereits darauf hin, dass der Respekt vor der Natur ein weites Begriffsverständnis voraussetzt und eine eher moderne Wendung darstellt (van Quaquebeke et al., 2007).

4.3.7 Verantwortungsfelder zur Herstellung von Gerechtigkeit

Gerechtigkeit ist einer der Werte, die in der öffentlichen Diskussion um Verantwortung, gerade auch im Umfeld großer Unternehmen, immer wieder genannt und eingefordert werden. Immerhin 40 % der Spitzenmanager erwähnen den Wert der Gerechtigkeit, allerdings nicht unbedingt in dem Verständnis, wie man es gemeinhin erwarten könnte. Mehr als die Hälfte[100] der Vorstände, die von Gerechtigkeit sprechen, tun dies im Sinne eines Ausgleichs berechtigter Interessen und nicht im Hinblick auf die Nivellierung der Unterschiede zwischen Starken und Schwachen. Sie orientieren sich dementsprechend am Grad der Beeinträchtigung der Starken. Mit anderen Worten: übernimmt ein Mitglied der Wirtschaftselite Verantwortung für ein gesellschaftlich wünschenswertes Themenfeld, dann ist im Sinne der Gerechtigkeit sicherzustellen, dass ihm daraus kein Nachteil entsteht.

> *„Wenn ich mich zur Regulatorik äußere, dann tue ich das deswegen, weil ich [..] auf Fehlentwicklungen aufmerksam machen möchte. Dahinter steht [..] die Überlegung, ob das in einer globalen Welt fair geregelt ist oder ob wir wir die Einzigen sind. Wir Deutschen neigen ja zu einer besonderen Regulierung." (CEO 2, Absatz 43)*

Immerhin 17 % der gesamten Wirtschaftselite sehen für ihre Unternehmen die Gefahr, dass sie diesbezüglich gefährdet sind. Die Regulierung in Deutschland enthält das Potential, Ungleichgewichte zu schaffen, die als ungerecht bewertet werden. Diese Ungleichgewichte werden sowohl im nationalen wie auch im internationalen Kontext als ungerecht empfunden. Die Ungerechtigkeit betrifft sowohl die Belastungen als Unternehmen durch Auflagen, Steuern und „ungleiche Subventionen" (CEO 9, Absatz 42), als auch die Leistungsverteilung als Person. Auf die Sozialkosten und die Annahme einer damit einhergehenden Wettbewerbsverzerrung weist ein Vorstand im folgenden Zitat hin:

> *„Es gibt [eine einfache Unterscheidung] zwischen Wertschöpfung und Abschöpfung. Das ist jetzt sehr grob gesagt, aber 47 Prozent sind, glaube ich, in der Bundesrepublik die Empfänger von irgendwas. Und 53 Prozent sind sozusagen in der produktiven Schiene tätig. Und da haben wir eine Volksvertretung, auch eine Vertretung der öffentlichen Meinung, die sehr stark aus dem zweiten Lager kommen. Für die ist selbstverständlich, dass da von der Wertschöpfung dann gezahlt wird. Da hat sich so ein gewisses Verhältnis einer Bedienungsmentalität eingestellt. Das muss nicht immer Geld sein. Das können auch andere Sachen sein. Das vermisst man in der deutschen Diskussion, gerade auch Verantwortung, die da heißt: wo sind wir im internationalen Um-*

[100] Das entspricht rund 23 % aller befragten Spitzenmanager.

feld, wo bewegen wir uns im Vergleich zu Asien, Südamerika, Nordamerika?" (CEO 3, Absatz 28)

Im Hinblick auf diese Regulierungen äußert lediglich ein einziger Spitzenmanager, dass über einen längeren Betrachtungszeitraum hinweg die Spielregeln für alle gleich wären und damit Gerechtigkeit gegeben sei (vgl. CEO 22, Absatz 34).

Ganz anders wird der Gerechtigkeitsbegriff von der zweiten Hälfte[101] der 40 % gefüllt. Von jedem Fünften befragten Mitglied der Wirtschaftselite wird Gerechtigkeit sehr deutlich als der Wunsch beschrieben, einen Ausgleich zwischen zwei ungleichen Partnern zu schaffen. Der Blick ist deutlich auf den schwachen Partner gerichtet, die Stärke des Ausgleichenden ist nur dann von Bedeutung, wenn sie die Ausgleichsfähigkeit begrenzt.

„Mein Vater war schwer kriegsbeschädigt, hat nicht gearbeitet und hat es sehr schwer gehabt, verschiedene Funktionen und Positionen zu bekommen. Darum habe ich mir relativ frühzeitig gesagt, ich möchte später mal Verantwortung haben, um eben auch soziale Gerechtigkeit im Unternehmen zu etablieren. Und darum habe ich während meines Werdegangs immer versucht, auch Führungspositionen zu bekommen." (CEO 9, Absatz 4)

Die Mehrzahl der Vorstände, die sich in einer solchen Weise äußern, verbinden ihre Vorstellung von Gerechtigkeit mit Erfahrungen und Prägungen aus der eigenen frühen Sozialisation. Sie beschreiben Lebensstationen im Elternhaus, genauso wie das Engagement in christlichen Gemeinschaften. Hier, so die übereinstimmende Darstellung, habe man eine Prägung erhalten, die dem Begriff der Gerechtigkeit noch heute Bedeutung gebe.

Gerechtigkeit ist allem Anschein nach ein Wert, der sehr gegensätzlich verstanden wird. Die erste Interpretation, als Sicherung des gleichen Wettbewerbs, birgt mit großer Sicherheit erhebliches Potential für Verständigungsprobleme mit der Gesellschaft, ist aber hochgradig kompatibel mit den Codes der Wirtschaft. Für das zweite Gerechtigkeitsverständnis gilt gleiches in umgekehrter Weise.

Das Beispiel einer Compliance Struktur kann die Bedeutung des Wertes Gerechtigkeit für die Umsetzung des Verantwortungsverständnisses deutlich machen. Basiert Verantwortung auf dem ersten Begriffsverständnis, ergibt sich eine Compliance Struktur, die darauf bedacht ist, einen sauberen Boden für einen gleichen Wettbewerb zu schaffen. Vorteilnahme durch unlautere Mittel werden durch klare Anweisungen und Kontrollen in die Schranken gewiesen. Gerechtigkeit wird durch die Compliance Struktur im Sinne einer Leistungsgerechtigkeit gesichert. Gründet Verantwortung auf dem zweiten Begriffsverständnis, wird neben der Compliance Struktur die Leistungsfähigkeit schwächerer Gruppen

---

[101] Das entspricht rund 42 % derjenigen Vorstände, für die Gerechtigkeit ein bedeutsamer Wert im Hinblick auf ihr eigenes Verantwortungsverständnis darstellt.

durch unterstützende Maßnahmen versucht anzugleichen. Ein Unternehmenslenker wird genau an dieser Stelle konkret: „da brauchen wir nicht Compliance, da bedarf es einer entsprechenden Unternehmenskultur“ (CEO 24, Absatz 14).

4.4 Dimensionen der Verantwortung

4.4.1 Träger der Verantwortung

In einer Untersuchung zum Verantwortungsverständnis deutscher Spitzenmanager auch im empirischen Teil nach den Subjekten der Verantwortung zu suchen, mag überflüssig erscheinen, wird doch das Subjekt bereits in der Fragestellung an die Person des Spitzenmanagers geheftet. Die Erhebung zeigt aber, dass die Bestimmung des Subjekts durchaus von Bedeutung für die deutsche Wirtschaftselite ist. Es kristalisieren sich dabei drei grundsätzliche Aspekte heraus. Zunächst die grundsätzliche Frage, welcher Teil der Verantwortung Prozessen sowie Organisationseinheiten des Unternehmens und welcher Teil der eigenen Person zuzuordnen ist. Der zweite Aspekt betrifft die Frage, welche positiven oder negativen Erwartungen mit einem an die Person gebundenen Verantwortungsverständnis verknüpft sind. Im Zusammenhang mit dieser Frage ist zu überlegen, welche Chance, aber auch welches Risiko sich daraus ergibt, dass der Vorstand eines Konzerns über einen Gestaltungsspielraum im Hinblick auf die Interpretation dessen verfügt, was unter Verantwortung zu verstehen ist. Der dritte Aspekt umfasst die Unmöglichkeit beziehungsweise Notwendigkeit, im Verantwortungsverständnis eine Rollentrennung zwischen Privatperson und Vorstandsrolle vorzunehmen.

Verteilung der Verantwortung zwischen Person und Organisation

Für mehr als zwei Drittel der Wirtschaftselite ist die Frage, ob Verantwortung primär in der Struktur eines gut gestalteten Unternehmens oder bei der einzelnen Führungskraft zu verankern sei, von wesentlicher Bedeutung für ihr eigenes Verantwortungsverständnis. In diesem Zusammenspiel zwischen Unternehmensverantwortung und persönlichem Verantwortungsverständnis können, und darauf weisen die Spitzenmanager auch hin, Spannungen entstehen.

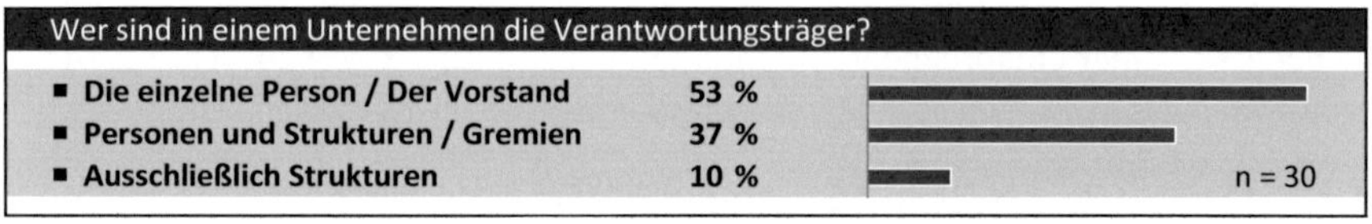

Wer sind in einem Unternehmen die Verantwortungsträger?		
▪ **Die einzelne Person / Der Vorstand**	**53 %**	
▪ **Personen und Strukturen / Gremien**	**37 %**	
▪ **Ausschließlich Strukturen**	**10 %**	n = 30

Abb 12: Wer sind die Verantwortungsträger im Unternehmen?

In den empirischen Daten lassen sich, ohne eine allzu grobe Vereinfachung vorzunehmen, zwei deutliche Lager ausmachen. Diejenigen, für die Verantwortung ein völlig unzweifelhaft persönliches Thema darstellt bilden die erste Gruppe. Für diese 53 % der Vorstände ist zuerst die Verantwortung bei der Person zu suchen – also bei ihnen selbst. Erst dann kann über eine systemische Umsetzung, als Verstärkung oder Absicherung, nachgedacht werden.

„Das kann ich relativ stark an der Person festmachen. Konzernstrukturen interessieren mich da eigentlich wenig. Ich habe den Super-Gau bei Firma X erlebt, und habe [überdies] bei einem Private-Equity-Unternehmen festgestellt, dass ich bilanziell potentiell immer mit dem Strafgesetzbuch unterwegs war. Dabei musste ich mir immer darüber im Klaren sein, was ich da eigentlich tue. Was davon kann ich selber verantworten? Das habe ich ein paar Mal anders für mich entschieden, als das der Private-Equity-Unternehmer gerne gesehen hätte. Das hat dann eben auch entsprechende Konsequenzen [mit sich gebracht]." (CEO 6, Absatz 20)

„Die persönlichen Grundhaltungen spiegeln sich natürlich im Entscheidungs- und Ermessensspielraum des Vorstands wieder. Er trägt letztendlich die Verantwortung bzw. hat die Chancen und Möglichkeiten bestimmte Aktivitäten innerhalb des Unternehmens zu promoten. In welcher Ausprägung ein Unternehmen sich sozial Engagiert, ist seine Entscheidung. Er kann verstärken oder kann abschwächen. Insofern spielt [seine Person] meines Erachtens eine große Rolle." (CEO 1, Absatz 16)

Verantwortung ist für diese Spitzenmanager in einem System, und sei es noch so ausgetüftelt, nicht adäquat abzubilden. Nur wenn verantwortliches Handeln konkret an der eigenen Person sichtbar wird, kann es eine Wirkung auf andere entfalten. In diesem Verständnis wird erneut deutlich, welche Auswirkungen die zuvor beschriebenen Werte entwickeln. Der Wunsch nach Verbundenheit mit den Mitarbeitern und gleichzeitig prägend auf sie zu wirken, spiegelt sich auch direkt im Verantwortungsverständnis wieder. Eine an ein System gebundene Verantwortung wird diesen Wertansprüchen offensichtlich nicht gerecht.

„Ich glaube schon, dass der Vorstand da eine enorme Verantwortung hat, das auch vorzuleben. Denn alles Geschrieben nutzt ja nichts, wenn die Führungs-

ebene diese Dinge letztendlich ignoriert oder selber in Frage stellt." (CEO 14, Absatz 58)

„Verantwortung kann man nicht in eine Struktur delegieren; das ist zumindest meine Überzeugung. Verantwortung ist primär etwas personalisiertes. Aufgabe, Zuständigkeit, Kompetenz und Verantwortung müssen meiner Ansicht nach kongruent gestaltet werden und sind immer auf die im System handelnden Personen einzustimmen." (CEO 21, Absatz 74)

„Verantwortliches Handeln, Grundwerte zu vermitteln und auch anzuwenden ist nicht somebody elses agenda. Das ist immer eine persönliche. Ich habe hier beispielsweise Compliance Vorgänge aufgegriffen, bei denen es eigentlich nicht viel zu diskutieren gab. Das war [bisher] irgendwie geduldet, nicht richtig bekannt. Ich habe [auf die Sachverhalte] draufgeschaut und gesagt: ‚das passt überhaupt nicht, weder zu meinem noch zum Verständnis der Company. Und dann haben wir Konsequenzen gezogen. Das heißt, Mitarbeiter verlassen den Konzern. Da gibt es auch nicht viel zu diskutieren. Das ist [für mich] schon eine Facette verantwortlichen Handelns." (CEO 6, Absatz 20)

Verantwortung wird sogar so eng an die eigene Person gebunden, dass sie nicht endgültig an andere delegiert werden kann. Delegation wird im übrigen Arbeitsumfeld als zentrale Managementaufgabe beschrieben, die im Hinblick auf die eigene Verantwortung aber ohne größere Bedeutung bleibt. Übertragen lässt sich ein Teil der Verantwortung, aber nur mit dem Wissen, dass dieser Übertrag kein Abschieben bedeuten kann. Diese Form der Übertragung verstehen die Vorstände als ein Zeichen des Zutrauens und Vertrauens, beispielsweise in ihre Mitarbeiter. Wenn es auch unausgesprochen bleibt, so ist dennoch deutlich zwischen den Zeilen zu lesen: weg ist die Verantwortung damit keineswegs. Spätestens wenn etwas schief geht, kommt sie zurück.

„Und ich komme wieder zurück auf den Anfang, das Thema einer persönlichen Verantwortung, eines persönlichen Koordinatenkreuzes für Moral und Ethik, Disziplin, Tugenden: das ist nicht delegierbar. Das bin ich und sonst niemand. Das kann ich noch mit meinen Mitarbeitern intensiv besprechen und hoffen, dass sie es verstanden haben, aber das war's dann auch." (CEO 6, Absatz 26)

„Also, wenn wir das Thema ‚Vertrauen' nehmen. Was heißt das konkrete? Das heißt, dass ich von meinen Leuten erwarte, dass sie, wann immer etwas schief geht, möglichst schnell hier [bei mir] sind. Umgekehrt dürfen sie von mir erwarten, dass ich dann aktiv zu einer Lösung beitrage und nicht nur daran denke: ‚Wie kann ich jetzt selbst mein Kopf retten?'. So schafft man eine Verantwortungsatmosphäre. Sie können durch die Revision und die Bücher und so vieles anderes mehr versuchen, alles zu regeln, aber es wird immer etwas schief gehen." (CEO 13, Absatz 60)

Die hier zitierten Vorstände machen unmissverständlich deutlich, dass sie sich selbst in einer umfassenden Pflicht zur Verantwortungsübernahme sehen. Durch die Delegation wollen sie sich nicht aus der Beziehung stehlen, sondern sehen es vielmehr als ihre Aufgabe, auch in dieser Konstellation durch eine geeignete Rahmensetzung die Verantwortungsübernahme zu gestalten und zu begleiten.

Auf eines muss an dieser Stelle hingewiesen werden: die verbleibenden 47 % der Spitzenmanager verweigern sich nicht per se einer persönlichen Verantwortung. Lediglich 10 % halten die Bedeutung der Person an der Spitze für sehr klein. Die übrigen 37 % sind der Meinung, dass Verantwortung im Wirtschaftskontext sowohl von den Personen in Spitzenpositionen der Unternehmen als auch durch Unternehmensstrukturen bedingt wird. Keiner der Vorstände möchte sich ausschließlich auf eine Unternehmensverantwortung beschränken. Aufgrund der Größe der Konzerne betonen knapp 50 % der Wirtschaftselite die Notwendigkeit einer systemischen Verankerung der Verantwortung im Unternehmen.

> *„Ich würde es eher über eine Struktur machen. Jeden Einzelnen mitzunehmen, das ist gar nicht leistbar. Wir versuchen zur Zeit über die schon vorhandenen Betriebsratsstrukturen die normalen Mitarbeiter zu erreichen. Also erst mal die Betriebsräte natürlich selbst zu überzeugen, aber dann die normalen Mitarbeiter zu erreichen. Und bei den Führungskräften machen wir das von der Vorstandsseite her selbst." (CEO 9, Absatz 46)*

> *„Insofern findet die Verantwortungsübernahme hier persönlich im Umfeld statt [...]. Aber gleichzeitig ist sie ganz stringent als Prozess hinterlegt. Das muss man in einem großen Unternehmen so tun. Das können sie nicht nur an einzelnen Personen festnageln." (CEO 26, Absatz 34)*

Die Stärke einer Verankerung der Verantwortung in Leitlinien und Kodizes des Unternehmens sehen die Wirtschaftslenker vor allem in ihrer strukturierenden Wirkung. Erst durch diese Fixierung werde für alle Beteiligten sichtbar, was Verantwortung bedeute und wo ihre Grenzen lägen.

> *„Man muss in diesem Prozess auch selbst in der Lage sein klar zu sagen, wo ich aufhöre Verantwortung zu delegieren. Und wo dann wieder die Verantwortung der nächsthöheren Stufe anfängt. Das ist ganz entscheidend, weil es zu großen Irritationen führen kann, wenn man diesen Prozess nicht klar abgrenzt." (CEO 18, Absatz 42)*

> *„Auf die im System handelnden Personen kann man natürlich Verantwortung übertragen. Das ist gar kein Thema. Das kann man nicht nur, das muss man. Und um dies tun zu können, ist es wichtig, einen Rahmen zu haben." (CEO 21, Abstatz 74)*

Dass die Implementierung von Leitlinien und Regularien weder für die Vorstände noch für deren Mitarbeiter ein eigenes Ziel, sondern vielmehr ein Mittel zum Zweck darstellt, wird deutlich, wenn ein Vorstand beispielhaft darauf hinweist, dass Verantwortung als persönlicher Wert das Zuckerbrot, kodifizierte Leitlinien aber die (manchmal notwendige) Peitsche verkörpert (CEO 22, Absatz 14). Nur zwei Unternehmenslenker betonen ganz ausdrücklich die Bedeutung der Systemverantwortung. Beide tun das auf der Grundlage sehr schlechter Erfahrung des Unternehmens in der Vergangenheit.

Auf der anderen Seite verweisen immerhin 10 % derer, die sich für eine Verlagerung von Teilgebieten der Verantwortung in Strukturen aussprechen, ganz deutlich auf Probleme eines solchen Vorgehens. Die größte Gefahr sehen sie darin, dass eine Parallelstruktur aufgebaut wird, die losgelöst von der übrigen Unternehmensrealität eine Art Eigenleben führt. Damit geht die Sorge einher, dass aus Verantwortung eine Art der Überwachung wird, die dann ihrerseits die eigentliche Intention, verantwortliches Handeln zu unterstützen, konterkarriert.

> *„Ich halte das Beispiel Siemens für den falschen Ansatz. Dabei wird nämlich so eine Art Misstrauenskultur aufbaut, nach dem Motto, da gibt es immer eine Side – Organisation, die die anderen beobachtet, das Problem aber vielleicht gar nicht an der Wurzel packt. Insofern würde ich sagen, Verantwortung muss von allen gelebt werden, muss von oben nach unten auch immer wieder durchstechen und bewusst gemacht werden." (CEO 1, Absatz 72)*

Die zweite Gefahr sehen die Spitzenmanager darin, dass mit der Implementierung einer Verantwortungsstruktur ein Schein über die Realität gelegt wird, der im Falle einer Verfehlung nur noch schwer zu kontrollieren ist. Letztendlich, so die einhellige Aussage, könne nur eine Kultur des Vertrauens die notwendige Verbindung zwischen Struktur und Person herstellen.

Eines machen diese Ergebnisse aber sehr deutlich: der hohe Aufwand und die vielen (guten) Überlegungen, die in die Entwicklung neuer und immer komplexer werdenden Verantwortungsstrukturen fließen (vgl. Curbach, 2009), sind nur für einen sehr kleinen Teil der deutschen Spitzenmanager in Bezug auf ihr Verantwortungsverständnis von Bedeutung. Der in den Augen der Wirtschaftselite weit wichtigere Teil, wie persönliche Verantwortung zu gestalten ist, bleibt wiederum von diesen Forschungsarbeiten und Praxiskonzepten weitgehend unbeachtet; liegt damit allein in der „Verantwortung" der Spitzenmanager selbst.

Verantwortungsverständnisse zwischen angestelltem Manager und (haftendem) Unternehmer

Verschiedentlich wurde bereits in anderen Untersuchungen auf die besondere Rolle des *angestellten Vorstandes* im Gegensatz zum *Unternehmer* als Verantwortungssubjekt hingewiesen (Buß, 2007:204f; Bunz, 2005). Auch die Spitzenmanager dieser Untersuchung weisen auf diesen Unterschied hin, allerdings nie als Entschuldigung oder Rechtfertigung der eigenen Position. Sinngemäß lässt sich das Credo der angestellten Vorstände wie folgt zusammenfassen: für den Vorstand eines Konzerns könnte man aufgrund des Aktienrechtes schon von einer anderen Verantwortung sprechen, als dies für einen persönlich haftenden Unternehmer der Fall ist – für mich spielt das aber keine Rolle.

> *„Wir haben ja über das Thema Verantwortung eines Unternehmens in der Gesellschaft gesprochen und ich glaube schon, dass diese Verantwortung in der Gesellschaft eine wesentliche ist und dass man nie sagen kann, ein Unternehmen hat Verantwortung, weil es immer die Unternehmer sind, die die Verantwortung tragen. Ob das eine Aktiengesellschaft ist oder ob das ein Einzelunternehmer ist, es ist immer der Unternehmer, der die Verantwortung tragen muss, sowohl im Sinne für die Mitarbeiter als auch im gesellschaftlichen Rahmen." (CEO 23, Absatz 32)*

Gut die Hälfte der Vorstände sprechen ganz explizit von einem unternehmerisch geprägten Verantwortungsverständnis, und das obwol lediglich 5 % der Vorstände als Unternehmer im engeren Sinne bezeichnet werden können. Die *Unternehmer* sekundieren: „als angestellter Vorstand ist man sicherlich in engeren Zwängen, ich kann mich da als Unternehmer freier bewegen" (CEO 3, Absatz 16). Die Unterschiede im Verantwortungsverständnis im Hinblick auf persönliche Verantwortung – in Abgrenzung zu systemgebundener Verantwortung – lassen sich demgemäß nicht über die Eigentumsverhältnisse erklären. Vielmehr orientiert sich die Mehrheit der Wirtschaftselite am Bild des Unternehmers, und sie tun dies auch dann, wenn das Unternehmen über 300.000 Mitarbeiter zählt, seit mehr als 100 Jahren besteht, sich die Aktien zu mehr als 80 % in Streubesitz befinden und keinerlei verwandschaftliche Verbindung zur Gründerfamilie besteht.

Verteilung der Verantwortung innerhalb des Vorstandsgremiums

Die letzte Ebene, auf der Verantwortung zu teilen sein könnte, ist das Vorstandsgremium selbst. Mehr als die Hälfte der Vorstände kommt im Laufe der Gespräche auf die Organhaftung des Gesamtvorstandes einer AG zu sprechen. Immer wird dabei die Möglichkeit und Unmöglichkeit, Verantwortung zu teilen, diskutiert. Vor allem die Frage, ob als letzte Verantwortungsinstanz der Vorstandsvorsitzende fungiert, bewegt die Spitzenmanager – im übrigen unabhängig davon, ob sie selbst Vorstandsmitglied oder Vorstandsvorsitzender sind. Mehr als 70 % haben für sich eine pragmatische Lösung gefunden, auch wenn diese formaljuristisch nicht haltbar ist: ist im Vorstandsgremium keine Zuordnung möglich und sind alle anderen Register ohne Wirkung gezogen, dann liegt die letzte Verantwortung beim Vorstandsvorsitzenden. Lediglich 10 % betonen die kollektive Verantwortung des Organs und knapp 20 % sprechen von „wechselnden Bedingungen".

Wer trägt im Vorstand die letzte Verantwortung?	
▪ Vorstandsvorsitzender	70 %
▪ Wechselnd Vorsitzender / Gremium	20 %
▪ Gesamtvorstand	10 %

n = 30

Abb 13: Verantwortungsverteilung im Vorstandsgremium bei unklarer Zuständigkeit

Ein Vorstand fasst die ganze Problematik samt pragmatischer Lösung beispielhaft so zusammen:

> *„Unsere Antwort dafür heißt, wir wollen diese Verantwortung zum Strukturelement machen. Das Wort „responsible" ist eines der drei Worte, mit denen wir unseren Wertekanon umschreiben. Und gleichzeitig sagen wir, am Ende brauche ich den Verantwortlichen und es gibt beim Unternehmen X keine Kollektivverantwortung. Also wiewohl sich das Unternehmen als Struktur verantwortlich verhält, ist es in der Einzelfrage immer ein Individuum, ein Mensch. In freier Interpretation geht das sogar mit dem deutschen Aktiengesetz zusammen. Wir kokettieren wirklich mit der Organverantwortung des Vorstands einer deutschen AG und sagen, die einzige Stelle, wo wir die Kollektivverantwortung nicht loswerden konnten, ist der Organvorstand der AG. Und trotzdem gibt es einen klaren Chef. Obwohl es das Aktiengesetz so nicht vorsieht." (CEO 22, Absatz 16)*

Ein Vorstandsvorsitzender sekundiert:

> *„Meine Erfahrung aus zehn Jahren in Kollegialorganen ist eigentlich, dass die Antwort sich in der Praxis immer ergibt, ohne dass es ein einfaches ‚Ober sticht Unter' ist, oder aber Fachverantwortung vor Außenverantwortung. Es löst sich praktisch fast immer auf. Und wenn es sich nicht auflöst, und zwar in wesentlichen Fragen nicht auflöst, dann kann man das nur zwischen Personen so klären, dass einer geht und der andere bleibt." (CEO 12, Absatz 67)*

Für die deutschen Spitzenmanager ist Verantwortung ein persönliches Thema, das wurde bereits verschiedentlich deutlich. Wie persönlich sie Verantwortung zuordnen wird aber in den vorliegenden Zitaten noch einmal besonders deutlich. Selbst im engsten Führungszirkel kann es kein Abschieben der Verantwortung in ein Kollektiv geben. Anders gewendet bedeutet das aber auch, dass der Gesamtvorstand offensichtlich keine Verantwortungsgemeinschaft bildet.

Personen als Verantwortungsträger sind mehr Chance als Risiko

Wenn nun aber mehr als die Hälfte der Spitzenmanager die Übernahme und Gestaltung von Verantwortung im Unternehmenskontext als stark abhängig vom Verantwortungsverständnis der einzelnen Spitzenführungskräfte bewerten, stellt sich die Frage, ob dies mehrheitlich eine Chance oder eher ein Risiko für das Unternehmen und die Gesellschaft darstellt. In ihrer Antwort auf die Frage nach Chance und Risiko unterscheidet die Wirtschaftselite zunächst zwei grundsätzliche Perspektiven: die wirtschaftliche und die soziale, wobei letztere teilweise ökologische Aspekte enthält. Es ist durchaus bemerkenswert, dass die Vorstände immer wieder auf den Unterschied zwischen wirtschaftlicher Performance und sozialer Verantwortung hinweisen, wenn sie über ihre eigene Bedeutung für das Unternehmen sprechen. So sei die wirtschaftliche Leistungsfähigkeit auf keinen Fall ein Produkt der Genialität ihrer selbst und hänge zu einem weit geringeren Teil von ihnen als Person ab, als dies für die Übernahme gesellschaftlicher Verantwortung der Fall sei. Kulturelle Werte im Unternehmen prägen, den Rahmen für eine verantwortungsvolle Geschäftsgestaltung abstecken, all dies verbinden mehr als die Hälfte der Vorstände eng mit den Personen an der Spitze der Unternehmen. Der Erfolg einer Produkteinführung habe hingegen „viele Väter".

> *„Was die kulturellen Werte betrifft, würde ich mit einem ganz klaren JA antworten. Was die Performance der Geschäftsentwicklung betrifft, würde ich [die Bedeutung der Spitzenkräfte] hingegen deutlich einschränken." (CEO 29, Absatz 16)*

> *„Wenn wir von unserem Unternehmen reden, und nur darüber kann ich reden, würde ich sagen ja und nein. Ich denke, es gilt nicht so sehr für die wirklich echten Geschäftsthemen, denn dort ist, glaube ich, schon eine größere Beteiligung an den Themen notwendig und auch der Fall. Aber [die zentrale Bedeutung] gilt ganz sicher für viele Themen im Bereich der Aufstellung des Unternehmens in der Gesellschaft. Ich glaube, das ist sehr stark von Personen geprägt. Wenn jemand Interesse an, und Verantwortung für eines dieser Themen hat, dann kann er durch seine Person sehr viel beeinflussen." (CEO 17, Absatz 22)*

Insofern sind die Abwägungen zwischen Chance und Risiko einer Abhängigkeit von den Personen an der Spitze des Unternehmens immer auf eine „gesellschaftliche" Verantwortungsübernahme gerichtet.

Die Risiken betonen gut ein Viertel der Spitzenmanager. Vor allem besteht die Sorge, dass ein einzelner Mensch niemals ein adäquates Verantwortungsverständnis für einen Konzern mit vielen tausend Mitarbeitern repräsentieren könne. Ein zweites Risiko sieht man in Leuchtturm- oder Inselprojekten, die keine Anknüpfung an andere Vorstellungen finden könnten. Gemeinsam ist allen Risikohinweisen die Überzeugung, dass eine geteilte Last – in diesem Fall die der Verantwortung – leichter und sicherer zu tragen sei. Die Abhängigkeit von Personen wird als eher unstabil eingeschätzt und sei daher „zu überwinden". Eine Möglichkeit der Überwindung sei beispielsweise die Unternehmenskultur, in der die Verantwortung in die DNA des Unternehmens übergegangen sei.

„Level 5 ist, ‘das richtige zu tun‘, ist so in die DNA des Unternehmens übergegangen, dass selbst wenn Schlüsselspieler ausfallen, ersetzt werden, selbst wenn alle Prozeduren des Unternehmens einem Feuer zum Opfer fallen, es so in der DNA des Unternehmens drin ist, dass die Mitarbeiter gar nicht anders können, als richtig zu handeln. Und wer eine zeitlang dort gearbeitet hat, der ist so infiziert und infiltriert, der kann dann auch nicht mehr anders. Ich glaube, dieses Modell taugt auch für die Frage, ob eine Verantwortungskultur in einem Unternehmen herrscht.“ (CEO 22, Absatz 14)

Lediglich jeder zehnte Spitzenmanager bewertet die enge Verbundenheit von Person und Unternehmensverantwortung ausschließlich als Gefahr. Die Mehrheit der Mahner sieht durchaus auch Chancen.

Vornehmlich positive Assoziationen mit der personengebundenen Verantwortungsübernahme beschreiben ein Drittel der Vorstände. Sie sprechen von der Chance, prägend zu wirken, selbst Leitplanken mit entwickeln zu können und einen ganz neuen Stil zu etablieren. Aber auch die Bewahrung und Stärkung vorhandener Kulturmerkmale wird als Chance für eine vorbildliche Unternehmensverantwortung genannt. Die größte Chance sehen sie aber darin, als Vorbild zu fungieren und damit Unzulänglichkeiten in vorhandenen Handlungsweisen – unabhängig davon, ob diese bisher aus Kodizes oder der Unternehmenskultur abgeleitet wurden – zu überwinden.

Die Unmöglichkeit einer Rollentrennung in der Verantwortungsübernahme

Dass eine Person und nicht ein Komplex aus Strukturen im Zentrum des Verantwortungsverständnisses der Spitzenmanager steht, muss nicht weiter thematisiert werden. Zu klären bleibt aber, inwieweit diese Person in ihrem Verantwortungsverständnis einem bewusst gewälten, relativ abgeschlossenen Rollenbild folgt. Anders ausgedrückt: gibt es für die Wirtschaftselite ein separates Verantwortungsverständnis als Vorstand eines Konzerns, oder ist dieses deckungsgleich, untrennbar mit dem Verantwortungsverständnis der Privatperson verbunden? Auf diese Frage hin bilden sich unter den befragten Spitzenmanagern im wesentlichen drei recht trennscharf unterscheidbare Gruppen.

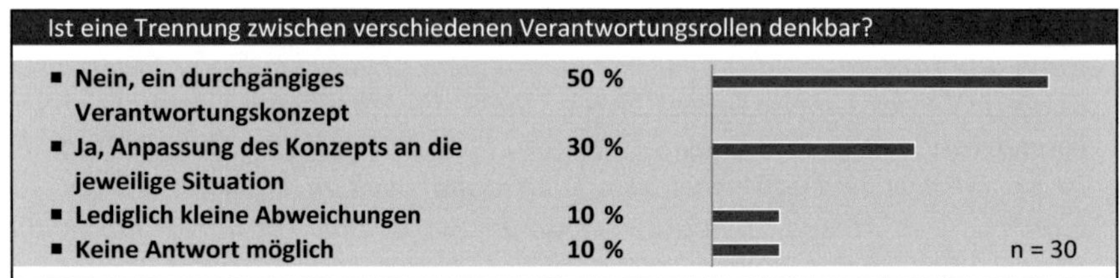

Abb 14: Möglichkeiten zur Rollentrennung im Verantwortungsverständnis

Gut 30 % der Spitzenmanager geben an, dass ihr Verantwortungsverständnis an den Kontext der Verantwortungssituation gebunden sei. Das Verantwortungsverständnis eines Wirtschaftslenkers müsse ein anderes sein als das eines Politikers oder einer Privatperson. Die beschriebene Unterschiedlichkeit geht nicht so weit, dass beide Verständnisse als inkompatibel beschrieben werden, aber es gilt ganz klar ein anderer Fokus. Die Grundlage für die Unterscheidung leiten die Spitzenmanager aus der Vorteilhaftigkeit eines je spezifischen Verantwortungsverständnisses für das Unternehmen ab. Mit anderen Worten: nur wenn ein Unternehmen sich in seiner Verantwortung auf ein spezifisches Gebiet beschränke, sei es in der Lage, effizient zu arbeiten. Ganz in der Friedman'schen Logik äußert ein Vorstand:

> *„Also generell bin ich der Meinung, wir sollten schizophrene Zustände verhindern und wir haben nun erst mal die primäre Bezugsgruppe. Die ist bei uns definiert. Das sind die Kunden. Das sind die Aktionäre. Das sind die Mitarbeiter. Um die Reihenfolge geht es erst mal gar nacht, aber in dem Kontext muss man sich bewegen." (CEO 13, Absatz 42)*

Es ist deutlich erkennbar, dass die Spitzenmanager in der Trennung der Rollen Bezug auf die allgemeine Rollentrennung zwischen Wirtschaft und Gesellschaft nehmen. Sie halten diese Bezüge auffällig abstrakt. Es scheint fast so, als fühlten sie sich mit dieser Trennung selbst nicht wohl.

> *„Nun ist es so, dass ein Unternehmen primär einen wirtschaftlichen Zweck verfolgt und das ist zunächst einmal die Hauptaufgabe, die, wenn das Ordnungssystem des Staates richtig aufgesetzt ist und ein vernünftiges Maß an Reglementierungen bietet, eigentlich schon per se dafür sorgen müsste, dass das, was im Unternehmen passiert und das, was die Gesellschaft, der Staat, als Ziel vor Augen hat, in eine zumindest ähnliche Richtung geht. Das ist natürlich ein bisschen sozialromantisch und leider Gottes ist das nur bedingt der Fall, aber das wäre das Ziel." (CEO 21, Absatz 54)*

Für die zweite Gruppe – 50 % der Spitzenmanager – ist es hingegen undenkbar, zwischen verschiedenen Verantwortungsverständnissen entsprechend ihrer vielfältigen Rollen zu unterscheiden. Verantwortung, so das einhellige Urteil, sei so eng mit der ganzen Person verbunden, dass sich diese nie auf Teilaspekte beschränken könne. Ganz deutlich nimmt die Wirtschaftselite Bezug auf den Wert der Authentizität. Man kann und möchte in allen Bereichen des Lebens mit dem gleichen Maß messen.

> *„Sie können nicht sagen, ich bin zu Hause ein anderer Mensch als in der Firma, das ist unglaubwürdig, das kommt auch nicht an, das wird auch irgendwann entlarvt." (CEO 2, Absatz 51)*

> *„Ich muss mir als Angestellter des Unternehmens immer die Frage stellen, wenn das jetzt mein privates Geld wäre, würde ich es dafür ausgeben und würde ich dann auch wollen, dass sich das so entwickelt, wie es sich dann entwickelt? Davon möchte ich mich nicht distanzieren lassen, sondern das ist für mich immer ein ganz wichtiges Argument: würde ich das mit meinem privaten Geld auch tun?" (CEO 4, Absatz 57)*

> *„Das ist wie in der Familie. Ein anderes moralisches Kostüm in der Firma anzuziehen als ich es zuhause bei meiner Frau, meinen Kindern, habe, ist einfach nicht denkbar für mich. Die Grundkoordinaten müssen die gleichen sein, und das versuche ich auch mit Mitarbeitern, nicht nur direkten, sondern auch dahinter, immer und immer wieder zu wiederholen." (CEO 6, Absatz 30)*

> *„Wenn man im Privatleben andere Standards lebt, wie in der Firma, wird man ja Schizophren." (CEO 9, Absatz 40)*

Das eigene Verantwortungsverständnis ist für 50 % der Wirtschaftselite unabhängig von der jeweiligen Rolle identisch. Im Gegensatz zu den vorherigen Schilderungen nehmen die Spitzenmanager dieser Gruppe vornehmlich Bezug auf den Lebenszusammenhang zwischen Privatleben und Berufsrolle. Aber auch andere Bezüge, wie die zwischen Wirtschaft und Gesellschaft sowie zwischen Führungsrolle und Mitarbeiterrolle, finden Eingang in die eigene Argumentation. Im Hinblick auf ein unterschiedliches Verantwortungsverständnis zwischen Wirtschaft und Gesellschaft äußert ein Vorstand:

> *„Das kann es nicht geben. Alle müssen auf ihrer Seite zum Gesamtsystem beitragen. Man kann nicht sagen, ich bin nur hierfür verantwortlich, alles andere ist dein Thema." (CEO 9, Absatz 37)*

Auf die Einheit in den Verantwortungskonzeptionen als Führungskraft und als Privatperson gibt ein anderer Vorstand zu bedenken:

> *„Persönlichkeit endet da eben nicht am Werkstor, sondern heißt, dass man auch als Vorbild, als Verantwortlicher, als verantwortlich handelnder Entscheider, sowohl im Beruflichen als auch im Privaten an den gleichen Maßstäben, an den gleichen Werten zu messen ist." (CEO 28, Absatz 8)*

Innerhalb der Gruppe der Vorstände, die ein einheitliches Verantwortungsverständnis beschreiben, möchten 40 % die mit der Rolle verbundenen Möglichkeiten positiv, das heißt zum Nutzen anderer einsetzen. Das Besondere an dieser Rollenverantwortung ist, dass die Möglichkeiten der Vorstandsrolle auf das private Verständnis übertragen werden.

> *„Das ist eher etwas, das nichts mit dem Unternehmen zu tun hat. Das ist eher meine gesellschaftspolitische Überzeugung, zu sagen, an der Stelle musst du dich engagieren, weil es da auch nicht genügend Leute gibt, die sich engagieren. Das kann ich natürlich aufgrund meiner Position besser machen. Wenn ich jetzt nicht Vorstandsvorsitzender von einem großen Unternehmen wäre, sondern hier eine Schlosserwerkstatt leiten würde, dann würde mich da auch keiner anhören. Wenn ich heute beim Ministerpräsidenten in Stuttgart anrufe, dann hört der mir zu. Ich weiß nicht, ob der den Schlossermeister zu sich durchstellen lassen würde." (CEO 4, Absatz 40)*

Für jeden vierten Spitzenmanager sind die sich ergebenden Chancen und Ansprüche ihrer Unternehmensrolle im Hinblick auf ihr Verantwortungsverständnis mit den gleichen Maßstäben zu messen, wie die der Privatperson.

Die mit 10 % relativ kleine dritte Gruppe hält weder eine reine Trennung noch eine völlige Einheit in den Verantwortungskonzeptionen für realistisch und beschreibt „kleine Abweichungen in die eine wie in die andere Richtung" (CEO 17, Absatz 40). Die fehlenden 10 % können oder wollen keine Aussage zu dieser Fragestellung machen. Für sie ist die Privatperson Teil einer anderen Sphäre, die nicht mit der Unternehmensrolle verglichen werden kann. Dementsprechend erübrige sich eine solche Bezugnahme auch.

Diese Ergebnisse zeigen deutlich: die deutsche Wirtschaftselite verbindet die Verantwortungsübernahme im und um das Unternehmen mehrheitlich mit den Personen an der Spitze. Systeme bieten lediglich Hilfestellungen, die persönliche Werthaltungen unterstützen, aber keinesfalls als Ersatz dienen können. Das hat nichts mit einer Wiederbelebung der Great-Man-Theory zu tun, sondern orientiert sich einerseits an den Schwächen der systemischen Verantwortungskonzeption und andererseits an einem positiven Selbstbild, verbunden mit einem hohen Anspruch an die eigene Haltung. Diese hohen Ansprüchen gelten für die Mehrheit der Vorstände in allen Lebensbereichen, die gleichen Maßstäbe zieht aber nur die Hälfte der Wirtschaftselite heran.

4.4.2 Adressaten der Verantwortung

Der Kreis potentieller Adressaten ist groß und mit der Entscheidung für oder gegen Stakeholder verändert sich ganz wesentlich der Tenor des Verantwortungsverständnisses. Beschränkt sich der Stakeholderkreis beispielsweise primär auf Aktionäre, heißt dies nicht, dass Mitarbeiter und Gesellschaft völlig unbeachtet bleiben müssen. Da der Grundton der Verantwortung aber eher ein funktionaler ist, werden Mitarbeiter und Gesellschaft nur als Resultante in Verantwortungsüberlegungen einfließen. Ein ganz anderes Verständnis ist zu erwarten, wenn Gesellschaft und Umwelt als primäre Adressaten den Aktionären gleichgestellt werden. So gesehen ist die Untersuchung nicht auf die Identifikation einzelner Stakeholder gerichtet, sondern soll vielmehr grundsätzliche Dimensionen offenlegen. Solche grundsätzlichen Dimensionen könnten sich beispielsweise in einer tieferliegenden Unterscheidung von personen- und objektgebundenen Verantwortungsadressaten wider spiegeln, die ihre Legitimation, beziehungsweise ihre Bedeutung, wiederum sowohl aus einer öffentlichen als auch einer privaten Sphäre[102] beziehen.

Wer sind die primären Adressaten ihres Verantwortungsverständnisses?	
▪ **Mitarbeiter**	**90 %**
Als bedeutender UN-Faktor	48 %
Aus Sorge um den Menschen	44 %
Aus beiden Gründen	8 %
▪ **Aktionäre / Investoren**	**43 %**
▪ **Gesellschaft**	**43 %**
▪ **Kunden**	**30 %**
	n = 30

Abb 15: Primäre Verantwortungsadressaten der deutschen Wirtschaftselite

Unabhängig von der für die spätere Interpretation gewählten Systematisierung, greifen die Befragten auf die ihnen Bekannten Klassifizierungen zurück, sprechen von Stakeholdern und Anspruchsgruppen. In den Erläuterungen ergeben sich aber vielschichtige Einblicke in die Motivationen und Verbindungen zwischen den genannten Adressaten sowie die Sphären denen die Spitzenmanager diese zuordnen.

Die eigenen Mitarbeiter stehen an erster Stelle

Dass die Mitarbeiter eine ganz besondere Stellung im Verantwortungsverständnis der Spitzenmanager haben, ist bereits an verschiedenen Stellen deutlich geworden. Nirgends drückt sich diese Bedeutung aber so eindrücklich aus, wie in der Frage nach den primären Adressaten der eigenen Verantwortung. Insgesamt

[102] Die Unterscheidung zwischen öffentlicher und privater Sphäre ist nicht auf die Lebensrealität des Spitzenmanagers als öffentliche und private Person gerichtet. Sie nimmt vielmehr die mit den Adressaten verknüpften Motive auf. Privat ist in diesem Zusammenhang zu verstehen als eine Verbindung zwischen Führungskraft und Mitarbeiter, die sich in ihren jeweiligen (auch privaten) Bezügen wahrnehmen. Öffentlich steht im Gegensatz hierzu für die Bezugnahme auf Funktionen, Rollen und Positionen.

90 % der Vorstände nennen in mehr als 60 Textstellen die Mitarbeiter als primäre Adressaten ihrer Verantwortung. Keine andere Gruppe bekommt auch nur annähernd eine solche Aufmerksamkeit.

Die hohe Bedeutung der Mitarbeiter speist sich aus mindestens zwei Motiven. Einerseits aus der Sorge um die Person als Mensch in seiner Vielzahl an Bedürfnissen. Andererseits aus seiner Bedeutung als Faktor für das Unternehmen. Die Motivation der Spitzenmanager teilt sich je zur Hälfte sehr ähnlich auf. Lediglich eine Minderheit findet für beide Motive in sehr ausgeglichenem Maß Argumente. Es ist auch in dieser Unterscheidung bemerkenswert, dass die Grenzziehung sehr klar durch die Äußerungen der Spitzenmanager vorgegeben wird und in der Auswertung damit wenig Interpretationsspielraum vorhanden ist. Die Grundaussage wird durch die Formulierungen der Spitzenmanager weder verwaschen noch nachträglich geschliffen.

Gut 48 % der Spitzenmanager,[103] für die die Mitarbeiter im Zentrum der eigenen Verantwortung stehen, beschreiben funktionale Motive für ihr Verantwortungsverständnis. Welche Funktion durch die Verantwortungsübernahme auf Seiten der Mitarbeiter erfüllt wird, beziehungsweise erfüllt sein muss, bewerten die Spitzenmanager sehr unterschiedlich. Die Beispiele reichen von Mitarbeitern als Botschafter des guten Rufes bis hin zu einer Steigerung der Arbeitseffizienz. Verantwortung wird durch die Vorstände eng an Leistungsvorstellungen gebunden. Die Definition von Leistung entspricht den bekannten, und durchaus kritisierten Größen der Ausfallzeiten (Produktivstunden), der Arbeitsmotivation (Leistung pro Zeiteinheit) und der Kreativität (Innovation). Die nach außen gerichtete Leistung wird überwiegend als Reputationskapital – attraktiver Arbeitgeber, gern gesehener Betrieb am Standort – beschrieben.

> *„Unsere Mitarbeiter müssen stolz sein auf unseren Laden, und wenn sie über die Straße gehen als Unternehmen-X-Mitarbeiter, müssen sie geradeaus laufen können und sich nicht irgendwie rechtfertigen wegen irgendwelcher Dinge, die hier nicht in Ordnung sind, Richtung Umwelt oder sonstwas, das heißt im ureigensten Interesse, möchten wir, dass sich unsere Mitarbeiter hier wohlfühlen, bei uns wohlfühlen, weil das sind die besten Botschafter, die man sich vorstellen kann." (CEO 3, Absatz 24)*

> *„Ja, sie rechnet sich. Sie rechnet sich durch, ich sag mal, Bindung von talentierten, entweder Bindung oder Attraktion, von Talents, von talentierten Mitarbeitern, unmittelbar. Das ist die Differenzierung, das ist die Bindung, zufrie-*

[103] Als Basis für die Berechnung wurden diejenigen 90 % der Vorstände herangezogen, für die ihre Mitarbeiter zentraler Verantwortungsadressat sind. Auf die Gesamtheit bezogen entspricht dies 43 %.

dene Mitarbeiter sind Mitarbeiter, die leistungsfähig sind." (CEO 2, Absatz 49)

Diese Form der Verantwortung ist sehr deutlich an Grenzen orientiert. Verantwortung gegenüber den Mitarbeitern stößt dann an eine Grenze, wenn die Mitarbeiter zwar noch profitieren, das Unternehmen aber keinen weiteren Nutzen mehr daraus ziehen kann. Ein Vorstand fasst die gesamte Motivation wie folgt für sich zusammen:

„Unternehmerisches Handeln heißt nie, die berechtigten Belange einer Belegschaft außer Acht zu lassen. Unternehmerisches Handeln heißt, die Belegschaft, die Belegschaftsvertretung und deren Interessen mit in die eigene Überlegung einzubeziehen. Und nicht im sozialromantischen Sinne: Ich bezahle so viel wie geht und ich gebe so viel Sozialleistung wie geht, sondern in dem Sinne, dass ich mir vor Augen führen muss, dass ein guter Mitarbeiter nur dann eine optimale Leistung erbringen wird, wenn er auch optimale Rahmenbedingungen vorfindet." (CEO 16, Absatz 16)

Besonders interessant an diesem Verantwortungsverständnis ist die Zweiseitigkeit des Verhältnisses. Einerseits lassen sich die Vorstände auf die Wünsche der Mitarbeiter ein, schließlich haben sie keinen Einfluss auf das, was von den Mitarbeitern als angemessene Arbeitsatmosphäre bewertet wird. Andererseits schaffen sie mit der Erwartung einer Gegenleistung, beispielsweise einer erhöhten Stundenleistung, einen mächtigen Gegenpol. Je näher dieses Geben und Nehmen an das Marktprinzip herangeführt wird, desto weniger bleibt vom ursprünglichen Charakter des Verantwortungsbegriffs übrig. Für 43 % der Wirtschaftselite scheint durch die Unmöglichkeit einer klaren Kosten-Nutzenrechnung bereits die Rede von Verantwortung angemessen. Wenn diese Interpretation von den Mitarbeitern aber nicht geteilt wird, droht die Enttäuschung geweckter Erwartungen mit schwer vorhersehbaren Konsequenzen.

Dass die Verantwortungsübernahme in diesem Sinne tatsächlich ein mächtiger Hebel für mehr Leistung ist, zeigen nicht zuletzt aktuelle Studien unter jungen Führungskräften (Bucksteeg und Hattendorf, 2010; Brand:Trust, 2011). Gleichzeitig wird damit aber auch deutlich, dass eine Nichtbeachtung zu erheblichen Kosten führen kann. Verantwortung gegenüber den Mitarbeitern ist für immerhin 23 % der Spitzenmanager nicht ausschließlich das Ergebnis von Sozialisation und gewachsener Überzeugung, sondern zum Teil auch eine eingeforderte Notwendigkeit.

„Die Menschen geben sich heute nicht mehr einfach damit zufrieden, wenn sie eine reine Entscheidung verkündet bekommen. Macht das und das oder es ist so und so. Sondern man muss werben um die Menschen, man muss auch mehr das Außenrum um die Entscheidung erklären. Was waren Alternativen, warum

bin ich zu dieser Alternative gekommen, was waren die Beweggründe usw." (CEO 25, Absatz 20)

Die Mitarbeiter wollen ganz offensichtlich mitgenommen werden und in die Überlegungen zu strategischen Entscheidungen eingebunden werden. Ihre Belange sollen Gehör und angemessene Beachtung finden.

Die zweite große Gruppe der Spitzenmanager (44 %)[104] beschreibt einen ganz anderen Zugang zu ihren Mitarbeitern. Mitarbeiter sind Adressaten der eigenen Verantwortung, unabhängig davon, ob die Verantwortungsübernahme dem Unternehmen dient oder nicht. Dieses Motiv wird mit der gleichen Selbstverständlichkeit dargestellt, wie dies zuvor für die funktionalen Argumente getan wurde. Um es anders auszudrücken: So selbstverständlich dem Einen die Erhöhung der Stundenleistung als Argument zur Verantwortungsübernahme dient, so selbstverständlich argumentiert der Andere über den „Mitarbeiter als Mensch". Die Adressaten der Verantwortung verlassen damit zumindest teilweise den öffentlichen Raum und werden zu einem persönlichen (privaten) Gegenüber.

Themen, die eine solche Sicht befördern, sind beispielsweise Arbeitsschutz- und Restrukturierungsmaßnahmen. Der Arbeitsschutz ist ein wesentlicher Beitrag, die Unversehrtheit der Mitarbeiter zu schützen und bedarf als Grundwert keiner weiteren Rechtfertigung. Dieser Wert ist so weit zu verfolgen, wie er für den Einzelnen noch vorteilhaft ist – wenn vor lauter Schutz keine Arbeit mehr möglich ist, ist eine Grenze überschritten – und die Firma durch den Schutz nicht in ihrer finanziellen Fortexistenz bedroht ist.

„Wir haben diese Arbeitsschutzmaßnahmen eingerichtet, weil es Fälle gegeben hat, dass Mitarbeiter da runter gefallen sind. Unser Ziel ist aber keine Arbeitsunfälle zu haben, also haben wir gehandelt. Das ist vielleicht richtig, dass für denjenigen, der das tun muss, das eine zusätzliche Erschwernis ist. Aber hier überwiegt eben ganz eindeutig der Gedanke, dass wir sichere Arbeitsplätze haben wollen. Diese zusätzliche Erschwernis, vielleicht auch als Zeitfaktor, ist keine, die das Unternehmen in seiner wirtschaftlichen Existenz gefährdet. Also insofern [ist es richtig] das umzusetzen." (CEO 10, Absatz 66)

„Wenn Sie hier in unser Werk in der X Straße gehen, oder eben die Schwesteranlage in Shanghai besuchen, dann sollten sie inhaltlich da das gleiche Sicherheitsniveau für die Mitarbeiter finden." (CEO 22, Absatz 32)

„Die Kreditinvestoren kaufen die Anleihe [oder] sie kaufen sie nicht. Aber die Mitarbeiter in Ort X sind 25 Jahre dabei. Das ist dann eine ganz andere Verbindung." (CEO 11, Absatz 10)

---

[104] Auf die Grundgesamtheit gerechnet entspricht dies 40 % der befragten Spitzenmanager.

„Ich habe auch gelernt, dass die Verantwortung ganz besonders gegenüber den Mitarbeitern gilt. Auch da zu sein für den Mitarbeiter. Nicht nur als Vorgesetzter, sondern auch als Ratgeber Hilfestellung zu leisten.“ (CEO 14, Absatz 4)

In Zeiten der Restrukturierung, die vielfach mit Personalabbau verbunden ist, zeigt sich, was das Verantwortungsverständnis ausmacht und wie beständig es ist. Aber nicht nur hier, auch in anderen Beispielen wird deutlich: knapp die Hälfte der Spitzenmanager nehmen in ihren Überlegungen nicht nur den Mitarbeiter als Rollenträger, sondern als Mensch in seinen sozialen Bezügen wahr.

„Und jede Personalentscheidung, egal ob sie jemanden einstellen oder sich auch von jemandem trennen, ist auch eine Frage der Verantwortung. Ich meine, wenn sie jemanden einstellen, der Familie hat, dann übernehmen sie eine Verantwortung für eine Familie und nicht nur für eine Person. Genau das gleiche gilt, wenn sie jemanden entlassen. Dann stürzen sie jemanden ins Unglück. Und vielleicht nicht nur ihn, sondern auch seine Familie.“ (CEO 20, Absatz 64)

„Ein Thema, das ich angeregt habe, hinter dem überhaupt kein Unternehmensinteresse steht, ist beispielsweise unsere Darmkrebs Vorsorge. Da habe ich gesagt: ‚Wir haben aus einem Fond 30.000 Euro übrig. Wenn wir die dafür ausgeben und nur ein einziges Leben retten ist das doch toll‘. Da habe ich nie daran gedacht, dass der dann länger arbeiten kann oder so etwas. Das kommt wirklich ausschließlich den Mitarbeitern zugute.“ (CEO 29, Absatz 56)

In den Schilderungen wird immer wieder deutlich, dass ein solches am Menschen orientiertes Verständnis nicht vorgesehen, wohl aber möglich ist. Lediglich eine entsprechend ausgerichtete Unternehmenskultur bietet gegebenenfalls Unterstützung. Köster (2010) beschreibt stellvertretend für viele andere Autoren die Position, dass von den Aktionären wenig Interesse beziehungsweise eine klare Opposition gegenüber einem auf die Mitarbeiter gerichteten Verantwortungsverständnis, zumindest wie dem zuletzt beschriebenen, zu erwarten sei (Köster, 2010:44ff). Für knapp die Hälfte der deutschen Spitzenmanager stellt diese Erwartungshaltung aber keinen Hinderungsgrund dar. Sie vollziehen zumindest in Teilgebieten einen Wechsel der Verantwortungsdimension vom öffentlichem- hin zu privaten Mandat.

Verantwortung gegenüber Aktionären und Investoren

Die erste Verantwortung eines angestellten Managers gilt dem ihm zur Mehrung zur Verfügung gestellten Kapital. So einfach könnte die Antwort auf die Frage nach dem Verantwortungsverständnis der Spitzenmanager sein. Allerdings nennen lediglich 43 % der Vorstände Investoren und Aktionäre, sowie deren Vertreter im Aufsichtsrat, als Teil der primären Adressaten ihres Verantwortungsverständnisses. Verengt man die Frage weiter und fragt, ob sie mit dieser Verantwortung die unbedingte Steigerung der Rendite meinen, bejahen dies sogar nur noch knapp 20 %. So überraschend diese Zahlen auch sein mögen, machen sie doch eines sehr deutlich: die Gewinnmaximierung steht nicht im Zentrum des Verantwortungsverständnisses der Spitzenmanager. Sie beschreiben vielfältige Funktionen der Verantwortungsübernahme, die ganz deutlich auf den Erhalt und den Ausbau der Geschäftstätigkeit hinwirken. Begriffe wie Nachhaltigkeit und Business Case der Verantwortung zeugen davon, dass die Wirtschaftslenker ganz klar wirtschaftliche Ziele verfolgen. Der alleinige Fokus auf die Dividendenerhöhung gehört für die Mehrheit aber nicht dazu. Die Vorstände verweisen darauf, dass Investoren und Aktionäre nicht unbedingt ihr Verantwortungsverständnis teilen, sie sich aber in der Regel dadurch nicht behindert fühlen.

> *„Ich hatte noch auf keiner Roadshow den Fall, dass große Investoren oder Analysten sagen: ‚Menschenskinder, wenn du nicht so viele Ausgaben für Umweltschutz, Anlagensicherheit und Mitarbeiteraktivitäten hättest, dann könntest du noch mal 5 Cent mehr an Dividende ausschütten'. Das habe ich noch nicht ein einziges Mal gehört." (CEO 9, Absatz 96)*

Dem Unternehmen fühlen sich die Wirtschaftslenker verpflichtet. Diese Verpflichtung grenzen sie aber immer wieder gegenüber übermäßigen Ansprüchen von Aktionären und Investoren ab. Dass diese differenzierte Position eines Ausgleichs zwischen öffentlichen und privaten Interessen auch mit einem eigenen Reifungsprozess zu tun hat, beschreibt ein junger Finanzvorstand folgendermaßen:

> *„Am Anfang waren das für mich sehr stark die Investoren. Aber man merkt dann doch in einer gewissen Phase, dass es neben den Investoren auch die Depthholder sind, dass es die Arbeitnehmer sind, dass es das soziale Umfeld ist, dem man verantwortlich ist. Also alles das, was man als Stakeholder im weitesten Sinne beschreibt. Das sind schon Gruppen denen man sich mit unterschiedlicher Gewichtung verpflichtet fühlt. In den letzten drei Jahren ist es sicherlich eher so gewesen, dass ich persönlich mehr die Verantwortung für den einen oder anderen Mitarbeiter gespürt habe. Das war früher nicht so. Wenn sie von über x-zehn-tausend Mitarbeitern, x-tausend Stellen abbauen müssen, dann wiegt das schwer." (CEO 11, Absatz 10)*

Wenn die Spitzenmanager eine Verantwortung gegenüber Aktionären und Investoren beschreiben, dann überwiegend eine der Richtigkeit und Nachhaltigkeit. Aktionäre und Investoren werden in diesem Fall zu Partnern eines gemeinsamen Interesses erklärt. Selbstbedienung und Vorteilnahme auf Kosten einzelner Stakeholder, die die Fortexistenz des Unternehmens gefährden, wird damit ausgeschlossen.

„Viele Investoren haben das gar nicht verstanden: Was, die kürzen die Dividende ein? Das geht doch an ihr Salär, wieso haben die das gemacht? Da werden richtig spannende Fragen gestellt. Da haben die Leute schon gemerkt, dass das hier kein „Selbstbedienungsladen" ist, sondern dass hier verantwortungsvoll mit Aktionärsvermögen umgegangen wird. Viele haben das bisher wahrgenommen als Veranstaltung zwischen Vorstand und Großaktionär Y. Das haben wir in den letzten Jahren in vielen Bereichen sehr stark korrigieren können." (CEO 18, Absatz 96)

Zusammenfassend entsteht der Eindruck, als knüpfe der Begriff Verantwortung nicht recht an den des Shareholderdenkens an. Dass die Verantwortungsübernahme gegenüber anderen Adressaten die Interessen der Aktionäre gefährden kann und ihr damit gegebenenfalls Grenzen gesetzt sind, bleibt davon unberührt. Was das konkret bedeutet, kann ein Beispiel verdeutlichen. Ein Vorstand schildert die Abwägungen zur Errichtung eines Kindergartens, der insbesondere auf die Integration von Kindern mit Migrationshintergrund ausgerichtet werden sollte. Unter der Prämisse, dass die Rendite auch nach dem Bau noch „ordentlich" ausfallen würde, läge es in der Verantwortung des Unternehmens, etwas für die Region zu tun. Dass durch den Kindergartenbau gleichzeitig Plätze für Kinder von Mitarbeitern geschaffen werden und somit sowohl Standort als auch Arbeitgeberimage gestärkt werden, ist Teil des Mixes, der das Verantwortungsverständnis „gegenüber den Aktionären" erklärt (CEO 9, Absatz 98).

Verantwortung gegenüber der Gesellschaft heißt vor allem Verantwortungsübernahme für den Unternehmensstandort und für Bildung

Die Gesellschaft, so schwer sich die Unternehmenslenker auch mit diesem Begriff und seinem Inhalt tun, gehört für mehr als jeden vierten Spitzenmanager zu den wichtigsten Adressaten ihres Verantwortungsverständnisses. Diese Zahl kann sowohl als *viel* als auch als *wenig* bewertet werden. Viel, da gesellschaftliche Verantwortung noch vor 10 Jahren explizit nicht zum direkten Aufgabenfeld der Wirtschaft gezählt wurde (vgl. Bonini et al., 2007b; Davis, 1973:319). Es ist daher bemerkenswert, dass ein so hoher Prozentsatz der Wirtschaftselite die Gesellschaft als Adressat benennt, zumal die Fragestellung dies keinesfalls vorgegeben hat. Gleichzeitig sind auch 43 % wenig, wenn mehr als die Hälfte der befragten Manager in anderen Studien angeben, dass von gesellschaftlichen Entwicklungen ernste Risiken für ihre Geschäftstätigkeit ausgehen (Bonini et al., 2006; Bonini et al., 2007a). Dass gesellschaftliche Veränderungen ganz wesentlichen Einfluss haben, wird von einer deutlichen Mehrheit der Wirtschaftslenker bestätigt. Ob die Wirtschaft – also auch sie – dafür aber eine Verantwortung tragen, ist eine ganz andere Frage.

> Zivilgesellschaftliche Verantwortung zu übernehmen bedeutet, aus individueller Einsicht und Überzeugung Handlungsregeln zu akzeptieren, die aufgrund sachlicher Gegebenheiten erforderlich sind. Die Frage ist allerdings, wann diese Gegebenheiten vorliegen und welches Maß an Selbstbindung vorausgesetzt werden kann. (Heidbrink, 2006:28)

Wenn durch wirtschaftliche Entwicklungen die Kapazitäten zur Bearbeitung der zivilgesellschaftlichen Verantwortung beschränkt sind, wird schnell deutlich, welches Maß an Selbstbindung dauerhaft bestand hat, gegebenenfalls gar als unabdingbar bezeichnet wird. In Zeiten der Krise, so könnte man zusammenfassend sagen, wird deutlich, für wen die Gesellschaft tatsächlich zum Kern der Verantwortungsadressaten gehört.

> *„Deswegen sage ich ja, es gibt einen größeren Stakeholder: diese Stakeholder sind dann die interessierte Öffentlichkeit, das Umfeld oder die Arbeitnehmer. Und dann muss man die Ressourcen, die man hat, richtig verteilen. Wenn wir im Moment gar nicht die Möglichkeit haben, aus uns selber zu wachsen und Leute entlassen müssen, da ist natürlich klar, dass ich die äußere Verantwortung auf ein Minimum reduzieren muss." (CEO 11, Absatz 38)*

Bereits in vorangegangenen Studien wurde immer wieder deutlich, dass die gesellschaftpolitische Bühne nur äußerst zögerlich von den Spitzenmanagern betreten wird. Die Politik wird von der Wirtschaftselite durchaus als Vertreterin der Gesellschaft benannt, der man aber vornehmlich in Verhandlungen und nicht durch Integration gegenübertreten möchte. Die zögerliche Interaktion, vor allem aber das Ausbleiben einer tieferen Integration, basiert primär auf dem nach wie vor vorhandenen Wunsch nach klaren Verhältnissen. Bildung ist in der Grundversorgung demnach Aufgabe der Politik und soll das auch bleiben.

> *„Mitverantwortung, da würde ich ‚ja' sagen, aber Grundauslastung oder grundsätzliche Themen ‚nein'. Für das Bildungssystem und Bildungschancen zu sorgen ist nicht Aufgabe der Unternehmen, sondern meines Erachtens ganz klar der Politik." (CEO 17, Absatz 58)*

> *„Es ist für uns schon schwierig und wir tun das ja teilweise, wir bilden ja ‚nach'. Die Leute kommen, wir müssen sie erstmal auf eine gewisse Stufe bringen. Grade im Umfeld der Hauptschüler, den ich aber für wichtig halte. Wir haben hier noch einen Arbeitsbereich, in dem Hauptschüler überhaupt noch einen Arbeitsplatz finden können. Aber denen muss man erstmal richtig Deutsch beibringen. Und das kann es eigentlich nicht sein." (CEO 8, Absatz 52)*

In der gesamten Erhebung ist unschwer zu erkennen, dass politisches Engagement sehr weit hinten auf der Prioritätenliste der Wirtschaftslenker steht. Lediglich ein Spitzenmanager spricht von einem breiteren politischen Engagement.

Die von ihm beschriebene wirtschaftliche Lage, in der sich die Region um den eigenen Unternehmensstandort befindet, ist direkt übertragbar auf Standorte anderer Unternehmen. Für ihn ist es ein Grund zu handeln und sich politisch einzubringen, für die Mehrheit der Wirtschaftselite aber kein Thema.

Die Berufsbildung hingegen gehört zu den selbstverständlichen Aufgaben der Wirtschaft, darüber herrscht Konsens. Grundbildungsaufgaben überdies zu übernehmen, was in anderen Ländern durchaus üblich ist, findet hingegen keine breite Zustimmung. Nur sehr wenige sehen sich ob der Misstände im Bildungssystem in der Verantwortung oder wünschen sich einen aktiveren Dialog und eine tiefere Einbindung seitens der Wirtschaftseliten.

> *„Den Punkt Meinungsbilder im gesellschaftlichen Umfeld, da bin ich ein bisschen skeptisch geworden über die Rollen, die dort von den Unternehmen und Unternehmensführern wahrgenommen werden. Ich stelle fest, dass die Äußerungen, die von den Unternehmensführern dort getroffen werden, eigentlich heutzutage – und das bedauere ich sehr – in aller Regel immer alleine aus dem Interesse des Unternehmens heraus kommen und nicht mehr eine Teilnahme am gesellschaftlichen Meinungsbildungsprozess, auch im Sinne eines dialektischen Meinungsbildungsprozesses, darstellen. Das finde ich eigentlich schade." (CEO 28, Absatz 20)*

> *„Wir müssen viel mehr zum Thema Bildung in Deutschland tun. Und da müssten die Firmen viel mehr Verantwortung tragen. Ich war da für eine gewisse Zeit auch in verschiedenen Gremien in Berlin. Aber das ist nicht diskutierbar. Auch mit den Unternehmen nicht diskutierbar. Das finde ich sehr schade." (CEO 30, Absatz 57)*

Dennoch hat das Thema Bildung auf sehr unterschiedliche Weisen Eingang in das Verantwortungsverständnis der Wirtschaftselite gefunden. Bildung ist einerseits Herzensanliegen, andererseits funktionales Kalkül. Bildung heißt für die Wirtschaftselite zunächst eine ausreichende Qualifizierung der Arbeitskräfte sicherzustellen. Darüber hinaus beschreiben aber 20 % der Spitzenmanager eine Verantwortung für Bildungsziele, die außerhalb des (primären) Unternehmensinteresses liegen. Diese Bildung über die Unternehmensinteressen hinaus besteht aus vielfältigen Angeboten durch die repräsentierten Unternehmen, aber auch durch persönliches Engagement. Für die Ausbildung über den Bedarf des Unternehmens hinaus beschreiben das zwei Vorstände wie folgt:

> *„Wenn wir über das Thema Auszubildende zum Beispiel sprechen, wir hatten ja durch die Krise zwei Jahre, wo das bei uns einigermaßen runter ging, da haben wir die Zahl der Auszubildenden [aber] nicht reduziert. Das ist dann eine Verantwortung, dass wir sagen, jawohl, wir bleiben dabei." (CEO 3, Absatz 36)*

„Ich sehe das jetzt gar nicht unternehmensbezogen, um ganz ehrlich zu sein, weil wir kriegen die Ingenieure, die wir brauchen und wir kriegen die Facharbeiter, die wir brauchen. Im Gegenteil, auf der Facharbeiterseite fahren wir immer Sonderprogramme, wie wir Hauptschüler auch einbinden können in die Ausbildung und nicht nur das Überangebot an Realschulabgängern verwenden. Wir könnten uns das einfach machen und sagen, wir nehmen halt das höchste Bildungsangebot, was uns angeboten wird, machen ein Einstellungsgespräch und dann haben wir unseren Bedarf abgedeckt. Nein, wir versuchen das zu clustern. Wir versuchen sogar jedes Jahr zehn Leute, die noch nicht mal einen Abschluss geschafft haben, in ein Integrationsprogramm zu bringen. Und bin stolz darauf, dass wir neun von zehn dann noch weiter in die Ausbildung reinbringen. Da geht es einfach auch da drum, gesellschaftliche Verantwortung zu übernehmen an der Stelle, was wir im Unternehmen machen können." (CEO 4, Absatz 40)

Persönliches Engagement im Bildungssektor ist mit deutlichem Abstand das am häufigsten genannte ehrenamtliche Betätigungsfeld. Wenn Spitzenmanager ihre knappe Zeit außerhalb des Unternehmens einsetzten, dann, so scheint es, um die Bildung in der Gesellschaft zu fördern. Es werden zwar auch Posten in kulturellen Gremien benannt, der Schwerpunkt liegt aber deutlich auf Universitäten, Studienstiftungen und in Bildungsbündnissen.

„Ich persönlich bin in einer Studienstiftung engagiert, mit nicht unerheblichem zeitlichen Aufwand, um hier [...] die Rahmenbedingungen und Standortbedingungen unseres Bundeslandes [..] zu verbessern." (CEO 7, Absatz 48)

Das zweite Themenfeld, das die Spitzenmanager unter der Überschrift „Gesellschaft" bewegt, ist die Umgebung der Unternehmensstandorte. Die Verbindung zum Standort wird vielfach als Beziehung mit gegenseitigen Abhängigkeiten beschrieben. In einigen Schilderungen wird aber erkennbar, dass diese Beziehung heute keine zwingende Verbindung mehr darstellt. Es wird deutlich, dass der Erhalt des Standorts heute das Ergebnis einer bewussten Entscheidung sei, die auch anders hätte getroffen werden können. Unter diesem Verständnis, dass selbst so weitreichende Entscheidungen wie die Verlagerung eines großen Produktionsstandortes nach Asien nicht im Bereich des Utopischen liegen, wird verständlich, warum bereits die Gestaltung der Beziehung zur Standortgemeinde als gesellschaftliche Verantwortung gewertet wird.

„Sie haben eine Verantwortung für die Gemeinde, wie wir hier, wo wir eines der größten Unternehmen sind. Da haben Sie Verantwortung für das gesamte Umfeld." (CEO 20, Absatz 24)

„Aber es gibt natürlich innere Konflikte, die gelöst werden wollen. Das ist das Thema. Wir bekennen uns zum Standort X in Deutschland. Trotzdem machen wir weiterhin wahrscheinlich 40, 50% des Umsatzes in China. Das heißt na-

türlich auch, dass man auch mit einer Produktion vor Ort sein muss [...]. Das heißt, man kann aber nicht alles doppelt haben. Also wird man an gewissen Stellen, vielleicht ein Stück weit, zurückfahren müssen, aber an anderen Stellen dafür aufbauen." (CEO 8, Absatz 62)

Die Verbindung zum Standort bietet sich auch deshalb als Verantwortungsadressat an, weil damit gleichzeitig die eigenen Mitarbeiter bedacht werden. Es ist den Spitzenmanagern aus den bereits angesprochenen Gründen wichtig, dass die Mitarbeiter mit ihren Familien sich im Umfeld wohlfühlen. Damit rückt ganz automatisch auch das Standortumfeld in den Fokus. Ein Vorstand beschreibt beispielsweise den Betrieb eines Kindergartens mit Plätzen für Mitarbeiterkinder und Kinder aus der Region.

„Bei uns ist das dann immer sehr stark auf den Standort, im Grunde auf die Metropolregion, bezogen. Wir haben jetzt hier Kindergartenplätze [...] in einem gemischten Kindergarten geschaffen. Wie gesagt, es gibt auch rein Karitatives, wo wir dann auch ganz gern die Mitarbeiter mit einbeziehen. So gibt es zum Beispiel [...] einen ‚Helfertag' in der Region, wo wir als Manager aktiv beteiligt waren [..]." (CEO 13, Absatz 39)

„Dass man vielleicht sagt, okay hier gibt es gute Schulen aber auch [ein gutes] Umfeld von Vereinen, von Kultur, alle diese Dinge. Dass die von uns auch ein wenig gefördert werden und man sich nicht auf den Staat verlässt, der es sowieso immer schwer hat, Geld für solche Dinge zu bekommen. Das ist glaube ich ein Punkt, sowohl für einen attraktiven Standort, als auch in Verbindung mit der sozialen Verantwortung für unsere Mitarbeiter. Wenn die sich hier wohlfühlen und hier Familien gründen und hier bleiben, dann ist das ja auch wieder ein Beitrag." (CEO 30, Absatz 51)

Sich einer abstrakten Konstruktion von Gesellschaft verantwortlich zu fühlen, liegt den deutschen Spitzenmanagern eher fern. Auch im Hinblick auf die Gesellschaft entwickeln sie keine großen Vision, sondern orientieren sich am Naheliegenden, Greifbaren.

Verantwortung gegenüber den Kunden

Die Kunden der eigenen Produkte nennen gut 30 % der Spitzenmanager als Adressaten ihrers Verantwortungsverständnisses. Diese Verantwortung wird vor allem von Managern aus der Bank- und Versicherungsbranche sowie aus dem Business-to-Business Bereich beschrieben. Die Vorstände nehmen in ihrer Erklärung und Beschreibung auf zwei Dimensionen in der Kundenbeziehung Bezug: einerseits auf das Produkt in seiner Anwendung und andererseits auf die damit verbundenen Leistungsversprechungen. Verantwortung beschreibt demgemäß eine Verpflichtung, Leistungsversprechen einzuhalten und dem Kunden ein möglichst problemloses Arbeiten mit dem Produkt zu ermöglichen.

„Wir haben ein sehr kundennahes Geschäft, das heißt wir haben kleine, mittelständische Kunden, die bei uns Maschinen kaufen, die mehrere Millionen Euro kosten und die auch die nächsten zehn Jahre halten sollen. Das heißt, es ist ein riesen Vertrauen, was dieser Kunde in seinen Zulieferer hineinsetzt, dass das auch alles funktioniert und dass ihn das Ganze über die nächsten zehn Jahre ernährt." (CEO 4, Absatz 22)

Gleichzeitig enthält die Verantwortung auch eine zeitliche Komponente, die vor allem die verschiedenen Informations- und Machtverhältnisse vor, während und nach dem Kauf betrifft. Schnelle Gewinne auf Kosten der Kunden seien, darin stimmen fast alle Vorstände überein, jederzeit möglich. Für 30 % der Befragten ist es wichtig, darauf hinzuweisen, dass eine solche Praktik aber nicht mit dem eigenen Verantwortungsverständnis in Übereinstimmung zu bringen sei.

„Wir haben hier 100.000 Kunden, für die wir eine Verantwortung haben. Wir können nicht jede Woche neue Innovationen bringen und sagen, mich interessiert der alte Stand nicht mehr. Wir haben einmal kassiert, [...] jetzt machen wir ganz was Neues, Entwickeln nur noch für X, die normalen Prozesse unterstützen wir nicht mehr. Das gehört auch wieder zur Verantwortung: zu Kunden und zur Wartung zu stehen." (CEO 30, Absatz 39)

Bei all der Kundenorientierung, die sich moderne Unternehmen heute auf die Fahnen geschrieben haben, sind 30 % kein besonders hoher Wert. Es wäre damit zu rechnen gewesen, dass den Kunden als Adressaten der Verantwortung ein wesentlich höherer Stellenwert zugemessen wird. Dass dem nicht so ist, lässt sich unterschiedlich erklären. Einerseits damit, dass die Verantwortungsübernahme durch die Kunden nicht gefordert oder nicht ausreichend honoriert wird und somit keine Wirkung entfaltet. Andererseits dadurch, dass Kunden durch die Möglichkeit zur Beendigung oder Fortsetzung der Geschäftsbeziehung über einen großen Hebel zur Durchsetzung ihrer Interessen verfügen. Und schließlich, dass Verantwortung nicht der „passende" Begriff für die Beschreibung des Verhältnisses zwischen Vorstand und Kunde ist. Verantwortung, das wird auch hier wieder deutlich, ist ein Begriff der Beziehung. Besteht die Notwendigkeit, zumindest aber die Möglichkeit, einer Beziehung zu den Kunden, ist die Wahrscheinlichkeit, dass die Spitzenmanager sie in ihr Verantwortungsverständnis einbinden, deutlich größer. In dieser Untersuchung ergab sich für diese Prämisse eine vollständige Korrelation. Alle Vorstände, die direkt und regelmäßig mit Kunden in Kontakt stehen, sprachen von einer Verantwortung für die eigenen Kunden.

Verantwortung gilt vornehmlich Menschen, nicht Objekten

Die Schilderungen der Spitzenmanager zu den Adressaten der Verantwortung sind ganz überwiegend auf Menschen gerichtet und nur in sehr begrenztem Umfang auf Objekte. Aus den Bedürfnissen der angesprochenen Adressaten ergeben sich dann die Themen und Objekte. Letztere werden aber ganz deutlich als Folgen, nicht als Ursachen bezeichnet. Wenn ein Spitzenmanager seine Verantwortung für den Bildungsbereich, konkret sein Engagement für Schulen, beschreibt, so gehen dem immer Überlegungen zur Bedeutung der Mitarbeiter oder der Standortgemeinde voraus. Aus dem Adressat und seiner Nähe zum Unternehmen ergibt sich ein Set an möglichen Verantwortungsfeldern. In Abhängigkeit von den lokalen Gegebenheiten, in Überschneidung mit der Geschäftstätigkeit, kristalisiert sich daraus ein konkretes Engagement heraus. Diese Engagements entspringen also keinen theoretisch-strategischen Überlegungen, die am Reißbrett ausgearbeitet wurden, sondern sind die Folge einer direkten Identifikation[105] mit den Adressaten der Verantwortung.

Diese Feststellung ist bemerkenswert. Die Arbeit an der Spitze eines Großkonzerns ist durch hohe strategische Bedeutung und planerische Weitsicht geprägt. Es wäre demgemäß zu erwarten, dass auch ein Thema wie das der Verantwortung mit entsprechenden Mitteln angegangen wird. Standardisierung und Prozessorganisation wären zu erwartende Vorgehensweisen. Nichts davon findet aber Erwähnung. In den Beschreibungen der Spitzenmanagern im Hinblick auf bedeutsame Adressaten ihrer Verantwortung überwiegt ganz deutlich die private vor der öffentlichen Sphäre. Verantwortung richtet sich offensichtlich auf den, der als Teil der privaten Sphäre identifiziert wird.

4.4.3 Instanzen der Verantwortung

Verantwortung, das war eine der ersten Feststellungen, orientiert sich an einer Instanz. Gerade diese Instanz zu benennen, fällt den Wirtschaftslenkern aber äußerst schwer. Wer soll diese Ebene der höheren Rechtfertigung bilden, wenn hierarchisch kein „über mir“ existiert und im internationalen Kontext nationale Instanzen *beschränkt* erscheinen. Wenn also beispielsweise die Befolgung von Gesetzen als Instanz der Rechtfertigung dienen soll, so klaffen spätestens im internationalen Geschäft immer wieder deutliche Lücken auf. Außerdem weisen die Spitzenmanager selbst darauf hin, dass die Regelungsdichte ins Unermess-

[105] Die Identifikation fällt in ihrer Tiefe und Motivation entsprechend der zuvor geschilderten Werthaltungen und in Abwägung der im Weiteren dargestellten Funktionsüberlegungen sehr unterschiedlich aus.

liche getrieben werden müsste, um als angemessene Instanz fungieren zu können.

Es gibt kein höheres Konzept, das als Instanz breite Bedeutung erlangt

Es wird deutlich, dass dem Glaube in seiner institutionalisierten Form, vertreten durch eine der beiden Volkskirchen, kaum eine Bedeutung zukommt. Spiritualtität und die Werte, die mit dem christlichen Glauben verbunden werden, erfahren hingegen durchaus Wertschätzung. Diese Verbindung wurde aber vor allem im Elternhaus und der eigenen Jugend gepflegt, eine Weiterentwicklung findet in der momentanen Tätigkeit und Lebenssituation kaum statt. Entsprechend selten finden sich solche klaren Bekenntnisse zur Bedeutung des Glaubens:

> *„Ich glaube, dass man in einer Glaubensumgebung einen Halt findet. Ich bekenne mich zum christlichen Glauben, sowohl in guten als auch in schwierigen Zeiten. Wenn ich einen Kodex habe ist es letztendlich egal, ob der jetzt Government-Kodex oder Bibel heißt. Das sind eigentlich Themen, die seit 2000 Jahren gleich sind. In einem Government-Kodex sind viele Dinge drin, die in der Bibel schon längst stehen. Solchen Halt braucht jeder und wenn er das einigermaßen ehrlich lebt, dann hat er auch schon ein relativ großes Regulativ. Dann wird er auch Positionen, die er innehat, nicht ausnutzen, sondern dann in diesem Raum ganz normal arbeiten." (CEO 23, Absatz 28)*

Eine Ausnahme stellt die Beschäftigung mit den eigenen Kindern dar. Gut 15 % der Spitzenmanager erklären, dass sie durch die Erziehung der eigenen Kinder mit den eigenen Werten erneut konfronitert wurden. Diese Erfahrung wird als durchweg positiv bezeichnet, bleibt aber eine isolierte.

Positiv gewendet kann die große Freiheit, die durch die relative Bedeutungslosigkeit institutionalisierter Verantwortungsinstanzen entsteht, als Chance für einen hohen Grad an Selbstreflexion der Spitzenmanager interpretiert werden. Negativ gewendet wird daraus eine Beliebigkeit der Wertmaßstäbe. In keinem Fall kann von einem unverrückbaren und unabhängigen Gegenüber, im Sinne einer Autorität hinsichtlich wesentlicher Wertmaßstäbe, gesprochen werden.

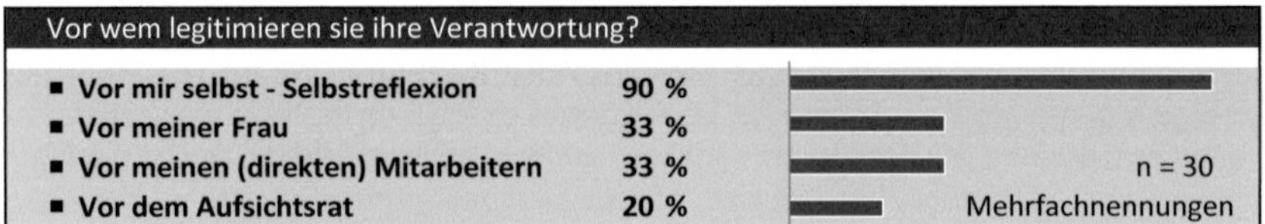

Vor wem legitimieren sie ihre Verantwortung?	
▪ Vor mir selbst - Selbstreflexion	90 %
▪ Vor meiner Frau	33 %
▪ Vor meinen (direkten) Mitarbeitern	33 %
▪ Vor dem Aufsichtsrat	20 %

n = 30
Mehrfachnennungen

Abb 16: Bedeutsame Verantwortungsinstanzen der Wirtschaftselite

Als Gegenüber, das bei der Selbstreflexion von besonderer Bedeutung sei, nennen die Spitzenmanager mit jeweils einem Drittel einerseits ihre eigene Ehefrau und andererseits ihre direkten Mitarbeiter.

Ehefrau und Mitarbeiter bilden die wichtigsten Gegenüber

Keiner anderen Person außerhalb des Unternehmens wird eine ähnliche Würdigung zuteil wie der eigenen Ehefrau. Aber selbst im Vergleich zu den unternehmensinternen Sparringspartnern genießt die eigene Frau die deutlich weitreichenderen „Befugnisse", auf das Verantwortungsverständnis Einfluss zu nehmen, und somit zumindest teilweise als Verantwortungsinstanz zu fungieren (vgl. CEO 15, Absatz 12).

> *„Also mein wichtigster Gesprächspartner, obwohl er immer nur mein Wochenendgesprächspartner ist, ist meine Frau. Sie ist auch das größte Regulativ, das ich habe. Und dafür bin ich wahnsinnig dankbar [...]. Ich glaube, man braucht jemanden, der das Regulativ bildet [...], der aber auch in schwierigen Zeiten, die es auch gab, dann den notwendigen Rückhalt bietet. Das ist schon der Punkt, der mir in der Zeit am meisten geholfen hat." (CEO 23, Absatz 28)*

> *„Nun müssen Sie wissen, meine Frau ist Psychologin und von daher ist man drauf getrimmt [lacht]. Da wird man jeden Tag, praktisch immer wieder, hinein geführt und gesagt: ‚Hast du das schon bedacht und hast du dir hierüber schon Gedanken gemacht? Du hast das und das richtig und das und das noch nicht richtig bedacht.' " (CEO 9, Absatz 114)*

Die eigene Frau wird nicht für ihre besondere Kompetenz im Hinblick auf wirtschaftliche Fragestellungen als Gegenüber, sondern für ihre Unabhängigkeit und die damit einhergehende offene Konfrontation mit dem eigenen Handeln geschätzt. Bereits an anderer Stelle wurde deutlich, dass eine offene und teilweise entsprechend kritische Rückmeldung für die Spitzenmanager schwierig im Unternehmensumfeld zu bekommen ist. Entsprechend klein ist der Kreis derer, die überhaupt als Sparringspartner – von einer Verantwortungsinstanz soll gar nicht die Rede sein – in Frage kommen. Gut 95 % der Vorstände sind verheiratet, mehr als zwei Drittel davon in erster Ehe. Im Vergleich zum Bundesdurchschnitt sind die Ehen in der Spitzenetage der deutschen Wirtschaft noch deutlich häufiger auf Dauer und Beständigkeit angelegt, und das trotz einer erheblichen Arbeitsbelastung. Es ist daher nachvollziehbar, wenn einer der Spitzenmanager seine Frau als „Korrektiv für das, was ich um Beruf tue" (CEO 27, Absatz 46) bezeichnet. Ein anderer Vorstand sekundiert in ganz ähnlicher Art:

> *„Wir reden dann schon über die Dinge, die mich hier im Unternehmen bewegen. Die betriebswirtschaftlichen Zusammenhänge oder Unternehmensbe-*

wertungen, das ist kein Thema für Sie. Aber, das Thema wie man Verantwortung wahrnimmt, da hat sie dann wirklich einen fast untrüglichen Riecher dafür. Sie ist daher die allerwichtigste Person in meinem Leben, auch als Korrektiv." (CEO 15, Absatz 12)

Das erweiterte private Umfeld bezeichnen immerhin 23 % der Vorstände als hilfreiches Gegenüber für die eigene Verantwortung. Allerdings hatten bereits 80 % aus dieser Gruppe die eigene Frau als wichtigstes Gegenüber benannt, sodass den Freunden eine deutlich geringere Funktion in diesem Sinne zukommt. Unklar bleibt, ob der Freundeskreis für eine derartige Funktion nicht zur Verfügung steht, oder ob man dem Freundeskreis diese Bedeutung nicht zumessen möchte. Lediglich ein Vorstand beschreibt seine Freundschaftsbeziehung in einer solchen Gestalt, dass von einem echten Gegenüber für das eigene Verantwortungsverständnis gesprochen werden kann.

Im Unternehmen selbst finden die Vorstände vor allem bei ihren direkten Mitarbeitern kritische Gegenüber, die das eigene Verantwortungsverständnis schärfen. Fast alle weisen darauf hin, dass dies eine „neue Errungenschaft" sei, die sich in den letzten 10 bis 20 Jahren stark entwickelt habe. In den weiteren Erläuterungen wird allerdings sehr deutlich, dass diese kritischen Rückfragen bei weitem kein Niveau erreichen, das weitreichende Veränderungen hervorrufen könnte. Dies gilt insbesondere dann, wenn schwierige Situationen sichtbar werden und Verantwortung konkret eingefordert werden müsste. Wie schwierig es ist, auch in diesen so wichtigen Situationen in den eigenen Mitarbeitern ein Gegenüber zu finden, beschreibt ein Vorstand wie folgt:

„Auch über Dinge zu reden, bei denen es vielleicht nicht gut läuft. Ich glaube, nur wenn man ein Vertrauensverhältnis hat, sagen sie einem das auch. [...] Manchmal sage ich: ‚Mensch, ihr braucht keine Angst zu haben. ‚Warum sagen die nichts'. Damals in der Krise mit X und dessen ganzes Umfeld, da war ich schon ein bisschen enttäuscht, dass nicht mehr Leute zu mir kamen. Dass alles so hingenommen wurde. Ich bin dann der Sache nachgegangen und habe festgestellt: die Mitarbeiter haben sich nicht mehr getraut, zu mir zu kommen." (CEO 30, Absatz 95)

An dieser Stelle fällt zweierlei besonders auf: erstens, dass nicht die Vorstandskollegen, sondern die Mitarbeiter als kritische Gegenüber genannt werden, und zweitens, dass der Aufsichtsrat lediglich bei 20 % der Spitzenmanager Erwähnung findet. Das Vorstandsgremium hat eine Bedeutung als Zusammenschluss, innerhalb dessen man um eine Lösung ringt, aber nicht als Verantwortungsinstanz. Dass der Aufsichtsrat nicht häufiger als primäre Instanz der Verantwortung im Sinne des Unternehmens genannt wird, passt zum zuvor beschriebenen Verantwortungsverständnis gegenüber den Aktionären. Die Beschreibungen zur Verantwortungsinstanz Aufsichtsrat sind von knappem Umfang und respektvollem

Ton gekennzeichnet. Es werden aber weder spezifische Inhalte, noch besondere Formen der Verantwortung in Verbindung mit dem Aufsichtsrat genannt.

> *„Es sind sicher auch die Aufsichtsräte als Individuen, auch wenn dort vielleicht nicht alles geteilt wird, aber es muss klar sein: das war die Ausgangssituation, das waren die Maßnahmen und das war aus dem oder dem Grund erfolgreich oder nicht erfolgreich." (CEO 12, Absatz 30)*

Nur dort, wo zur Funktion auch die Verbindung mit der Person hinzukommt, ändert sich die Bedeutung des Aufsichtsrates noch einmal. Zwei Vorstände beschreiben ein auch persönlich gutes Verhältnis, in dessen Zusammenhang auch Fragen der Verantwortung thematisiert würden. Es geht aber auch aus diesen – gegenüber der Person wohlgesonnenen – Schilderungen kein besonderer Bezug zur Rolle des Aufsichtsrates hervor. Auch an dieser Stelle wird erneut die Bedeutung der privaten im Gegensatz zur öffentlichen Sphäre[106] deutlich. Wie bereits im Rahmen der Untersuchung der Verantwortungsadressaten deutlich wurde, trennen die Spitzenmanager zwischen öffentlichen und privaten Bezügen und messen letzteren eine deutlich größere Bedeutung zu.

Selbstreflexion als bedeutungsvollste Instanz

Die eigentlich bedeutungsvollste Instanz der Verantwortung liegt für die deutsche Wirtschaftselite in der Selbstreflexion. Dieser Blick auf sich selbst, die Prüfung dessen, was im eigenen Handeln an Werthaltung deutlich wird, spielt eine zentrale Rolle im Verantwortungsverständnis der Spitzenmanager. Für die Mehrheit der Wirtschaftselite stellt es keinen Wiederspruch dar, sowohl Subjekt als auch Instanz der Verantwortung zu verkörpern. Sie stellen sich sehr selbstverständlich einer Selbstüberprüfung, für die sie, bildlich gesprochen, neben sich treten und ihre eigenen Handlungen begutachten.

> *„[Ob es eines Sparringspartners bedarf] ist glaube ich personenabhängig. Ich weiß, dass es Kollegen gibt, die das mit Coaches machen. Ich tue das nicht. Ich glaube auch nicht, dass ich es brauche. Ich glaube, ich habe die Fähigkeit quasi neben mich zu treten und meine Entscheidungen zu betrachten; da sieht man dann, was falsch läuft. Das ist aber individuell unterschiedlich. Notwendig ist es aber in jedem Fall." (CEO 12, Absatz 75)*

Der Kreis an Ratgebern und Begleitern, die für diese Selbstreflektion zu Rate gezogen werden, ist praktisch identisch mit den zuvor beschriebenen Verantwortungsinstanzen. Auch hier gilt überwiegend: der Einfluss ist beschränkt und nicht systematisch organisiert. Vielfach findet die Reflexion ihren Ursprung in schwie-

[106] Zur Unterscheidung zwischen privater und öffentlicher Sphäre siehe Kapitel 4.4.2, Seite 140.

rigen Situationen, die ein einfaches „weiter so“ nicht erlauben und damit die eigene Werthaltung als Orientierung fordern.

> *„Das ist überwiegend Eigenreflexion. Es gibt immer Themen, über die man mit einem Vorstandskollegen spricht oder mit dem Aufsichtsratschef, klar. Oder auch mit engen Mitarbeiter. Aber überwiegend – wenn es um Eigenverantwortung geht – ist es doch ein Thema, das man mit sich selbst ausmachen muss. Da kann einem keiner helfen.“ (CEO 18, Absatz 104)*

> *„Nein, das mache ich mit mir selbst aus. Da kann ihnen keiner helfen.“ (CEO 20, Absatz 66)*

> *„Das geht dann meistens alles ziemlich schnell. Ich mache mir sehr wohl über das Tagesgeschäft hinaus Gedanken zu Fragen der Verantwortung. Aber oft getriggert durch Situationen, durch Gespräche die man führt und auch durch das, was man hört.“ (CEO 26, Absatz 30)*

Um in der Reflexion nicht ausschließlich die eigene Perspektive zu betrachten, betonen die Spitzenmanager, zwar in unterschiedlicher Intensität, aber dennoch konstant, die Notwendigkeit einer Verbindung „nach draußen“. Diese Verbindung nach draußen ist sowohl als eine Verbindung in die Gesellschaft, als auch als eine Verbindung in das Unternehmen hinein zu verstehen. Das Draußen kann dementsprechend schon vor der eigenen Bürotüre beginnen und „bei der [ehrenamtlichen] Essensausgabe der Tafel“ enden. (vgl. CEO 30, Absatz 91)

> *„Es ist natürlich die Frage, inwieweit man selbst diese Frage nach der eigenen Verantwortung reflektiert und dafür sorgt, dass es immer wieder Kristallisationspunkte gibt, an denen man die Möglichkeit hat, solche Informationen einzuholen. Und es gibt jede Menge Möglichkeiten dafür. Man muss nur Augen und Ohren offen halten und sicherstellen, dass man sich Möglichkeiten und Kontakte verschafft, die eben eine Atmosphäre erlauben, in der die Leute die Wahrheit sagen.“ (CEO 21, Absatz 40)*

> *„Es gibt ein paar Menschen, mit denen ich diesen Diskurs pflegen kann. Das lernst du ja mit der Zeit auch, wer das aushält. Aber es gibt schon auch dieses In-Sich-Gehen und manche Dinge mit sich selber ausmachen.“ (CEO 22, Absatz 66)*

Bis auf wenige Ausnahmen, weniger als 10 % der Befragten, fallen die Beispiele für fremde Perspektiven, die man sich zu eigen gemacht hat, sehr knapp und eher abstrakt aus. Die Bezugsrahmen teilen sich, wie in allen anderen Bereichen auch, überwiegend auf die Mitarbeiter und die eigene Familie auf. Weder politische Weggefährten, noch spirituelle, noch zivilgesellschaftliche Gegenüber werden genannt. Allein die Erkenntnisse, die in einschlägigen Managementbibeln verarbeitet wurden – so zum Beispiel von Peter Drucker (2001) und Jack Welch (2001) – finden vereinzelt Gehör. Lediglich ein Vorstand spricht von einer Austauschgruppe, in der sich junge Vorstände träfen, um auch Verantwortungsthemen abseits ökonomischer Fakten zu diskutieren.

Eine weitere Schwierigkeit besteht für die Spitzenkräfte darin, die notwendigen Zeiten für eine Selbstreflexion zu schaffen. Unter der Woche sind solche Zeiten nicht denkbar, das Wochenende wird aber zunehmends gegen Übergriffe des Berufslebens verteitigt. Die Zeiten, in denen es selbstverständlich war, sich am Freitag noch Arbeit für das Wochenende einzupacken, gehören nach der Lesart der Wirtschaftselite der Vergangenheit an.

„Seit 10 Jahren habe ich mir angewöhnt, am Wochenende nicht zu arbeiten. Damals bei meinem Vorgänger war das ja gerade das Gegenteil. Der hat für das Wochenende am Freitagabend drei Mappen rausgeholt. Mein Anspruch ist, dass ich das anders mache. Spät sonntags, wenn die Kinder schlafen, schaue ich mal ein bisschen die Post an und bereite die Woche vor, aber das ist dann nochmal eine Stunde. Das ist wichtig. Da schafft man wieder Erdung. Da schafft man zur Spannung auch einen Ausgleich. Dann ist man auch mit sich zufrieden." (CEO 13, Absatz 74)

„Ich habe mal in irgendeinem Interview [...] gesagt, ich bin am Wochenende wie ein Gewerkschaftler. Am Wochenende gehört Papa der Familie. Das heißt, ich versuche mein Wochenende frei zuhalten. Um einfach denn auch mal die Zeit zu haben, um von der alten Woche Abstand zu gewinnen und auf die neue Woche noch nicht sofort gucken zu müssen." (CEO 15, Absatz 56)

Bei den Versuchen, sich Zeiten der Reflexion zu schaffen, wird deutlich, dass ein erheblicher zusätzlicher Bedarf an Zeit und Engagement besteht. Durchaus selbstkritisch merken 10 % der Spitzenmanager an, dass ihre Reflexion über die eigene Verantwortung nicht ausreichend sei, dem eigenen Anspruch gerecht zu werden.

„Zu wenig. Man nimmt sich da zu wenig Zeit. Ich persönlich. Aber ich bin auch eher ein intuitiver Typ. Über Jahre hinweg hat man dann auch ein gewisses Gespür entwickelt. Ich bin einer, der auch oft einmal eine Bauchentscheidung trifft, wenn es darauf ankommt. So gehe ich auch bei diesen Dingen vor. Natürlich legt man sich bei vielen Situationen Dinge zurecht. Aber insgesamt nimmt man sich da sicherlich zu wenig Zeit, um Themen auch noch mal zu strukturieren. Wie ist der Stand heute, was kann man noch anders machen? Das mache ich zu wenig."(CEO 18, Absatz 102)

Letztendlich sind unspektakuläre Hoffnungen mit der Selbstreflexion verbunden. Vor allem möchten die Spitzenmanager eine innere Unabhängigkeit in ihren Entscheidungen erreichen, die es ihnen erlaubt, so zu Handeln, wie es ihrer Vorstellung des Wünschenswerten entspricht.

„Da gilt auch wieder: Wer sich das nicht schafft, und nicht bereit ist dafür in den Kampf zu ziehen, diese Freiheiten zu schaffen, der hat schon fast verloren.

Der wird irgendwann aufgerieben werden und er wird wahrscheinlich auch irgendwann mal komische Dinge machen und sich von sich selbst entfernen. Deshalb mache ich das sehr bewusst." (CEO 13, Absatz 74)

Dafür, dass knapp 90 % der Spitzenmanager die Selbstreflexion als elementar wichtig für das eigene Verantwortungsverständnis bezeichnen und neben dieser Praktik keine andere unumstößliche Verantwortungsinstanz benannt wird, sind weder Umfang noch Systematik besonders ausgeprägt. Dass es dennoch nicht angemessen ist, von einer Beliebigkeit in den Verantwortungskonzeptionen zu sprechen, ist mehreren Umständen geschuldet. Erstens machen es sich die Wirtschaftslenker ganz offensichlich nicht leicht, bürden sich vielmehr sehr bewusst Abwägungsprozesse auf. Zweitens wird das Fehlen der einen Verantwortungsinstanz durch das Zusammenspiel verschiedener Ratgeber und Leitlinien als „Teilinstanzen" abgefedert. Drittens etabliert sich in zunehmendem Maße ein System temporär erzwungener Instanzen, die für Teilgebiete Bedeutung erlangen. Gerade die erzwungenen Instanzen, sei es eine kritische Marktöffentlichkeit, seien es internationale Gerichtsbarkeiten und Handelsabkommen oder schlicht so genannte Pressure Groups, sind aber in hohem Maße Risikofaktoren, die einer ungestörten Geschäftstätigkeit entgegen stehen können. Es ist daher durchaus plausibel, wenn mit der Verantwortungsübernahme gewisse Ziele und Funktionen seitens der Wirtschaftselite verknüpft werden.

4.4.4 Funktionen der Verantwortungsübernahme

Aus der theoretischen Betrachtung haben sich vor allem zwei Perspektiven auf mögliche Funktionen der Verantwortung im Unternehmensumfeld etabliert: Erstens die Sicherung bestehender Verhältnisse und der Fortexistenz sowie zweitens die Hebung und Ausnutzung von bisher ungenutzten Potentialen. Im Verantwortungsverständnis der Spitzenmanager finden sich Aspekte beider Perspektiven.

Ganz ähnlich wie in vorangegangenen Studien (vgl. Imbusch und Rucht, 2007; Bonini et al., 2007a) sind deutsche Spitzenmanager eher zögerlich, wenn es darum geht, eine Win-Win-Situation zu beschreiben. Bonini et al. (2007a) schließen daraus, dass deutsche Manager die strategische Bedeutung einer gesellschaftlichen Verantwortungsübernahme nicht erkannt hätten. Diese Interpretation liegt nahe, gerade wenn man ausschließlich die Antworten auf die direkte Fragen nach dem Business Case betrachtet. In diesem Fall, das zeigt auch die hier vorgenommene Untersuchung, bewerten die Spitzenmanager die strategische Bedeutung gesellschaftlicher Verantwortung als eher gering. Nimmt man in der Auswertung die weiteren Funktionsbeschreibungen hinzu, zeigt sich hingegen ein ganz anderes Bild. Beinahe en passant betonen die Spitzenmanager die Wichtigkeit einer erweiterten Verantwortungsübernahme für das eigene Unternehmen samt der damit verbundenen erheblichen finanziellen Auswirkungen.

Der Business Case der Verantwortung

Für mehr als ein Drittel der Spitzenmanager ist der Business Case der Verantwortung kein unmittelbares Element des eigenen Verantwortungsverständnisses. Erst auf die explizite Frage, ob sich gesellschaftliche Verantwortung rechne, ob sie sich gar rechnen müsse, nehmen sie Stellung zum Thema. Das andere Drittel nimmt hingegen selbst und direkt Bezug auf die ökonomischen Implikationen der Verantwortungsübernahme. Der Business Case wird von ihnen aber überwiegend als Kostenfaktor und nicht als Geschäftsmodell beschrieben. Diese Perspektive, die Verantwortung in den Kontext des „Sich-leisten-Könnens" stellt, wird in Kapitel 4.4.5 genauer betrachtet. Im Folgenden liegt der Fokus auf der Beschreibung des potentiellen Gewinns der Verantwortungsübernahme sowie der Bedeutung dieses Faktors für das Verantwortungsverständnis der Wirtschaftselite.

Verantwortung zu übernehmen verursacht in vielen Fällen Kosten, daran lassen die Spitzenmanager keinen Zweifel. Es handelt sich um Kosten, die durch direkte Aufwendungen entstehen, gegebenenfalls aber auch durch entgangene Gewinne verursacht werden. Die Beispiele für solche Kosten reichen von der Finanzierung von Schulprojekten bis hin zu selbst auferlegten Ausfuhrbeschränkungen für einzelne Staaten. Gut 90 % der Wirtschaftselite stimmt darüber überein, dass man die Kosten für derartige Handlungen ermitteln müsse, zumindest soweit dies möglich sei.

> *„Muss sich Verantwortung rechnen? Also die Ein-Bit-Antwort heißt nein. Wenn sie mir ein paar mehr Bits gönnen, würde ich trotzdem nein sagen. Aber die Teile, die sich rechnen lassen, musst du schon rechnen." (CEO 22, Absatz 48)*

> *„Ich glaube, man muss als modernes Unternehmen Kindergärten und diese Einrichtungen von denen wir jetzt sprechen einfach haben. Man muss wissen, welche Kosten man damit generiert, gar keine Frage. Das Wichtigste ist aber, dass man die Anspruchsinflation im Griff behält." (CEO 9, Absatz 70)*

Über zwei Drittel der Spitzenmanager weisen aber darauf hin, dass eine Berechnung nur in begrenztem Umfang möglich sei. Zumindest langfristig hält knapp ein Drittel die „Investition Verantwortung" für rentabel. Vor allem der Faktor Zeit entscheidet darüber, ob eine Bewertung positiv oder negativ ausfällt. Verantwortung zu übernehmen heißt auch, einen ausreichend langen Atem mitzubringen, um die Früchte ernten zu können. Vor allem der Finanzmarkt mache es unter Umständen schwierig, diese Zeithorizonte als Maßstab anzusetzen. Alle Spitzenmanager waren sich aber darin einig, dass dies keine Ausrede für nachlassende Anstrengungen sei, die lange Frist als Referenz zu verwenden.

„Insofern wäre es kurzsichtig zu sagen, ich wähle aus Kostengründen Rahmenbedingungen in denen ich schlecht zahle, nur mies bezahlte Zeitarbeitnehmer beschäftige und nur rudimentäre Arbeitsplatzausstattung biete. Wenn ich das tue, werde ich eine kurzfristige Ergebnismaximierung erzielen, die jeden Personaler freut, die langfristig den Unternehmer aber nicht erfreut. Insofern rechnen sich durchaus auch arbeitnehmerfreundliche Aktionen und Aktivitäten; wenn auch erst auf den zweiten Blick." (CEO 21, Absatz 56)

Die Logik der Win-Win-Situation erschließt sich ganz offensichtlich für die deutsche Wirtschaftselite nicht aus einer Rentabilitätskennzahl. In der Mischung aus dem Gefühl, die Kosten unter Kontrolle zu halten und langfristig mit positiven Effekten auf das Unternehmen zu rechnen, ergibt sich dennoch für knapp die Hälfte ein beidseitiger Vorteil aus einer erweiterten Verantwortungsübernahme. Verantwortung als Geschäftsmodell kann, wenn überhaupt, nur in begrenztem Umfang genutzt werden.[107] Woran die Spitzenmanager aber durchaus glauben, ist die Möglichkeit, die Geschäftstätigkeit mit verantwortungsvollem Handeln zu verbinden. Auf einen längeren Zeithorizont bezogen biete dies immer wieder die Möglichkeit, dass beide Seiten profitierten.

„Die Fälle kann ich mir, ehrlich gesagt, nur sehr schwer vorstellen. Also die Win-Win-Situation ist mehr ein interner Faktor, aber ich kann mir nicht vorstellen, dass sozusagen je mehr man investiert in soziale Komponenten im Unternehmen, die Ergebnissituation verbessert wird." (CEO 1, Absatz 54)

„Wenn es irgendwie geht, versuchen wir es mit der eigenen Geschäftsaktivität zumindest im Ansatz zu verbinden. Sonst wirkt es immer sehr künstlich. Und wenn wir jetzt in Schulen gehen, dann tun wir das nicht vordergründig, um Kunden zu gewinnen. Aber natürlich prägen wir auch ein bisschen mit und lernen, wie Jugendliche heute ticken. Also irgendwie eine Art von Zweck im gemeinsamen Ziel, von gemeinsamem Nutzen ist schon nicht schlecht." (CEO 13, Absatz 38)

„Wenn die Dinge weitgehend deckungsgleich sind, ist ja überhaupt nichts dagegen zu sagen. Mir hat einer vor Kurzem einmal gesagt: ‚Es nützt uns überhaupt nichts als Ernährungsindustrie, wir wollen unsere Kunden ja nicht umbringen mit unserem Produkt.' Das hat schon etwas Wahres, denn unsere Kunden sollen gesund bleiben. Nicht nur aus medizinischen Gründen, sondern

[107] Eine Ausnahme bilden Maßnahmen der Energieeffizienz und andere Effizienzsteigerungen im Umgang mit Ressourcen. Diese Verantwortung kommt, in messbarem Umfang, gleichzeitig dem Unternehmen und der Umwelt zugute. Die Spitzenmanager betonen allerdings, dass der Fall beiderseitiger Nutzensteigerungen im Umgang mit Ressourcen kaum auf andere Bereiche übertragbar sei.

damit sie auch weiterhin unsere Produkte verzehren. Also ich glaube, es ist eine Mischung aus beidem." (CEO 14, Absatz 42)

Die Verknüpfung zwischen wirtschaftlichen Interessen und dem eigenen Verantwortungsverständnis ist unzweifelhalft erkennbar, allerdings ohne eine strategische Ausrichtung. Dieser Teil des Verantwortungsverständnisses wird primär auf das Unternehmen selbst bezogen und nur sehr vorsichtig mit der eigenen Person verbunden. Für die deutsche Wirtschaftselite steht fest, Verantwortung und wirtschaftliches Fortkommen schließen sich nicht aus, bedingen sich teilweise gar. Einen klassischen Erfolgsfaktor der anhand üblicher Input-Output Kalkulationen optimiert wird, beschreiben sie aber nicht.

Verbesserung des Arbeitgeberimages

Entsprechend der bereits mehrfach konstatierten hohen Bedeutung der Mitarbeiter verwundert es wenig, dass auch für die Konstruktion von Win-Win-Konstellationen vornehmlich die Mitarbeiter als Adressaten auf Unternehmensseite genannt werden. Aus der Gruppe der Spitzenmanager, die einen Win-Win-Fall beschreiben, beziehen knapp zwei Drittel diesen auf die eigenen Mitarbeiter, gut ein Drittel spricht von finaziellen Vorteilen, die auf sehr unterschiedlichen Effekten beruhen. Bestätigt wird dieses Bild, wenn man sich von der Bezeichnung als Win-Win-Fall löst und direkt die funktionale Argumentation für ein gesellschaftliches Engagement analysiert. Aus der Gesamtheit der befragten Spitzenmanager betonen 40 % die funktionale Wirkung auf das Image als Arbeitgeber. Das positive Image steigere die Arbeitsmotivation und binde die besten Arbeitskräfte an das Unternehmen.

„Ja, Verantwortung rechnet sich. Sie rechnet sich unmittelbar durch die Bindung oder Attraktion von talentierten Mitarbeitern. Das ist die Differenzierung, das ist die Bindung, zufriedene Mitarbeiter sind Mitarbeiter, die leistungsfähig sind." (CEO 2, Absatz 49)

„Die Kultur hier im Unternehmen: Wir sind kein Hire-and-fire-Laden. Die Leute fühlen, dass sie einen sicheren Arbeitsplatz haben. Sie können sich entsprechend in ihre Arbeit einbringen, sie empfehlen X weiter. Das sind alles Werte, die im Laufe der Jahre geschaffen wurden. Also weiche Faktoren, von denen man dann irgendwann zehrt. Das haben wir bestimmt nicht gemacht, weil wir sagen: Das muss sich irgendwann rechnen, sondern da waren andere Beweggründe da." (CEO 25, Absatz 64)

Durch die Bemühungen, als guter Arbeitgeber bewertet zu werden, findet quasi unbemerkt ein Import neuer Werte in die Unternehmenskultur statt. Die Spitzenmanager berichten von verschiedenen Konstellationen, in denen die Werthaltungen der heutigen und die der zukünftigen Mitarbeiter das Werteset des Unternehmens mitgestalten. Für das eigene Verantwortungsverständnis fällt die Bewertung des Einflusses, den die Bemühungen rund um das Arbeitgeberimage erzeugen, deutlich distanzierter aus. Wie mehrfach angesprochen, identifizieren sich die Spitzenmanager stark mit ihrem Unternehmen, wollen aber von einem Einfluss der dort vorhandenen Wertesets auf ihr Verantwortungsverständnis wenig wissen.

Gut die Hälfte der Spitzenmanager beschreiben Verantwortung als eine Art Bestandssicherung, oder besser als Leistungserhaltung, die heute unumgänglich sei. Wer seine Unternehmensgrundlage erhalten wolle, der müsse auch über den direkten Unternehmenszweck hinaus Verantwortung übernehmen. Die Verantwortung wird nicht aus Gutbürgertum getragen, sondern ist das Ergebnis eines Erkenntnisprozesses funktionaler Ausrichtung. Da es kaum möglich ist, sämtliche Verantwortungsaktivitäten absolut zielgerichtet einzusetzen, nimmt man gewisse Streueffekte wohlwollend in Kauf.

> *„Wenn wir Themen anstoßen, dann sind es in der Tat meistens wirklich solche, die uns zumindest mittelfristig betreffen. Ich kann wieder auf das Thema Fachkräftemangel zurückkommen oder auf die Demografie. Da sind wir sehr aktiv. Gleiches gilt beim Thema Ausbildung oder Frauenquote, über die viel geredet wird. Wir haben hier leider zu wenig Frauen, auch aufgrund des Berufsbildes. Auch dort versuchen wir Dinge anzustoßen. Wenn wir aber aktiv sind, dann sind es glaube ich eher Themen, von denen wir sagen, dass sie unternehmerisch für uns eine Relevanz haben." (CEO 17, Absatz 68)*

Die Antworten der Spitzenmanager machen deutlich, wie schwer sich die Wirtschaft mit dem neuen Faktor Verantwortung tut. Unternehmerisch notwendig und funktional ist er, aber wie soll er bemessen werden? Kann er bemessen werden und wird daraus gar ein strategischer Vorteil? Es zeigt sich ein Bild der Unsicherheit. Ablehnen möchte man eine erweiterte Verantwortung nicht, nur wie man damit umgehen soll, ist unklar. Die eigene Daseinsberechtigung zu sichern, als Person, aber auch als Unternehmen, darin liegt eine der Funktionen, mit denen sich die Spitzenmanager etwas leichter tun, als mit dem Business Case.

Legitimation schaffen und sichern

Allein aus der wirtschaftlichen Leistung kann heute kein Unternehmen mehr seine Legitimation sichern. Die Wirtschaftskrise hat dies für viele Unternehmen, die bisher glaubten, allein durch ihre Leistungsfähigkeit zu überzeugen, schmerzlich erfahrbar gemacht. Worin liegt dann aber die neue, oder ergänzte, Legitimationsgrundlage? Knapp 57 % der Spitzenmanager beschreiben die Sicherung der Legitimation durch eine erweiterte Verantwortungsübernahme als Voraussetzung für eine beständige Leistungserbringung.[108] Die Legitimation soll und kann sowohl nach innen als auch nach außen gesichert werden. Die Grenze zwischen beiden Sphären ist dabei fließend. Nur wenn frühzeitig die wesentlichen Beteiligten in die Entscheidungsfindung mit einbezogen werden, lassen sich, darin stimmen 77 % der Spitzenmanager überein, Projekte erfolgreich abschließen. Die Globalisierung wird in Diskussionen immer wieder als Argument dafür angeführt, dass den Anstrengungen einer Legitimation immer leichter aus dem Weg gegangen werden könnte. Für die Wirtschaftselite stellt sich die Situation aber ganz anders dar.

> *„Unternehmen sind ein Teil der Gesellschaft und unsere Mitarbeiter sind auch gleichzeitig Teilnehmer dieser Bürgergesellschaft. Das heißt, zu glauben, ich könnte ein Unternehmen losgelöst von den Werten [...] einer Gesellschaft sehen, wird der Globalisierung nicht mehr gerecht." (CEO 27, Absatz 18)*

> *„Ich glaube, fast alle Industrien haben gelernt, dass es entscheidend ist, eine Vertrauensbasis mit ihrem Umfeld herzustellen. Daran arbeiten ja viele. In den 60er und 70er Jahren ist da viel zerstört worden was noch verändert werden muss. Daran muss man auch heute noch arbeiten." (CEO 10, Absatz 34)*

Letztendlich wird immer wieder deutlich, dass die Überwindung der Kluft zwischen Wirtschaft und Gesellschaft einer Anstrengung bedarf. Beide Seiten bedürften der gegenseitigen Legitimation, daher seien auch auf beiden Seiten Anstrengungen nötig. Dass Legitimation ein derart zentrales Thema für das Verantwortungsverständis der Spitzenmanager darstellt, ist ohne Zweifel auch Ergebnis von Trennungs- bzw. Ausdifferenzierungsprozessen der modernen Gesellschaft. Für die Wirtschaftselite existiert eine gefährliche Trennung zwischen den Sphären, die mit einem zunehmenden Unverständnis für die gegenseitigen Bedürfnisse einhergeht. Diese eher technische Analyse verbinden die Spitzenmanager immer wieder mit einem eher persönlichen Wunsch nach Würdigung dessen, wofür sie sich täglich einsetzen. Der Wert der Verbundenheit, wie er in Kapitel 4.3.2 dargestellt wurde, wird hier erneut erkennbar. Die Position, beziehungsweise auch die Rolle, bedarf der Legitimation, die Person bedarf der Anerkennung.

> *„Ich sehe mit Sorge, dass zwischen den Gruppen [...] so ein Fingerzeigen stattfindet. Dass alle Politiker unfähig und faul sind[...], alle Manager geldgierig und unverantwortlich sind und alle Bischöfe kleine Jungs verführen." (CEO 26, Absatz 12)*

---

[108] Die Spitzenmanager folgen damit der verschiedentlich postulierten These, dass sich über eine Ausweitung der Verantwortungsübernahme die Legitimation der wirtschaftlichen Tätigkeit sichern lasse (Stark, 2008:343ff).

„Ich glaube, dass die Wirtschaft glaubt, sie trägt die Gesellschaft. Weil am Ende des Tages nur das, was verdient wird, verteilt werden kann. Die Gesellschaft wiederum glaubt, sie lässt die Wirtschaft zu, so quasi als notwendiges Übel. Und das muss man, glaube ich, wieder in Einklang bringen. Langfristig können wir uns diese Divergenz nicht leisten." (CEO 12, Absatz 22)

„Da muss ich ganz ehrlich sagen, die große Hoffnung ist, dass man [durch die übernommene Verantwortung] an ein Verständnis und eine Verbundenheit mit der Gesellschaft hinkommt." (CEO 9, Absatz 58)

„Auch Manager sind Menschen mit Stärken, Schwächen und Fehlern. Genau so sollte man sie auch behandeln. Vieles von dem, was mittlerweile da passiert, um [Exzesse] eben entsprechend einzufangen, halte ich nicht für sinnstiftend." (CEO 27, Absatz 38)

Für die Wirtschaftselite steht fest, dass diese Legitimation auf verschiedenen Feldern gesucht werden muss. Vor allem der Ausgleich zwischen verschiedenen Polen stellt für sie die Herausforderung in diesem Zusammenhang dar. Nur weil die Legitimation nicht mehr ausschließlich auf ökonomischen Erfolgen aufbaut, heißt das eben nicht, dass diese keine Bedeutung mehr hätten. Die teilweise gegensätzlichen Ansprüche erzeugen eine Spannung, die bearbeitet werden muss und bei deren Bearbeitung das *„Wie"* immer mehr an Bedeutung gewinnt.

„Wenn sie ein gutes und akzeptiertes Unternehmen sein wollen, dann muss man auch irgendwie ein bisschen zurückgeben. Ich sage jetzt eher ein bisschen, weil, wenn man das eben in Prozenten zu unserem Gewinn setzt, ist das, was wir für soziale Zwecke ausgeben, halt klein. Aber darauf kommt es [für mich] auch nicht so sehr an, da man eben nicht sagen kann: ‚Wenn wir da jetzt einen Euro mehr ausgeben würden, hätte man Exponentiell mehr.' Es muss einfach stimmen, dieses Ausbalancieren. Wir sind für unser Engagement sowohl [in der Öffentlichkeit] als auch bei unseren Mitarbeitern anerkannt." (CEO 16, Absatz 30)

„Wir müssen die ökonomischen Aspekte berücksichtigen, denn wenn wir nicht ökonomisch agieren, wird es unser Unternehmen nicht mehr geben. Wir müssen die sozialen Aspekte berücksichtigen, denn wir sind nicht nur Socialy Responsible, sondern wir sind Corporate Citizen in unserer Umgebung. Das heißt, wir leben mit unserem Umfeld in der Gesellschaft und brauchen deren Akzeptanz." (CEO 9, Absatz 14)

Die Überzeugung, dass die eigene Legitimität auch im Unternehmen gesichert werden muss, speist sich aus mindestens zwei Motiven. Einerseits finden sich Äußerungen (15 %), die einer persönlichen Überzeugung entspringen und dabei eine relative Unabhängigkeit vom Erwartungsdruck der Mitarbeiter suggerieren. Andererseits liefern gerade die deutlich vernehmbaren Erwartungen der Mitarbeiter ein starkes Motiv (85 %). Im Gegensatz zu theoretischen Win-Win-Konstellationen sind die Überzeugungen der Spitzenmanager aber nicht auf Produktivitätssteigerungen gerichtet. Die Legitimation der eigenen Mitarbeiter zu erhalten ist vielmehr zu einer unumgänglichen Notwendigkeit geworden.

„Das bedeutet, dass man sie heute sehr viel stärker schon in die Entscheidungen einbindet. Dass man heute schon von Anfang, wenn man in die Planung reingeht, die Mitarbeiter und die Öffentlichkeit mit einbindet. Ihnen zu sagen, worüber wir nachdenken, was wir vorhaben und was wir planen. Das muss man heute einfach." (CEO 8, Absatz 40)

„Wir haben heute eine viel stärkere Beteiligung der gesamten Organisation an internen Entscheidungsprozessen." (CEO 28, Absatz 18)

Eine erweiterte Verantwortungsübernahme senkt das unternehmerische Risiko

Vor allem aus den Arbeiten von Kaufmann (1995), Heidbrink (2003) und Strydom (1999) wurde die These der Verantwortungsübernahme zur Senkung des (unternehmerischen) Risikos abgeleitet. Die Ausgangsthese der steigenden Komplexität in Entscheidungszusammenhängen wird von der Wirtschaftselite auch durchweg unterstrichen. Alle Spitzenmanager sprechen davon, dass die Menge an Bezugspunkten sowie die Masse an möglichen Reaktionen auf unverkennbare Weise zu Unsicherheit in Entscheidungen führe. Von der Wirtschaftselite wird der Zusammenhang zwischen Risiken, die durch Entscheidungen entstehen, und der eigenen Verantwortung durchaus deutlich bestätigt.

„Ich muss Risiken eingehen, aber ich muss mir natürlich schon Gedanken machen, ob dieses Risiko noch verantwortbar ist. Auch mir, das gebe ich ganz offen zu, hat Fukushima nochmal ins Gedächtnis zurückgerufen, was ich im ersten Semester in meiner Statistikvorlesung natürlich gelernt habe: durch geringe Eintrittswahrscheinlichkeiten kann ich mich nicht aus der Verantwortung stehlen, weil die Wahrscheinlichkeit im Einzelfall nichts aussagt." (CEO 22, Absatz 50)

Weniger einheitlich ist das Ergebnis hinsichtlich der These, dass eine erweiterte Verantwortungsübernahme das Risiko in Entscheidungen – zumindest in einem Parameter – senken könne. Die Gesamtheit teilt sich in drei relativ homogene Gruppen auf.

Für die erste Gruppe (46 %) kann sowohl das Risiko öffentlicher Empörung als auch ein Teil der Fluktuation von wertvollen Mitarbeitern durch eine verantwortungsvolle Unternehmensführung vermindert werden. Diese Verantwortungskonzeption enthält zwar verschiedene Vorstellungen über die Details der Wirkungszusammenhänge zwischen Risiko und Verantwortungsübernahme, unstrittig ist aber, dass grundsätzlich ein Zusammenhang besteht.

„Auf jeden Fall. Weil, wie gesagt, neben den Produktionsfaktoren, die man natürlich immer verfügbar halten muss, ist gesellschaftliche Akzeptanz auch ein Produktionsfaktor. Wenn ich die verspielt habe, dann kann ich eigentlich einpacken." (CEO 5, Abbsatz 40)

Für die zweite Gruppe (14 %) steht die Unterscheidung zwischen dem, was auf einer eher abstrakten Ebene zum Beispiel über die Marke möglich ist, und dem, was im Falle einer konkreten Verfehlung aufzuarbeiten ist, im Zentrum. Für die Vorstände dieser Gruppe steht fest, dass eine erweiterte Verantwortungsübernahme ihre Wirkung auch im Sinne einer Reduktion des unternehmerischen Risikos entfaltet. Diese Wirkung reicht aber nicht in den Bereich der „ordentlichen Betriebsführung" hinein. Anders ausgedrückt: mit einer erweiterten Verantwortungsübernahme lässt sich in der Peripherie manches ausgleichen, das Kerngeschäft muss aber unabhängig davon selbst für seine Rechtfertigung sorgen.

„Abstrakt betrachtet reduziert eine Verantwortungsübernahme das Risiko. Und zwar eher was die Assoziation mit der Marke angeht. Auf individuelle Vorfälle bezogen gilt dies aber sicherlich nicht. Es wird aus meiner Sicht überhaupt nichts helfen, wenn sie irgendwo einen Quecksilberausstoß haben und dann sagen: aber ich kümmere mich doch immer um die Sportvereine, die hier in der Gegend aktiv sind." (CEO 12, Absatz 58)

Die dritte Gruppe (40 %) greift letztendlich die Argumentation von Gruppe zwei auf und führt sie weiter. Die risikoreduzierende Wirkung erweiterter Verantwortungskonzepte wird weder als Argument für die Übernahme von Verantwortung herangezogen noch wird sie hierfür akzeptiert. Risiko und Verantwortungskonzept werden bewusst getrennt. Dass andere Wirtschaftslenker sich anders verhalten, wird eher abwertend kommentiert. Neben der Argumentation aus dieser selbstgewählten Position – Risiko und Verantwortung gehören nicht zusammen – findet sich der Hinweis, dass diese Verbindung weder von den Mitarbeitern noch von der Gesellschaft akzeptiert werde.

„Es wird immer punktuell die eine Entscheidung oder das eine Handeln betrachtet. Sie müssen immer für die Entscheidung, die sie treffen, die entsprechende Kommunikation finden. Sie können nie eine Verbindung von einer negativen Maßnahme zu einer positiven ziehen. Das geht nicht. Sie müssen jede Handlung separat erläutern und kommunizieren." (CEO 18, Absatz 84)

„Die Verantwortungsübernahme mindert keine Risiken. Das kann vielleicht für andere gelten, die sich dann dahinter verstecken können und die dann sagen: ‚ja der Chef hat's gesagt und damit bin ich aus dem Risiko raus'. Das wäre natürlich total falsch, wenn so etwas passieren würde. Aber für mich selbst würde nie gelten, ich mindere jetzt ein Risiko, indem ich Verantwortung übernehme, das kann nicht sein." (CEO 4, Absatz 55)

Als Gesellschaftsdiagnose kann hingegen die Mehrzahl der Wirtschaftslenker den Zusammenhang zwischen der gestiegenen Unsicherheitswahrnehmung und den Rufen nach mehr Verantwortung nachvollziehen. Und auch in einem anderen Punkt sind sich alle einig: Keine noch so weitgreifende Verantwortung kann Verstöße gegen Gesetze und Richtlinien legitimieren oder deren Rechtfertigung sein.

> *„Und für das Thema Compliance und andere Themen gibt es eh keine Rechtfertigung im Sinne von ‚Ich habe einen Kindergarten gebaut' oder ‚Ich habe für Japan X Millionen Euro gespendet, also hab ich einen Compliance-Fall frei'. Ich möchte denjenigen sehen, der so eine Begründung heranzieht oder mit auf die Reise nimmt. Das wäre fatal. Die Leute sind nicht so dumm, wie man gemeinhin manchmal glauben möchte." (CEO 6, Absatz 24)*

Die Auswertung im Hinblick darauf, welche Funktion die Spitzenmanager mit ihrer Verantwortungsübernahme verbinden, hat ein zweigeteiltes Bild ergeben. Für die Wirtschaftselite ist Verantwortung kein strategischer Faktor, der nach außen aktiv zu bewerben und zu forcieren ist. Verantwortung ist aber sehr wohl ein strategischer Faktor, der andere Faktoren elementar stützt, fördert oder schlicht notwendig ist. Um es überspitzt auszudrücken: Die Wirtschaftselite möchte nicht Verantwortung verkaufen, es bedarf aber eines Mindestmaßes an Verantwortung, um etwas zu verkaufen, und teilweise verkauft es sich mit Verantwortung auch besser.

4.4.5 Gestaltungswunsch und Grenzen der Verantwortungsübernahme

Das Bild des modernen Managements ist gekennzeichnet von zwei grundsätzlichen Axiomen: dem klaren Wunsch und Streben nach Gestaltungsmöglichkeiten und gleichzeitig der Erfahrung der Begrenzung und Begrenztheit. In ihrer Betonung unterliegen beide Axiome zyklischen Schwankungen, die mit Krise und Aufschwung überschrieben werden könnten. Verantwortung ist von seiner Wortbedeutung her ein sekundäres Prinzip, das eine, wie auch immer geartete, Reaktion darstellt. Auch in den jüngeren Verantwortungskonzepten wird dieser Charakter deutlich.[109] Frage und Antwort sind selbstverständlich nicht als abgeschlossene Einheiten zu verstehen, dennoch ist anzunehmen, dass sich in den Verantwortungskonzeptionen ein deutlicher Unterschied in der grundsätzlichen Ausrichtung feststellen lässt. Für die Wirtschaftselite ist demgemäß zu untersu-

---

[109] Diese Feststellung gilt sowohl für die Schilderungen Heidbrinks – Verantwortung als Folge des Risikos – als auch für die Überlegungen von Hiß – Verantwortung als Mythos. Insbesondere in der individualistischen Wendung des Verantwortungsbegriffs bei Lin-Hi wird Verantwortung zu einem Resultat persönlichen Vorteilsstrebens und ist somit zwingend mit diesem verknüpft.

chen, inwieweit sie ein Verantwortungskonzept pflegt, dass sich der Aktion oder aber der Reaktion zuordnen lässt.[110]

Verantwortungskonzepte als Aktion oder Reaktion?

In der Terminologie der strategischen Unternehmensplanung sind die Begriffe Aktion und Reaktion mit unterschiedlichen Untertönen belegt. Aktion ist eher mit positiven, Reaktion mit eher negativen Assotiationen verknüpft. Gleiches gilt für die Mehrheit der Führungstheorien, die an wirtschaftswissenschaftlichen Hochschulen gelehrt werden. Der Fokus liegt auf dem Leader, nicht auf dem Follower.[111] Immerhin ein Viertel der Spitzenmanager bezeichnen sich selbst als zentraler Treiber und Gestalter des Wandels. Wer eine solche Selbstbeschreibung pflegt, der tut sich unweigerlich schwer damit, die eigenen Handlungen als Reaktion zu beschreiben.

> *„Man kommt immer in irgendwelche Strukturen, [...] seien es die Gewohnheiten der Mitarbeiter, seien es die Strukturen im Unternehmen. Die muss man sich zunächst erstmal anschauen und dann sukzessive oder schneller, je nachdem wie man selbst glaubt, dass Veränderungsprozesse notwendig und möglich sind, selbst Entscheidungen treffen." (CEO 7, Absatz 54)*

> *„Ich lege besonderen Wert auf die Veränderungen in der Kultur und deren Weiterentwicklung. Das sieht vielleicht nicht jeder so ausgeprägt. Ich sehe da vielleicht mehr und messe meinen Beitrag daran, inwieweit ich zu Veränderungen als Stabilisierung des Status Quo beigetragen habe." (CEO 10, Absatz 72)*

Zwar nicht als zentraler Gestalter, aber als aktiver Beförderer der Veränderung beschreiben sich drei Viertel der Wirtschaftselite. Eine Reaktion, so die Selbstwahrnehmung beider Gruppen, ist nur unter erheblichem Druck denkbar. Es ist keinesfalls ein anzustrebendes Konzept. Diese Grundausrichtung bildet den Rahmen der Auswertung, ohne den eine angemessene Interpretation der Aktions- bzw. Reaktionsorientierung nicht möglich ist. Die von Hiß (2006) dargestellten Mythen, denen verantwortungsvolles Handeln folge, müssen daher wohl bei-

---

[110] Die Bedeutung des Hinhörens und Zuhörens als führungsrelevantes Element hat Bunz (2005:71) untersucht. Er kommt zu der Erkenntnis, dass lediglich für 13 % der Spitzenmanager diese reflexive Haltung von Bedeutung ist. Stark kommt in ähnlicher Weise zu dem Schluss, dass öffentliche Debatten zur Verantwortung von Führungskräften weitgehend „legitimatorisch" (Stark, 2008:343) verlaufen und damit reaktiv bleiben.

[111] Vergleiche hierzu beispielsweise die zaghafte Entwicklung des Followership Ansatzes (Kellerman, 2008). Deutlich ist auch Neuberger (2002:49) in seiner Unterscheidung zwischen „Managern" (passiv) und „Führern" (aktiv), bei der seine eindeutige Präferenz für „Führer" deutlich wird.

spielsweise eher zwischen den Zeilen gesucht werden, als dass sie offen zur Sprache kommen.

Gut zwei Drittel der Spitzenmanager bezeichnen die Übernahme einer erweiterten Verantwortung als Gestaltungsaufgabe. Sie sehen sich selbst in der Pflicht, die Themen zu setzen und Grenzen abzustecken. Diese Feststellung wird im ersten Moment noch nicht an ihrer Machbarkeit gemessen, sondern ist zunächst nur auf ein Bild des Sollens gerichtet.

> *„Es ist immer der bessere Weg, wenn man solche Themen auf dem Radarschirm hat und proaktiv in der Diskussion mit den einzelnen Meinungsbildnern vertreten ist. Wir finden das auch gut, wenn sich unsere Mitarbeiter in Initiativen wiederfinden, und dadurch zeigen, dass wir ein Teil der Gemeinde oder des öffentlichen Lebens sind." (CEO 3, Absatz 36)*

> *„Man kann es vielleicht am Thema Diversity oder Frauenquote festmachen [...]. Ich glaube, hier können die Firmen ihre Verantwortung besser wahrnehmen. Die Frage ist nur, ob die, die sie wahrnehmen sollen, auch mehrheitlich wollen [...]. Ich glaube, hier ist eine Menge mehr machbar [...] und hielte das auch für eine gute Sache." (CEO 6, Absatz 18)*

Auch hier wird der Anspruch wieder sowohl an *die Unternehmen* als auch ganz klar an sich selbst gerichtet. Die Perspektiven wechseln von einem Satz zum nächsten, scheinen in diesem Feld untrennbar miteinander verwoben zu sein. Wenn die Wirtschaftselite Verantwortung übernimmt, so könnte man überspitzt formulieren, dann möchte sie auch das Steuer in der Hand halten.

> *„Einerseits ist es wichtig, dass man sich nicht zu wichtig nimmt, aber andererseits bin ich mittlerweile der Meinung – das hat sich bei mir wirklich in den letzten drei bis vier Jahren herauskristallisiert – dass man dann doch die Bereitschaft haben muss, wenn man die Verantwortung annimmt, sie auch in letzter Konsequenz anzunehmen. Das heißt dann auch, sich wirklich an die Spitze [der Initiative] zu stellen." (CEO 13, Absatz 16)*

> *„[Ein Beispiel ist die Art und Weise] wie manche Unternehmen sich heute mit Fragen der Co^2-Emmissionen im Laufe der Produktionskette auseinandersetzen. Das ist dann einerseits ein Resultat aus der Erwartung der Kunden, die sagen: ‚Wir wollen ein Produkt, in dem wenig fossile Energie verbraucht wird.' Andererseits gehört das aber auch zur Frage: ‚Wenn nicht wir, wer dann?' Als großes Unternehmen haben wir dafür eine Verantwortung." (CEO 14, Absatz 42)*

> *„Wenn man nicht bei bestimmten Dingen dabei ist, kann man seine Stimme nicht erheben, wird nicht gehört und muss deswegen auch an der Seite stehen bleiben, wenn etwas geschieht, das einem nicht gefällt. [...] Es ist eine alte Erkenntnis, dass nur der, der dabei ist, mitgestalten kann." (CEO 15, Absatz 26)*

Im Hinblick auf die aufgegriffenen Themen lässt sich keine klare Linie erkennen. Einzelne Spitzenmanager weisen darauf hin, dass sie heute weit verbreitete Themen wie die Alterung der Gesellschaft, Integration von Migranten oder der Ausgleich zwischen Arbeit und Privatleben bereits aufgegriffen hätten, bevor sie durch die Allgemeinheit aufgegriffen wurden. Auch wenn sich thematisch keine Schwerpunkte in den Gestaltungswünschen erkennen lassen, so sind sich die Spitzenmanager doch in einigen Punkten einig:

- es soll konkret umsetzbar sein,
- es soll langfristig wirken und
- es soll zur bisherigen Kultur des Unternehmens passen.

Lieber ein kleines Projekt, wie den Nichtraucherschutz im eigenen Werk weit vor den gesetzlichen Vorgaben umsetzen, als sich in politischen Debatten über Möglichkeiten der Arbeitsplatzsicherheit verstricken. Die folgenden Zitate zweier Vorstände fassen diese Haltung sehr treffend zusammen.

> *„[Nehmen sie das Thema] Gesundheit. Wir haben hier ziemlich früh ein komplettes, durchgängiges Rauchverbot in allen Innenräumen eingeführt. Wir haben auch nicht nach drei Tagen wieder angefangen, die Hälfte der ‚Kneipen' wieder aufzumachen, wie in der Politik. Das ist ein Beitrag zur gesellschaftlichen Entwicklung. Ich könnte viele andere solcher Fälle nennen, wo wir einen Beitrag leisten. Und da ist es ganz klar die Aufgabe, dort, wo man zwangsläufig in der Gesellschaft Einfluss hat, diesen nach den eigenen Wertevorstellungen positiv zu gestalten. Dort, wo man das nicht zwangsläufig hat, sich vielleicht ein oder zwei Felder auszusuchen, in denen man darüber hinaus Verantwortung übernehmen möchte." (CEO 26, Absatz 14)*

> *„Das kann nur im Kleinen und in der Kontinuität stattfinden. Das kommt heute schon nicht mehr ehrlich rüber, wenn sie jetzt eine Initiative mit dem Motto starten müssen: es gibt viele anständige, werteorientierte und seriöse Unternehmen. Ich glaube, das kann sich nur über die Zeit und im Kleinen letztendlich lösen." (CEO 29, Absatz 43)*

Gestaltung der Verantwortung auch abseits von Handlungsfolgen?

Handlungen und deren Folgen stehen im Zentrum der Betrachtung und Bewertung von Verantwortungskonzepten. In den Äußerungen der Vorstände wird deutlich, dass die deutsche Wirtschaftselite klar zwischen einer Verantwortung für Handlungsfolgen und einer Verantwortung abseits dieser trennt. Die zweite Form wird der ersten, so sie Erwähnung findet, durchweg mit einem „auch" angeschlossen und entfaltet bei weitem nicht die Bedeutung wie die der Folgenverantwortung. Für mehr als zwei Drittel der Spitzenmanager ist eine Übernahme von Verantwortung eng mit den eigenen Handlungen – wozu ganz bewusst eben auch Unterlassungen gezählt werden – verbunden.

Für weniger als ein Drittel der Wirtschaftselite sind auch Themen abseits der eigenen Handlungen für ihr Verantwortungsverständnis von Bedeutung. Sie bezeichnen auch das Engagement für behinderte Menschen oder für Kunst und Kultur als elementaren Bestandteil ihrer Vorstellung von Verantwortung. Es ist für diesen Teil der Wirtschaftselite selbstverständlich, auch dort Verantwortung zu übernehmen, wo die eigene Handlung im normalen Geschäftsalltag keine Bedeutung hat. Diese Form der Verantwortung ist völlig befreit von Nutzenkalkülen, wird teilweise sogar ganz bewusst der öffentlichen Wahrnehmung entzogen. Im Zuge der zunehmenden Verbreitung von Corporate-Social-Responsibility-Berichten werden diese Engagements ans Licht der Öffentlichkeit gebracht. Ein Entwicklung, die von den Spitzenmanagern mit wenig Begeisterung begleitet wird.

> *„Wir haben ein Projekt in Afrika, bei dem wir zusammen mit der Uni X zum Beispiel diese X-Anlagen reinbringen. Ich denke, das ist unser Sponsoring im sozialen Bereich. Wir haben hier jedes Jahr eine Vernissage, bei der wir einer hier ansässigen Behinderteneinrichtung [...] die Möglichkeit geben, ihre Werke auszustellen. Wir laden ein großes Publikum ein und die ganzen Kunstwerke werden sofort verkauft. Neben dem Geld wird damit [für die Behinderten] wieder Bestätigung erzeugt." (CEO 23, Absatz 16)*

> *„Es gibt da zwei Begriffe, mit denen man das relativ leicht abgrenzen kann. Das eine ist das Thema Spende, das andere ist das Thema Sponsoring. Das eine ist selbstlos, das andere ist eigensüchtig, wenn man so will. Bei den selbstlosen Dingen, die wir auch wirklich machen ohne dass wir darüber reden, geht es um Andere. Nicht um uns. Das Sponsoring hingegen soll schon unseren Namen mit etwas Positivem verbinden. [...] Wir machen viele Dinge, über die wir nicht sprechen. Und wenn wir nicht da drüber sprechen, dann soll auch [von anderen] nicht darüber gesprochen werden." (CEO 15, Absatz 44)*

Bei allem inneren Zögern entgeht der Wirtschaftselite der Ruf nach einer verbreiterten Verantwortungsübernahme, teilweise auch weit abseits ihrer eigentlichen Einsatzgebiete, nicht. Bei allen Warnungen vor überbordenden Erwartungen ist immer wieder zu vernehmen, dass man sich nicht dauerhaft dieser Forderung entziehen sollte. Eine kleine Gruppe (30 %) geht so weit zu sagen, dass es an der Zeit sei, sich diesen Gegebenheiten zu stellen und auch hier Initiative zu ergreifen.

> *„Gerade heute morgen habe ich einen interessanten Artikel in der Financial Times Deutschland gelesen, wo Herr Dieckmann als jemand beschrieben wird, der sich, nach dem Geschmack vieler, viel zu stark zurückhält. Das zeigt schon, was da eigentlich die Anforderung ist. Und das sehe ich genauso. Man kann heute nicht mehr sagen, man ist Vorstand des Unternehmens und kümmert sich ausschließlich darum. Und wenn ich jetzt meine eigene Zeit be-*

trachte, wie viel Termine ich außerhalb des Unternehmens wahrnehme, beispielsweise für Verbände, dann nimmt das schon eine ganz gehörige Zeit in Anspruch." (CEO 20, Absatz 38)

„Ich bin persönlich der Meinung, und viele meiner Kollegen tragen das mit, dass man, wenn man Power und den Ideenreichtum hat, dass man nicht nur die Produkte entwickeln darf, die viel Umsatz und viel Ergebnis machen, sondern auch die Verpflichtung hat, Produkte zu machen, die in armen Gegenden Lösungen bringen." (CEO 9, Absatz 48)

Interessanterweise sind die Gestaltungswünsche eng mit den Grenzen der Verantwortungsübernahme verbunden. Kaum sind die Wünsche geäußert, werden dem Gesagten die Zügel der Machbarkeit angelegt. Die dabei am häufigsten angeführte Restriktion ist finanzieller Natur.

Verantwortung muss man sich erst mal leisten können

Eine wesentliche Beschränkung für Verantwortungskonzeptionen im Unternehmensumfeld sind finanzielle Restriktionen. Mit beschränkten Mitteln, so die Überlegung, geht auch eine Beschränkung der Verantwortung einher. Diese Argumentation ist einerseits eng mit den heutigen technischen Möglichkeiten verbunden. Nie zuvor war es möglich, mit so geringen Mitteln einen so großen Schaden anzurichten. Den großen Schaden wiederum zu verantworten bedarf im Vergleich hierzu nach wie vor großer Anstrengungen. Die Beispiele hierfür sind vielfältig, zuletzt dramatisch verdeutlicht durch die spektakulären Ereignisse um die Ölkatastrophe der Deepwater Horizon von BP. Andererseits waren die Gewinne der Unternehmen noch nie so hoch wie heute. In den Augen der Wirtschaftselite bergen diese Gewinne die Gefahr von übermäßigen Begehrlichkeiten seitens der Gesellschaft. Innerhalb der Gruppe von Spitzenmanagern, die finanzielle Schranken für die Verantwortungsübernahme geltend machen (47 %), sind 30 % besorgt darüber, dass die eigenen Rekordgewinne übermäßige Erwartungen wecken.

„Als Vertreter eines Unternehmens dieser Größe ist man natürlich mit der Erwartungshaltung konfrontiert, dass wir [alle Probleme] lösen können. Für euch ist doch diese Spende, dieses Sponsoring, nur Peanuts. Ihr macht Milliardengewinne, da sind doch hunderttausend Euro kein Thema. Wieso lehnst du das ab? [...] Die Erwartung, ein großes Unternehmen muss das doch lösen können, die trifft man schon noch häufig bei Menschen an, für die ja irgendwann die Größe eines Unternehmens nicht mehr skalierbar wird, sondern nur noch riesig ist." (CEO 22, Absatz 22)

Ebenfalls 30 % verweisen eher allgemein auf die Notwendigkeit von Gewinnen, um sich Verantwortungsthemen überhaupt widmen zu können.

„Am Ende des Tages zeigt das, dass das unternehmerische Agieren auch sich selbst gerechtfertigt bleiben muss. Und CSR Aktivitäten können das ergänzen, aber sie dürfen [die Geschäftstätigkeit] letztendlich nicht überlagern. [...] Ein Unternehmen leistet sich nicht CSR, um danach bessere Ergebnisse zu erzielen. Ein Unternehmen ist erfolgreich, erzielt gute Ergebnisse und kann sich deshalb CSR Maßnahmen leisten. Das wäre für mich immer die Deduktion und nicht andersherum." (CEO 12, Absatz 58)

„Allerdings muss alles profitabel bleiben, was immer zu einer gewissen Gradwanderung zwischen all diesen Gesichtspunkten führt. Wir wollen alle den sozialen Fortschritt, der aber natürlich auch seinen Preis hat." (CEO 16, Absatz 28)

Die dritte Gruppe (40 %) macht sehr konkret deutlich, dass in wirtschaftlich schwachen Phasen – die das eigene Unternehmen in jüngster Vergangenheit durchstehen musste – es äußerst schwierig sein kann, für Themen außerhalb des Unternehmenszwecks Verantwortung zu übernehmen.

„Wir sind als Unternehmen momentan nicht mit den finanziellen Mittel ausgerüstet, uns dieser Verantwortung anzunehmen, auch wenn wir das sonst sicherlich gerne tun würden." (CEO 11, Absatz 36)

„Das andere Thema ist die Restrukturierung, so zu vereinbaren, dass einerseits der wirtschaftlichen Notwendigkeit und dem notwendigen wirtschaftlichen Erfolg Rechnung getragen wird und ich mir andererseits darüber im Klaren bin, was ich sozialverträglich gerade noch tun kann oder eben nicht leisten soll. Das herauszufinden ist auch verantwortungsvolles Handeln." (CEO 6, Absatz 20)

Aus der Überzeugung, dass man sich Verantwortung überhaupt erst leisten können müsse, geht der ganz grundsätzliche Gedanke des Ausgleichs zwischen verschiedenen Dimensionen, meist als ökonomisch, sozial und ökologisch bezeichnet, hervor. Aus der empirischen Erhebung lässt sich leider nicht herauslesen, ob der Gedanke des Ausgleichs auf einen Ausgleich von gleichberechtigten Zielen gerichtet ist, oder ob mit dem Verweis eine weitere Bedeutungszunahme der sozialen und ökologischen Dimension vermieden werden soll. Die Wirtschaftselite ist sich aber sehr wohl im Klaren darüber, dass sie zu einem ganz wesentlichen Teil an diesem Ausgleich beteiligt ist und beteiligt sein muss.

„Einer unserer früheren Bundespräsidenten hat mal gesagt: ‚ohne Wirtschaftlichkeit schaffen wir es nicht und ohne Menschlichkeit ertragen wir es nicht'. Das war für mich immer so ein ganz wertvoller Satz. [...] Also wird es das eine ohne das andere nicht geben. Und die Kunst wird einfach nur sein, das Wirtschaftliche und das Menschliche irgendwie in geeigneter Art und Weise übereinander zu bringen." (CEO 4, Absatz 46)

„Es ist schon klar, dass wir hier [in der Region] eines der Aushängeschilder sind. Dass wir eines der Unternehmen sind, denen es so gut geht, dass wir uns das auch leisten können. [...] Das ist dann eine relativ schnelle Entscheidung, dass wir da aktiv werden und da sind wir uns unserer Verantwortung bewusst." (CEO 20, Absatz 58)

Grenzen der Verantwortung

Mit den hinzugewonnenen Verantwortungsdimensionen geht der Wunsch nach klaren Grenzen einher. Bereits die Hinweise zu den finanziellen Rahmenbedingungen haben gezeigt, dass sich die Wirtschaftselite vor allem vor einer uferlosen Anspruchsinflation fürchtet. Die finanziellen Grenzen unterliegen permanenten Schwankungen, die wenig Stabilität in der Verantwortungsübernahme mit sich bringen können. Es ist daher gegebenenfalls für alle Beteiligten wünschenswert, dass diese Beschränkung durch themenbezogene Grenzen flankiert werden und die Mittel zumindest inhaltlich verlässlichen Zuordnungen folgen.

Aus den Äußerungen der Spitzenmanager lässt sich kein Themenkomplex herausarbeiten, der von vorne herein ausgeschlossen wäre. Von Bildungsaufgaben bis hin zur Kultur, von Jugendförderung bis hin zu Generationenprojekten reichen die Themen, die bearbeitet werden. Große Einigkeit (90 %) besteht aber darin, dass Unternehmen eine Mitverantwortung für diese Themen hätten und keine Grundverantwortung.

„Zu Mitverantwortung würde ich ‚Ja' sagen, aber Grundauslastung oder grundsätzliche Themen, ‚Nein'." (CEO 17, Absatz 58)

Einige Beispiel können veranschaulichen, wie dieser Gedanke konkret zu verstehen ist: In der schulischen Bildung einzelne Module zu fördern und Angebote zu gestalten liege in der Verantwortung der Unternehmen, eine ganze Schule zu betreiben hingegen nicht. Ein Fußballturnier der Werksmannschaft gegen die umliegenden Vereine zu unterstützen gehöre dazu, alle Vereine der Umgebung mit Trickots auszustatten hingegen nicht.

„Die Frage, wie weit man gehen will, bis hin sozusagen in die Grundschule, da habe ich ein Fragezeichen. Das ist in anderen Ländern durchaus üblich, das deutsche System ist aber anders geprägt. Da gibt es verschiedene Befindlichkeiten, auch wo hört der Staat, wo hört das Unternehmen, wo hört die Religion auf? Das sind alles Besitzstände die zementiert sind." (CEO 6, Absatz 18)

Die Deutlichkeit der Grenzsetzung hängt ganz wesentlich damit zusammen, wie weit die Verantwortungsangebote seitens der Spitzenmanager in der Vergangenheit beansprucht – und dabei gegebenenfalls auch überansprucht – wurden. Wenn aus der Verantwortung für den Standort bei einer Werksschließung dann die Verantwortung nicht nur für die Mitarbeiter, sondern auch für die Ortsfeuerwehr, den Metzger und den Bäcker am Ort wird, sind offensichtlich Grenzen überschritten.

„Ein zweites Argument, dass [ein Lokalpolitiker] angeführt hat war, dass der Bäcker im Ort Pleite geht, weil der ja nur davon lebt, dass er Brötchen in unsere Werkskantine liefert. Dann war meine Antwort, weil ich es wirklich satt hatte: ‚ok, ich garantiere Ihnen, wir kaufen gleich viele Brötchen und verfüttern die an die Enten in ihrem Schlossteich'." (CEO 22, Absatz 22)

„Das wichtigste ist aber, dass man die Anspruchsinflation im Griff behält. Wir hatten bis Mitte der 90er Jahre viele Einrichtungen in unserer Firma, mit denen wir Sportaktivitäten unterstützt haben. Tennisvereine, Fußballvereine, Handballvereine, Musikvereine, Chöre, Big Bands, Rock Bands. Alles hier auf unserem Werksgelände und in der Umgebung untergebracht und zwar weltweit. Und irgendwann haben wir dann gesagt, das müssen wir zurück drehen. Das kriegen wir nicht mehr in den Griff. Nicht weil die Kosten explodiert sind, sondern weil die Anspruchsinflation explodiert ist. Weil dann Leute gekommen sind und gesagt haben: ‚Menschenskinder, jetzt brauchen wir aber das noch und jetzt hast du doch das schon, jetzt musst du noch einen Behinderten-Sportverein dazu tun, das kann doch nicht sein, dass du das nur für die Gesunden machst'." (CEO 9, Absatz 70)

Grenzen der Verantwortungsübernahme werden durchweg mit der Gefahr von Überforderungen erklärt. Die Unternehmenslenker fühlen sich als Geber, denen eine Pflicht zur Wiederholung diktiert wird, wenn sie einmal etwas gegeben haben. Ein Vorstand drückt das so aus:

„Wenn sie in X etwas das dritte Mal gemacht haben, dann wird das eine Tradition. Dann müssen sie das immer wieder machen." (CEO 16, Absatz 30).

Die Betonung von Verantwortungsgrenzen wollen daher knapp zwei Drittel der Spitzenmanager deshalb auch als einen Schutz vor enttäuschten Erwartungen verstanden wissen. Ein Drittel sieht diese Gefahr so nicht.

4.4.6 Personelle und institutionelle Einflüsse auf die eigene Verantwortung

Auch wenn sich in den vorangegangenen Schilderungen klar gezeigt hat, dass die Spitzenmanager insbesondere bei der Setzung von Akzenten und Grenzen auf ihre Unabhängigkeit Wert legen, so soll dennoch im Folgenden ein genauer Blick auf personelle und institutionelle Einflüsse in den Verantwortungskonzeptionen geworfen werden. In den Stellungnahmen werden diese Einflüsse zwar nur sehr selten direkt adressiert, in Berichten über das eigene Unternehmen oder über andere Führungskräfte werden aber dennoch die rahmenden Kräfte deutlich. Es ist besonders interessant zu sehen, dass die Wirtschaftselite verschiedenen Institutionen eine durchaus bedeutsame Rolle für die Verantwortungsübernahme auf der Unternehmensseite einräumt, die Bedeutung für eigene Handlungen aber nur von 20 % überhaupt weiter reflektiert wird. Schlussendlich bleiben lediglich 10 %, die angeben, sich in ihren Verantwortungskonzeptionen von dem leiten zu lassen, was andere einbringen. Statements wie das Folgende sind dementsprechend selten.

„Zu 70% ist der Wertekanon entscheidend, aber es wäre auch nicht richtig, wenn der öffentliche Blick überhaupt keine Rolle spielt. Es gibt durchaus Dinge, bei denen man sagt: ‚eigentlich ist das in Linie mit dem, wie wir und auch ich das gerne intern sehen, aber da gibt es dann doch noch einen anderen Aspekt'. Ein kleines Beispiel: Lieferungen in den Iran sind für uns vollkommen [ok]. Wir haben dafür ein ausgeklügeltes Exportkontrollsystem bei dem geprüft wird, ob irgendjemand auf der Schwarzen Liste steht. Das möchte ich nicht, dass wir jemand mit einem Augenzwinkern beliefern, nach dem Motto: hauptsache Geschäft. Der Iran ist vollkommen frei an der Ecke, weil er momentan sehr stark von den Amerikanern und Israelis boykottiert wird. Vom Rest der Welt nicht. Trotzdem überlegt man sich jetzt sehr gut, will man da bestimmte Produkte reinliefern? Und das ist so ein Thema, bei dem man sagt, es ist eigentlich vollkommen in Linie mit unserem Compliance-System, [aber wir machen es trotzdem nicht].Das ist gerade so eine spezielle Situation, wo auch ein externer Faktor mit rein spielt, also die 30% relevant werden." (CEO 29, Absatz 28)

Es lassen sich gute Argumente anführen, warum dieses „sich Lossagen" eine individualistisch gewendete Fiktion darstellt, die weiter zu interpretieren und in einen Kontext zu setzten ist. Die folgenden Darstellungen wollen einem solchen Ansinnen aber nur teilweise nachkommen. Im Fokus steht nach wie vor das Verantwortungsverständnis der Spitzenmanager, wie sie es selbst ausdrücken, die Einordnung in die kontextuellen Bezüge erfolgt daher überwiegend entlang der von den Befragten selbst vorgegebenen Routen. Nur wenn sich aus den Äußerungen deutlich Kontextfaktoren erschließen lassen, finden diese Eingang in die Interpretation. Die Betonung der geringen Bedeutung fremder Verantwortungskonzepte macht, in Verbindung mit den Schwierigkeiten, eine Verantwortungsinstanz zu benennen, einmal mehr deutlich, wie sehr die Wirtschaftselite in ihrem Verantwortungsverständnis auf sich selbst zurückgeworfen ist.

Verantwortung als Ergebnis einer selbstbestimmten Entscheidung

Für die deutsche Wirtschaftselite überwiegen, das wurde bereits mehrfach deutlich, Chancen und Möglichkeiten der Verantwortungsübernahme mögliche Risiken und Beschränkungen deutlich. Gleichzeitig verschweigt die Hälfte der Spitzenmanager nicht, dass von Seiten Dritter durchaus versucht wird, Druck auf sie auszuüben. Die Wirtschaftselite verarbeitet diese Spannung in ihrem Verantwortungsverständnis, indem sie einerseits Einflüsse von außen überwiegend verneint, andererseits die Notwendigkeit, das eigene Handeln zu erklären, bestätigt.

Nicht alle Spitzenmanager möchten ihre Erklärungen als erzwungen verstanden wissen. Der Druck, die eigenen Handlungen zu rechtfertigen, sei ohne Zweifel vorhanden, allerdings könne man sich diesem auch widersetzen und tue das auch teilweise. Es wird erneut deutlich, zu welch hohem Maße die Vorstände auf ihre Unabhängigkeit setzen. Selbst in der Rechtfertigung sehen einige noch eine selbstbestimmte Handlung.

> *„Nehmen wir zum Beispiel die Beobachtung, dass bei Bürgern die Leute dann einfach jedes Mal wieder die Scheiben einschlagen, den Managern das Haus anzünden. In solchen Fällen kommen sie dann auch nicht weiter, sondern müssen eigentlich im Vorfeld versuchen, über den reinen gesetzlichen Rahmen hinausgehend Überzeugungsarbeit zu leisten." (CEO 5, Absatz 36)*

> *„Erklären können – Ja. Das heißt ja letzten Endes nichts anderes, als dass man in der Entscheidung steht. Ich spüre nicht den Druck, dass ich mich rechtfertigen muss, aber es ist wichtig, dass man Entscheidungen erklären kann." (CEO 14, Absatz 50)*

Andere Spitzenmanager beschreiben einen klaren Zusammenhang zwischen dem, was sie rechtfertigen und dem, was von ihnen gefordert wird.[112] Als besonders bedeutsam und herausfordernd werden die Medien, insbesondere im Sinne eines investigativen Journalismus, bezeichnet. Etwas zugespitzt könnte man sagen, wenn jemand eine Reaktion hervorrufen kann, dann sind das die Medien. Die Vorstände beschreiben die Medien als überzeichnendes und auf das Negative ausgerichtetes Gegenüber. Von den Werthaltungen, die in den Medien transportiert werden, halten die Befragten wenig. Entsprechend wenig Einfluss sprechen sie den Medien daher für das eigene Verantwortungsverständnis zu.

> *„Ich glaube, hier hat schon eine Entwicklung stattgefunden. Das wird nicht zuletzt auch durch die Medien gefördert. Da ist ein ganz anderer Druck dadurch da, dass Informationen sehr schnell in eine falsche Richtung laufen können und sich über das Internet auch entsprechend verteilen." (CEO 13, Absatz 20)*

> *„Ich würde es mal anders sagen. Ich erkläre heute, hoffentlich, mehr mit anderen Argumenten. Ich muss nicht, sondern ich erkläre. Sind die Bürger heute mündiger als vor 30 Jahren, dass Sie mehr Fragen stellen? Ich bezweifle das. Wir haben sicherlich einen sehr viel aktiveren Journalismus, der diese Fragen*

---

[112] Nochmal: die Spitzenmanager geben an, auf den externen Druck durch Erklärungen zu reagieren, dass dadurch ihre Handlungsweise geändert wird, verneinen sie aber. Dieser Unterschied ist der Wirtschaftselite offensichtlich wichtig.

stellt. Wir haben auch ein sehr viel aktiveres politisches Umfeld. Eine selbstbewusstere grüne und rote Bewegung. Aber, dass wir dadurch gezwungen werden, mehr zu berichten, würde ich nicht sagen. Wir haben eben nur im Laufe der Zeit gelernt, dass es einfacher ist, Menschen von etwas zu überzeugen, wenn man frühzeitig, authentisch und passioniert, aber auch ernsthaft und wahrhaft darüber redet." (CEO 9, Absatz 56)

Die Anfragen der Gesellschaft sind in diesem Zusammenhang eher von nachgeordneter Bedeutung. Die Mitarbeiter hingegen sollen und müssen, wie bereits mehrfach dargestellt, mitgenommen werden. Hierzu muss die eigene Handlungsmotivation sehr ausführlich und klar erklärt werden.

Gründungsgeschichte und Firmenhistorie bieten Anknüpfungspunkte

Für gut zwei Drittel der Spitzenmanager stellt die Beschäftigung mit der Unternehmensgeschichte einen wichtigen Aspekt der Gestaltung von Verantwortung im Unternehmen dar. Knapp ein Drittel der Wirtschaftselite nimmt in diesem Zusammenhang ganz bewusst Bezug auf die Gründungsgeschichte und den Unternehmensgründer. Der Rückgriff auf die Wurzeln des Unternehmens erfolgt teilweise auch deshalb, weil in den letzten Jahrzehnten bedeutende Werte verletzt wurden und somit nicht mehr als Basis zur Verfügung stehen. Das geht so weit, dass die von den letzten ein bis zwei Managementgenerationen beschrittenen Pfade teilweise als Ab- und Irrwege bezeichnet werden. Im Rückbezug auf die Ursprünge des Unternehmens entsteht hingegen für die Wirtschaftselite ein größeres Bild, vor dessen Hintergrund die eigene Verantwortung zu gestalten ist.

„Sie haben natürlich [prägende Rahmenbedingungen] in einem Unternehmen, das wie das unsere sehr traditionsbelastet ist. Wir sind jetzt als Unternehmen über 160 Jahre alt, honorieren jährlich vierzig bis sechzig Mitarbeiter mit 40jährigen Betriebsjubiläen. Das Verwachsensein mit dem Unternehmen stellt hier einen unheimlich hohen Wert dar." (CEO 4, Absatz 60)

„Wenn wir das jetzt spiegeln an dem, was unser Unternehmensgründer zu seiner Zeit sagte, dann sagen wir, das deckt sich [mit unseren heutigen Werten]. Das sind andere Worte, aber der Inhalt ist deckungsgleich." (CEO 24, Absatz 14)

„Wir haben als Vorstand die bewusste Entscheidung getroffen, diese Firma in ihrem Weltverständnis wieder vom Kopf auf die Füße zu stellen, und damit an eine hundert und zig Jahre alte, positive Tradition und einen Wertekanon anzuknüpfen." (CEO 22, Absatz 60)

Vor einem fürchtet sich die Wirtschaftselite beim Blick auf die Unternehmenshistorie aber in unvergleichlichem Maße: vor einem starren Traditionsdenken.

„Man bewegt sich immer in einem Spannungsfeld zwischen guten und schlechten Traditionen sowie eigenen richtigen und falschen Vorstellungen. Und Erfolg ist, glaube ich, wenn man die guten Traditionen übernimmt, die schlechten abschneidet und die richtigen eigenen Vorstellungen umsetzt und die falschen eigenen Vorstellungen auch bei Seite lässt." (CEO 12, Absatz 36)

„Wenn wir Tradition als Erinnerung und gelebte Geschichte und so weiter alleine sehen, dann kann das lähmend wirken. Auch ein gestandenes Familienunternehmen mit Tradition unterliegt ständigem Wechsel und muss ständigen Wechsel fördern und darf sich nicht mit ‚das haben wir immer schon so gemacht' bremsen. Deswegen zucke ich immer, wenn das Wort Tradition so hoch kommt." (CEO 3, Absatz 26)

Im Verantwortungsverständnis der Spitzenmanager sind die Werte der Unternehmenshistorie im heutigen Handlungskontext zu interpretieren. Keinesfalls dürfe daraus ein stumpfes „weiter so" werden. An dieser Stelle wird sehr deutlich, dass die Idee des Bewahrens nicht die gleiche Bedeutung wie die des Erschaffens und Veränderns für die Verantwortungsverständnisse entwickeln kann.

Konsequenzen für das Verantwortungsverständnis aus der Unternehmenskultur

Keiner der Vorstände hat das Unternehmen, an dessen Spitze er heute sitzt, selbst gegründet. Gut 78 % führen ein Unternehmen, das auf mehr als 50 Jahre Unternehmensgeschichte zurückblicken kann.[113] Das eigene Verantwortungsverständnis wird im Unternehmen dementsprechend mit einer Unternehmenskultur konfrontiert, die, geplant gestaltet oder zufällig entwickelt, Wertvorstellungen und Praktiken der Verantwortungsübernahme enthält. Die Spitzenmanager beschreiben die Unternehmenskultur vor allem aus zwei Perspektiven. Einerseits im Hinblick auf ihre Bedeutung für die Mitarbeiter des Unternehmens und andererseits im Hinblick auf die Passung mit der eigenen Verantwortungskonzeption.

Für die Mitarbeiter, so die Einschätzung der Vorstände, sei die Unternehmenskultur Anspruch und Zuspruch zugleich. Sie biete Orientierung und diene der Identifikation mit dem Unternehmen. Sicherheit, die aus der Unternehmenskultur entsteht, ist für Mitarbeiter vor allem dann von Bedeutung, wenn über formale Richtlinien keine Richtung zwingend vorgegeben ist. Die Unternehmenskultur ermöglicht überdies eine gewisse Unabhängigkeit von einzelnen Personen. Indem sie der Unternehmenskultur Bedeutung für die Handlungsorientierung der Mitarbeiter zusprechen, entlasten sich die Spitzenmanager teilweise selbst. Die

[113] Der Durchschnitt liegt bei 113 Jahren. Das älteste Unternehmen kann auf eine über 250jährige Geschichte zurückblicken, während das jüngste Unternehmen noch keine 15 Jahre alt ist.

Feststellung, Verantwortung sei schwierig bis gar nicht zu delegieren, wird dadurch nicht revidiert. Vielmehr weisen die Spitzenmanager auf die Bedeutung von Rahmenbedingungen – insbesondere in Form der Unternehmenskultur – als Leitplanken des Handelns hin.

„Wie funktioniert das? Ich glaube, es funktioniert ganz wesentlich dadurch, und speist sich daraus, dass es ein an der Unternehmenskultur – die ja nicht [..] von Einzelpersonen abhängig ist [..] – ausgerichtetes, konstantes Verantwortungsverständnis gibt." (CEO 14, Absatz 57)

„Sie können eine Kultur schaffen, die ein bestimmtes Verantwortungsbewusstsein erhält, aber sie können es nicht organisatorisch erzwingen. Das ist eine Kulturfrage, keine Organisationsfrage." (CEO 10, Absatz 20)

Gerade weil die Unternehmenskultur nicht einfach und schnell verändert werden kann, bietet sie einen verlässlichen Rahmen für verantwortliches Handeln. Sie ermöglicht es den Mitarbeitern, erwartbare Handlungen zu antizipieren und ihr Handeln darauf auszurichten. Diese Berechenbarkeit hatten die Spitzenmanager schon in anderen Zusammenhängen als äußerst wichtigen Teil ihres Selbstverständnisses bezeichnet. Gut die Hälfte der Befragten betont an dieser Stelle die Authentizität der eigenen Unternehmenskultur. Nur wenn die Kultur im Kern ihren unumstößlichen Charakter behielte, stifte sie Vertrauen und könne verantwortungsvolles Handeln ermöglichen.

„Der Mitarbeiter [...] zählt extrem [in diesem Unternehmen]. Das ist keine Plattitüde wie in vielen anderen Unternehmen, wo ich das auch schon kennengelernt habe: der Mitarbeiter ist unser wichtigstes Gut und mit der nächsten Restrukturierung war er auf einmal nur noch das fünftwichtigste Gut. Hier ist es tatsächlich so, dass man sagen muss, die Mitarbeiterbeziehung zählt enorm viel." (CEO 20, Absatz 56)

Eine dauerhafte und echte Verbindung ergebe sich nur dann, wenn Verantwortungskonzept und Unternehmenskultur zusammen passten. Änderungen im Sinne von Weiterentwicklungen seien dabei durchaus notwendig, allerdings nur dann erfolgreich, wenn verbalisierte Änderungen auf nachvollziehbare Handlungen träfen. In dieser Feststellung liegt die Erkenntnis, dass bei aller Gestaltungskompetenz, die sich die Spitzenmanager zuschreiben, die Unternehmenskultur nicht angeordnet oder eingeschaltet werden kann.

„Die Unternehmenskultur muss sich entwickeln und sie entwickelt sich auch mit den Führungskräften."(CEO 7, Absatz 66).

„Ich glaube, dass der Vorstand und insbesondere der Vorstandsvorsitzende insgesamt prägend für ein Unternehmen ist. Sicherlich hat ein Unternehmen eine gewachsene Unternehmenskultur, und man färbt natürlich ein bisschen auf diese Unternehmenskultur auch als Person ab. Im Großen und Ganzen ist

auch hier wieder die Einstellung entscheidend. Die Unternehmenskultur wandelt sich nur dann, wenn man im Unternehmen bereit ist, bestimmte Wege mitzugehen." (CEO 7, Absatz 16)

Dort, wo aber über viele Jahre Verantwortung nicht zum Kern der Unternehmenskultur gehört hat, beschreiben die Spitzenmanager ihre Schwierigkeiten mit der Entwicklung und Umsetzung eines veränderten Verantwortungsverstädnisses. Es ist jedoch notwendig, die Unternehmenskultur hinsichtlich der Verantwortungsübernahme zu prägen, um eigene Vorstellungen von Verantwortung unmittelbarer umsetzen zu können. Diese Herausforderung, die eigenen Mitarbeiter von einem neuen Verantwortungsverständnis zu überzeugen und eine dauerhafte Kultur hierfür zu implementieren, sei nicht zu unterschätzen. Teilweise sei es in einer solchen Situation schwieriger, die eigenen Mitarbeiter zu gewinnen, als beispielsweise die Aktionärsvertreter „mit ins Boot" zu bekommen (CEO 9, Absatz 40). Letzteres gilt insbesondere so lange, wie die Kosten überschaubar bleiben oder gar Kosten reduziert werden können. Eine Kultur der Verantwortung („von Grund auf neu" CEO 9, Absatz 40) aufzubauen, ist für gut 10 % der Vorstände eine wichtige Aufgabe und Teil ihres Selbstverständnisses. Ausgelöst wurde diese Aktivität durch negative Erfahrungen in der Vergangenheit, in deren Folge die Führungsmannschaft ausgetauscht wurde.

„Das bekommen sie nicht von heute auf morgen in den Griff. Ein wesentlicher Faktor ist, dass man dieses Thema am Leben hält, dass man immer wieder, wenn es Compliance Fälle gibt, darüber berichtet. Aber auch immer wieder nachfragt, sich mit den Leuten auseinandersetzt. Nur dann entsteht so eine Art Automatismus." (CEO 29, Absatz 74)

„Ohne jetzt kritisch zurückblicken zu wollen, aber bei meinem Vorgänger [...] gab es keine Unternehmenswerte oder so etwas. Diese Wertediskussion haben wir erst versucht anzufangen. Nur ist es ganz schwer, das im Unternehmen zu etablieren." (CEO 9, Absatz 44)

Was die Passung zwischen eigenem Verantwortungskonzept und in der Unternehmenskultur hinterlegten Merkmalen angeht, beschreiben die Vorstände ein einheitliches Bild. Wenn keine ausreichende Passung besteht, oder kein klarer Auftrag zur Entwicklung erteilt wurde, dann sei auf Dauer keine sinnvolle Zusammenarbeit möglich.

„Unser Unternehmen besteht aus sehr vielen Menschen, die sehr schon lange im Unternehmen sind. Da werden Verhaltensweisen und Umgangsformen gelebt und weitergeführt. Und ich glaube, dass das ganz wichtig ist. Mitarbeiter akzeptieren nur sehr ungern Brüche in der Art des Umgangs miteinander. Und ich glaube, ein Großteil der internen Zufriedenheit, das Betriebsklima und so weiter, wird dadurch erzeugt, dass man sich möglichst authentisch und konform verhält. Und insofern spielt das eine große Rolle." (CEO 1, Absatz 67)

Die Erkenntnis, dass die Unternehmenskultur für die Mitarbeiter von zentraler Bedeutung ist, macht sie auch für die Spitzenmanager zu einem wichtigen Element ihres eigenen Verantwortungsverständnisses. Ihre Verantwortung ist primär auf die Mitarbeiter gerichtet, entsprechend fühlen sie sich der Unternehmenskultur verpflichtet. Eine Passung zwischen ihren eigenen Werten und den Werten des Unternehmens ist unumgänglich, sollen schizophrene Zustände vermieden werden. Dass die Befragten in ihrer Funktion einen aktiven Einfluss auf die Unternehmenskultur nehmen können ist eine Feststellung die mit der jüngeren Vergangenheit verknüpft wird. Ihren Stellenvorgängern sprechen die Spitzenmanager diese Erkenntnis häufig noch nicht zu. Entsprechend vorsichtig sind die Befragten in der Bewertung der Nachhaltigkeit ihres Wirkens.

Im Gesamtvorstand geteilte Verantwortung

Nach deutschem Aktienrecht ist der Vorstand einer Aktiengesellschaft nur als Organ handlungsberechtigt. Das bringt, wenn die gesetzlichen Vorgaben in der Praxis Wirkung entfalten, erhebliche Konsequenzen für die Umsetzung von Überzeugungen – also auch für das eigene Verantwortungsverständnis – mit sich. Die potentielle Problematik, die im Aufeinanderprallen unterschiedlicher Verantwortungsverständnisse im Vorstandsgremium entstehen könnte, wird von den befragten Spitzenmanagern immer wieder aufgegriffen. Mehr als 50 % sprechen von einer notwendigen Übereinstimmung, zumindest in den grundlegenden Fragen. Sei ein ausreichendes Maß an Deckung im Verantwortungsverständnis nicht gegeben, führe das unweigerlich zu erheblichen Problemen. Ein CEO beschreibt beispielhaft, welche Konsequenzen dies für die Zusammensetzung des Gremiums haben kann.

> *„Seit ein neuer Vorstandsvorsitzender da ist, der insbesondere auf das Team großen Wert legt, haben wir zwei Vorstandskollegen verloren. Nicht weil sie irgendetwas ausgefressen hätten oder sonst etwas, sondern einfach weil dieser Teamspirit nicht rübergekommen ist. Weil man immer das Gefühl hatte, derjenige schießt einen von hinten an. Da muss ich sagen, war unser Vorstandsvorsitzender sehr konsequent. Wir haben uns dann klare Spielregeln gegeben und seitdem funktioniert es." (CEO 23, Absatz 18)*

Wie weit die Übereinstimmung tatsächlich geht, unterscheidet sich zwischen den Unternehmen erheblich. Die Vorstände berichten von kontroversen Diskussionen bis hin zu völliger Harmonie. Einigkeit besteht aber darüber, dass nach einer Diskussion letztendlich nur eine gemeinsame Position vertreten werden kann.

> *„Normalerweise ist es so, dass ein Thema von einem Kollegen und seinem Team hier reingebracht wird, aber dann findet schon eine Diskussion statt, die sehr offen ist." (CEO 17, Absatz 64)*

„Es gibt bei uns überhaupt keine kontroverse Diskussion dazu. Ich glaube, wir sind da extrem homogen. Wie gesagt, ich habe viele Führungszirkel kennengelernt, muss aber sagen, da herrscht bei uns hier eine extreme Homogenität, wie wir uns der Verantwortung stellen, was für uns auch Verantwortung bedeutet. Ich habe es noch nie erlebt, dass es einen Disput zu dem Thema gibt wie wir uns der Verantwortung stellen oder wie wir sie adressieren." (CEO 20, Absatz 26)

„Wenn die Tür zu ist [haben wir uns] gefetzt bis wirklich eine Entscheidung da ist, aber wenn wir vor die Tür getreten sind, waren wir einer Meinung. Da hat kein Blatt zwischen uns gepasst. Wirklich. Sonst hätten wir das nie geschafft. Darum glaube ich, dass ohne Einigkeit im Führungsgremium es nicht funktioniert." (CEO 23, Absatz 18)

Das Streben nach gemeinsam getragenen Lösungen, die zu einem möglichst großen Teil dem eigenen Verständnis entsprechen, ist kein reiner Selbstzweck. In schwierigen Situationen, in denen verantwortungsvolles Handeln „einen Preis hat", sichert die gemeinsame Position den eigenen Weg und Standpunkt ab.

„Ich habe das Glück, dass ich einen sehr hochwertig besetzten Vorstand habe. Alles Menschen, die sehr unterschiedlich, aber sehr stark von einem gemeinsamen ethischen Fundament getragen sind. Diskussion [zur Verantwortung] finden ständig statt. Man nähert sich so einer Entscheidung und prüft das. Man weiß gemeinsam, dass es schwierige Momente geben wird. Wir erleben das jetzt gerade mit unserer X-Sparte. Da versuchen wir uns auch gegenseitig immer wieder Zuspruch zu geben." (CEO 13, Absatz 10)

Das Vorstandsgremium wird von den Spitzenmanagern als zentraler Ort des Austausches und des Ringens um einen gemeinsamen Standpunkt beschrieben. Es ist allerdings interessant festzustellen, dass an keiner Stelle der Einfluss der anderen auf das eigene Verantwortungsverständnis beschrieben wird. In diesem hochkarätig besetzten Gremien treffen offenbar Menschen aufeinander, die um eine Lösung im Sinne des Unternehmens ringen. Von den Werthaltungen der Vorstandskollegen bleiben sie aber weitgehend unbeeindruckt. Ein solcher Abgleich kann einerseits auf der Basis hoher gegenseitiger Wertschätzung und ähnlicher Verantwortungsverständnisse stattfinden. In den Interviews finden sich bei gut der Hälfte der Spitzenmanager Argumente für eine solche Annahme. Gut ein Drittel der Spitzenmanager beschreibt aber explizit eine andere Grundlage. Für sie liegt der Kooperation die Erkenntnis zugrunde, dass es ohne eine Übereinkunft schlicht nicht geht.

Warum sich für die Vorstände aus der Diskussion mit den Vorstandskollegen keine tiefergreifenden Veränderungen des eigenen Verantwortungsverständnisses ergeben, ist aus den Daten dieser Studie leider nicht zu ermitteln. Gerade in Anbetracht der Schwierigkeit, auf der Hierarchieebene des Vorstandes eine Verantwortungsinstanz zu finden, böte sich ein Gremium aus Personen in der gleichen Position durchaus an. Die eigene Verantwortungskonzeption bewusst an der von Kollegen zu reiben, sich in ein gegenseitiges Verantwortungsverhältnis zu stellen, gegenseitig Rechenschaft zu fordern und abzulegen, all dies wäre möglich, wird aber lediglich von einem einzigen Vorstand angesprochen:

> *„Es hilft unheimlich, das mal auszusprechen, mal auf die Meta-Ebene zu gehen und zu sagen, dieses Dilemma haben wir, wie wollen wir damit umgehen. Wenn ich mich kritisch äußere zu deiner Strategie, ist das keine Kritik an dir als Person, aber mein Umgehen mit dieser Verantwortung. Ich schreibe es nicht in der Zeitung, ich gebe niemandem ein Interview drüber. Aber wenn deine Leute wieder raus sind und wir nur als Vorstand zusammensitzen sage ich dir schon, wo ich da meine Sorgen habe und ich erwarte, dass du meine Sorgen ernst nimmst [...]. Die Kultur haben wir im Vorstand manifestiert." (CEO 22, Absatz 18)*

In diesem und in einigen wenigen anderen Zitaten wird deutlich, dass es einer bewusst geschaffenen Kultur innerhalb des Vorstandsgremiums bedarf, um eine gemeinsame Fortentwicklung der Verantwortungsverständnisse zu ermöglichen. Die Notwendigkeit eines solchen Austausches wird von gut der Hälfte der Spitzenmanager bestätigt, aber nur ein Bruchteil kann von Erfahrungen dieser Art berichten.

Zur Bedeutung von Verantwortungskonzepten des Wettbewerbes

Überall dort, wo die Übernahme von Verantwortung mit Kosten verbunden ist, wird neben dem Blick auf die eigene Profitabilität auch ein Vergleich mit dem Wettbewerb unumgänglich. Insofern war nicht zu erwarten, dass mehr als 90 % der Spitzenmanager bei der Konzeption der eigenen Unternehmensverantwortung keine all zu großen Anleihen bei den Praktiken der Wettbewerber nehmen. Man schaue sich zwar ab und zu an, was die anderen machen, fühle sich davon aber weder unter Druck gesetzt, noch erachte man das als Benchmark. Diese Aussage deckt sich eng mit denen im persönlichen Kontext. Auch hier hatten die Spitzenmanager angegeben, sich nicht in wesentlicher Weise an den Verantwortungskonzepten der Vorstandskollegen zu orientieren – von aktiven Vorständen anderer Unternehmen war erst gar nicht die Rede.

> *„Ich bin kein Freund davon, zu sagen: ‚wenn alle anderen es machen, muss ich es auch machen'. Das finde ich nicht gut." (CEO 5, Absatz 38)*

In allem Zurückgeworfen-Sein äußern die Vorstände aber doch das eine oder andere Mal Interesse für die Aktivitäten der Mitbewerber im Markt. Die Beschreibung dieser Seitenblicke sind jedoch durchweg mit dem Hinweis versehen, dass man lediglich schaue, nicht abschaue.

„Wir müssen für uns, an diesem Standort mit den Gegebenheiten, definieren, wie wir ein attraktiver Arbeitgeber sein können, so dass die Leute sagen: ‚Hey, bei der Firma X möchte ich gerne arbeiten, da passt das'. Da schauen wir partiell mal hin was die Firma Y macht. Das ist dann aber eher im Sinne von: wir haben eine Idee, hat das schon einmal jemand umgesetzt? Wenn ja, dann müssen wir nicht alles selber erfinden." (CEO 29, Absatz 54)

Diejenigen 10 % der Vorstände, die in Bezug auf ihr Verantwortungsverständnis Anleihen bei den Wettbewerbern nehmen, interessieren sich aus verschiedenen Gründen für die Verantwortungskonzepte der Anderen. Einerseits gleichen sie ab, was andere tun, um sich bei Unterschieden nach dem Grund für die verschiedenen Ansätze zu fragen. Andererseits bieten die Konzepte der Anderen teilweise Anreize, sich der fremden Konzeption anzuschließen.

„Ich glaube schon, dass es so eine gewisse Anreizwirkung gibt. Wenn niemand was macht, dann fragt man sich auch: ‚Warum soll ich etwas machen?' Wenn dagegen einer oder mehrere etwas machen, dann fragt man sich vielleicht: ‚Warum soll man da nicht mitmachen?'" (CEO 16, Absatz 40)

Das Gegenteil von möglichen Anreizen sind bewusst gesteuerte Hemmnisse in den Wettbewerbsbeziehungen, die eine weitere Verantwortungsübernahme verhindern sollen. Insbesonderc Unternehmen, die als Marktführer agieren und international von großer Bedeutung sind, bekommen diese ganz anderen Signale von Wettbewerbern. Vor allem im Ausland ansässige kleinere Konkurrenten arbeiten in Verbänden häufig gegen neue und erweiterte Verantwortungsbezüge, von denen sie befürchten, dass sie in Regulatorien überführt und damit für alle verpflichtend werden.

„Es gibt immer wieder Firmen, die sagen, das tragen wir nicht mit, das geht uns zu weit, das können wir nicht einrichten, wir kriegen das nicht hin, das kostet uns viel zu viel Geld. Die sagen wir müssen die Fabrik dann schließen, wenn es um Umweltschutzstandards geht oder wenn es um Lohnstandards geht." (CEO 9, Absatz 36)

Verantwortung, wie sie die Spitzenmanager verstehen, bedarf stabiler Verhältnisse. Die Vorstellung, dass ihr eigenes Verantwortungsverständnis von den sich schnell verändernden Bezügen im Wettberwerbsumfeld abhängen soll, widerstrebt ihnen daher. Sie verbinden mit dem Blick auf den Wettbewerber das Haschen nach kurzzeitigen Vorteilen, die auf gesellschaftlichen Modetrends basieren. Diese Ausrichtung passt nicht zur Kontinuität, die Verantwortung für sie unmittelbar enthält.

Gesetzte als Mindeststandards für unternehmenseinheitliche Verantwortungskonzepte

Gesetzte, freiwillige Selbstverpflichtungen und Zertifikate gehören unweigerlich zum Unternehmensalltag, dem auch das Topmanagement sich nicht ohne Weiteres entziehen kann. Wesentlich uneindeutiger ist aber, warum sich Spitzenmanager an Kodizes gebunden fühlen oder warum es ihnen angemessen erscheint, gegen sie zu verstoßen. Niklas Luhmann arbeitet in seinen Überlegungen zur Legitimation durch Verfahren eindrücklich heraus, welcher Unterschied in der Akzeptanz von Entscheidungen für das Funktionieren einer modernen Gesellschaft wesentlich ist (Luhmann, 1978:27ff). Die Akzeptanz müsse, aufgrund der hohen Komplexität und Offenheit moderner Gesellschaften, auf generelle Verfahren und nicht auf einzelne Entscheidungen gerichtet sein.[114] Das wirft die Frage auf, zu welchem Anteil Gesetze und Kodizes, die einer erweiterten Verantwortungsübernahme dienen sollen, bereits eine auf das Verfahren gerichtete Akzeptanz bei den Spitzenmanagern gefunden haben. Im Falle einer hohen Akzeptanz der Verfahren würde das bedeuten, dass als unangemessen empfundene Einzelurteile – juristisch wie medial – nicht die grundsätzliche Richtigkeit des Verfahrens in Frage stellen würden. Am Grundsatz der Pressefreiheit macht ein Vorstand die Relevanz dieser Interpretation beispielhaft deutlich:

> *„Ich komme auf das zurück, was ich vorhin sagte: ich führe für mich bildhaft die Vorstellung mit mir, wie es wäre, wenn ich morgen damit in der Zeitung stehe. Das ist ein Regulativ. Deswegen ist es auch gut, dass wir Pressefreiheit haben." (CEO 13, Absatz 20)*

Für die Wirtschaftselite steht fest, dass nur durch einen breiten Konsens hinsichtlich der unumgänglichen Akzeptanz von Rechtsurteilen und der damit verbundenen Verhaltensänderung erfolgreiches Wirtschaften möglich wird.

> *„Die legalen Anforderungen muss ein Unternehmen erfüllen, ohne wenn und aber." (CEO 18, Absatz 70)*

> *„Legalität, das sind gewisse Mindestnormen. Da brauchen Sie nicht drüber zu diskutieren. Das ist auch die Verantwortung von jedem Einzelnen, das ernst zu nehmen. Somit wird Deutschland auch berechenbar." (CEO 25, Absatz 74)*

Im Hinblick auf Verstöße gegen gesetzliche Vorschriften zeigen die CEOs absolut einhellig eine null-Toleranz-Haltung. Wer gegen den gesetzlichen Rahmen

---

[114] Luhmann weist darauf hin, dass eine grundsätzliche Zustimmung zum Verfahren der Rechtsprechung für komplexe soziale Gefüge eine notwendige Ablösung von Einzelurteilen vormoderner Gesellschaften darstelle. Nur durch diese grundsätzliche Zustimmung sei ein ausreichendes Maß an Spezialisierung und Individualisierung, bei gleichzeitiger Erhaltung wesentlicher struktureller Sicherheiten, möglich (Luhmann, 1978:31f).

verstößt, der hat mit drastischen Konsequenzen zu rechnen. In den Äußerungen wird immer wieder deutlich, dass dies nicht immer so war und teilweise im Unternehmen erst noch eine entsprechende Kultur etabliert werden muss. Eine solche Kultur auch weiterhin zu pflegen, ist für die Topmanager in dieser Studie ein absolutes Muss.

> *„Wir haben bei aller sozialen Orientierung eine ganz strikte Politik. Jeder Mitarbeiter unterschreibt persönlich [eine Erklärung] über das Legalitätsprinzip. Das wird in einem Dokument festgehalten. Das heißt, verstoßen sie gegen Legalitätsprinzipien, dann haben sie einen [klaren] Verstoß begangen. Da gibt es auch kein Tabu. Und in der Regel trennt man sich von diesen Mitarbeitern mit allen Konsequenzen. Das weiß auch jeder. Es gibt hier keinerlei Kompromisshaltung im Sinne von: ‚ja weil sie es sind und weil sie sich immer bewährt haben...‘. Verstöße gegen derartige Themen werden ganz strikt gehandhabt.“ (CEO 24, Absatz 24)*

> *„Wir sind da sehr massiv unterwegs. Das ist nach außen auch erkennbar durch die Einrichtung des Vorstandsressorts Integrität und Compliance.“ (CEO 26, Absatz 18)*

> *„Da bin ich auch wirklich konsequent! Bei mir sind die Werkstätten angesiedelt, das heißt, wir arbeiten mit Altöl. Das ist ein Problem. Natürlich ist es so, dass man so ein Leck irgendwo gar nicht bemerkt, zumindest zunächst einmal. Aber irgendwann ist es da. Und auch da gilt: gesetzliche Regelungen in dem Bereich sind dazu da, dass unsere Kinder und Kindeskinder eine Welt haben, auf der es sich leben lässt.“ (CEO 23, Absatz 20)*

Allerdings nimmt gut ein Drittel der Spitzenmanager eine Entwicklung in der Gesetzgebungspraxis der jüngeren Vergangenheit wahr, die von ihnen als bedenklich eingestuft wird. Die deutsche Legislative neige dazu, sich in der Gesetzgebung an prominenten Einzeltätern zu orientieren und damit alle zu gängeln.

> *„Der Normalfall muss das sein, was ich kodifiziere und Missbrauch muss ich bestrafen. Hart und sichtbar bestrafen. Ich darf aber nicht Regeln am Missbrauch orientieren, weil ich dann den Großteil des Geschäftslebens am Missbrauchsfall ausrichte. Das würde ich für verfehlt halten.“ (CEO 12, Absatz 18)*

> *„Es kommt sehr viel über die Presse und häufig über irgendwelche Einzelfälle, die dann hochgekocht werden. Damit meine ich, dass die sich dann gesetzlich wieder so auswirken, dass man als Manager wieder stark eingeengt wird.“ (CEO 9, Absatz 31)*

Einzelne Vorstände nennen weitere „deutsche Eigenheiten“ in der Gesetzgebung, die einer uneingeschränkten Akzeptanz des Verfahrens bedürfen, um befolgt zu werden.

„Manchmal ist das ganz kommod, weil du mit den Freiheitsgraden gar nichts anfangen kannst. Manchmal ist es auch unkommod, weil du sagst: ‚ich verstehe dieses Gesetz nicht, ich glaube auch nicht, dass es sinnvoll ist, aber in drei Teufels Namen, wir machen das jetzt nur wegen des Gesetzes'." (CEO 22, Absatz 32)

Gesetze sind für die deutschen Spitzenmanager selbst dann die Basis allen verantwortungsvollen Handelns, wenn sie unzufrieden mit deren Ausgestaltung sind. Es entspricht ihrem Verantwortungsverständnis diese Haltung auch gegenüber ihren Mitarbeitern klar zu kommunizieren und damit für eine unmissverständliche Kultur zu sorgen. Die Grundsicherung im Rahmen gesetzlich fixierter Pflichten, so könnte man zusammenfassen, ist unumstößlicher Teil des Verantwortungsverständnisses der deutschen Wirtschaftselite.

Verantwortungskonzeptionen in Form von Kodizes

Die Legalität ihrer Handlungen sichern die Vorstände durch eine enge und unumstößliche Bindung an die gesetzliche Grundordnung. Die Lücke zwischen dem, was Legitimitätsansprüche sind und dem, was sich aus Gesetzen ableitet, empfindet dennoch knapp die Hälfte der Wirtschaftselite als Herausforderung. Keiner der Vorstände weist eine Verantwortungsübernahme jenseits gesetzlicher Verpflichtungen grundsätzlich zurück, sodass ein Raum für die entsprechenden Legitimationsleistungen durch Kodizes entsteht. Die Spitzenmanager sind in ihren Einschätzungen aber sehr kritisch, ob die Kodizes eine solche Wirkung entwickeln können. Auch an dieser Stelle setzen sie vielmehr auf ihre Mitarbeiter und ihre eigene Vorbildfunktion. Zum grundsätzlichen Zusammenhang zwischen Legalität und Legitmität bemerkt ein Vorstand:

„Wir haben letztenendes Werte, denen wir uns verpflichtet fühlen, die wir auch Leben, die auch bei uns auf der Homepage stehen. Wenn wir von Legitimität sprechen, ist die wahrscheinlich am allerstärksten in diesen Werten verkörpert, weil diese Werte nicht das Thema der Legalität alleine ansprechen, sondern allgemeine Grundsätze definieren, nach denen wir unser Handeln ausrichten. [...] Aber, wie gesagt, Legitimität fußt natürlich auch in der Legalität." (CEO 15, Absatz 20)

Nichtsdestotrotz finden Unternehmensleitlinien wie der Corporate Governance Kodex immer wieder Erwähnung durch die Vorstände. Im Gegensatz zu gesetzlichen Regelungen sei bei derartigen Kodizes allerdings zu hinterfragen, wer lediglich deren Einhaltung proklamiere und wer sich tatsächlich binde. Die Gefahr eines Versatzes zwischen Broschüre und Realität sei aufgrund der hohen Dokumentationsneigung besonders stark gegeben. So werde der Anschein erweckt, dass bereits durch die Dokumentation die Verantwortung übernommen sei. Dem widerpsrechen die befragten Spitzenmanager zu 67 % sehr deutlich. Für zwei Drittel der Vorstände gehört das Füllen dieser Leitlinien zum Kern ihres Verantwortungsverständnisses.

„Da ist beispielsweise der Aspekt, dass man ein ‚good corporate citizen' ist, der sich Standards und Prinzipien gibt. Das wird heute, und das ist vielleicht auch die entscheidende Aussage, fast als Selbstverständlichkeit vorausgesetzt." (CEO 2, Absatz 53)

„Wenn man die Gesetze einhält, kann man sich nicht wohl oder besonders gut fühlen. Aber [zur Gesetzestreue] kommen noch Dinge, wie Corporate Governance oder Unternehmensleitlinien hinzu. Die Frage ist aber: Bewege ich mich auch in diesen Leitlinien? Sind das nur Worthülsen und Prospektmaterial oder lebt das Unternehmen auch die Leitlinien die es sich gibt? Das ist ganz entscheidend. Das Gesetzliche ist das eine, das ist ein Muss, Corporate Governance Kodex heute auch! Aber dann [bleibt die Frage], lebe ich die Leitlinien, die ich mir gebe?" (CEO 18, Absatz 70)

Für die deutschen Spitzenmanager stellen die Inhalte der Kodizes, bis auf wenige Ausnahmen, absolute Selbstverständlichkeiten dar, die eigentlich keiner schriftlichen Fixierung bedürfen sollten. Man ist sich aber einig, dass diesem „Sollten" in der Realität vielfach dokumentierte Verstöße gegenüberstehen. Auch wenn die Kodizes als Gegenmaßnahme grundsätzlich Anerkennung finden, weist die Wirtschaftselite immer wieder auf die Beschränktheit dieses Mittels hin.

„Was dort drinsteht sind eigentlich so selbstverständliche Punkte, da fühlt man sich zu 99% gar nicht behindert. Das lebt man sowieso. Da habe ich an der Ecke überhaupt kein Problem damit." (CEO 29, Absatz 22)

„Der gesamte Corporate Governance Kodex ist voll von Verhaltensweisen, die man von einem Prudent Management ohnehin verlangt. Da hat man etwas kodifiziert oder zu Papier gebracht, womit man sich, sofern man das noch nicht getan hat, nochmal den Spiegel vorhalten kann." (CEO 2, Absatz 53)

„Ich gebe ihnen erstmal einen hohen Stellenwert. Ob es ein adäquates und geeignetes Mittel ist? Ja, in gewissen Grenzen schon. Es ist, wie ich bereits gesagt habe, ein gewisses Gerüst, an dem man sich festhalten kann. Aber es sind ja eigentlich alles Werte, die im normalen Menschen eigentlich angelegt sind. Das sind keine Dinge, die neu erfunden wurden. Ein normaler Mensch handelt in der Regel nach diesen Regeln; verantwortungsbewusst." (CEO 8, Absatz 26)

Dass die Inhalte der Kodizes teilweise „an der Realität" vorbeigehen, und damit den Falschen das Leben erschweren, ist eine weit verbreitete Feststellung unter den Spitzenmanagern. Gleichzeitig wird aber auch deutlich, dass die Kritik an den inzwischen fest etablierten und öffentlich gefeierten Kodizes kaum offen ausgesprochen wird. Ähnlich wie auf der politischen Bühne fühlen sich die meisten Vorstände überdies nicht dazu berufen, zur Weiterentwicklung aktiv beizutragen. Nur einzelne berichten davon, wie sie ihr Verantwortungsverständnis in Verbänden und Gremien zur Entwicklung von Kodizes einbringen.

„Kritisch würde ich wahrnehmen, dass wir häufig versuchen, durch Regelungen vorsätzlichen oder fahrlässigen Missbrauch von Verantwortung zu sanktionieren. Dabei wissen wir alle, dass Regeln nie für den Fall des Missbrauchs gemacht werden, sondern sie sollen das Normalverhalten leiten und sind damit selbstverständlich anfällig für Missbrauch." (CEO 12, Absatz 18)

„Unser Vorstandsvorsitzender wollte mal richtig eine Kampagne [zur Weiterentwicklung] machen. Er wurde da aber von der PR-Abteilung zurückgehalten, weil jeder ein bisschen Angst vor den Rückwirkungen auf das Geschäft hatte. Ich glaube nicht, dass man mit solchen Regelungen die schwarzen Schafe eliminieren kann." (CEO 23, Absatz 23)

Viel wichtiger als die Debatte über inhaltliche Details der Regelungen sei aber, was bei den Mitarbeitern davon ankomme und wie man ihnen die Verbindlichkeit vorlebe. Nur wenn bei den Mitarbeitern in Herz und Verstand angekommen sei, dass man die Leitlinien lebe, würde man als Führungskraft seiner Aufgabe gerecht. Schlupflöcher, darauf weisen mehr als 80 % der Vorstände hin, seien sowohl in den Gesetzestexten als auch den Kodizes ausreichend vorhanden und die Umgehung der Regelungen sei meist einfach. Letztendlich liege es an den Menschen, die das System füllen, nicht an den Strukturen, in denen sie sich bewegten.

„Compliance ist eigentlich etwas, was in den Köpfen und Herzen passiert, und nicht etwas, was in Regelungen auf dem Papier passiert." (CEO 21, Absatz 60)

„Sie können ja im Prinzip die besten Regularien haben, sie müssen aber auch eben die Menschen dazu haben, die das einsetzen, durchsetzen, überprüfen, und das ist die eigentliche Aufgabe, diese Verantwortung permanent nachzuhalten." (CEO 6, Absatz 12)

„Die Frage ist für mich auch immer: Compliance muss ja auch gelebt werden. Da muss auch ein gewisses Vertrauen da sein. Ganz klar auch mit Proben und mit Checks [...], dass wir diese Compliance Regeln natürlich prüfen. Aber letztendlich müssen wir hier doch den Menschen vertrauen. Sie natürlich drauf vorbereiten und ausbilden, so dass sie nach diesen Compliance Regeln auch leben." (CEO 30, Absatz 43)

„Wir haben eine Struktur dazu, wir haben ein Regelwerk dazu, und wir machen uns auf den Weg, die Regeln überflüssig zu machen im Sinne einer werteorientierten Verhaltensweise. So kommunizieren wir es, so erklären wir es unseren Mitarbeitern. Durchaus so ein bisschen mit dem Zuckerbrot-und-Peitsche-Anspruch: je mehr wir euch vertrauen können, dass ihr es ja

wertegetrieben und sowieso richtig macht, umso weniger müssen wir euch mit Regularien quälen." (CEO 22, Absatz 14)

In der Zusammenschau entsteht ein ambivalentes Bild, wie es die Spitzenmanager hinsichtlich kodifizierter Leitlinien beschreiben. Einerseits entsprechen kodifizierte Verhaltensregeln ganz und gar nicht den Verantwortungskonzeptionen der Spitzenmanager. Es ist eine deutliche Abneigung gegen jede Form starrer Richtlinien – zumal wenn diese extern definiert werden – zu erkennen. Es widerstrebt der Mehrheit deutlich, dass Verantwortung nicht mit persönlichen Werten, sondern mit einem Zwangssystem verbunden sein soll. Dies gilt insbesondere, weil man die Zwangsleistung als beschränkt einschätzt. Andererseits sehen die Vorstände es als ihre Verantwortung an, alle Mittel zur Sicherung der verantwortlichen Betriebsführung einzusetzen. Und diese schließen eben auch Kodizes ein.

Mit der Zeit kommt die Verantwortung

In der Diskussion um die Verantwortung der Wirtschaft nehmen Veröffentlichungen zum Thema *Nachhaltigkeit* eine Sonderrolle ein. Einerseits wird Verantwortung in Nachhaltigkeitsdebatten unentwegt eingefordert und dabei auch das Commitment des Top Managements angemahnt (IÖW, 2007:59). Andererseits bleibt es bei der Beschreibung von eher *technischen* Lösungen, die unabhängig von persönlichen Werthaltungen und Selbstverständnissen diskutiert werden (vgl. Arbeitskreis Nachhaltige Unternehmensführung der Schmalenbach-Gesellschaft für Betriebswirtschaft e.V, 2012:50). Dementsprechend ist es nur konsequent, dass „das stärkste Motiv, Umweltschutz und Nachhaltigkeit in die Unternehmensstrategie zu integrieren", die Hoffnung auf Wettbewerbs- und Innovationsvorteile ist (Schulz und Kirstein, 2006:82).[115] Wenn damit die Sonderrolle der Nachhaltigkeit eine eher geringe Bedeutung für ein umfassendes Verantwortungsverständnis nahelegt, so bringt sie dennoch einen ganz wesentlichen Faktor ist Spiel: die Zeit. In den Nachhaltigkeitsdebatten wird offensichtlich, dass die Verlängerung des Betrachtungshorizontes zu einer ganz entscheidenden Determinante der Bewertung wird (vgl. CSR Europe, 2003:17). Erst durch die Setzung eines angemessenen Zeithorizontes werde es möglich, darüber zu entscheiden, was zu verantworten sei und was nicht (Schulz und Kirstein, 2006:86).

Für knapp die Hälfte der Vorstände ist der Faktor Zeit von ganz wesentlicher Bedeutung dafür, ob es gelingt, der eigenen Verantwortung gerecht zu werden. Verantwortung kann nur dann adäquat bewertet werden, wenn der Zeithorizont, vor dem eine solche Bewertung stattfindet, ausreichend groß ist. Für die Wirt-

[115] Ein Beispiel für ein wesentlich umfassenderes Nachhaltigkeitsverständnis, das dem Gesamtkonzept Verantwortung sehr nahe kommt, findet sich selten. Dass es dennoch möglich ist, Nachhaltigkeit so umfassend zu verstehen, zeigt das Beispiel der Hilti AG (2008).

schaftselite ist gerade dieser Zeithorizont vielfach zu kurz. Diese Feststellung bestätigen die Spitzenmanager sowohl für den individuellen Handlungskontext als auch für den Entscheidungshorizont des gesamten Unternehmens. Die Vorstände schildern eine enge Beziehung zwischen einem Verzicht auf kurzfristige Vorteilsnahme und langfristiger Verantwortungsübernahme. Die Spitzenmanager werten es als Zeichen unserer Zeit, dass durch unterschwellige Erwartungen tendenziell Anreize für Kalküle kurzer Fristen gesendet werden. Jeder Einzelne müsse sich demgemäß einen Abgleichsmechanismus zwischen den kurzfristigen Verführungen und den langfristigen Zielen schaffen.

> *„Das eigentliche Problem ist, dass man Menschen dazu verleitet, in sehr kurzer Zeit sehr viel erreichen zu wollen und dass das letztendlich auf Kosten von Glaubwürdigkeit und auf Kosten der Inhalte geht, was auf lange Sicht immer negativ ist." (CEO 28, Absatz 16)*

> *„Verantwortung ist immer auch ein Thema [...] der Langfristigkeit. Man muss sich jeden Morgen im Spiegel noch rasieren können und nicht wegen eines kleinen Vorteils hier oder einer kleinen persönlichen Angelegenheit dort irgendwas machen, was einen dann später doch wieder böse einholen wird. Und das gilt nicht nur für die Geschäftsführung, das gilt für den gesamten Laden." (CEO 3, Absatz 50)*

Verantwortung und Nachhaltigkeit stehen in der Wahrnehmung der Wirtschaftselite in einem Widerstreit mit der gesellschaftlichen Realität der Schnelllebigkeit. Die Diagnosen für den Unternehmenskontext gehen parallel zu den Feststellungen auf der persönlichen Ebene. Vor dem Hintergrund der Unternehmensgeschichte wird deutlich, welche Zyklen das eigene Unternehmen bisher überdauert hat und in welcher Relation dazu heutige strategische Entscheidungen stehen. Die Spitzenmanager wissen offensichtlich um die auf sie übertragene, auch geschichtliche, Verantwortung. Dass ein enger Zusammenhang zwischen Stärke und Bedeutung der Unternehmenskultur – hier wiederum insbesondere in Bezugnahme auf den Unternehmensgründer – und einem auf die Unternehmenshistorie bezogenen Verantwortungsverständnis besteht, verwundert wenig.

> *„Für mich ist vielmehr die Zeitkomponente entscheidend und ich glaube, da ticken wir leider zunehmend kurzfristiger. Wenn wir dann überlegen, dass das Unternehmen seit 120 Jahren besteht, ist das, glaube ich, die falsche Richtung. Es gibt gewisse Dinge, die müssen wir halt auch mal drei, vier, fünf Jahre laufen lassen und dann beurteilen." (CEO 17, Absatz 84)*

Bisher war im Verantwortungsverständnis kein Unterschied zwischen Spitzenmanagern von „Familienunternehmen"[116] und Vorständen von börsennotierten

[116] Die Klassifizierung als Familienunternehmen erfolgt nicht nach festgelegten Kriterien, sondern wird aus der Beschreibung der Spitzenmanager übernommen. Vielfach befindet sich nur noch ein

Aktiengesellschaften festzustellen. Im Hinblick auf den Zeithorizont von Entscheidungen und die damit möglichen Verantwortungskonzeptionen wird aber deutlich, dass der Kapitalmarkt die kurze Frist begünstigt, während in Familienunternehmen eher auch längere Fristen Würdigung finden.

„Für uns ist klar, dass wir, wenn wir uns fragen was für unsere Zukunft wichtig ist und wie wir das umsetzen wollen, längerfristige Investitionen unumgänglich sind. Wir sind natürlich bereit auch Investitionen zu tätigen, die sich nicht in zwei Jahren amortisieren, von denen wir aber wissen, also dass diese für eine nachhaltige Zukunft notwendig sind." (CEO 24, Absatz 28)

„Hier [im Unternehmen] werden Entscheidungen sehr langfristig getroffen. Nachhaltigkeit spielt eine entscheidende Rolle bei der wir nicht von Börsenkursen getrieben werden. Das ist nicht das absolute Streben nach Gewinnmaximierung, sondern eher nach Langfristigkeit. Das ist uns sehr wichtig." (CEO 25, Absatz 62)

Die Schizophrenie, die der Kapitalmarkt, meist vertreten durch Analysten, erzeugt, wird in folgendem Statement eines Technikvorstandes zu hohen Investitionskosten für Basisinnovationen deutlich:

„Für die Zukunft ist es richtig, aber jetzt ist es schlecht fürs Quartal. Ja, was sollen wir machen, sollen wir dann nur an jetzt denken?" (CEO 30, Absatz 35)

In den Konsequenzen sind sich die Vorstände über alle Unternehmensformen hinweg aber einig: es kann nur der Verantwortung übernehmen, der bereit ist, auch über längere Horizonte zu planen und zu agieren. Der Vorstand eines DAX-Konzerns beschreibt das wie folgt:

„Wir betreiben so etwas, was wir Öko-Effizienz-Analyse nennen. Das heißt, wenn wir bestimmte Produkte oder Systeme vorschlagen, dann betrachten wir dabei, welche ökonomischen und ökologischen und gelegentlich auch sozialen Effekte das hat. Das kann natürlich schon Performance [kosten], auf der rein finanzwirtschaftlichen Seite. Einfach indem man auf Dinge setzt, die langfristig nachhaltig sind und das macht. " (CEO 10, Absatz 62)

Dass eine solche Haltung schwierig beizubehalten ist, ein hohes Maß an innerem Wollen braucht, wird immer wieder von den Spitzenmanagern betont. Vorstände in börsennotierten Unternehmen mit einem hohen Anteil an Streubesitz können keine Unterstützung von der Marktseite erwarten, sehen sich vielmehr mit häu-

---

geringer Teil des Unternehmens in Familienhand und die Unternehmensführung wird seit Jahren von angestellten Managern bestritten. Das vereinigende Merkmal ist aber, dass alle Familienunternehmen, auch wenn nennenswerte Anteile an der Börse gehandelt werden, sich, auf welche Art auch immer, ein hohes Maß an (gefühlter) Unabhängigkeit erhalten haben.

figen Anfragen und Zweifeln an der Richtigkeit ihrer Langfristorientierung konfrontiert.

> *„Vieles war Schall und Rauch im Nachhinein. Es wurde Druck auf den Einzelnen ausgeübt: ‚Wieso könnt ihr das nicht tun, was andere tun können?'. Da bei der Linie zu bleiben, ist extrem schwierig." (CEO 13, Absatz 30)*

Auf Rückfrage bezeichnen alle Vorstände das Ideal nachhaltigen Handelns als umschreibende Klammer ihres gesamten Verantwortungsverständnisses. So unterschiedlich sie den Begriff auch inhaltlich füllen, ihn um soziale und ökologische Aspekte erweitern, die Sicherung des Unternehmensfortbestandes verbindet alle Beschreibungen. Niemand sieht sich demgemäß als Verwalter auf Zeit, der die Abwicklung des Geschäftsbetriebes als mögliches Szenario in Betracht zieht.

4.5 Diagnosen der Wirtschaftselite zur Entwicklung der Verantwortung

Die explizite Betrachtung wirtschaftlicher Verantwortung in einem erweiterten Kontext ist, wie dies bereits zu Beginn dieser Arbeit dargestellt wurde, noch eine relativ junge Disziplin. Für die Wirtschaftselite enthält die Beschäftigung mit der eigenen Verantwortung als Spitzenkraft ein hohes Maß an Kontinuitäten, aber auch einzelne, als bedeutsam bewertete, Diskontinuitäten. Die große Mehrheit der Vorstände beschreibt einerseits einen grundsätzlichen Wandel, den sie aber andererseits nicht als ein Verhältnis aus *besser* und *schlechter* verstanden wissen will. Entschlüsseln lässt sich diese Interpretation in der Erkenntnis, dass die Vorstände eine Unterscheidung in der Bewertung der Entwicklung vornehmen. Sie beschreiben eine hohe Kontinuität im Bezug auf traditionelle Werte, wie sie diese bereits in ihrer Jugend erfahren haben. Da diese Werte in der heutigen Diskussion erneut Verwendung finden, kann von einem Wandel in dieser Hinsicht keine Rede sein. Lediglich durch die medienwirksamen Verfehlungen der letzten Jahrzehnte würde in der Öffentlichkeit der Anschein eines Wandels erweckt. Letztendlich handele es sich aber um die gleichen Werte, die schon seit Generationen bedeutsam wären. Die Wirtschaftselite wehrt sich in dieser Darstellung auch gegen den Eindruck, dass erst durch den Einfluss Anderer das Thema Verantwortung für sie bedeutsam geworden sei.

> *„Ich bin nicht der Meinung, dass das im Verlauf der Jahre objektiv bedeutungsvoller geworden ist. Es ist vielleicht mehr en vogue geworden, weil an der ein oder anderen Stelle plötzlich Auswüchse zu erkennen waren, die dann plötzlich eine Rückbesinnung auf diese Binsenweisheit [hervorrufen]." (CEO 21, Absatz 70)*

Die Diskontinuität beschreiben die Spitzenmanager in den Konsequenzen, die sich aus den Werthaltungen ergeben. Es ist heute unumgänglich, die eigene Werthaltung in Entscheidungen zu reflektieren und mit dem zu vergleichen, was seitens der Gesellschaft gefordert wird. Ob der Abgleich auch zu einer Angleichung führt, und ob er überhaupt die gesellschaftlichen Vorstellungen erfasst, ist hiervon zunächst unabhängig. Auch wenn immer wieder die erweiterte Verantwortung auch inhaltlich beschrieben wird, der eigentliche Wandel liegt in der Vorstellung, Werthaltungen bedenken und vergleichen zu *müssen.*

> *„Früher war mit Sicherheit der wirtschaftliche Aspekt ein ganz großer und der soziale Aspekt war etwas im Hintergrund. Heute muss man bei solchen Entscheidungen immer wieder die sozialen Aspekte, auch die Soft Facts, die man nicht wirtschaftlich bewerten und quantifizieren kann, mit ins Kalkül einbezieht. Oder um es konkret zu sagen: bei einer Desinvestitionsentscheidung muss man sich auch immer wieder fragen, ob das, was man sozusagen einspart, es rechtfertigt, einen bestimmten Teil des sozialen Friedens aufzugeben." (CEO 1, Absatz 32)*

> *„Wirtschaftliche Aspekte sind heute nur noch ein Teilbereich. Sie müssen weitaus breiter denken. [...] Soziale Gesichtspunkte, umweltökonomische Gesichtspunkte usw." (CEO 25, Absatz 28)*

Für diese Form des Wandels finden die Spitzenmanager viele Beispiele, sowohl im eigenen Unternehmen als auch bei der Konkurrenz.

> *„Dieses Buch ist auch von diesem Unternehmen mit verteilt worden. Ich habe das damals noch als Student bekommen. Das hat eine riesen Empörung ausgelöst, weil es eine gewisse Arroganz ausdrückte. Der Tenor war: alle Leute die sich kritisch zu uns [und unserer Arbeitsweise] äußern, haben eben keine Ahnung. Diese Attitüde werden sie heute nicht mehr finden." (CEO 10, Absatz 34)*

> *„Das waren auch Lernkurven auf dem Weg zur Globalisierung. Ich weiß nicht, ob das Unternehmen X heute noch das Stichwort ‚bedingte Loyalität' in den Mund nehmen würde." (CEO 2, Absatz 27)*

Viele Indikatoren, die in anderen Untersuchungen als Zeichen für einen Wandel des Verantwortungsverständnisses der Wirtschaft aufgeführt werden, wollen die Spitzenmanager so nicht interpretiert wissen. Die Nachricht ist deutlich: Verantwortung wurde schon früher auf vielfältige Art und Weise in Unternehmen übernommen, ist nicht erst seit kurzem Teil des eigenen Selbstverständnisses. Geändert hätten sich aber teilweise die Überschriften und Zusammenfassungen sowie die Form der Verbalisierung.

> *„Wenn es ein gesellschaftliches Thema gibt, dann zwingt es uns letztendlich dazu, zu systematisieren. Dann gibt es unter der Überschrift [diese Themas]*

auf einmal Dinge, die neu sind, [...] aber auch vieles, was im Haus schon da ist, was sich auf einmal unter die Überschrift subsummiert. Das muss vielleicht nicht zwingend sein, lässt sich so aber gut zusammenfassen und dann auch kommunizieren." (CEO 12, Absatz 52)

„Die Begrifflichkeit des Corporate Citizen, die das manchmal umschreibt, die damit auch quasi eine Kollektivverantwortung des Unternehmens als juristische Person ausdrückt, die gibt es. Ob sie heute größer ist als vor 10 oder 15 Jahren, traue ich mich nicht einzuschätzen. Wird sie heute stärker eingefordert als vor Jahr und Tag? Da trau ich mir ein starkes ‚Ja' zu." (CEO 22, Absatz 19)

Nur bei zwei Themen herrscht Einigkeit darüber, dass auch inhaltlich ein deutlicher Wandel stattgefunden habe. Der schonende Umgang mit der Umwelt habe noch nie so im Fokus gestanden und „nützliche Ausgaben" hätten noch nie eine solch klare Absage erhalten. Beides würde sich in absehbarer Zukunft auch nicht mehr ändern.

„Vor zwanzig Jahren bedeutete Comliance, dass [eine Vorteilsannahme] noch legal und damit legitim, teilweise sogar steuerlich absetzbar war. Ganz sicher war sie damals im Koordinatenkreuz eines Kavaliersdeliktes. Das hat sich sehr nachhaltig verändert. Der vermeintlich lasche Umgang mit diesen Themen wird nach meinem Dafürhalten nicht wiederkommen." (CEO 6, Absatz 14)

„Wenn Sie an umweltgerechte Industrie denken, Reduzierung von Schadstoffausstoß, dann war das in den 60er Jahren fast kein Thema. In den 80er Jahren ist das dann ein ganz exorbitantes Thema gewesen. Und heute, nochmal 20 Jahre weiter, können wir sehen, dass das, was die großen Industriestandorte an Emissionen emittieren, verschwindend gering gegenüber dem ist, was in den 60er Jahren emittiert wurde. Also insoweit hat sich gesellschaftlich etwas entwickelt, was die Unternehmen dann auch mitgemacht haben. Da kann man nicht sagen: ‚das war schon immer da und das kommt jetzt nur hoch'." (CEO 12, Absatz 52)

Das Verantwortungsverständnis der deutschen Spitzenmanager enthält ganz eindeutig Züge eines Wandels. Gleichzeitig verzichten die Vorstände ganz bewusst auf die profilbildende Wirkung, die in einer Betonung des Wandels läge. Sie nutzen das Abgrenzungspotential zu vorangegangenen Managergenerationen nur sehr behutsam, um die eigene Position zu beschreiben. Diese Vorsicht ist nicht in einem falsch verstandenen Respekt für den Stellenvorgänger begründet, sondern bezieht sich einerseits auf die eigene biographische Prägung und andererseits auf die Unternehmenshistorie. In ihrem Bezug zur Gesellschaft erkennen die Spitzenmanager hingegen einen deutlichen Wandel.

4.6 Die besondere Verantwortung der Elite

Die Entwicklung der Verantwortung, wie sie von den Spitzenmanagern verschiedentlich beschrieben wird, steht immer wieder in einem engen Bezug zu ihrer herausgehobenen Position. Gleichzeitig herrscht bei den befragten Vorständen durchaus Uneinigkeit darüber, ob sie überhaupt zur Wirtschaftselite gezählt werden können. Dieses spannungsvolle Verhältnis zwischen dem Wunsch nach Verbundenheit mit Mitarbeitern und Gesellschaft, und andererseits der durch die Gesellschaft formulierten Anforderung an eine besondere Verantwortungsübernahme (Heuberger et al., 2009:20f), wird in den Äußerungen zum Elitenbegriff sichtbar.[117] Der Vorstandsvorsitzende eines DAX Unternehmens bemerkt hierzu beinahe symptomatisch:

> *„Bin ich Teil der Wirtschaftselite? Nein, ich glaube nicht. Ich übe hier eine ganz normale Tätigkeit aus und habe ein Aufgabenfeld das ich versuche zu bearbeiten. Ich sehe mich überhaupt nicht als [herausgehoben]. Ich bin sowohl Teil der Gesellschaft als auch Beschäftigter des Unternehmens. Insofern bin ich nichts Abgehobenes und bin genauso betroffen von Entscheidungen wie ich Entscheidungen treffe. Also diesen Gegensatz, den habe ich überhaupt nicht verinnerlicht. Den brauche ich auch nicht, um meine Position zu begründen." (CEO 1, Absatz 34)*

Der Elitebegriff ist verbunden mit der Vorstellung einer Trennung, eines zerrissenen Bandes. Die Trennlinie verläuft sowohl zwischen Gesellschaft und Unternehmen wie auch zwischen Mitarbeitern und Führungsetage. Beide Trennlinien möchten die Spitzenmanager nicht mit sich selbst in Verbindung bringen. Mit deutlichem Abstand beschreiben sie ein Elitenbild wie sie es in der Öffentlichkeit wahrnehmen und bedienen sich hierbei der vielfach medial aufbereiteten Bilder von Ackermann, Zumwinkel und anderen. Gleichzeitig ist ein Bedauern über die momentane Situation zu spüren.

> *„Ich halte es für ein großes Problem [...], wenn [die Eliten aus] Wirtschaft und Politik sich beschimpft und sich damit gegenseitig zersetzen. Die Elite im positiven Sinn will die Verantwortung übernehmen. Das finde ich ein gutes Elitenverständnis." (CEO 13, Absatz 36)*

[117] Die Diskussion einer besonderen Verantwortung der Eliten ist nicht grundsätzlich neu. Peter Drucker (1974:367ff) stellt beispielsweise fest, dass in der Diskussion um Verantwortung zu schnell ein unangemessen hohes Maß an die Wirtschaftselite angelegt würde. Die Spannung in der sich die Elite bewegt beschreibt er letztendlich so: „In this tension between the private functioning of the manager, the necessary autonomy of his institution and its accountability to its own mission and purpose, and the public character of the manager, lies the specific ethical problem of the society of organizations." (1974:375)

„Es muss Menschen in unserer Gesellschaft geben, die Werte haben, die Werte vertreten. Wenn Sie das nicht mehr haben, dann können Sie den Sack zumachen. Aber man muss das vorleben. Das führt vielfach zu Identitätsproblemen wie sie heute viele Menschen haben. Die sehen, dass es da oben irgendwelche Persönlichkeiten gibt, in der Wirtschaft, in der Kirche, in der Politik, in Parteien usw., die diese Werte nicht mehr vorleben." (CEO 25, Absatz 82)

Aus diesen Statements deutlich, dass die deutsche Wirtschaftselite neben der Analyse des momentanen Zustands durchaus eine lebendige Vorstellung einer wünschenswerte Elitendefinition pflegt. In gesellschaftlichen Debatten wird immer wieder die enge Verbindung zwischen den Begriffen Elite und Verantwortung aufgegriffen, für die Spitzenmanager ist diese Verknüpfung aber offensichtlich nicht zwingend. In ihren Beschreibungen eines wünschenswerten Elitenbildes werden hingegen deutliche Bezüge zu einer besonderen Verantwortung deutlich.

Elitenbilder der deutschen Spitzenmanager		
▪ **Prägend**	**43 %**	
Lebensweltliche Werte	90 %	
Ökonomische Ideale	10 %	
▪ **Dienend**	**17 %**	
▪ **Priumus inter Pares**	**13 %**	
▪ **Keine Assoziation**	**27 %**	n = 30

Abb 17: Vorstellungen, die mit einem positiven Elitenbegriff verknüpft sind

Danach gefragt, was für sie denn ein positives Elitenbild wäre, antworten 17 % der Spitzenmanager, eine *dienende Haltung*. Auch hierin taucht die bereits verschiedentlich genannte Idee des Verbunden-Seins auf. Man möchte seinen Teil dazu beitragen, dass eine Gemeinschaft – zu der man sich selbst hinzurechnet – vorankommt. Die eigenen Kräfte werden in den Dienst einer Sache gestellt und gleichzeitig wird auf die Beschränktheit der Möglichkeiten hingewiesen. Sich selbst in den Dienst zu stellen und dies auch als solches auszudrücken, wird gemeinhin nicht unbedingt mit der ersten Etage der Unternehmen verbunden, doch scheinen sich, im Schatten all der Skandale und marktschreierischen Präsentationen, 17 % der Spitzenmanager diesem Ideal verantwortlich zu fühlen.

Die weit größere Gruppe (43 %) versteht ihren Auftrag als Elite allerdings etwas anders. Sie möchte prägend wirken und dadurch einen positiven Einfluss entwickeln. Es ist den Spitzenmanagern dabei durchaus bewusst, dass ein besonders hoher Maßstab an sie angelegt wird. Die Motive, einen prägenden Einfluss nehmen zu wollen, sind vielfältig. Gemein ist ihnen, dass sie nicht auf den eigenen Machtausbau gerichtet sind sondern einer Verantwortung für die Gesellschaft entspringen. Alle Vorstände betonen, dass sie ihren Einfluss für das Unternehmen, für die Mitarbeiter oder für das Bild der Wirtschaft geltend machen möchten. Nur wenige leiten ihre Überzeugung direkt aus an sie gerichtete Erwartungen ab. Die Mehrheit betont schlicht die Notwendigkeit des Engagements. Der Begriff der Notwendigkeit enthält dabei zwei Facetten: einerseits die Erhaltung einer lebenswerten Gesellschaft und andererseits die Sicherung der Leistungsfähigkeit des Unternehmens. Beides führt in den meisten Fällen zu einer Verantwortung, für vermeintlich wichtige (und richtige) Positionen Stellung zu beziehen und diese anderen nahe zu bringen.

> *„Man will natürlich auch versuchen in die Gesellschaft hinein zu wirken. Nicht allein, sondern mit mehreren, am besten mit vielen, aus der gemeinsamen Überzeugung, dass das, was man da vertritt, das Richtige und Wichtige für die Gesellschaft ist. Auf dass sie es wägt und nach Möglichkeit natürlich auch annimmt." (CEO 15, Absatz 26)*

> *„Ich sehe da durchaus eine Vorbildfunktion. Das kann ich jetzt nicht global auf die ganze Gesellschaft ausdehnen, aber wir beschäftigen 15.000 Mitarbeiter, die sehen ja auch, dass wir bestimmte Dinge nicht machen. Darüber haben sie einen Multiplikator in die Gesellschaft hinein über den ich eine Vorbildrolle wahrnehmen kann. Eine Vorbildrolle in dem Sinne, dass man sieht: die erzählen das nicht nur, das ist nicht nur im Wertesystem verankert, sondern die machen das dann auch." (CEO 29, Absatz 34)*

Auf die Inhalte hin befragt, benennen die Spitzenmanager zwar vereinzelt auch Themen aus dem direkten ökonomischen Bereich wie Innovationsbereitschaft, Flexibilität und Strategietreue, mit weniger als 10% der Nennungen sind diese Inhalte aber eher von geringer Bedeutung. Der bei weitem überwiegende Bereich betrifft Wertvorstellungen. Mehr als 90% der Inhalte sind auf die Vorbildfunktion im Sinne einer Werteorientierung gerichtet.

> *„Insofern glaube ich, sind diese Werthaltungen, die ich als Vorstandsvorsitzender da von mir gebe, sehr wichtig. Die strahlen nach innen und nach außen. Das ist etwas, was man eben auch lernt, wenn man hier der erste Mann des Unternehmens ist, dass man beobachtet wird, dass Äußerungen, die man macht, prägend sind für das Haus. [...] Am Ende spielt die Glaubwürdigkeit, die man ausstrahlen muss, eine große Rolle." (CEO 2, Absatz 15)*

In den Äußerungen wird deutlich, dass die Vorstände ein vorsichtig wägendes Spiel betreiben. Einerseits wissen sie um die Bedeutung und Möglichkeiten, die mit ihrer Position verbunden sind, andererseits möchten sie nicht mit einem „Sendungsbewusstsein" in Verbindung gebracht werden. Die deutsche Form des Prägens ist nach wie vor eine behutsame Interpretation des Begriffs. Gleichzeitig wird deutlich, dass die Spitzenmanager es als Teil ihrer Verantwortung sehen, die ihnen zur Verfügung stehende Macht auch „abseits der ganzen Zahlenrechnerei"

(CEO 7, Absatz 62) einzusetzen. Wenn 43 % der deutschen Topmanager äußern, dass sie prägend wirken möchten, bedeutet dies gleichzeitig, dass mehr als die Hälfe eine primär andere Agenda für sich hat. Nichtsdestotrotz kann die Größe der Gruppe als Hinweis auf einen, für deutsche Verhältnisse, selbstbewussten Umgang mit dem eigenen Elitenstatus gewertet werden. Der Begriff Elite eckt nach wie vor an, die Inhalte finden hingegen in zunehmendem Maße Zuspruch.

Als Primus inter Pares verstehen sich hingegen 13 % der Befragten deutschen Spitzenmanager. Verbundenheit heißt für sie, unabhängig von der eigenen hierarchischen Position sich als „Gleichwertiger" zu einer Gruppe zu zählen. Die Herausgehobenheit, die durch die Positionsbeschreibung entsteht, wird als privilegienfrei verstanden. Verbundenheit entsteht für diese Spitzenführungskräfte durch eine Ansprache auf Augenhöhe. Man möchte nicht von *oben herab* agieren und damit vermitteln, die Bezüge zur *wirklichen Welt* verloren zu haben (vgl. CEO 17, Absatz 92). Dieses Verbundenheitsverständnis basiert auf einer Verantwortungskonzeption, die keine hierarchische Ferne zu den Mitarbeitern zulässt. Hierarchische Ferne und Privilegien werden als Relikte eines Verantwortungsverständnisses von vor 20 Jahren bezeichnet (vgl. CEO 20, Absatz 62).

Die übrigen 27 % der Gesprächspartner verbinden mit dem Begriff der Elite keine Vorstellung darüber, wie diese einen Einfluss auf ihre Verbundenheit mit der Gesellschaft oder den Mitarbeitern entwickelt. Auch im Hinblick auf ihr eigenes Verantwortungsverständnis bleibt der Elitenbegriff für diese Gruppe ohne nennenswerte Bedeutung.

4.7 Der Blick auf die Gesellschaft

Um die Leistungsfähigkeit der Gesamtgesellschaft zu steigern, finden aller Orten Funktionsspezialisierungen statt, werden Aufgaben an Spezialisten delegiert. Gleichzeitig macht es diese Entwicklung notwendig, sich unter den Teilsystemen zu verständigen. Die Spitzenmanager reflektieren in ihren Darstellungen die verschiedenen Akteure der Zivilgesellschaft und bewerten deren Teilleistungen auch, aber nicht nur, im Hinblick auf die Bedeutung für ihr eigenes Handeln. Beachtenswert ist in den Schilderungen die Homogenität der Analysen, so dass ein klar umrissenes Bild entsteht, das auch Rückschlüsse über offensichtliche Auslassungen – Akteure genauso wie Themen – zulässt. Der Blick aus der Gesellschaft auf die Wirtschaftselite ist wenig optimistisch. Mehr als 80 % der deutschen Bevölkerung erwartet nichts weniger als „echte Ratlosigkeit" im Hinblick auf Themen der sozialen Verantwortungsübernahme durch Unternehmen (Lunau und Wettstein, 2004:17).

Die Rolle der Medien

Das von den Spitzenmanagern am häufigsten genannte Teilsystem der Gesellschaft sind die Medien. Die Medien stehen für die Wirtschaftselite für zweierlei: einerseits für unerschrockene Offenheit und Transparenz, die es dem Einzelnen nahe legen, sich der Gefahren bewusst zu werden, die in der Veröffentlichung seiner Handlungen liegen. Auf der anderen Seite stehen die Medien aber auch für grobe Vereinfachungen und übermäßige Selektivität, bis hin zu einer Skandalisierung. Knapp 80 % der Spitzenmanager halten die Medien für einen der zentralen Akteure im Zusammenspiel zwischen Zivilgesellschaft und Wirtschaft.[118] Das Misstrauen überwiegt das Zutrauen deutlich, wobei die grunsätzliche Notwendigkeit eines investigativen Journalismus nie in Frage gestellt wird. Allerdings würden die Medien dieser Verantwortung immer seltener gerecht werden. Der Wunsch der Spitzenmanager, von der Gesellschaft verstanden zu werden, Anerkennung für die eigene Arbeit und Leistung zu bekommen – und das öffentlich sichtbar, wird durch die Medien torpediert. Immerhin 50 % der Befragten halten diese Entwicklung für gefährlich. Die Verständigung zwischen Wirtschaft und Gesellschaft wird dadurch wesentlich erschwert.

> *„Das Problem ist, dass die Frage der Verantwortung heute bei den Medien unter zwei verschiedenen Gesichtspunkten diskutiert wird. Man sieht das schön an der Diskussion um WikiLeaks. Es wird auf der einen Seite propagiert, Verantwortung nehmen wir dadurch wahr, dass wir alles veröffentlichen, was wir irgendwie haben. Dagegen ist auch zunächst mal nichts zu sagen. Medien haben aus meiner Sicht aber auch die Verantwortung, in einen Kontext zu stellen. Die Tatsache, dass irgendwo ein Unfall passiert ist, ist etwas, was man durchaus veröffentlichen kann. Es muss aber dann auch gesagt werden, in welchem Kontext das steht und welche Signifikanz das ganze hat." (CEO 10, Absatz 30)*

Diese verfehlte Chance der Verständigung hat aber über die persönliche Perspektive der Spitzenmanager hinaus Konsequenzen für das Miteinander im Unternehmen. Für die Mitarbeiter entsteht eine schizophrene Situation, in der sie die negativen Schlagzeilen in den Medien mit den eigenen positiven Erfahrungen am Arbeitsplatz verbinden müssen.

> *„Im öffentlichen Bewusstsein entsteht da sicherlich ein Gap zwischen den [medial] beschriebenen Missentwicklung in ‚der Wirtschaft' und andererseits*

---

[118] Weit weniger Macht misst die deutsche Bevölkerung den Medien in diesem Zusammenhang zu. Gerade einmal 40 % der Deutschen nehmen eine verstärkte Beachtung von Verantwortungsthemen seitens der Medien war (Lunau und Wettstein, 2004:17).

dem eigenen Erleben und den Aussagen, dass sie sich in ‚ihrem dem Unternehmen' wohl und gut aufgehoben fühlen." (CEO 29, Absatz 42)

Als Korrektiv taugen die Medien der Wirtschaftselite dabei nur in sehr beschränktem Maße. Der Wertekanon der Medien sei so wechselhaft und unstet, dass sich daraus keine Konsequenzen für das eigene Verantwortungsverständnis ableiten ließen.

„Ich komme auf das zurück, was ich vorhin sagte: Ich führe für mich bildhaft [den Gedanken] mit, wie ich morgen [mit meiner Handlung] in der Zeitung dastünde. Das ist ein Regulativ. [...] Es schafft Öffentlichkeit. Es schafft natürlich auch die Notwendigkeit, noch einmal präzise darüber nachzudenken, was man denn tut." (CEO 13, Absatz 26)

„Die Presse haben wir umso stärker kennengelernt, wie es [für uns] tiefer runter gegangen ist. Und wenn es jetzt wieder hoch geht, werden wir wieder hochgelobt." (CEO 11, Absatz 49)

„Wenn ich so überlege, nein. Ich meine, die Medienaufmerksamkeit muss man natürlich mit berücksichtigen und auch in sein eigenes Tun und Wirken einfügen, aber dass die besonders kritische Berichterstattung in den Medien dazu beigetragen hat, dass wir Social Responsibility entdeckt haben, wage ich zutiefst zu bezweifeln." (CEO 9, Absatz 64)

Nur auf eines nehmen die Medien in großem Maße Einfluss: die Häufigkeit und die Menge der Kommunikation steigt. Kein Vorstand kann es sich heute mehr erlauben, seine Entscheidungen und Beweggründe nicht publik zu machen. Das, was hier publik gemacht wird, unterscheidet sich in den Augen der Spitzenmanager gerade nicht von dem, was man ohnehin getan hätte.

„Ich glaube nicht, dass sich die Verhaltensweisen so maßgeblich geändert haben. Ich glaube, es ist wirklich mehr das Kommunikationsverhalten das sich geändert hat. Man weiß heute, dass es wichtig ist [zu kommunizieren], und man damit eben auch an die Öffentlichkeit geht. Man kommuniziert Dinge, die man vielleicht früher gar nie nach außen getragen hätte." (CEO 8, Absatz 66)

Verantwortung als Ergebnis einer öffentlichen Diskussion, zu deren Mediation die Medien einen entscheidenden Beitrag leisten, gehört nicht zum innersten Kern der Verantwortungsverständnisse. Die deutschen Spitzenmanager sprechen auch hier nicht für ein inszeniertes oder strategisch aufgesetztes Verantwortungsverständnis. Die Notwendigkeit mehr von dem preiszugeben, was handlungsleitend ist, wird aber anerkannt und pflichtbewusst erfüllt.

Die Rolle der Politik

Neben den Medien erhält nur noch die Politik das Prädikat „bedeutsam für die Gesellschaft" von der Wirtschaftselite. Mit gut 35 % der Nennungen ist aber ein deutlicher Abstand zu den Medien zu verzeichnen. Was die Bewertung der Leistungen der Politik angeht, fällt das Urteil überwiegend kritisch aus. Gleichzeitig möchten die Spitzenmanager aber das Fingerzeigen nicht weiter fortführen. Anstelle pauschaler Kritik werden von mehr als der Hälfte konkrete Einzelmaßnahme angegangen. Hauptthema ist dabei die Frauenquote. Sie sei ein Beispiel dafür, wie gefährlich es ist, wenn die Politik sich Ziele stecke, die sehr tief in die Autonomie und Funktionen der Wirtschaft eingriffen. Gleichzeitig betonen die Vorstände immer wieder ihre enormen Anstrengungen der letzten Jahre auf diesem Gebiet.[119] Auch hier wird deutlich, dass die Anerkennung der eigenen Leistungen ausbleibt und damit eine gemeinsame Position schwierig zu gestalten ist. Dass man sich eigentlich eine gute Zusammenarbeit wünscht, und dafür beide Seiten gefordert sind, wird von gut einem Drittel der Vorstände hervorgehoben.

> *„Ich glaube, da ist einfach die Diskrepanz zwischen der Wirtschaft auf der einen Seite und der Politik und Öffentlichkeit auf der anderen Seite gravierend groß. Von der politischen Seite wird immer wieder der Fehler gemacht, dass man versucht, einzelne Wirtschaftsunternehmen zu verteufeln und als Buhmann darzustellen. Das gleiche wird dann wiederum umgekehrt auch von der Industrie gemacht, indem sie sagt: ‚die Regierung hat aber eine gravierende Fehlentscheidung getroffen'. Ich glaube, dass da ein engerer Schulterschluss notwendig ist. Darin liegt die große Herausforderung." (CEO 20, Absatz 42)*

> *„Und da haben wir die verdammte Verantwortung, dass man einen Dialog führt, der nicht anbiedernd oder sonstwas ist, sondern der Sachverhalte so darstellt, dass sie auch jeder nachvollziehen kann. Auch der Lehrer für Biologie im Stadtparlament XY. Dass dieses ‚die da hinten, und wir hier' aufhört." (CEO 3, Absatz 28)*

Nur zwei Vorstände beschreiben bereits ein harmonisches Bild. Sie haben in der Wirtschaftskrise, die auch eine schwere Unternehmenskrise war, gemeinsam mit der Politik für das Unternehmen und den Standort Verantwortung übernommen. Die Mehrzahl grenzt ihr eigenes Verantwortungsverhältnis aber stark von dem der Politik ab. Beständigkeit und Verlässlichkeit reklamieren die Vorstände für sich, Wesenszüge welche die Politik – teilweise auch erzwungen durch Wahlen – vermissen lassen würden.

---

[119] McKinsey attestiert den größten deutschen Unternehmen die höchsten Anstrengungen in der ganzen EU, deren Ergebnisse sich aber erst langsam zeigten. So stieg Prozentsatz von Frauen im Spitzenmanagement im Jahr 2011 um 16 % (Devillard et al., 2012:20).

„Ein Politiker muss das sagen, ob das jetzt seine Überzeugung ist oder nicht [...]. Das ist eine andere Geschichte, wenn dort ein Vorstandsvorsitzender steht. Dem misst man einfach zu, dass das, was er sagt, viel mehr verantwortlich ist als das, was einer als Berufspolitiker [von sich gibt]." (CEO 4, Absatz 42)

Die Idee, ein Engagement auf der politischen Bühne zu übernehmen, ist offensichtlich abwegig. Dennoch erkennt die Wirtschaftselite ihren Teil der Pflicht zum Ausgleich zwischen Politik und Wirtschaft an. Eine Konfrontation wird in jedem Fall als schädlich bewertet, die Formulierung der Wahl lautet: die Politik muss *verstehen*, nicht überzeugt oder gar gezwungen werden.

Die Grundproblematik des Gegeneinanders

Medien und Politik wurden als die beiden zentralen Vertreter der Gesellschaft herausgegriffen, bilden aber letztendlich nur einen Teil der gesamtgesellschaftlichen Gemengelage ab. Interessanterweise widmen die Spitzenmanager keiner weiteren Partikulargruppe ihre Aufmerksamkeit, sondern wenden sich direkt dem abstrakten Konstrukt *Gesellschaft* zu. Den Diagnosen geht zunächst ein deutliches Bekenntnis voraus: wir sind Teil dieser Gesellschaft, dementsprechend sind wir auch Teil der Konfrontation. Besonders deutlich wird dies im Statement eins Vorstandsvorsitzenden:

„Wir sind Bestandteil der Gesellschaft, wir leben in der Gesellschaft, wir leben mit der Gesellschaft, wir leben zum Teil von der Gesellschaft. Wir werden uns nicht dauerhaft gegen gesellschaftliche Trends stellen können, zumal in einer Demokratie. Wir müssen uns überlegen, wie sich unser primärer Unternehmenszweck hier einbinden lässt und wie wir da unseren Marktglauben behalten oder weiter ausbauen können." (CEO 1, Absatz 39)

Viele der trennenden Facetten und Konfrontationen wurden bereits an anderer Stelle beschrieben und sollen daher nicht weiter ausgearbeitet werden. In den Beschreibungen der öffentlichen Konfrontation wird aber eine essentielle Grundannahme im Verantwortungsverständnis der Spitzenmanager deutlich: Die Konfrontation entsteht, so die Überzeugung der Vorstände, weil die Anderen uns nicht verstehen. Würden sie uns verstehen, müssten sie auch zu den gleichen Schlüssen gelangen; zumindest müssten sie aber mit den gleichen Argumenten für eine andere Position kämpfen. Aus dieser Grundüberzeugung lassen sich die Facetten der Verantwortungskonzeptionen zwar nicht vollständig erklären, dennoch werden gewisse Akzentsetzungen nachvollziehbar. Die Spitzenmanager beschreiben interessanterweise die gleichen Zusammenhänge zwischen Verstehen und vertretener Position für andere gesellschaftliche Akteure. Die jeweiligen Interessenvertreter seien nur an Argumenten interessiert, welche die eigene Position stützen, und wären dann verwundert, dass andere ihre Position nicht nachvollziehen könnten.

> *„Es gibt schon einen Dialog. Aber alle beteiligten Parteien sind so festgeflockt, da kann man nur noch ganz wenig dran ändern. Die sind in ihrer Meinung geprägt und suchen im Prinzip nur Argumente oder Bestätigungen für ihre eigenen Überzeugungen." (CEO 9, Absatz 58)*

Die Mehrheit der Spitzenmanager richtet ihre Bewertung der Konfrontation zwischen Wirtschaft und Gesellschaft auf die unterschiedlichen Standpunkte, die innerhalb der Gesellschaft vertreten werden. Nur eine kleine Gruppe lässt in ihren Äußerungen durchblicken, dass sie die zunehmende Inkompatibilität der Austauschsemantiken als Kernproblem erkannt hat. Sowohl der wiederkehrende Wunsch des *Verstanden-Werdens* und des *Verstehens* wird vor diesem Hintergrund verständlich. Gleichzeitig wird deutlich, wie schwer es für die verschiedenen Parteien ist, diese Verständigung herzustellen. Dort, wo dann Unterschiede in der Bewertung sichtbar werden, erzeugen diese Frustration, zumindest aber Unverständnis.

> *„Wenn heute Sportwagen verkauft werden, wovon jeder weiß dass 40% Marketingkosten sind, dann hat keiner damit ein Problem. Eine Dienstleistung soll aber heute in der Marge und der Gewinnerzielung komplett transparent gemacht werden. Wir sind heute am Markt mit Autobauern in Konkurrenz. Der eine muss [seine Marge] transparent machen, der andere nicht. Hier müssen wir auch sehr stark aufpassen, wie viel Regulierung dem Markt tatsächlich gut tut und wie viel nicht." (CEO 27, Absatz 38)*

Von einem Wiederaufflammen alter Klassenkämpfe wollen die Spitzenmanager aber nichts wissen. Die Argumente der Arbeitnehmervertreter und auch Gewerkschaften werden, zumindest wenn sie das eigene Unternehmen betreffen, als größtenteils konstruktiv und angemessen beschrieben. Die Schwierigkeiten der Verständigung, samt damit einhergehender Konfrontationen, beginnen erst in einem Handlungsrahmen, der über die eigenen Unternehmensbezüge hinausgeht.

> *„Mit der Mitbestimmung, ob nun paritätisch oder nicht, ist doch dieser alte Konflikt weitgehend aufgebraucht worden." (CEO 1, Absatz 38)*

Auch im Hinblick auf die Vereinigung verschiedener Parteien auf ein gemeinsames Ziel sprechen die Spitzenmanager von notwendigen Veränderungen. Einmal mehr sind ihre Ambitionen zur Überwindung der Gegensätze eher zurückhaltend abgesteckt. Nur einzelne Spitzenmanager beschreiben die Überzeugung, dass es im Kern ihrer Verantwortung liege, gestaltend und prägend an der Überwindung der Differenzen mitzuwirken oder gar die Führung zu übernehmen. Der Blick auf die Gesellschaft bleibt teilnehmend. Das Verantwortungsverständnis der Spitzenmanager ist das eines guten Bürgers, nicht das eines planenden Gestalters.

5 Idealtypische Verantwortungsverständnisse der Wirtschaftselite

In den vorangegangenen Darstellungen wurde immer wieder deutlich, dass das Verantwortungsverständnis der Wirtschaftselite sowohl von Polaritäten als auch von Homogenität gekennzeichnet ist. Im Hinblick auf einzelne Facetten ist es dementsprechend möglich, von *dem Verantwortungsverständnis* zu sprechen, während dies in anderen Bereichen nur unter Inkaufnahme erheblicher Vereinfachungen möglich ist. Im Folgenden sollen daher Idealtypen gebildet werden, die gerade in den Bereichen weiteres Verständnis schaffen, in denen bisher keine gemeinsame Linie erkennbar war. Mit den Idealtypen verbindet sich die Hoffnung, Gemeinsamkeiten und Grundorientierungen zu identifizieren, anhand derer dann wiederum eine bessere Verständigung über Verantwortung möglich wird.

In dem Versuch, soziales Handeln zu deuten und zu verstehen,[120] bedient sich die verstehende Soziologie in der Tradition Max Webers dreier Zugänge: (1) der deutenden Erfassung des im Einzelfall real gemeinten, (2) der deutenden Erfassung des durchschnittlich und annäherungsweise gemeinten oder (3) der deutenden Erfassung des für den Idealtypus einer häufigen Erscheinung wissenschaftlich zu konstruierenden (»idealtypischen«) Sinnes oder Sinnzusammenhangs (Weber, 1956:§6). Der Konstruktion des Idealtypus schreibt Weber in dieser Aufzählung überragende Bedeutung zu. Nur vom reinen Typus aus lasse sich die soziologische Kasuistik aufbauen (Weber, 1956:§11). „Das soziologische Verstehensinstrument des Idealtypus ist daher niemals der Endpunkt empirischer Erkenntnis, sondern nur Mittel zum Zweck der Erkenntnis der unter individuellen Gesichtspunkten bedeutsamen Zusammenhänge. Es ist ein heuristisches Hilfsmittel zur Erfassung gesellschaftlicher bzw. historischer Phänomene." (Bunz, 2005:40f) Idealtypen werden dementsprechend im Hinblick auf bestimmte Teilaspekte der geschichtlichen und soziokulturellen Wirklichkeit durch eine einseitige Steigerung und Überhöhung einzelner oder weniger Merkmale gebildet. Sie wollen weder empirisch beobachtbarer Realtyp noch wünschenswerter Solltyp sein. Die im Folgenden entwickelten Idealtypen erfüllen ihren Zweck also dann in besonders gutem Maße, wenn sie trennscharf und eindeutig formuliert sind. Erst nachdem der Idealtyp klar beschrieben wurde, kann er helfen, empirische Realität zu verstehen. Die Abweichung zwischen unwirklicher Konstruktion, in Form des Idealtyps, und empirischer Realität ermöglicht Deutung und Verstehen. Dieses Verstehen geschieht durch die Annäherung der empirischen Fälle an die Idealtypen.

---

[120] Zum Begriff des Verstehens als Kategorie der Soziologie vergleiche die wegweisenden Ausführungen von Max Weber (1956:§1,5).

Ausgangspunkt der Typologie ist die Überzeugung, dass es neben der Bedeutung der Handlung, mit der Verantwortung übernommen wird, eine unterscheidbare Gesinnung gibt, die dem Verantwortungsverständnis zugrunde liegt. Der Verantwortungshandlung geht, so die Überlegung, in der Entscheidungsfindung eine Reflexion voraus, die auf die Gesinnung des Handelnden zurückgreift (Kleinfeld, 1998:246). Seit Max Weber ist Handeln jene Form des menschlichen Verhaltens, das „als äußeres oder innerliches Tun, Unterlassen oder Dulden mit einem subjektiven Sinn des Handelnden (Akteur)“ (Hillmann, 2007:326) auf das Verhalten anderer bezogen ist und sich daran orientiert (Abels, 2009a:128). Dass Ordnung Sinn vermittelt, ist wiederum der Grund, warum Akteure sich an letzterer orientieren (Buß, 2008:142). Aus dem Gemeinsamen innerhalb der Ordnung entsteht ein wechselseitiges Verstehen, an das Menschen ihre Bedürfnisse und Erwartungen anpassen. Um diese Erwartungen in der Beschreibung zu bündeln, bildet die Soziologie Typen und sucht nach universellen Regel des Geschehens (Bohnsack, 1999:183). Für diese Arbeit bringen die Idealtypen zweierlei Erkenntnisse. Einerseits wird deutlich, inwieweit die Verantwortungsverständnisse zwischen den Spitzenmanagern auf die idealtypischen Dimensionen hin homogen sind. Andererseits können aus der Zuordnung erste Schlüsse auf Konsequenzen aus den verschiedenen Verantwortungsverständnissen gezogen werden. Vor allem mit der zweiten Erkenntnis verbindet sich die Hoffnung, dass die Ergebnisse auch für die Wirtschaftselite selbst Handlungsrelevanz entwickeln und damit eine Weiterentwicklung der Verantwortungsverständnisse befördern.

5.1 Entwicklung idealtypischer Verantwortungsverständnisse unter Zuhilfenahme der struktur-funktionalen Theorie Talcott Parsons

Die Probleme der Ordnung, Integration und des Gleichgewichts haben in den Arbeiten Talcott Parsons immer eine große Rolle gespielt (Devereux, 1961:33). In seinen 1953 veröffentlichen Workingpapers der *Theory of Action* entwickelt Talcott Parsons zusammen mit Robert Bales und Edward Shils eine Grundstruktur von vier Problemstellungen in Systemen (Münch, 2004:69). Dieses von Parsons als AGIL-Schema eingeführte Vier-Funktionen-Paradigma gibt Einblick in die Herausforderungen, mit denen sich ein System konfrontiert sieht, und aus deren Bewältigung es sich seine Existenz in der Umwelt sichert (Münch, 2004:72). Als Ahnherr der struktur-funktionalen Theorie bedient sich Parsons bei der Entwicklung des AGIL-Schemas dreier zentraler Begriffe – *System, Struktur und Funktion* – die im Folgenden, in aller notwendigen Kürze, eingeführt werden sollen.[121]

[121] Für eine ausführliche Darstellung der struktur-funktionalen Theorie sei auf Münch (2004:72ff) ver-

Unter dem *System* versteht Parsons einen „Zusammenhang von sozialen Tatsachen, Ereignissen und Prozessen, die wechselseitig aufeinander wirken" (Abels, 2009a:129). Ein System unterscheidet sich von seiner Umwelt durch ein höheres Maß an Integration und Geschlossenheit der ihm eigenen Beziehungs- und Abhängigkeitsstrukturen (Parsons, 1976:167). System und Umwelt – letztere wiederum zu begreifen als eine Vielzahl weiterer, in sich mehr oder minder geschlossener Systeme – befinden sich stets in einem Austauschverhältnis (Parsons, 1976:275ff). Die Beziehungen zwischen verschiedenen Systemen, also die Beziehung zwischen einem System und seiner Umwelt, folgt einer gewissen Ordnung. Gleichzeitig sind die Beziehungen innerhalb eines geschlossenen Systems von einem gewissen Maß an Beständigkeit und Regelmäßigkeit gekennzeichnet. Im Ergebnis unterscheidet die struktur-funktionale Theorie zwischen personalem, sozialem und kulturellem System und ermöglicht damit eine auf den je verschiedenen Ebenen differenzierte Betrachtung von Beziehungen (Münch, 2004:56ff).

Als *Struktur* bezeichnet Parsons all jene Erwartungen, Normen, Rollen, Organisationen und Institutionen eines Systems, die in ihrer Regelmäßigkeit Handlungen und Beziehungen der Systemelemente ordnen (Parsons, 1976:168). Bedeutsam ist in diesem Zusammenhang die Erkenntnis, dass in Bezug auf die Auswirkungen und Konsequenzen, die durch die Handlungen einzelner sozialer Elemente auf die Strukturen erzeugt werden, zwischen den Absichten und Motiven des Handelns und den tatsächlichen Auswirkungen unterschieden werden kann (Hillmann, 2007:867).[122]

Funktionen sind schließlich diejenigen Problemstellungen, die ein System bewältigen muss, um in den Austauschprozessen mit der Umwelt bestehen zu können (Parsons, 1976:168). In der Beurteilung des funktionalen Beitrags, den ein Element zur Aufrechterhaltung der Stabilität eines gesellschaftlichen Systems hat, lässt sich die Bedeutung der Funktion ablesen. Auf diese Bedeutungen baut das AGIL-Schema auf (Parsons, 1976:172). Für die Genese idealtypischer Verantwortungsverständnisse liegt der Fokus im Folgenden entsprechend auf den unterschiedlichen funktionalen Leistungen der Verantwortungskonzeptionen.[123]

---

wiesen.

[122] Das Auseinanderfallen von Motiv und Konsequenz ist insofern von besonderer Bedeutung für die Betrachtung der Verantwortungsverständnisse der Spitzenmanager, als nicht deren Absicht, sondern die strukturformenden Konsequenzen in den Blick genommen werden. Diese Vorgehensweise könnte dazu führen, dass sich Vorstände bei einer Offenlegung der Zuordnungen missverstanden fühlen würden. Gleichzeitig wurde bereits deutlich, dass dieses „Sich-missverstanden-Fühlen" Teil der alltäglichen Erfahrung der Wirtschaftselite ist. Zumindest teilweise kann dies auf das Auseinanderfallen von Motiv und Konsequenz in der Strukturbildung zurückgeführt werden.

[123] Die Betonung der funktionalen Perspektive könnte als Primat der Funktion vor der Struktur in Parsons Theoriebildung verstanden werden, das Gegenteil ist aber der Fall. Für Parsons bezeichnet der Strukturbegriff diejenigen Systemmerkmale, „die in einem bestimmten Rahmen im Vergleich

Dass Menschen sich in ihren Handlungen an Strukturen orientieren, erklärt sich für Parsons aus deren sinnstiftender Wirkung.[124] Soziales Handeln ist für ihn sinnhaft auf das Verhalten Anderer gerichtet und orientiert sich dabei am *kulturellen System*. Seine ordnungstiftende Wirkung entfaltet das kulturelle System auf der Ebene der Gesellschaft, auf der Ebene der Handlungen sowie auf der Ebene des einzelnen Individuums (Abels, 2009a:128). Auf welche Weise Ordnungen – oder in der Terminologie der Systemtheorie: *Systeme* – ihr Bestehen sichern können, erklärt Talcott Parsons mit dem AGIL-Schema.

Parsons bezeichnet das Schema analog zu den Anfangsbuchstaben der vier Funktionen: (A) Adaption, (G) Goal-Attainment, (I) Integration und (L) Latent Pattern-Maintenance. Dass sich gerade diese vier Felder ergeben, leitet Parsons aus der Kreuzklassifikation der beiden grundlegenden Dimensionen von Handlungssystemen ab. Diese können unterschieden werden in ihrer Innen/Außen-Orientierung und in ihrer instrumentellen oder konsumatorischen Orientierung (Baecker, 2006:134). Das AGIL-Schema ist kein rein analytisches Raster, sondern ein Schema der Selbstbeobachtung des Handlungssystems (Luhmann, 1988b:137). In diesem Sinne führt die Selbstbeobachtung im Kontext bestimmter Entscheidungen zur Zuschreibung zu jeweils einer Seite der Unterscheidung. Eine Handlung wird demgemäß auf beiden Achsen, intern/extern sowie Zielsetzung/Zielerreichung verortet. Wird beispielsweise eine Handlung als auf die Umwelt bezogen (extern) und in die Zukunft gerichtet (Zielerreichung) bezeichnet, steuert dies den Aufbau des adaptiven (A) Subsystems. Die übrigen Quadranten ergeben sich entsprechend (Klein, 1995:6). Bevor die Achsen und anschließend die Quadranten des Schemas genauer betrachtet werden, bleibt zu klären, ob das AGIL-Schema überhaupt für diese Untersuchung geeignet ist und ob es nicht bessere Alternativen gäbe.

---

mit anderen Elementen als Konstant gelten können" (Parsons, 1976:168). Auf diese Konstanten beziehen sich die Systemfunktionen (Parsons, 1976:172).

[124] Parsons postuliert eine Tendenz der Gleichgewichtssuche als inhärente Teilstrategie jeden Systems. Diese Suche ist aber keine Etablierung statischer Zustände von ausschließlich zwingenden Kräften, sondern „reflects [..] the view that society represents a veritable powder keg of conflicting forces, pushing and hauling in all ways at once. That any sort of equilibrium is achieved at all, as it evidently is in most societies most of the time, thus represents for Parsons something both of miracle and challenge. Far from taking societal equilibrium for granted, he sees it as a central problem demanding detailed analysis and explanation." (Devereux, 1961:33f) Zur Normativität der Gleichgewichtssuche siehe auch Parsons (Parsons, 1976:169f).

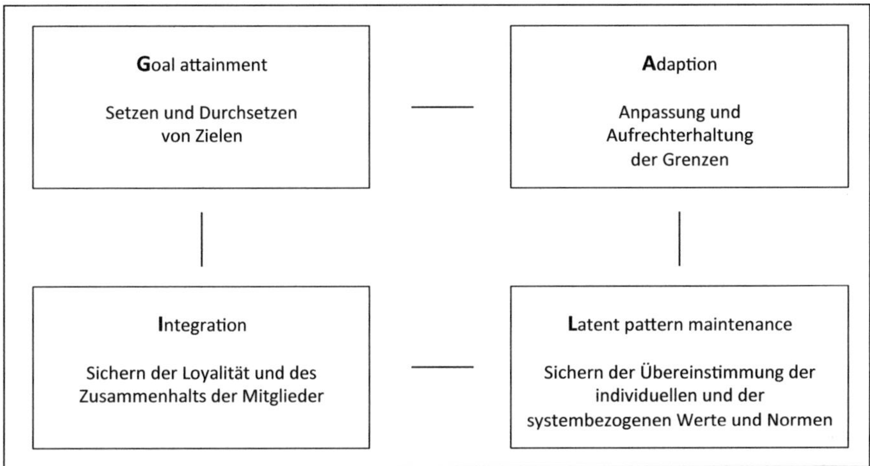

Abb 18: Die Grundfunktionen sozialer Systeme (Klein 1995:6)

Warum AGIL und nicht NSI oder CSR-Pyramide?

Wenn eine bekannte Theorie erstmalig auf eine Forschungsfrage angewandt wird, folgt der Frage nach der grundsätzlichen Eignung eine zweite auf dem Fuße: warum nicht bereits vorhandene Systematisierungen nutzen? Für diesen durchaus zu Recht eingeworfenen Hinweis böte sich sowohl der Ansatz von Hiß (2006) zum neuen soziologischen Institutionalismus als auch die CSR-Pyramide von Carroll (1991) an. Mit dem von Maon et al. unter dem Titel „Thinking of the Organization as a System: The Role of Managerial Perceptions in Developing a Corporate Social Responsibility Strategic Agenda" (2008) veröffentlichten Forschungspapier wird allerdings schnell deutlich, warum die Konzepte von Carroll und Hiß für die hier betrachtete Forschungsfrage ungeeignet sind. Maon et al. entwickeln ein Rahmenkonzept, das die Prozesse des Aufkommens, der Priorisierung und der Integration von Verantwortungsthemen in die Ziele einer Organisation zu strukturieren und zu erklären hilft. Erstmalig macht dieses Rahmenkonzept deutlich, welch zentrale Rolle die Vorstellungen der Spitzenmanager in diesen Zusammenhängen spielen. Um bedeutungsvolle, das heißt in wesentlichen Dimensionen verschiedenartige, Idealtypen bilden zu können, muss das verwendete Schema die Identifikation dieser Dimensionen fördern, zumindest aber ermöglichen. Wie schwer sich der NSI mit einer solchen Aufgabenstellung tut, fasst Hiß wie folgt zusammen:

> „Zudem fokussiert der NSI seine Betrachtungen auf den Einfluss exogener Faktoren und die organisationale Konformität mit diesen Umwelterwartungen.

Unberücksichtigt bleiben wechselseitige Konstruktionsprozesse von Erwartungen. Obgleich dies durch die Nähe zu Berger und Luckmann in der theoretischen Konzeptualisierung angelegt ist, findet durch die handlungstheoretische Engführung auf einen passiven, nicht reflektierenden Akteur eine interessengeleitete wechselseitige Beeinflussung von Erwartungen kaum Berücksichtigung." (Hiß, 2006:200)

Das Modell von Carroll ist auf die Klassifizierung der Verantwortungshandlung gerichtet, lässt aber keine Aussage über die hinter den Handlungen stehenden Motivationen zu. Die Weiterentwicklung von Hiß, sie spricht von drei Kreisen der Verantwortung, wendet zwar den Blick von der gesellschaftlichen hin zur betriebsinternen Sicht, lässt aber nach wie vor keine tiefergehende Aussage über die Funktion der Verantwortungsübernahme zu. Auch die RDAP[125] Skala, die von Clarkson (1995) entwickelt wurde, beschränkt sich mit ihrer Systematisierung auf die Bewertung des Aktivitätsniveaus verantwortungsvollen Handelns.

Das Verantwortungsverständnis deutscher Spitzenmanager mit Hilfe des AGIL-Schemas zu beschreiben, erscheint aus mehreren Gründen lohnenswert.[126] Zunächst bietet das AGIL-Schema die Möglichkeit, Verantwortungskonzeptionen auf struktureller Ebene zu analysieren. In der Selbstbeschreibung des Systems wird ersichtlich, welche Funktion Verantwortung übernimmt, besser: welche Funktion ihr auf Systemebene zugeschrieben wird. Diese Betrachtungsperspektive trifft ihrerseits auf die *Fremdbeschreibungen* seitens der Wissenschaft, wie sie zu Beginn der Arbeit bereits ausgearbeitet wurden. In einem dritten Schritt können diese Funktionszuschreibungen mit den Selbstbeschreibungen der Spitzenmanager verglichen werden, um daraus Schlüsse über die von der Wirtschaft (System) und der Wissenschaft (Beobachter/Berater) für notwendig erachteten Leistungen zu ziehen. Die Beschreibungen der Verantwortungsverständnisse der Spitzenmanager wären in diesem Fall primär als Ausdruck ihrer Position zu verstehen.

Aber auch auf der Ebene des einzelnen Managers lässt sich das Verantwortungsverständnis mit Hilfe des AGIL-Schemas analysieren.[127] Eugen Buß beschreibt für den Anwendungsfall eines Rekrutierungsprozesses von Nachwuchskräften die Möglichkeit, das AGIL-Schema nicht nur aus der Perspektive der

[125] RDAP steht für die Begriffe Reactive, Defensive, Accommodative und Proactive und bezeichnet verschiedene Aktivitätsniveaus von Firmen und Führungskräften gegenüber ihren Stakeholdern.

[126] Die ganz grundsätzliche Eignung des AGIL-Schemas bestätigt Münch, wenn er schreibt: „Für alle Wissenschaften des menschlichen Handelns besitzt es [das AGIL Schema, NG] allergrößte Relevanz" (Münch, 1988:19).

[127] Zur Eignung des AGIL-Schemas auf verschiedenen Ebenen schreibt Münch: „Parsons' Vier-Funktionen-Paradigma ermöglicht es, sich adäquat auf alle Dimensionen des sozialen Lebens und der sozialen Entwicklung, auf Solidarität und Diskurs, Macht und Marktaustausch gleichermaßen zu konzentrieren." (Münch, 2004:174)

Funktionen zu beschreiben, sondern den vier Feldern auch Kompetenzen und Werte zuzuordnen, die einer entsprechenden Funktionserfüllung in besonderer Weise zuträglich sind (Buß, 2008:148). Aus dem Vergleich eines so gewonnen *Profils*, beispielsweise eines Bewerbers, mit dem Kulturprofil des einstellenden Unternehmens, ließen sich Schlüsse über die Passung zwischen beiden ziehen. Ein analoges Vorgehen für die Beschreibung des Verantwortungsverständnisses der Spitzenmanager bietet sich daher an. Der Einwand, dass das AGIL-Schema auf die Analyse von Systemfunktionen und nicht auf die (ungebundenen) Handlungsmotivationen einzelner Individuen gerichtet sei, muss ernstgenommen werden. Parsons selbst konstruiert allerdings mit den vier Subsystemen des *allgemeinen Handlungssystems* die notwendige Brücke. Er beschreibt die Kombination aus Organismus und Persönlichkeitssystem als „basic frame of reference" (Parsons, 1979:7), das aus der spezifischen Organisation von verinnerlichten Werten und sich daraus ergebenden Formen des Handelns besteht. In der Identität ergibt sich schließlich ein stabiles Orientierungsmuster aus einer spezifischen Kombination von Rollen. Diese Rollen versteht Parsons, neben Werten und Normen, als „*Strukturkomponenten* der Gesellschaft, die jeweils eine spezifische *Funktion* für die Erhaltung einer bestimmten *Struktur* haben" (Abels, 2009b:104 H.i.O). In der Verknüpfung des Untersystems des Handelnden (psycho-physische Gesamtheit) mit der sozialen Struktur, wie sie der Begriff der Rolle leistet, liegt die notwendige Brücke, die eine Anwendung des AGIL-Schemas auf den verschiedenen Ebenen erlaubt.[128]

Für eine allgemeine Darstellung der vier Quadranten sei auf die ausführlichen Ausarbeitungen bei Jensen (1980) und bei Münch (2004) verwiesen. An dieser Stelle soll eine möglichst präzise Skizze der wichtigsten Elemente genügen. Um aus allen vier Quadranten Merkmale für die Entwicklung der Typologie zu erhalten, finden bewusst überwiegend die markanten Aspekte der Verantwortungsverständnisse Eingang. Eine solche Zusammenfassung und Polarisierung erscheint möglich, da das Ziel dieses Arbeitsschrittes die Entwicklung von Merkmalen für Idealtypen und nicht die Beschreibung von empirischer Realität ist.[129] Talcott Parsons hat die Komplementarität zwischen den Quadranten als Rahmen-

---

[128] Wie tragfähig diese Brücke ist, haben Pappi und Laumann in ihrer Untersuchung des Zusammenhangs gesellschaftlicher Wertorientierungen und politischen Verhaltens unter Beweis gestellt (Pappi und Laumann, 1974). Pappi und Laumann bilden mit Hilfe des AGIL-Schemas ein umfassendes Sample von Indikatoren gesellschaftlicher Werte, die sie im Anschluss auf ihre Prognosekraft hinsichtlich politischer Einstellungen und politischen Verhaltens untersuchen. Sie können letztendlich zeigen, dass die im Sample erfassten gesellschaftlichen Wertorientierungen einen wichtigen Erklärungsbeitrag leisten.

[129] Niklas Luhmann verweist mehrfach auf den empirischen Charakter des AGIL-Schemas, insbesondere in Abgrenzung zu einem Kategorienraster. Er bezieht seine Hinweise allerdings explizit auf den Versuch des Nachweises der Gültigkeit von Parsons Thesen, nicht auf deren Anwendung (Luhmann, 1988b).

werk bezeichnet, innerhalb dessen die Zuordnung empirischer Fakten samt deren Interpretation erfolgen kann (vgl. Parsons, 1979).

Mit der Entwicklung der Idealtypen ändert sich auch der Charakter der Vorgehensweise dieser Arbeit. Stand bislang die Deskription der empirisch vorfindlichen Verantwortungsverständnisse der deutschen Spitzenmanager im Vordergrund, so soll von nun an ein Strukturierungsversuch in Form einer Bildung von Idealtypen vorgenommen werden.[130]

5.2 Beschreibung der Dimensionen

5.2.1 Die Unterscheidung zwischen System und Umwelt

Die erste Achse ergibt sich auf einer Grundtendenz jedes Systems: der Entwicklung von Systemgrenzen. Aus dieser Grenzsetzung entsteht eine Unterscheidung zwischen *drinnen* und *draußen*. Die erste Achse des AGIL-Schemas bezeichnet dementsprechend die Zurechnung zum System oder zur Umwelt. In Vorwegnahme der bereits überkreuzten Darstellung beider Achsen stehen die Quadranten A und G für die externe, die Quadranten I und L für die interne Perspektive. Geschuldet ist die Notwendigkeit einer intern-extern Unterscheidung der grundsätzlichen Offenheit der Systeme, von denen Parsons seine Schlüsse ableitet (Jensen, 1980:75). Die Unterscheidung zwischen System und Umwelt ist nur scheinbar empirischer Natur. Tatsächlich handelt es sich aber um „Konstruktionen", in denen Zusammenhänge als Systeme interpretiert werden. Für die Analyse ergibt sich daraus, dass die System-Umwelt Relation nicht nur im Hinblick auf Zuschreibungen der Inklusion und Exklusion bedeutsam ist, sondern auch auf die Frage nach der Basis des Systemverständnisses. Anders ausgedrückt: ob die Verantwortung für Kindergärten am Produktionsstandort zur Unternehmensaufgabe gehört, kann in der Bewertung davon abhängen, ob die Standortgemeinde zum Unternehmen gehört (intern) oder nicht (extern) sowie davon, ob unabhängig vom intern/extern Status Kindergärten zur Unternehmensverantwortung zählen. Wird die Verantwortung also beispielsweise übernommen, kann dies aufgrund eines *erweiterten Verantwortungsverständnisses* – auch extern müssen Unternehmen Verantwortung übernehmen – oder aufgrund eines sehr *weiten Unternehmensverständnisses* – die Standortgemeinde gehört noch zum Unternehmen – der Fall sein. In der vorhandenen Literatur zur Unternehmensverantwortung findet man eine solch nuancierte Betrachtung allerdings

[130] Dass durch einen solchen Wechsel in der Vorgehensweise eine gewisse Spannung innerhalb der Arbeit entsteht, ist unausweichlich. Parsons bezeichnet eine solche Spannung aber als unvermeidbar, ja sogar als notwendig, um Erkenntnisfortschritte zu erzielen (Parsons, 1975:5).

selten. Gleichzeitig werden die Systemgrenzen des Unternehmens, ganz im Sinne der Ausdifferenzierung der Systeme, sehr eng gezogen. Verantwortung wird damit zuallererst auf die Unterscheidung zwischen internen und externen Bezügen zurückgeworfen. Dass die Spitzenmanager diese Unterscheidung aber ebenso als primäre Grenzvariable betrachten, darf nicht unreflektiert vorweggenommen werden. Ganz im Gegenteil, die empirische Erhebung (Kapitel 4.4.2, Seite 147) hat immer wieder gezeigt, dass gerade der Unternehmensstandort von einigen Spitzenmanagern mit in das Unternehmen hineingezogen wird. Für sie ist die Verantwortung für die Standortgemeinde entsprechend auch kein Ausweis einer erweiterten Verantwortung, sondern selbstverständlicher Bestandteil der (internen) Unternehmensverantwortung. Die Verantwortung entsteht für sie nicht aus wohlwollenden Motiven, sondern direkt aus einem weiteren Unternehmensverständnis.

Entlang der Unterscheidung zwischen System- und Umweltbezügen bezeichnet Buß die A- und G-Quadranten als „dynamische“, die I- und L-Quadranten als „bewahrende“ Dimensionen (Buß, 2008:145f). Über den Bezug zur Umwelt entwickelt sich das System fort, gleichzeitig muss es auf die damit einhergehenden Störungen reagieren und sich diesen Anpassen, um in ein neues Gleichgewicht zu kommen. Diese permanenten Störungen bedrohen die innere Stabilität des Systems. Die I- und L-Quadranten dienen daher der Erhaltung von innerer Ordnung und Stabilität. Bildlich lässt sich der Zusammenhang mit einem Schiff vergleichen. A und G bilden das Segel und den Mast, sie sorgen für Geschwindigkeit und Agilität der Fahrt. I und L bilden Rumpf und Kiel, sie sorgen für den Auftrieb und halten den Kurs. Ohne Segel und Mast bleibt das Schiff träge und ist leichte Beute im Wettbewerb. Ohne Rumpf geht das Schiff unter, ohne Kiel kann der Kurs nicht gehalten werden. Nur im Zusammenspiel aus allen vier Funktionen ergibt sich ein taugliches Ganzes.

Die dynamische Dimension

Entsprechend ist ein auf die dynamischen Quadranten (A&G) beschränktes Verantwortungsverständnis eng mit einer funktionalen Logik und damit stark mit dem Vorteil des Verantwortungssubjekts verbunden. Die Angemessenheit der Verantwortungsübernahme wird aus der Perspektive des Subjekts bewertet. Die Perspektive des Verantwortungsobjekts findet insofern Eingang in ein solches Verantwortungsverständnis, als der potentielle Nutzen oder Schaden, der durch das Handeln des Verantwortungsobjektes im Falle der Verantwortungsübernahme zu erwarten ist, einkalkuliert wird. Diese Form der Verantwortung richtet sich stark am Verursacherprinzip aus und folgt einer möglichst klaren Zuschreibungslogik. Verantwortung muss erklärt werden, sie muss sich aus einer logischen Argumentation ergeben. Unterstützung erfährt diese Argumentation durch die von Polanyi (1957:250ff) entwickelte Typologie sozio-ökonomischer Institutionen.

Polanyi arbeitet im sozio-ökonomischen Kontext sowohl für marktliche (extern) als auch soziale (intern) Tauschlogiken die zentralen Formen der Integration sowie deren unterstützende institutionellen Muster heraus. Für die Ebene der externen Beziehungen – eben diese sind von Bedeutung für ein auf die A- und G-Quadranten gerichtetes Verantwortungsverständnis – bildet der *Tausch gleicher Werte* (exchange of equivalents) am *Markt* die primäre Form der Integration.[131] Diese Form der Integration ist zu einem so dominanten Mechanismus unserer Gesellschaft geworden, dass erst die Abgrenzung zu nicht-marktlichen Beziehungen (intern) die vermeintliche Selbstverständlichkeit des Tausches gleicher Werte offenlegt. Auf Ebene der I -und L-Quadranten (intern) beschreibt Polanyi Reziprozität und Umverteilung als zentrale Formen der Integration, die durch die institutionellen Muster von Gegenseitigkeit (symmetry) und Bezogenheit (centricity) unterstützt werden. Verantwortungsverständnisse der dynamischen Quadranten beziehen sich demgemäß auf einen Tausch gleicher oder zumindest sehr ähnlicher Werte. Verantwortung ist als ein Prinzip des *do ut des* in sehr engen Wertgrenzen konstruiert. Der Rückbezug auf normative Muster reziproker Beziehungen wird als vormodern abgelehnt (vgl. Gouldner, 1960). Nur in Ausnahmefällen, in denen rationale Erklärungsmodelle noch keine ausreichende Begründung für verantwortungsvolles Handeln liefern, können normative Argumentationen von Verantwortung noch Akzeptanz finden, werden dann aber als Umverteilung bewertet. Und dies auch nur so lange, bis eine rationale Alternative gefunden ist. Sein und Sollen werden individualistisch verknüpft, wobei das Sollen eher als ein vom Individuum reflexiv auf sich selbst gerichtetes Müssen zu verstehen ist. Im Kontext einer modernen Multioptionsgesellschaft kann dieses Müssen wiederum nur aus dem Wollen des Einzelnen dauerhaft stabil erklärt werden (Lin-Hi, 2009).

Die bewahrende Dimension

Ein auf die I- und L-Quadranten gerichtetes Verantwortungsverständnis ist primär auf Prozesse der Kultur und Verständigung gerichtet, die ihrerseits die Stabilität des Systems sichern. Eugen Buß Bezeichnet diese Dimension als *bewahrende Quadranten* und macht damit einen Rückgriff auf Vorhandenes und Schützenswertes deutlich. Das Schützenswerte besteht aus den geteilten Deutungsmustern, Werten und Verpflichtungen, die in der gemeinsamen Kultur verankert sind. Die Übernahme oder Ablehnung von Verantwortung wird sowohl anhand ihrer Passung mit der geteilten Kultur als auch im Hinblick auf ihre in-

[131] Vergleiche zum grundsätzlichen Zusammenhang von *Markt* und *Tausch gleicher Werte* bereits die Ausführungen von Soudek zu den Arbeiten von Aristoteles (Soudek, 1952). Zur Beziehung zwischen *Tausch gleicher Werte* und *Reziprozität* siehe Kapitel 3.2.1 auf Seite 83.

tegrierende Leistung bewertet (vgl. Abels, 2009a:216). David Riesmans Typ der Innenleitung enthält wesentliche Merkmale eines solchen Verantwortungsverständnisses (Riesman et al., 2001:13ff). Die von Riesman im Weber'schen Sinne entwickelten Idealtypen, Traditionslenkung, Innenlenkung und Außenlenkung, unterscheiden sich hinsichtlich ihrer Handlungsorientierung im Sinne einer Konformitätssicherung. *Traditionsgeleitete* Typen orientieren sich in ihren Handlungen an historisch festgelegten Regeln, die ein enges Korsett möglicher Handlungen schnüren und vor allem auf die Fortschreibung vorhandener Zustände bezogen sind (Riesman et al., 2001:9ff). Im Zuge fortschreitender Handlungskomplexität hat diese Handlungsorientierung ihre Bedeutung verloren und wurde durch die *Innenleitung* abgelöst. Innenleitung beschreibt die hohe Bedeutung, die ein Individuum verinnerlichten Werthaltungen, moralischen Prinzipien und persönlichen Ziele, wie sie ihm im Zuge seiner Sozialisation vermittelt wurden, zumisst.

> „[T]he source of direction for the individual is ‚inner' in the sense that it is implanted early in life by elders and directed toward generalized but nonetheless inescapably destined goals." (Riesman et al., 2001:15)

Die Parallele zwischen Riesmans Idealtyp und der bewahrenden Dimension liegt vor allem in der integrierenden Wirkung, die durch den Abgleich zwischen Umweltbedingungen und verinnerlichten Werthaltungen entsteht. Die Verantwortungskonzeption basiert demzufolge wesentlich auf den Werthaltungen als Handlungsmotiven, die im Zuge der Sozialisation erlernt und im Laufe der Zeit verfestigt wurden. In der Verantwortung erfolgt ein Rückgriff auf Mittel und Zwecke, die sich innerhalb eines stabilen Bezugsrahmens befinden. Im Gegensatz zur Traditionsleitung ermöglicht die Innenleitung mit einer wesentlich größeren Zahl an Optionen umzugehen, als dies je mit einem (Traditions-)Kodex möglich wäre. Gleichzeitig entwickelt sich der Kern der sozialen Identität durch externe Ansprüche und Erfahrungen kontrolliert fort. Verantwortung ist demgemäß nicht als ein Reflex auf äußere Ansprüche oder Beobachtungen zu verstehen, sondern eine Folge innerer Überzeugungen.[132] In Abgrenzung zu einer primären Orientierung an der Funktion, als Aktion und Reaktion des Einzelnen, wie dies für die dynamischen Quadranten vorgestellt wurde, ist der Blick bei den bewahrenden Quadranten stärker an der Struktur und ihrer Bindung für alle Teile des Systems orientiert (Parsons, 1976:172ff). „Im Hintergrund steht das Bild von Personen, die voneinander Rechenschaft fordern können, die von Haus aus in normativ geregelte Interaktionen verwickelt sind und sich in einem Universum

[132] Talcott Parsons macht deutlich, dass die „Trägheit" der bewahrenden Dimension auch als eine Ordnung im Wandel verstanden werden kann (Parsons, 1976:173). Die Strukturerhaltung richtet sich an Werten aus, die über verschiedene Prozesse stabilisiert werden und damit für die dynamische Dimension einen Bezugspunkt bilden.

öffentlicher Gründe begegnen." (Habermas, 2001:19) Verantwortung wird in diesem Verständnis aus der Gemeinschaft heraus gedacht. Der Begriff der Gemeinschaft ist nicht einer bestimmten Vorstellung von Gruppen oder Kollektiven zugeordnet. Er soll vielmehr darauf hinweisen, dass im Gegensatz zu funktional motivierten Zusammenschlüssen ein Bezug auf geteilte Werte erfolgt (vgl. Polterauer, 2004:4). Übernimmt ein Spitzenmanager Verantwortung aus der Perspektive der bewahrenden Quadranten, so tut er das aus einer Gebundenheit an die Normen der Gemeinschaft. Anerkennung und Prestige sind die Medien, die ihm von Seiten der Gemeinschaft wiederum signalisieren, dass er *richtig* gehandelt hat (Münch, 1988:123ff). Polterauer geht so weit zu sagen, dass Corporate Citizenship, wenn es im Sinne der I- und L-Quadranten verstanden wird, letztendlich eine Form der Vergemeinschaftung darstellt. Vergemeinschaftung, wie Max Weber sie in Abgrenzung zur Vergesellschaftung[133] bezeichnet hat, beschreibt eine Beziehung, die auf einer subjektiv gefühlten Zusammengehörigkeit der Beteiligten beruht (Weber, 1984:70). Auch wenn Max Weber bereits selbst darauf hinweist, dass die meisten sozialen Beziehungen Mischformen seien, verdeutlicht die Abgrenzung zur Vergesellschaftung einmal mehr den Charakter der bewahrenden Dimension.

5.2.2 Die Unterscheidung nach Mittel und Zweck

Die zweite Achse basiert auf der Unterscheidung zwischen Mitteln (instrumentell) und Zwecken (konsumatorisch) (Jensen, 1980:76ff) und vereinigt damit sowohl die G- und I- als auch die A- und L-Quadranten. In dieser Unterscheidung nimmt Parsons auf die von Max Weber aufgestellte grundsätzliche Differenzierung ökonomischen Handelns in Mittel und Zwecke Bezug (Luhmann, 1988b:128). Eine Über- bzw. Unterordnung wird dabei von Parsons nicht unterstellt. Mittel gehen der Erreichung von Zwecken voraus, gleichzeitig orientieren sich die Mittel an den Zwecken. Parsons formuliert beide Pole als gleichwertige Gegenüber. Entsprechend der Überkreuzung ergibt sich die instrumentelle Perspektive aus den A- und L-Quadranten, die konsumatorische aus den G-und I-Quadranten. Die zweite Achse macht deutlich, dass die zur Fortentwicklung eines Gesamtsystems notwendigen Störungen, die durch die Offenheit Eingang ins Systems finden, verarbeitet werden müssen, um ein neues Gleichgewicht herzustellen. Die A- und L-Quadranten leisten die Anpassung des Systems unter Verwendung der Umweltressourcen auf die im Komplex von G und I definierten Interessen und Bedürfnisse. Die Unterscheidung der beiden Pole dieser Achse

[133] Weber nennt als reinste Typen der Vergesellschaftung [1] den Tausch am Markt, [2] den Zweckverein und [3] den Gesinnungsverein. Ihre Handlungsmotivation ist streng wert- und zweckrational nach außen auf einen Zweck hin gerichtet (Weber, 1984:69).

wurde von Parsons ursprünglich auf der Basis ihres Zeitbezuges entwickelt und erst in der Folge weiter ausgebaut. Vom ursprünglichen Zeitbezug ist lediglich die Feststellung übrig geblieben, dass instrumentelle Prozesse eher langfristige, konsumatorische eher „auf den Moment bezogene“, Akte darstellen (Jensen, 1980:80). Es gibt also einerseits Strukturen und Prozesse, „die sich auf die Definition von Funktionsgesetzen beziehen, unter denen sich Systemzusammenhänge zielgerichtet organisieren lassen“. Andererseits gibt es Strukturen und Prozesse, welche „‚instrumentell‘ dazu geeignet sind, jene vorgegebenen ‚Regelwerte‘ auf ihren Sollwert zu erhalten“ (Jensen, 1980:77). Für die Beschreibung des Verantwortungsverständnisses deutscher Spitzenmanager ergibt sich daraus, dass Verantwortung sowohl als Mittel zur Erreichung von Zielvorstellungen, als auch im Sinne eines Zieles sui generis gedacht werden kann. Als Beispiele für ein auf Ziele gerichtetes Verantwortungsverständnis nennen Aguilera et al. (2007:845) beispielsweise innerhalb des anglo-amerikanischen[134] Modells die Chance auf eine höhere Wettbewerbsfähigkeit sowie den Schutz der eigenen Reputation. Für das kontinentale Modell identifizieren sie beispielsweise die langfristige Erhaltung der Wettbewerbsfähigkeit als *Ziel* einer erweiterten Verantwortungsübernahme.[135] Für Verantwortung als *Mittel* werden in der gleichen Arbeit relationale Motive angeführt. Die soziale Legitimationswirkung, die von Verantwortungshandlungen ausgeht, dient so einerseits der Leistungserhaltung und andererseits können durch eine Verantwortungsübernahme langfristige Vertrauensbeziehungen geschaffen werden, die ihrerseits die Transaktionskosten reduzieren (2007:844ff).[136]

5.3 Vier idealtypische Verantwortungsverständnisse

Im Folgenden werden vier idealypische Verantwortungsverständnisse sowohl anhand empirischer Textauszüge als auch unter Bezugnahme auf prominente Theorien beschrieben. Die hierfür verwendeten O-Töne stehen nicht immer für den

[134] Aguilera et al. unterscheiden in ihren Ausführungen zwischen dem stark shareholderorientierten Modell des anglo-amerikanischen Raumes und dem eher stakeholderorientierten Modell des Kontinents, wobei sie für letzteres auch Japan als Beispiel anführen (Aguilera et al., 2007:844f).

[135] Da Aguilera et al. (2007) für die Ebene der Ziele nicht zwischen der internen und externen Perspektive unterscheiden, vermischen sich in ihrer weiteren Aufzählung Ziele, die primär auf die Umwelt und Ziele, die auf das System gerichtet sind. G- und I-Quadranten verschwimmen damit. In ihrer Systematik unterscheiden Aguilera et al. zwischen instrumentellen, relationalen und moralischen Motiven.

[136] Für die Ebene der Mittel gilt die gleiche Einschränkung wie für die Ziele: die fehlende eindeutige Unterscheidung zwischen interner und externer Perspektive im Ansatz von Aguilera erschwert die Interpretation. Die Grenzen zwischen der Anpassung an externe Erfordernisse und der Verarbeitung innerhalb des Kulturquadranten (Q) verschwimmen.

prominentesten Aspekt des individuellen Verantwortungsverständnisses der einzelnen Person, illustrieren aber besonders gut, was für den Idealtyp symptomatisch ist. Anders ausgedrückt: Verschiedene O-Töne eines CEO können durchaus in unterschiedlichen Idealtypen Verwendung finden. Erst in der Zusammenschau aller Äußerungen lässt sich die Zusammensetzung des Verantwortungsverständnisses anhand der vier Idealtypen beschreiben. Um die vier Funktionen des AGIL-Schemas in den Antworten der Befragten zu identifizieren, wurden sämtliche zuvor als „Selbstbeschreibung" codierten Textpassagen erneut durchgesehen und in einem weiteren Codierungslauf entsprechend zugewiesen. Aus den so gewonnenen Zusammenfassungen zu den vier Quadranten wurden dann jeweils Überschriften gebildet, die als Namen der vier Idealtypen dienen. In der Entwicklung der Idealtypen dienen die O-Töne als Beschreibung, sie machen deutlich, wie sich beispielsweise die Funktion der Anpassung in den Verantwortungsverständnissen ausdrückt. Erst in einem zweiten Schritt (vgl. Kapitel 5.3.5), wird die Bedeutung der Idealtypen durch Auszählung und Visualisierung deutlich.

5.3.1 Austausch und Wettbewerb als primäre Handlungsorientierung – Anpassungsorientierter Verantwortungstyp (A)[137]

Wettbewerb und Flexibilität sind Begriffe, die ganz selbstverständlich zum alltäglichen Vokabular deutscher Spitzenmanager gehören (vgl. Lin-Hi, 2008:55f). Der erste Idealtyp lässt sich in besonderem Maße anhand dieser Selbstverständlichkeit beschreiben. Mit seiner individualistisch gewendeten Verantwortungskonzeption beschreibt Nick Lin-Hi eine Verantwortung, die dem *anpassungsorientierten Idealtyp* sehr nahe kommt. Verantwortung, so könnte man vorweg zusammenfassen, wird hier zu einer Strategie der Anpassung und Optimierung individueller Strategien.[138]

> „Unternehmensverantwortung ist daher so zu gestalten, dass sie die moralische Qualität der Marktwirtschaft fördert. Anders formuliert geht es darum, Verantwortungsübernahme im und durch den Wettbewerb zu etablieren." (Lin-Hi, 2008:55)

[137] Um die sprachliche Darstellung zu vereinfachen und die Lesbarkeit zu erhöhen, wird im Folgenden verkürzt auch von *Anpasser(n)* die Rede sein. Gemeint ist damit immer der Idealtyp eines auf Anpassung bezogenen Verantwortungsverständnisses. In den Kapiteln 4.4 bis 4.6 wird entsprechend verfahren.

[138] Optimierung und Anpassung sind nicht mit einer Strategie der Entleerung des Verantwortungsverständnisses gleichzusetzen. Im Zentrum steht das *wie* der Umsetzung, das einem *was*, beispielsweise vorbestimmt aus dem G- oder L-Quadranten, nachgeordnet ist (vgl. Holton, 1988:68). Innerhalb der Vorgabe findet dann aber eine freie Optimierung im Austausch/Wettbewerb statt.

In den O-Tönen der deutschen Wirtschaftselite finden sich verschiedene Passagen, die ein solches Verantwortungsverständnis beschreiben.

> *„Jede Art von Engagement kostet irgendetwas. Die Frage ist, wer ist für was bereit etwas zu bezahlen und wer honoriert was? Wenn sie sich die Werbung vor der Tagesschau anschauen, Liqui Moly oder auch der Herr mit dem Affen, die setzen sehr auf eine deutsche Karte. Ich weiß nicht, ob internationale Konzerne so etwas spielen können. Ich glaube es aber eher nicht." (CEO 6, Absatz 18)*

> *„Man kann diese Dinge[139] eigentlich nur dann verändern, wenn man eine Notwendigkeit erkennt, wenn also Bedarf besteht oder wenn man den Bedarf selber generiert. Dann kann man agieren. Das ist aber ein sehr diffiziler Prozess. Dass man andersherum herangeht und sagt: ich habe eine bestimmte Vorstellung über das soziale Umfeld und wie man das im Unternehmen gestalten will und in der Folge dann versucht diese Vorstellung in die Realität umzusetzen, ist meines Erachtens nach schwierig." (CEO 1, Absatz 20)*

In den Äußerungen der Spitzenmanager wird deutlich, wie eng der Zusammenhang zwischen Aktion und Reaktion im Falle eines anpassungsorientierten Verantwortungsverständnisses ist. Die Stärke der eigenen Position wird von beiden Spitzen relativiert während abgeleitete Konsequenzen deutlich hervorgehoben werden.

Der Wettbewerbsquadrant kennt sowohl eine *aktive* als auch eine *passive* Anpassung, die sich demgemäß auch im Verantwortungsverständnis der anpassungsorientierten Idealtypen wiederfindet.[140] Der aktive Teil des Selbstverständnisses ist auf die permanente Suche nach neuen Wegen für die Erreichung gesteckter Ziele gerichtet. Die primäre Ausrichtung richtet sich dabei auf die *Entdeckung bisher noch nicht erkannter Mittel*, mit denen die gesteckten Ziele in besonders guter Weise gesichert werden können.

> „Its [..] the acquisition of resources [...] with which to conduct production so as to meet extra-economic consumer demands emerging from the pattern-maintenance system." (Holton, 1988:69)

Im passiven Teil konzentriert sich die *Wahl auf bereits bekannte Möglichkeiten*. Selbstverständlich ist auch diese Wahl aktiv in dem Sinne, als die Alternativen

[139] Mit „diese Dinge" ist an dieser Stelle eine Abkehr von der ausschließlichen Ausrichtung des Geschäftsinteresses auf Profitmaximierung gemeint.

[140] Die Unterscheidung zwischen aktiver und passiver Anpassung ergibt sich aus der Handlungsorientierung innerhalb des Anpassungsquadranten. Für den Idealtypus kommen sowohl Ag (aktiv) als auch Aa (passiv) in Frage. Ag steht für die Funktion der Zielerreichung innerhalb des Anpassungsquadranten, Aa für die Funktion der Anpassung. Sowohl Bedeutung als auch Details dieser Unterscheidung finden sich in den Ausführungen Holtons (1988:56-75).

ausgewählt werden müssen. Sie ist aber passiv insoweit, als vornehmlich bestehende Möglichkeiten in Betracht gezogen werden. Um die Trennschärfe zwischen anpassungs- und funktionsorientierten Verantwortungstypen zu erhöhen, werden die aktiven Anteile des anpassungsorientierten Idealtyps unter-, die passiven Anteile hingegen überbetont. Anpassung als zentrales Element dieses Idealtyps bedeutet nichts anderes, als vorbehaltlos die bestmögliche Option zu wählen, um auf sich wandelnde Situationen zu reagieren und gesteckte Ziele bestmöglich zu erreichen. Lin-Hi beschreibt diese Zielsetzung von Verantwortung als einen strategischen Prozess, an dessen Ende aus den möglichen Optionen diejenige ausgewählt wird, die dem gesteckten Ziel am zuträglichsten ist.

> „Unternehmensverantwortung kann somit auch verstanden werden als das (strategische) Management von Vermögenswerten." (Lin-Hi, 2008:56 H.i.O)

Es ist kennzeichnend für den anpassungsorientierten Verantwortungstyp, dass keine festen Leitlinien die Wahl der symbolischen Repräsentation von Handlungen bestimmen und die Beziehung zur Umwelt durch systematische Offenheit gekennzeichnet ist (vgl. Münch, 2004:75). Sind verschiedene Wege zur Zielerreichung denkbar, findet keine Vorselektion statt, wird kein Mittel von vornherein ausgeschlossen.

> *„Ich bin in einem Unternehmerhaushalt großgeworden. Wir haben auch auf dem Gelände gewohnt. [...] Ich wollte zwar Jura studieren aber irgendwann hat mir mein Vater seine Bilanz gezeigt und hat mich gleichzeitig gefragt, was ich verdienen will. Dann waren wir beieinander." (CEO 11, Absatz 2)*

> *„Die Leitplanken werden sicherlich deutlicher, ob man die immer akzeptiert oder nicht ist eine andere Frage. Leitplanken hört sich auch ein bisschen massiv und fest an, die Dinge sind ja in Bewegung. Ich sage immer: Generationen in Unternehmen sind nicht dreißig Jahre, sondern eher so zehn Jahre. Dann kommen jüngere, neue Mitarbeiter mit neuen Ideen." (CEO 3, Absatz 17)*

In den Zitaten wird deutlich, dass durchaus Orientierungsmarken vorhanden sind, deren Verbindlichkeit und zwingender Charakter aber eher als gering bewertet wird. In der Umkehrung bedeutet das aber auch, dass für diejenigen Themenfelder, in denen Verantwortung übernommen wird, dementsprechend weder Traditionen noch höhere Prinzipien als Leitlinie vorhanden sein müssen.

> *„Insofern arbeiten wir ja auch nicht für die Ewigkeit, sondern im Grunde genommen versuchen wir bestmöglich die Zukunftsfahrt zu gestalten. Aber, die Blicke auf die Tätigkeit ändern sich natürlich auch mit gesellschaftlichen Veränderungen oder mit Veränderungen des rechtlichen Umfeldes." (CEO 15, Absatz 10)*

Das heißt selbstverständlich nicht, dass anpassungsorientierte Verantwortungskonzeptionen keinerlei Restriktionen unterliegen. Die zur Auswahl stehenden Handlungsalternativen können durchaus durch Traditionen und Leitlinien vorselektiert sein.

> *„Heutzutage kann keiner mehr mit einem Tunnelblick durch die Welt gehen und sagen, was links und rechts von mir passiert, interessiert mich nicht. Gesellschaftliche Phänomene, gesellschaftliche Entwicklungen und gesellschaftliche Kommentare zu unserem Tun haben eine so große Bedeutung, dass man sie wahrnimmt, sie bewertet und sich dann letzen Endes fragt, ob man sein unternehmerisches Tun darauf irgendwie ausrichten muss oder nicht." (CEO 15, Absatz 14)*

> *„[Die Form der Verantwortungsübernahme] ist immer von der Unternehmenssituation und der Historie eines Unternehmens abhängig. Firma X hat beispielsweise von Anfang an auf ein ganz anderes Prinzip gesetzt. Diese Firma hatte schon immer sehr viele Sozialleistungen, die, wenn man es rückblickend betrachtet, damals durchaus unüblich waren: beispielsweise eine freie Kantine und dass die [Mitarbeiter] ihre Arbeitszeit individuell einteilen konnten. Es gab überhaupt keine Vorgaben wann sie zu arbeiten haben oder wo sie zu arbeiten haben. Am Schluss hat nur das Ergebnis gezählt." (CEO 1, Absatz 18)*

> *„Es ist einfach ein Beziehungsrahmen oder ein Umfeld, mit dem sie sich arrangieren müssen. Sie können natürlich mit guten Argumenten versuchen, an den Regulierungen zu arbeiten, aber sie zu ignorieren, das geht natürlich nicht." (CEO 11, Absatz 25)*

In den Äußerungen wird deutlich, dass ein anpassungsorientiertes Verantwortungsvertständnis nicht mit einem „race to the bottom" gleichgesetzt werden kann, sondern vielmehr eine bestmögliche Anpassung an bestehende Umstände vorgenommen wird. Eine solche Anpassung kann durchaus auch auf hohem Niveau stattfinden. Lin-Hi (2008:57) weist in diesem Zusammenhang beispielsweise darauf hin, dass Verantwortung nur dann seine Wirkung entfalten könne, wenn sie konsistent gestaltet sei. Wer also auf die Vertrauensleistung von Verantwortung als strategischen Faktor setzt, der muss auf Konsistenz setzen. Nicht aus höheren Motiven, sondern allein weil eine Verfehlung gegenüber Zulieferern, wenn sie offbar wird, das aufgebaute Vertrauen der Kunden gefährdet (Lin-Hi, 2008:58).

> *„Ich glaube, wenn man mit der Presse und mit der Öffentlichkeit sauber umgeht, dann kann man sowohl negative als auch positive Dinge besser in den Markt bringen. Man muss aber auch glaubwürdig dabei sein. Man darf nicht zuerst sagen, das stimmt alles nicht und nachher kommt raus, dass es doch so ist." (CEO 23, Absatz 12)*

Innerhalb dieser gegebenenfalls vorhandenen Vorauswahl orientieren sich anpassungsorientierte Verantwortungstypen aber gerade nicht an den einschränkenden Faktoren. Ein Beispiel soll diese wichtige Unterscheidung deutlich machen: In einem Unternehmen besteht eine enge, auch vertraglich fixierte Kooperationspflicht mit den Arbeitnehmervertretern. Gleichzeitig wurde eine erhebliche Rentabilitätssteigerung auf mittlere Frist als ausgewiesenes Unternehmensziel fixiert. Verantwortung zu übernehmen kann für den anpassungsorientierten Idealtyp in dieser Konstellation sowohl heißen, sich an die Mitarbeiter zu binden und nach neuen Absatzchancen zu suchen, als auch über die Gründung einer Transfergesellschaft die Mitarbeiterzahl – mit Zustimmung der Arbeitnehmervertreter – schnellstmöglich zu reduzieren. Der anpassungsorientierte Idealtyp wird denjenigen Weg wählen, den er im Hinblick auf die Steigerung der Rentabilität für erfolgversprechender hält. Die Entscheidung an einem Standort entwickelt dabei keinen Zwang für die nächste Entscheidung. Dass aus dem Renditeziel keine unbedingte Minimierung der Kosten – über die vorgegebene Rendite hinaus – folgen muss, also beispielsweise Übergangszahlungen über das übliche Maß hinaus bezahlt werden, erklären anpassungsorientierte Verantwortungstypen beispielsweise mit der Erhaltung zukünftiger Handlungsspielräume.

Ein anderes Beispiel, das das rationale Abwägen zwischen Verantwortungsoptionen deutlich macht, kommt von einem jungen Finanzvorstand:

> *„Wenn ich erklären kann, dass ich aus Fukushima mein Sicherheitsprofil für ein Kraftwerk nochmal so deutlich erhöht habe, dass das berühmte Restrisiko inzwischen ausgeschlossen ist, oder ich so viel Sicherungssysteme etabliert habe, dass auch das menschliche Versagen eigentlich nicht stattfinden kann, [...] ist das für mich wichtiger als noch einen Kindergarten zu bauen." (CEO 6, Absatz 24)*

In den Interviews wurde eine solche Haltung häufig dort deutlich, wo die Spitzenmanager in ihren Äußerungen von der ersten zur dritten Person gewechselt haben, und zwar sowohl im Singular (als unbestimmtes „man") als auch im Plural (als ein verallgemeinerndes „wir"). Markante Einleitungen waren beispielsweise „[...] das müssen sie heute einfach [...]" oder „[...] das wird von ihnen so erwartet [...]". Die folgenden Zitate verdeutlichen diesen Zusammenhang exemplarisch:

> *„Ich glaube, dass man als modernes Unternehmen Kindergärten und diese Einrichtungen von denen wir jetzt sprechen einfach haben muss. (CEO 9, Absatz 70)*

> *„Das bringt die Schnelllebigkeit der heutigen Zeit leider mit sich, dass diese Dinge auf der Strecke bleiben und man im Unternehmensinteresse dem Mainstream folgen muss." (CEO 18, Absatz 24)*

„Man muss die Ressourcen, die man hat, richtig allokieren. Wenn wir im Moment gar nicht die Möglichkeit haben, aus uns selber zu wachsen und Leute entlassen müssen, ist natürlich klar, dass ich die äußere Verantwortung auf ein Minimum reduzieren muss." (CEO 11, Absatz 38)

Die hierbei entstehenden Widersprüche muss der anpassungsorientierte Verantwortungstyp nicht unbedingt auflösen. Sie gehören für diesen Idealtyp zum Handlungsraum und bilden die Grundlage der vielfältigen Reaktionsmöglichkeiten. Parsons fasst das selbst so zusammen:

„Bei einer Vielzahl von Zielen erhebt sich jedoch das Problem der ‚Kosten'. Dies heißt, die selben knappen Mittel können innerhalb der Ziele *alternative* Verwendung finden, und folglich bedeutet ihre Verwendung für nur einen Zweck die Aufgabe derjenigen Vorteile, die aus ihrer Verwendung für einen anderen Zweck resultieren würden. Auf dieser Basis muß ein analytischer Unterschied zwischen der Funktion effektiver Zielerreichung [G] und der Bereitstellung von verfügbaren Mitteln, unabhängig von ihrer Relevanz für irgendein spezielles Ziel, getroffen werden. Die Adaptionsfunktion wird als Bereitstellung von solchen Mitteln definiert." (Parsons, 1976:175)

In den Interviews wurden die Spannungen zwischen höheren Interessen – oder integrativen Wünschen – und Notwendigkeiten der Anpassung immer wieder thematisiert. Aufgelöst werden sie teilweise durch den Hinweis auf eine Verpflichtung zur Bestandssicherung, die eine Flexibilität in der Wahl der Verantwortungshandlungen erfordere. Flexibilität kann dabei sowohl einen Ausbau der Verantwortungsübernahme als auch einen Abbau bedeuten, je nach wahrgenommener Notwendigkeit.

5.3.2 Verantwortung als Teil der Zielorientierung – Funktionsorientierter Verantwortungstyp (G)

Für *funktionsorientierte Verantwortungstypen* steht das Setzen und Erreichen eines Ziels im Zentrum ihres Verantwortungsverständnisses. Dieses Ziel gilt es auch dann noch zu fixieren, wenn sich ein (anderer) Trend für die Übernahme von Verantwortung in bestimmten Teilbereichen etabliert hat. Institutionen und deren Mythen entwickeln wenig bis keine Bedeutung für ein solches funktionsorientiertes Verständnis von Verantwortung.

„Im Grunde genommen ist es für unser Unternehmen, mit Blick nach draußen, ein permanentes Beobachten des eigenen Kompasses. Letzten Endes kann das aber auch heißen, dass ich vielleicht das Ziel nur dann erreiche, wenn ich den Kurs etwas ändere, aber mein Gesamtziel nicht aus den Augen verliere." (CEO 15, Absatz 14)

„Das ist das Unternehmensinteresse und dem hat sich alles unterzuordnen. Da muss man auch schon mal Entscheidungen treffen, die man vielleicht von seinem eigenen Grundverständnis so nicht treffen würde.“ (CEO 18, Absatz 26)

Aus diesen Zitaten wird bereits deutlich, dass ein einfaches Abweichen von gesetzten Zielen bei aufkommenden Hindernissen nicht denkbar scheint. Es wird deutlich, welche besondere Bedeutung klare Ziele und deren Verfolgung haben. Auf die Erreichung der gesetzten Ziele ist die funktionale Logik dieses Idealtyps ausgerichtet.

Zentrale Aufgabe der von Parsons als *Zielerreichung* (goal attainment) beschriebenen Funktion ist es, aus der Menge möglicher Ziele dasjenige auszuwählen, auf dessen Erfüllung hin die Bedürfnisse des Systems am besten bedient werden (Parsons, 1976:174). Diese Funktion bildet den Kern des Verantwortungsverständnisses des zweiten Idealtyps. Sein Verantwortungsverständnis ist darauf gerichtet, Ziele so zu setzen, dass dadurch die „Diskrepanz zwischen den Organisationsbedürfnissen und den Bedingungen in den Umwelt- und Marktsystemen“, von denen die Befriedigung der Bedürfnisse des Systems abhängen, reduziert wird (Parsons, 1976:174). Da in komplexen Systemen und Handlungssituationen eine Vielzahl konfligierender Ziele als unvermeidlich bezeichnet werden kann, müssen die verschiedenen Ziele des Zielsystems in eine Hierarchie gebracht werden. Diese Aufgabe obliegt in besonderem Maße dem Spitzenmanagement (Buß, 2008:144).

„Diesen Mix zu finden ist nicht ganz leicht. Von allen Seiten, von der Gesetzesseite von der Aufsichtsratsseite und von den Leuten, die es umsetzen müssen. Da muss man schauen, dass die Regeln nicht zu eng sind. Wir lösen diese Spannung damit auf, dass wir viel mehr in Governance-Themen investieren: mehr Leute, mehr Prozesse und mehr Regeln. Gleichzeitig versuchen wir trotzdem noch innovativ zu sein.“ (CEO 30, Absatz 35)

Für *funktionsorientierte Verantwortungstypen* wird Verantwortung daher zu einem Teil der Gesamtheit möglicher Ziele, die im Handlungszusammenhang *Unternehmensführung* zur Disposition stehen. Verantwortung findet dementsprechend im Zuge der allgemeinen Optimierung der Gesamtstrategie, abhängig von ihrem ökonomischen Nutzen, Eingang in die Zielhierarchie (Pies, 2001:180ff).

„Es ist natürlich vom Selbstverständnis her gut, auch solche Dinge zu tun, bei denen man einfach nur für Arme und Kranke spendet. Das habe ich aber nie als Druck wahrgenommen. Wenn wir das aus wirtschaftlichen Gründen nicht können, dann müssen wir eben sagen: ‚Wir können das im Moment nicht‘. Das versteht dann auch jeder.“ (CEO 13, Absatz 38)

„Das sind jetzt zwar keine gesetzlichen Verpflichtungen, aber dass man beispielsweise über Energieeinsparprogramme [...] mehr tut, als gesetzlich vor-

gegeben ist. Wir machen das aber schon aus dem Beweggrund heraus, dass wir sagen, das können wir bei den Kosten irgendwann wieder einsparen. Und damit wird das Ergebnis auch wieder besser." (CEO 9, Absatz 38)

Ein anderes Primärziel als die Maximierung des ökonomischen Nutzens für Unternehmen zu etablieren, wird von theoretischer Seite nur von wenigen als *denkbar* beschrieben.[141] Von den befragten Spitzenmanagern sprachen knapp 10 % davon, dass es möglich sei, auch andere Ziele (parallel) zu etablieren.

„[Ein anderes Ziel als das rein ökonomische nach außen durchzusetzen] ist überhaupt nicht schwer. Wenn sie sich ein ethisches Grundprinzip in einem Unternehmen gesetzt haben, sie also sagen, das sind unsere Werte, das sind unsere Leitlinien [...], dann können sie immer nach draußen gehen und das verteidigen. Ich verteidige ein gutes System und dann ist das in Ordnung. Sie stoßen damit übrigens auch bei keiner Regierung auf Widerstand." (CEO 9, Absatz 34)

„Insofern ist die gesetzliche Regelung jetzt in der eindimensional positiven Auslegung immer die unterste Schranke und es kann viele Argumentationen geben, mehr zu tun. Entweder weil öffentlich mehr gefordert wird und mir diese öffentliche Wahrnehmung wichtig ist, oder weil ich für mich selber entscheide, ich will mehr tun. Das gilt auch dann, wenn es keine gesetzliche Anforderung ist." (CEO 22, Absatz 32)

Die Zitate machen deutlich: wird Verantwortung als Ziel gesetzt, schränkt dies die Wahl möglicher Mittel der Anpassung entsprechend ein. Nur diejenige Form der Anpassung findet Betrachtung, die dem Ziel bestmöglich dient. In dieser Eigenschaft entfernt sich das funktionsorientierte Verantwortungsverständnis weit von der eigentlichen Bedeutung des Wortes. Das Gegenüber als Verantwortungsobjekt findet nur dann Beachtung, wenn es zu einem Teil des eigenen Zielsystems wird. Das Moment des Antwortens tritt damit deutlich in den Hintergrund. Insbesondere für den ökonomischen Ansatz der Wirtschaftsethik ist ein solches Verantwortungsverständnis dennoch das einzig konsistente und dauerhaft etablierbare Konzept (Pies, 2001:180f; Suchanek, 2006:9). Als Beleg, dass über

---

[141] Die Ethik von Peter Ulrich (2001) macht beispielsweise den Vorschlag einer „lebensdienlichen Ökonomie", bei der das ökonomische Primat aufgelöst wird. Ulrich konnte für seine Theorie allerdings nur wenig Unterstützung finden. Annette Kleinfeld (1998) erarbeitet über den Begriff der Personengerechtigkeit eine alternative Zielpriorität. „Für Kleinfeld ist Verantwortung im Unternehmenskontext Ausdruck und Konkretion von Personengerechtigkeit." (Pies, 2001:173) Ihrer Annahme eines moralischen Personenbegriffs, der zu einer Veränderung der Zielsysteme führe, wollen bisher aber ebenfalls nur wenige folgen. Nicht als Ablösung, sondern als Ergänzung des ökonomischen Modells, ist das Konzept des „social business" von Muhammad Yunus (2007) zu verstehen. In seinem Konzept bildet sich eine Parallelstruktur, die eine andere Zusammenstellung des Zielsystems mit sich bringt.

eine solche Ziellogik gesellschaftlich erwünschte Zustände erreichbar sind, werden immer wieder Beispiele wie das folgende herangezogen:

> *„In Ägypten oder in Russland kannst du [mit den neuen Compliance-Regeln] kein Geschäft mehr machen. Wir haben durch den Aufbau einer Compliance-Organisation viel Geschäft verloren. Ich [...] glaube aber, dass man damit mittelfristig sogar einen Wettbewerbsvorteil aufbaut, weil man eben aus der Grauzone rauskommt. Die Mitarbeiter haben eine klare Orientierung und das Unternehmen hat kein Risiko im Bezug auf das Marktverhalten. Deshalb sehe ich durchaus auch Chancen drin, Vorreiter zu sein." (CEO 5, Absatz 38)*

Die Bedeutung des Zusammenhangs aus aktiver Zielsetzung und der sich daraus ergebenden Wirkung ist für die Spitzenmanager durchaus evident. In der Zusammenschau wird sich aber später zeigen, dass für den Durchschnittsfall der Verantwortungsverständnis deutscher Spitzenmanager die Funktion der Zielerreichung nicht zentral ist.

> *„Ich denke, ein Unternehmen hat immer ein Ziel. Jetzt könnte man sagen, ein Ziel ist es, nur die soziale Gemeinschaft zu stärken. Wenn das Unternehmen aber nicht überlebt, dann kann man diesen Zweck nicht erfüllen. Wir fragen uns also, was für unsere Zukunft wichtig ist und können somit auch manchmal längerfristige Investitionen in die Zukunft tätigen." (CEO 24, Absatz 28)*

Für das funktionsorientierte Verantwortungsverständnis wird mit diesem Zitat deutlich, dass durch ein zusätzliches Ziel, in diesem Fall die Stärkung der sozialen Gemeinschaft, die Gesamtzielsetzung, also die Sicherung des erfolgreichen Fortbestandes des Unternehmens, nicht gefährdet werden darf. Ist verantwortliches Handeln diesem funktionalen Interesse hingegen zuträglich, so erfährt es die notwendige Legitimation.

Als beinahe schon *klassische* Illustration eines funktionsorientierten Verantwortungsverständnisses mit rationalen Zielprämissen kann das ein- oder zweiseitige Prisoners Dilemma bezeichnet werden.[142] Verantwortung wird in diesem spielthoretischen Modell als eine Dilemmastruktur modelliert, die durch die Unsicherheit der Handlungswahl des Interaktionspartners und die Möglichkeit gegenseitigen „Defektierens" gekennzeichnet ist (Heiß, 2011:232f). Für die Beschreibung des funktionalistischen Verantwortungsverständnisses ist es nicht weiter wichtig, die Details des Modells oder dessen Varianten, wie beispielsweise das Ultimatumspiel, zu untersuchen. Von Bedeutung ist lediglich, dass die Grundannahme, wie sie in der Verantwortungskonzeption durch die spieltheoreti-

[142] Das Prisoners Dilemma wird in einem solchen Verständnis beispielsweise bei Lin-Hi (2009) oder Pies (2001:180f) angeführt. Als rationales Zielkriterium wird im Kontext der Verantwortungsübernahme überdies häufig eine ökonomische Zielgröße als rationales Ziel vorgegeben (a.a.O).

schen Modelle zum Ausdruck gebracht wird, nicht kooperativ ist.[143] Diese nicht-kooperative Grundhaltung kann – und soll(!) – nur dann überwunden werden, wenn ein beiderseitiger Vorteil für die Handelnden entsteht. Argumentationen über indirekte Auswirkungen der Verantwortungsübernahme, wie sie beispielsweise von Gardberg und Fombrun (2006:330) im Sinne von immateriellen Vermögenswerten oder verbesserten institutionellen Rahmenbedingungen dargestellt werden, stellen für ein Investment keine ausreichende Basis dar. Verantwortung wird dementsprechend nur dann als Ziel etabliert, wenn es zur Hebung unmittelbarer Vorteile im Nicht-Kooperationsspiel direkt beiträgt.

Welche Entwicklung sich für einen *funktionsorientierten Idealtyp* ergibt, der ein rein ökonomisches Ziel setzt, lässt sich mit Hilfe der weit verbreiteten Corporate Social Responsibility Pyramide von Archie Carroll beschreiben (Carroll, 1979; Carroll, 1991). Von der ökonomischen Verantwortung auf der ersten Stufe steigert sich der Verantwortungsumfang über legale, ethische bis hin zur philantrophischen Verantwortung (Carroll, 1991:44). Ein ökonomisch funktionales Verantwortungsverständnis orientiert sich primär an den ersten Stufen der Pyramide, d.h. dass die ökonomische Verantwortung klar im Zentrum steht.[144] Legale Verantwortung wird, da die Strafen direkt in monetäre Schäden übersetzt wurden, häufig ebenfalls als selbstverständlicher Bestandteil des funktionalistischen Verständnisses behandelt. Selbst Milton Friedman, der sich sehr pointiert gegen einen erweiterten Verantwortungsbegriff der Wirtschaft ausgesprochen hat, rechnet legale Verantwortung zum funktionalen Kern (Friedman, 1984; Husted und De Jesus Salazar, 2006). So sehr sich diese Interpretation auch aufdrängt – wer will schließlich Gesetzesbruch legitimieren? – legale Verantwortung ist für Funktionalisten mit ökonomischer Zielsetzung nur dann bindend, wenn ihnen aus der Gesetzestreue ein direkter monetärer Vorteil erwächst. Die Bedeutung der legalen Verantwortung entsteht nicht aus der Akzeptanz des Legalen an sich, sondern aus seiner Funktion für die eigenen Handlungen.

[143] Es gibt durchaus auch spieltheoretische Modelle, die kooperatives Verhalten modellieren. Bezeichnenderweise hat aber das Nobel Komitee John Nash den Nobelpreis ausdrücklich für seine Arbeit an nicht kooperativen Modellen verliehen und damit seine kooperativen Modelle aus der Würdigung ausgeschlossen.

[144] Unter ökonomischer Verantwortung ist all jene Verantwortung zu verstehen, die sich unmittelbar aus der berufsbedingten Funktionsrolle der Spitzenmanager im Hinblick auf ihr Tätigkeitsfeld ergibt (Imbusch und Alemann, 2007:13). „Für das Unternehmen als wirtschaftliche Einheit besteht die fundamentale Verantwortung darin, Güter und Dienstleistungen zu produzieren, die von der Gesellschaft nachgefragt werden und diese gewinnbringend zu verkaufen – entsprechend dem Gewinnmaximierungsgedanken." (Promberger und Spiess, 2006:9)

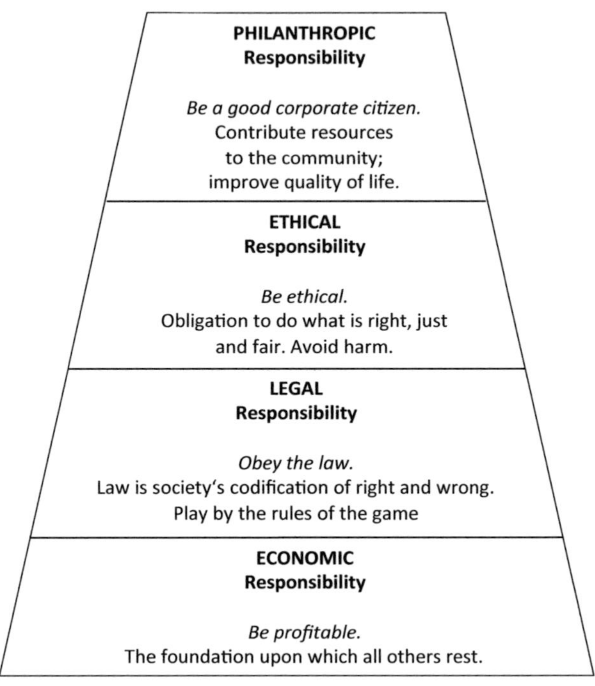

Abb 19: Die Corporate Social Responsibility Pyramide (Carroll 1991:42)

Für eine andere Zielsetzung als die rein ökonomische, beispielsweise die Versorgung aller Menschen mit Nahrungsmitteln, würden sich aus der gleichen Logik ganz andere Ableitungen für ein *funktionsorientiertes Verantwortungsverständnis* ergeben. In der Auswertung richtet sich der Blick daher nicht auf das Ziel selbst, sondern auf die Funktion, die der Zielerreichung dient.

5.3.3 Sicherung des Zusammenhaltes durch Verantwortungsübernahme – Integrationsbasierter Verantwortungstyp (I)

Der dritte Idealtyp wird von der Funktion der Integration bestimmt. „Das funktionale Problem der Integration bezieht sich auf die gegenseitigen Anpassungen [der] ‚Einheiten' oder Subsysteme unter dem Aspekt ihrer ‚Beiträge' zum effektiven Funktionieren des Systems als ganzem." (Parsons, 1976:176) Für ein Unternehmen bedeutet das, dass die Teilleistungen so koordiniert werden müssen, dass sie miteinander harmonieren. Nur eine ausreichende Integration kann die gemeinsame Leistungserbringung sichern (Buß, 2008:144). Holton sieht die Bedeutung der Integration daher auch nicht in ihrem direkten Beitrag für das ökonomische Fortkommen, sondern in der Sicherung des Rahmens, in dessen Schutz und durch dessen koordinative Leistung ökonomische Leistungen bestmöglich erbracht werden können.

> „The major inputs of society‘s integration system to the integration subsystem of the economy are not then values pertinent to economic activity, but rather a stable normative framework wherein predictable economic activity may take place.“ (Holton, 1988:77)

Von wissenschaftlicher Seite wird diese Perspektive vor allem durch die Überlegungen von Polterauer (2004; Polterauer und Nährlich, 2008) zur gesellschaftlichen Integration durch Corporate Citizenship sowie teilweise durch die Untersuchungen von Hiß (2006, 2009) zum neuen soziologischen Institutionalismus beschrieben. Die von Hiß und Polterauer beschriebenen Prozesse der Integration nehmen überwiegend Bezug auf das Verhältnis zwischen Wirtschaft und Gesellschaft.

> *„Die Begrifflichkeit des Corporate Citizen, [...] die damit ja auch quasi eine Kollektivverantwortung des Unternehmens als juristische Person ausdrückt, die gibt es. Ob sie heute größer ist als vor 10 oder 15 Jahren, traue ich mich nicht einzuschätzen. Sie wird heute aber stärker eingefordert als je zuvor.“ (CEO 22, Absatz 19)*

Für den Idealtyp der Integrierer steht neben dieser Integration der beiden Systeme insbesondere die Integration der Mitglieder innerhalb des eigenen Systems, hier vor allem des eigenen Unternehmens, im Vordergrund.

> *„Die Mitarbeiter wollen wissen, wofür man steht und wo man hin will. Das ist auch gut so. Man muss Strategien erklären, man muss Ziele erklären, die nicht von jedem geteilt werden. Dafür sind wir da, dafür dass wir die auch leben und durchsetzen. Wir müssen und wir wollen mehr von dem erklären, was wir tun.“ (CEO 15, Absatz 22)*

Sehr pragmatisch beschreibt Eugen Buß diese Art der Integration, wenn er schreibt: „Die Integrationsfunktion verhindert, dass sich ein Bereich auf Kosten eines anderen Bereiches profiliert oder eine Mitarbeitergruppe zulasten einer anderen priviligiert wird.“ (Buß, 2008:144)

> *„Ich glaub, dass das eine sehr große Rolle spielt, weil einfach die persönlichen Grundhaltungen sich natürlich in dem Entscheidungs- und Ermessensspielraum vom Vorstand durchaus widerspiegeln. Er trägt letztendlich die Verantwortung bzw. hat die Chancen und die Möglichkeiten, bestimmte Aktivitäten innerhalb des Unternehmens zu promoten. Die ganzen sozialen Komponenten, die dabei eine Rolle spielen, in welcher Ausprägung ein Unternehmen dies dann durchführt, das ist seine Entscheidung. Er kann verstärken*

oder kann abschwächen. Insofern spielt er meines Erachtens schon eine große Rolle." (CEO 1, Absatz 16)

„Dass man ehrlich mit [den Mitarbeitern] umgegangen ist und sie nie belogen hat, wenn es um Entscheidungen geht. Dass man auch die richtigen Gründe angeführt hat, warum das so ist und warum es nicht anders geht. Für mich ist ganz wichtig, dass bei den Mitarbeitern immer zurückbleibt, dass man immer nach bestem Wissen und Gewissen gearbeitet hat." (CEO 4, Absatz 20)

Richard Münch spricht gar von Interaktionen, die den Charakter von Vergemeinschaftungen hätten und „gemäß dem Prinzip der Konformität mit den in der Lebenswelt geteilten Normen vonstatten [gingen]." (Münch, 2004:83) Die Akteure folgen dabei Normen, für die keine konkurrierenden Alternativen bestehen, die dementsprechend mit einem hohen Maß an Selbstverständlichkeit ausgestattet sind.

„Diese Regeln gelten für alle. Wie man mit diesen Regeln umgeht, wie man sie anwendet, wie man sie ins Haus bringt, wie man sie auch vielleicht hinterfragt, das hängt davon ab, welche Freiheitsgrade man sich gemeinsam mit den Mitarbeitern erarbeitet. Das spielt für mich eine große Rolle." (CEO 2, Absatz 19)

„Ich empfinde natürlich das Kollektiv der Firma verantwortlich für das, was wir tun. Das muss ich natürlich als oberster Repräsentant vertreten. Ich sehe mich völlig selbstverständlich auch in einer persönlichen Verantwortung, das heißt, der Gedanke Verantwortung nicht zu übernehmen, wenn sie gefordert ist, ist mir völlig fremd. Bis hin zu der Konsequenz, dass man eben auch von sich aus sagt: das habe ich zu verantworten, ich habe auch Konsequenzen daraus zu ziehen." (CEO 5, Absatz 16)

In ihrer Handlungsorientierung richten sich *Integrierer* am Verhalten anderer aus, nehmen aber gleichzeitig einen Rückbezug der Anderen als selbstverständlich an. Für *Integrierer* entwickelt sich aus dem gegenseitigen Einlassen auf eine „gemeinsame Weltsicht" (Buß, 2008:144) die Stärke der Gemeinschaft, an der sich ihr Verantwortungskonzept orientiert.

„Ich erwarte mir allerdings von meinen Mitarbeitern, dass sie das tun, was ich auch getan habe, als ich noch operativer unterwegs war, nämlich [offen Rückmeldung zu geben]. Und ich versuche, ein Gefühl zu behalten für die Mitarbeiter, [...] indem ich mich sehr regelmäßig [...] mit dem Betriebsrat austausche. Jedes Mal, wenn ich vor Ort bin, setze ich mich immer zum Betriebsrat hin. Ich glaube, der ist noch tiefer in den Eingeweiden des Unternehmens drin als das viele Führungskräfte sind." (CEO 17, Absatz 102)

„Natürlich muss man gewissermaßen an Zahlen orientiert sein, aber für mich ist auch wichtig, wie der Umgang miteinander ist. Wie ist das Fairplay im Un-

ternehmen? Wie schaffen wir es, dass wir alle an dem gemeinsamen Ziel arbeiten können? Mir ist auch wirklich wichtig, dass ein bestimmtes Kommunikationsniveau im Unternehmen eingeführt wird." (CEO 9, Absatz 50)

„[Verantwortung] ist ein Projekt, das man nicht in irgendeinem „Discounted Cash Flow" kalkulieren kann. Das ist für mich einer dieser Softfacts, bei denen man aus der Belegschaft Zuspruch hört, bei denen man anhand von Wartelisten sieht, dass [das Angebot] angenommen wird." (CEO 29, Absatz 49)

Das generalisierte Medium des Integrationsquadranten bezeichnet Parsons als „Einfluss". Einfluss wird durch die Mitglieder der Gemeinschaft für einen besonderen Einsatz in Konformität mit den wesentlichen Normen der Gemeinschaft individuell oder an Teilgruppen verliehen. Über ein höheres Maß an Einfluss lassen sich wiederum Normen besonders deutlich bestätigen oder an deren Weiterentwicklung mitwirken (Münch, 2004:84f). *Integrierer* sehen sich demgemäß durch ihr Verantwortungsverständnis dazu aufgerufen, Verantwortung für die Gemeinschaft zu übernehmen und diese damit zu stabilisieren. Gleichzeitig richten sie die Übernahme von Verantwortung auch außerhalb der Gemeinschaft an den Gemeinschaftsnormen aus. Über ihren Einfluss sind sie aber überdies in der Lage, andere zur Mitarbeit – oder hier zur Mitverantwortung – zu motivieren, und damit auch weit über ihren eigenen Handlungshorizont hinaus Wirkung zu erzeugen.

„Verantwortung heißt immer Vorleben. Man kann Anregungen geben, man kann sie initiieren, man kann auch die Ressourcen bereitstellen. [..] Sie müssen Impulse geben, Hilfestellungen geben, Fragen stellen, unterstützend zur Seite stehen, also letztendlich coachen. Oft fehlen einfach die Impulse, die meines Erachtens immer von oben kommen müssen. Nur so können sich dann Freiheitsräume entwickeln, die dann etwas Positives entstehen lassen." (CEO 7, Absatz 68)

Institutionen dienen dem Ziel, ein möglichst hohes Maß an Integration zu gewährleisten. Für den Idealtyp der *Integrierer* sind Institutionen dementsprechend von hoher Bedeutung. Sie erhoffen sich durch die Bewahrung und Implementierung von Institutionen die Ausbildung und Sicherung von kulturellen Wertmustern in Form von Rollen.

„Ich glaube das wird mittlerweile als selbstverständlich angesehen, dass wir einen Code of conduct haben, Compliance Regeln folgen und Compliance Abteilungen aufbauen. Wir gehen sehr transparent mit diesen Themen um, reden mit gewissen Gruppen über die verschiedenen Audit Ergebnisse, und setzen diesen Themenkomplex immer wieder als Fokus bei unseren Führungskräftemeetings. Ich glaube, die Anfangsproblematik des ‚muss das sein' ist vorbei." (CEO 30, Absatz 47)

Die Bewertung des eigenen Erfolges hängt für *Integrierer* auch davon ab, ob es ihnen gelungen ist, Strukturen zu schaffen – zumindest aber zu pflegen – innerhalb derer integrative Prozesse gefördert werden. Solche Institutionen sind sowohl für die Beziehung zwischen Systemen – beispielsweise zwischen Unternehmen und Zivilgesellschaft – als auch innerhalb des Systems – beispielsweise innerhalb des Unternehmens – von großer Bedeutung.

Während von theoretischer Seite im Hinblick auf Verantwortung überwiegend Institutionen der Makroperspektive Beachtung finden, legen die Spitzenmanager einen Schwerpunkt auf die Mikroperspektive.

> *„Ich weiß nicht, ob wir heute tiefer in die Gesellschaft integriert sind, aber in die Belegschaft sind wir auf jeden Fall tief integriert. [...] Vor zwei Jahren waren wir in schwierigen Zeiten. Wir mussten Kurzarbeit einführen und haben auch Personal entlassen müssen. Ich glaube, wenn man da ganz klar in der Belegschaft integriert ist, dann versteht auch die Belegschaft dass da jemand ist, der verantwortlich mit diesen Themen umgeht." (CEO 17, Absatz 96)*

Idealtypisch sind beide Ebenen angelegt, wobei Parsons die Bedeutung der Mikroperspektive, als Sicherung der Systemintegrität, hervorhebt (vgl. Parsons, 1976:176f). Die Makroebene betont hingegen Polterauer:

> „Globale gesellschaftliche Ordnung kann nur dann bestehen, wenn auch im globalen Maßstab Interpenetration stattfindet. Statt einer Isolierung der Bereiche Wirtschaft und Gemeinschaft kann deshalb nur eine dem Wirtschafts- und Finanzmarkt äquivalente globale Marktgemeinschaft diese Ordnung schaffen." (Polterauer, 2004:31)

Die von Polterauer hier angesprochene globale Marktgemeinschaft ist aber selbst in den idealtypischen Äußerungen der Spitzenmanager (bisher) nicht zu finden. Solche umfassenden Ansätze finden sich allgemein selten in den Statements der deutschen Wirtschaftselite. Wenn sie ansatzweise aber doch aufscheinen, dann im Bereich der Gültigkeit von letzten Wahrheiten und Werturteilen.

5.3.4 Verantwortung als Element eines tieferen Wertverständnisses – Wertverankerter Verantwortungstyp (L)

Die Funktion der Strukturerhaltung bildet die Basis des letzten Idealtyps, der als der *wertverankerter Verantwortungstyp* bezeichnet werden soll. Die für diesen Idealtyp leitende „Funktion der Strukturerhaltung bezieht sich auf die Notwendigkeit, die Stabilität der institutionalisierten Kulturmuster zu bewahren, die die Struktur des Systems definieren." (Parsons, 1976:172) Eugen Buß (2008:145) beschreibt vier Merkmale, welche die latente Strukturerhaltung insbesondere kennzeichnen:

- Verankerung gemeinsamer kultureller Orientierungsmuster (Leitbilder) im Bewusstsein der Mitarbeiter

- Fähigkeit, mit Konflikten und Spannungen fertig zu werden, die zwischen den verschiedenen Akteuren eines Unternehmens bestehen können
- Definition und Kontrolle der Beziehungen zur wirtschaftlichen und sozialen Umwelt eines Unternehmens über latente Muster und Sinnbezüge des Handelns, so dass der potentielle Input zum Unternehmenssystem passt
- Gestaltung von Kommunikationsprozessen, aus denen heraus Ideen und Sinnbezüge des Handelns entstehen und legitimiert werden

Für den *wertverankerten Idealtypen* heißt das, dass er die normierten Gesetzmäßigkeiten in hohem Maße verinnerlicht hat und dadurch seinerseits ein starkes Commitment entstanden ist. Wertverankerte verstehen es als ihre Aufgabe, Normen und Sinnbezüge zu wahren und damit anderen Orientierung und Sinn in ihren Handlungsbezügen anzubieten.

> *„Mein Vater war schwer kriegsbeschädigt, hat nicht gearbeitet und hat es daher sehr schwer gehabt, verschiedene Funktionen und Positionen zu bekommen. Darum hat sich bei mir relativ frühzeitig gezeigt, dass ich später mal Verantwortung übernehmen möchte, um eben auch soziale Gerechtigkeit im Unternehmen zu etablieren." (CEO 9, Absatz 4)*

> *„Ich komme aus einem Arbeiterhaushalt und in einem Arbeiterhaushalt ist Verantwortung etwas, über das nicht gesprochen, sondern das gelebt wird. Und das tatsächlich im täglichen Erwachsenwerden. Insoweit bin ich ganz lange mit dem Thema befasst." (CEO 12, Absatz 4)*

Parsons spricht davon, dass die Strukturerhaltung einen letzten Bezugspunkt bilde, auf den sich die Bewertungen auch aus anderen Funktionserfordernissen zurückbeziehen (Parsons, 1976:173). So heißt Rationalität für ein wertverankertes Verantwortungsverständnis beispielsweise, sich auf den eigenen Wertekanon in der Entscheidung zurückzubeziehen und von diesem aus neue Ziele zu definieren.

> *„Bei der Vermittlung von Werten, und wir reden da ganz offen über die 10 Gebote und ähnliches, wirkt das eigene Vorbild weit mehr als bloße Worte. Für mich ist das Arbeitsverhalten ganz wichtig, genauso wie das Sozialverhalten. Und dieses kann nur aus einer starken Prägung hervorgehen." (CEO 27, Absatz 10)*

Mit anderen Worten: Das Verantwortungsverständnis im Sinne eines *wertverankerten Idealtyps* kann dazu führen, dass Mitarbeiter sehr frühzeitig über Entscheidungsprozesse in Kenntnis gesetzt werden. Motivation hierfür ist die Überzeugung, dass die eigenen Mitarbeiter ein wertvolles Gegenüber sind, dem mit entsprechendem Respekt zu begegnen ist. Ob aus dieser, den Mitarbeitern zugewandten Haltung ein besseres Betriebsklima und damit eine höhere Produktivität entsteht, ist nicht primär entscheidend.

Für *Wertverankerte* ist Verantwortung sowohl mit der Identität der eigenen Person als auch, vermittels einer starken Bindung an das Unternehmen, mit dessen Leitbild, verbunden.

> *„Ich glaube, insbesondere in der sehr bewussten Unterscheidung zwischen dem was Recht ist, und dem, was gerecht oder angemessen ist, also Legalität und Legitimität, liegt im Berufsleben ein sehr wichtiger Unterschied. Insbesondere bei technisch ausgebildeten Kollegen ist der aber häufig nicht präsent, liegt für sie nicht auf der Hand und ist dann auch teilweise nur sehr schwer vermittelbar." (CEO 12, Absatz 8)*

Die Inhalte richten sich dementsprechend einerseits an den Werten und Leitbildern des Unternehmens aus, andererseits sind sie eng an das eigene, tieferliegende, Wertverständnis gebunden. Ein konkurrierendes Verhältnis der beiden Bezugssysteme ist für *Wertverankerte* nicht (dauerhaft) denkbar. Ihr motivationales Engagement, verbunden mit der hohen Bedeutung von Ritualen und Symbolen – als Mechanismen der Bestätigung – würden keine dauerhafte Dissonanz zulassen (vgl. Parsons, 1976:173). Die Verantwortungsübernahme ist demgemäß für den *wertverankerten Idealtyp* auch ein Prozess, durch den sowohl die eigenen Werte als auch die des Unternehmens bestätigt und gestärkt werden.

> *„Die erste Antwort ist die Struktur und Natur unseres Unternehmens. Ich sage jetzt mal ganz platt, aber auch überzeugt und auch einigermaßen stolz: wir sind anders. Wir sind ein Unternehmen wie sie das sonst heute nicht mehr finden und [unsere Leute] sind wirklich sehr bodenständige Kerle, die sehr geradeaus sind. Vor vielen Jahren habe ich in einem Interview gesagt: ‚Ich habe keinen Personalberater, weil ich nur dann hier reüssieren kann, wenn ich authentisch und geradeaus bin.' Das heißt also, dieses Unternehmen verträgt keine Darsteller. Punkt." (CEO 15, Absatz 12)*

Die Bezeichnung als *wertverankerte* nimmt, neben ihrem direkten Bezug auf die Funktion der Strukturerhaltung, eine These von Archie Carroll auf. Carroll spricht von einer *„Philosophy of Responsiveness"* (Carroll, 1979:501) und beschreibt diese als ein Kontinuum zwischen *„no response"* und *„proactive response"*. Unter der Voraussetzung, dass das Management eine soziale Verantwortung zu tragen hat, und davon ist Carroll überzeugt, stellt er nicht die Akzeptanz einer moralischen Verpflichtung, sondern den Grad der aktiven Fortentwicklung, den Manager bereit sind zu leisten, ins Zentrum seiner Untersuchung. Anders ausgedrückt: Für den *Idealtyp der Wertverankerten* gibt es keine Alternative zur Verantwortungsübernahme, aber es gibt verschiedene Vorstellungen über den

Umfang der Verantwortung und viele Wege, Verantwortung zu übernehmen (vgl. Münch, 2004:76).[145]

„Am Ende des Tages brauchen Individuen Orientierungspunkte. Und das können glaube ich nur individuelle Werte sein. So etwas wie der Shareholder oder Stakeholder Value sind immer überindividuelle Werte, die letztendlich aber in der individuellen Entscheidungsfindung nur beschränkt weiterhelfen. Und dafür kann etwas, das so altmodisch klingt wie ‚Werte' schon eine Stütze bieten. Allerdings mit der Maßgabe, dass wir diese Werte wirklich an moderner Gesellschaft spiegeln müssen. Werte müssen sich weiterentwickeln. Das, was die Buddenbrooks unter einem Ehrbaren Kaufmann verstanden, ist Ehrlichkeit. Das gilt auch heute noch." (CEO 12, Absatz 12)

„[Die Bedeutung traditionaler Werte liegt] auf einer Skala von 1 bis 10 [bei] zwanzig. Es ist eine absolut unabdingbare Notwendigkeit im Business, sei es bei den Stakeholdern, Mitarbeitern, externen Kontakten, Shareholdern, wer auch immer. Verlässlichkeit, Zuverlässigkeit, auch Loyalität sind absolut wichtige Werte." (CEO 21, Absatz 20)

Als Beispiel einer generellen Idee, die als grundlegende Orientierung des Handelns für *wertverankerte Idealtypen* dienen kann, lohnt ein Blick auf die Theorie der Verantwortung von Hans Jonas (2002).[146] Für Jonas geht Verantwortung zurück auf ein grundsätzliches und unumstößliches Prinzip: das Sein des Menschen. Dieses Sein, das er als unbedingt schützenswert beschreibt, bildet die Grundlage aller weiteren Rechtfertigungen von Verantwortung. Verantwortung wird unter dem festen Rückbezug auf ein höheres Prinzip konzipiert, an dessen Gültigkeit kein Zweifel besteht. Die Bedeutung dieses höheren Prinzips macht eine unbedingte Universalität notwendig, um nicht in Abwägungskonflikte zu geraten. Daraus ergibt sich, und Jonas hat das immer betont, eine Unmöglichkeit

---

[145] Die Bezeichnung als *Wertverankerte* kann leicht als Idealtyp eines besonders ausgedehnten Verantwortungverständnisses missverstanden werden. Ausmaß und Inhalt der Verantwortungsübernahme ist aber weder in der Konzeption dieses noch in allen anderen Idealtypen enthalten. An dieser Stelle wird einmal mehr deutlich, dass die Idealtypen kein deterministisches Modell der Verantwortungsinhalte darstellen, sondern sich den grundsätzlichen Handlungsorientierungen zuwenden. Gleichzeitig werden Begriffe wie Leitbild und Werte sowohl in der Praxis (bspw. in Unternehmensleitbildern) als auch in Teilen der Theorie (insbes. zu Unternehmenskultur und Wertemanagement) häufig eng an eine erweiterte Verantwortungsübernahme gebunden (Carroll, 1987). Diese Verknüpfung mag wünschenswert sein, aus den theoretischen Annahmen ergibt sie sich aber nicht logisch zwingend. Hier ist deshalb lediglich die grundsätzliche Bindung des Idealtyps an „generelle Ideen" und „symbolische Bezugsrahmen [..] als generelle Orientierung für Handlungen" (Münch, 2004:76) gemeint.

[146] Jonas verknüpft ein tieferliegendes Prinzip – das Sein des Menschen – mit einem hohen Maß an Verantwortungsübernahme. Theoretische Darstellungen, die von einem grundlegenden Prinzip auf ein geringes Maß an Verantwortung schließen, sind zwar verfügbar, allerdings bei weitem nicht so grundlegend und umfassend ausgearbeitet (vgl. Müller, 2004), teilweise gar nur schemenhaft skizziert (vgl. Husted und De Jesus Salazar, 2006; Friedman, 2007; Coelho et al., 2003a).

der Trennung der Sphären der Verantwortung. Wenn das Sein des Menschen durch Handlung oder Unterlassung bedroht wird, kann Verantwortung nicht abgelehnt werden. Die Überzeugung für eine solche Haltung kann nur aus der Kultur kommen. *Wertverankerte* pflegen ein Verantwortungsverständnis, dass auf eine solche tragfähige Kultur aufbaut.

> *„Strukturen und Organisationen können sowas befördern, sie können es aber nicht endgültig schaffen. Sie können dafür sorgen, dass es in einer Organisation Strukturen gibt, in denen sichergestellt wird, dass Verhaltensweisen hinterfragt werden, und ein Dialog dadrüber entsteht. [...] Sie können eine Kultur schaffen, die ein gewisses Verantwortungsbewusstsein erhält, aber sie können es nicht organisatorisch erzwingen. Das ist eine Kulturfrage, keine Organisationsfrage. (CEO 10, Absatz 20)*

Die Orientierung an Werten kann durch eine Struktur bestärkt oder in Frage gestellt werden, als ausschließliche Quelle kann sie aber offensichtlich nicht dienen.

5.3.5 Bedeutung der Idealtypen für die deutsche Wirtschaftselite

Auf der Suche nach Stabilität wären die Spitzenmanager mit ihren Verantwortungsverständnissen dann am Ziel, wenn alle vier Idealtypen in etwa gleichem Ausmaß Bedeutsamkeit entwickeln würden. Insgesamt wurden knapp 800 Aussagen der Befragten einer der vier Funktionen des AGIL-Schemas zugeordnet. Betrachtet man anhand der ausgewerteten Aussagen zunächst ausschließlich die stärkste Funktion des Verantwortungsverständnisses, so ergibt sich ein recht unausgewogenes Bild. Sowohl die Funktion der Anpassung als auch die Funktion der Integration bilden mit jeweils 37 % der Codierungen die zentralen Elemente der Verantwortungsverständnisse. Die Funktionen der Zielerreichung und der Strukturerhaltung erreichen hingegen nur 13 %. Würde demgemäß eine Zuordnung der Spitzenmanager zu den oben beschriebenen Idealtypen allein anhand der stärksten Ausprägungen vorgenommen werden, so ergäbe sich folgendes Bild: jeweils 37 % wären als *anpassungsorientierter* bzw. *integrationsbasierter Verantwortungstyp* zu bezeichnen, jeweils 13 % fänden sich unter den Bezeichnungen *funktionsorientiert* und *wertverankerter Idealtyp* wieder. Die aussagekräftigere Betrachtung der Verantwortungsverständnisse in allen vier Dimensionen bestätigt die Grundaussage, zeigt aber gleichzeitig ein etwas versönlicheres Bild. In Abbildung 20 sind die Verantwortungsverständnisse der Spitzenmanager nach den vier Grundfunktionen des AGIL-Schemas als Durchschnitt abgebildet. Neben dem aus den Mittelwerten aller Klassifizierungen generierten Durchschnittsfall, sind vier Profile von Spitzenmanagern abgebildet, deren Profil sich besonders eindeutig an einem der Idealtypen orientieren. Ein stabiles System müsste nach Parsons in einer solchen Anordnung zu ungefähr quadratischen Abbildungen führen.

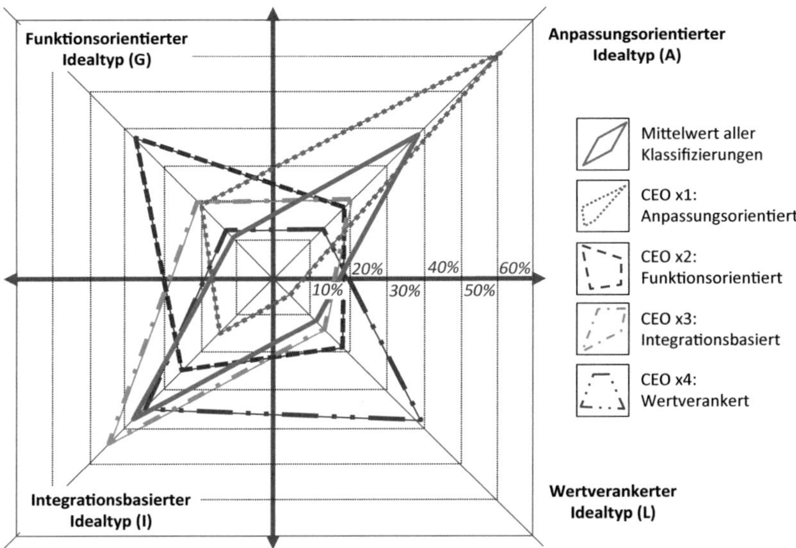

Abb 20: Durchschnitt und beispielhafte AGIL-Profile der Verantwortungsverständnisse von befragten Spitzenmanagern

In der Darstellung wird deutlich, dass die Verantwortungsverständnisse sich im Durchschnitt an zwei Polen orientieren, von einer Dominanz dieser beiden Orientierungen aber keineswegs die Rede sein kann. Die ausgewählten AGIL-Profile einzelner Spitzenmanager lassen aber auch erkennen, dass abseits des Durchschnittsfalls signifikante Unterschiede zwischen den Verantwortungsverständnissen bestehen. Die Profile bieten damit die Möglichkeit, sich trennscharf und dennoch umfassend mit den Verantwortungsverständnissen auseinander zu setzen. Durch diese Systematisierung wird es einerseits möglich, die erfassten empirischen Fakten strukturiert zu betrachten und zusammenzufassen. Auf individueller Ebene lassen sich andererseits aus den Profilen gezielt Arbeitsfelder, für ein ausgeglicheneres Verantwortungsverständnis, herausarbeiten.

Die Bedeutung der Anpassung (A)

Dass die Funktion der Anpassung auch für die Verantwortungsverständnisse der Spitzenmanager von großer Bedeutung ist, verwundert wenig. In der Beschreibung des Idealtyps des Anpassers wurde bereits deutlich, wie eng sämtliches wirtschaftliches Handeln an das Prinzip des Wettbewerbs gebunden ist. Immer wieder wurde auch in jüngeren theoretischen Verantwortungskonzeptionen auf die Stärken eines solchen Verantwortungsverständnisses hingewiesen. Problematisch ist allerdings die relative Stärke in Anbetracht der Schwäche der L- und G-Quadranten. Für die Anpassung ergibt sich zuerst eine Gefahr aus der Schwäche der Zielerreichung. Wenn unklar bleibt, woraufhin angepasst werden soll, also keine Zielvorgaben aus dem Zielerreichungsquadranten vorliegen, dann führt eine Anpassung schnell ins Leere. Für die Stabilität ist es nicht grundsätzlich problematisch, wenn der gestern als Ausdruck der Verantwortung gegenüber den Mitarbeitern erbaute Kindergarten heute geschlossen wird, so lange die proklamierte Verantwortung durch andere Maßnahmen weitergeführt wird. Wenn aber auf *Mitarbeiterverantwortung* morgen *Zuliefererverantwortung* folgt und diese durch *Kundenverantwortung* übermorgen abgelöst wird, dann verliert das Gesamtsystem seine Stabilität. Flexibilität, die für Spitzenmanager im Geschäftsalltag unabdingbar ist, findet sich auch in ihrem Verantwortungsverständnis wieder. Das starke Zielsystem, das ihnen im ökonomischen Nutzen als Zielgröße zur Verfügung steht, lässt sich aber nur schwer auf Verantwortung übertragen und leistet daher für ihr Verantwortungsverständnis nicht den gleichen Dienst.

Die Bedeutung der Zielerreichung (G)

Talcott Parsons bezeichnet *Macht* als das generalisierte Medium des Zielerreichungsquadranten (Münch, 2004:78f). Die Macht der Spitzenmanager besteht darin, verbindliche Ziele zu setzen und die notwendigen Ressourcen zur Verfügung zu stellen (Buß, 2008:144). Es ist durchaus denkbar, Verantwortung auch abseits des direkten ökonomischen Bezuges als Teilziel des Zielsystems zu setzen. Für eine solche Zielsetzung finden sich in der Empirie aber nur wenige Anzeichen. Von einem bedeutenden Verantwortungsziel neben Rendite-, Umsatz- und Marktanteilszielen kann dementsprechend keine Rede sein. Überdies ist die Beziehung zwischen Verantwortungszielen und ökonomischen Maximierungskalkülen in den Verantwortungsverständnissen der Spitzenmanager größtenteils ungeklärt, sodass insbesondere die Zielhierarchien der Präzisierung bedürfen. In seiner jetztigen Ausprägung kann die Zielerreichung ihre Funktion der bestmöglichen Erfüllung der Systembedürfnisse unter Beachtung der Umweltbedingungen nicht erreichen. Selbst wenn im einfachsten Fall lediglich die unstrittigsten Positionen der gesellschaftlichen Verantwortungsdebatten in Deutschland als Umweltbedingung festgehalten werden, müssen diese als Determinanten des Möglichkeitsraumes in den Verantwortungsverständnissen der Spitzenmanager einen Widerhall finden.

Die Sparsamkeit in der Setzung von eigenen Verantwortungszielen könnte auch in einer grundsätzlichen Ohnmacht in der Zielsetzung seitens der Spitzenmanager begründet sein. Wenn den Vorständen, durch welche Bedingungen auch immer, die Macht fehlen würde, Ziele zu setzen, wäre eine Unterbetonung der *Zielorientierung* und eine Überbetonung der *Anpassung* eine logische Konsequenz. Auf ihre Einschätzung der eigenen Handlungsspielräume hin befragt, geben aber mehr als 50 % der Spitzenmanager zu verstehen, dass sie über ausreichende Gestaltungsmöglichkeiten verfügen. Lediglich 13 % sprechen von Schwierigkeiten durch starke Einschränkungen. Gut 23 % betonen, dass man sich die notwendigen Freiräume gegebenenfalls erarbeiten müsse, wenn man sie denn benötige.

> *„Letzten Endes ist zumindest die Rechtsordnung, in der wir uns mit unseren wesentlichen operativen Aktivitäten hier in Europa sowie Nord- und Südamerika bewegen, noch so aufgebaut, dass wir einen weiten Lebensspielraum haben. Da bleiben schon noch gehörige Spielräume, wie unsere Entscheidungen, unser Unternehmen zu vergrößern, in den letzten 10 Jahren ja auch beweisen hat. Es gibt Gestaltungsmöglichkeiten, die weder vom Gesetzgeber noch von der Politik beeinflusst werden." (CEO 15, Absatz 16)*

> *„Ich sehe das schon so, [...] dass wir zunehmend reglementiert sind. Aber ich glaube nicht, dass das Einfluss auf die Art und Weise hat, wie man dann im Unternehmen Verantwortung wahrnimmt und auch weitergibt. Ich glaube, das ist weitestgehend unabhängig." (CEO 17, Absatz 26)*

Erstaunlich ist überdies, dass auch der *Business Case der Verantwortung* als Ziel keine wesentliche Bedeutung entwickelt. Über diese Brücke ließe sich Verantwortung schließlich relativ unkompliziert in der Hierarchie ökonomischer Ziele verankern. In den Verantwortungsverständnissen der Spitzenmanager finden sich aber, wie bereits dargestellt, wenig Hinweise auf eine Verknüpfung zwischen Verantwortungszielen und ökonomischen Kalkülen. Das funktionale Verantwortungsverständnis wurde in der wirtschaftsethischen Diskussion als Angebot an die Wirtschaft bezeichnet (Homann, 2006:5) und hat hierüber eine prominente Stellung erlangt, allein die Mehrzahl der Spitzenmanager ergreift diese ausgestreckte Hand nicht. Dass darüber hinaus kaum andere, eigenständige Ziele in die eigene Zielhierarchie aufgenommen werden, lässt viel Raum für ungesteuerte Anpassungen und erschwert die Diskussion über (gegebenenfalls) unterschiedliche Ziele zwischen Spitzenmanagern und Gesellschaftsvertretern.

Die Bedeutung der Integration (I)

Ähnlich wie die Funktion der Anpassung nimmt auch die Funktion der Integration einen bedeutenden Platz in den Verantwortungsverständnissen der deutschen Spitzenmanager ein. Bereits in den Beschreibungen der Werthaltungen hatte sich abgezeichnet, dass der Wunsch nach Verbundenheit stark ausgeprägt ist und aus diesem verschiedene Bemühungen der Institutionalisierung hervorgehen. Im Gegensatz zur eher passiven, auf Reaktion ausgerichteten, Erfüllung von Notwendigkeiten der Anpassung, beschreiben die deutschen Spitzenmanager ein sehr aktives, in hohem Maße zu gestaltendes, Verständnis der Integration. Für diese aktive Gestaltung bedarf es einer klaren Referenz, an der sich die Integration ausrichten kann. Elementarer Bezugspunkt ist hierfür die Funktion der Strukturerhaltung oder anders benannt, der letzten Realität. Diese letzte Realität bildet beispielsweise die Grundlage für moralische Standards der sozialen Ordnung und das „Gerechtigkeitsempfinden", auf dessen Basis dann eine Integration stattfindet (vgl. Münch, 2004:103). Die hohe Bedeutung der Integration ist demgemäß durch die geringe Bedeutung der Strukturerhaltung in ihrer Wirkung gefährdet. Dies gilt insbesondere im Zeitablauf und unter dem Einfluss starker Veränderungen. Die deutschen Spitzenmanager verstehen es als ihre Verantwortung, Gemeinsamkeit zu schaffen, worauf diese aufbaut, wird hingegen deutlich weniger beachtet.

Die Bedeutung der Strukturerhaltung (L)

Es war nicht zu erwarten, dass die deutschen Spitzenmanager ein *einheitliches Ideal* von Verantwortung als Bezugspunkt ihrer Handlungen nennen würden; insbesondere keines wie das von Hans Jonas (2002) beschriebene. Vielmehr war davon auszugehen, dass eine Bandbreite an Idealen beschrieben werden würde (Buß, 2007:250). Unerwartet häufig wurde aber deutlich, dass eine Auseinandersetzung mit den eigenen Grundfesten als Handlungsgrundlage nur selten und meist unsystematisch stattfindet.[147] Damit ist die Grundfunktion der Strukturerhaltung aber gerade nicht aufrecht zu erhalten.

> „Die wesentliche Funktion liegt – auf der kulturellen Ebene – in der Erhaltung der Stabilität von institutionalisierten Werten vermittels Prozessen, die Werte mit dem System von subjektiven Überzeugungen verknüpfen, nämlich religiöse Glaubensvorstellungen, Ideologie und dergleichen." (Parsons, 1976:173)

Nur sehr wenige Spitzenmanager können primär dem Idealtyp *Durchdrungene* zugeordnet werden. In Anbetracht der großen Bedeutung, die dem Kulturquadranten (L) im AGIL-Schema zukommt, ergeben sich hieraus wesentliche Konsequenzen für die Stabilität der Verantwortungskonzepte und damit letztlich auch für die Stabilität der Unternehmens- und Wirtschaftsentwicklung. Die deutliche Mehrheit der Spitzenmanager kann nicht auf die stabilisierende Wirkung des Kulturquadranten in ihren Verantwortungskonzeptionen zurückgreifen. Auf dieser Basis tiefgreifende Diskurse zu gestalten und darüber in Kooperationen

---

[147] Vergleiche hierzu die Ergebnisse zur Selbstreflektion der Spitzenmanager aus Kapitel 4.4.3 auf Seite 157.

mit anderen gesellschaftlichen Akteuren zu treten, ist schwierig. Gerade solche Diskurse, die nicht einfach mit einer neuen „Management(mode)methode" zu gestalten sind, bewerten Stark und Bluszcz aber als unumgängliche Herausforderung modernen Managements (Stark und Bluszcz, 2007:19).

5.3.6 Durchschnittsfall und Herausforderungen der Verantwortungsverständnisse

In der Zusammenschau der Ergebnisse wird deutlich, dass das Verantwortungsverständnis der deutschen Spitzenmanager im Durchschnitt sowohl bewahrende als auch dynamische Züge trägt. Der sichtbare Ausgleich zwischen bewahrenden und dynamischen Zügen lässt zunächst auf ein ausgeglichenes Verantwortungsverständnis schließen. Es ist allerdings unübersehbar, dass sowohl die dynamische als auch die bewahrende Dimension in sich selbst unausgeglichen sind. Der Durchschnittsfall bildet sich nicht als Mittelwert eines vierseitigen Beziehungsrahmens, sondern ist vielmehr das Ergebnis eines zweipoligen Spannungsbogens. Anpassungs- und Integrationsorientierung sind jeweils dominante Dimensionen, denen aber eine Verbindung zueinander und zu den beiden Dimensionen der Strukturerhaltung und Zielerreichung fehlt.[148] Geprägt sind die Verantwortungsverständnisse von einem hohen Maß an Aufmerksamkeit und einer pragmatischen Umsetzungsbereitschaft. Gleichzeitig enthält der Mischtyp aber wenig strukturierende und zielgerichtete Wesenszüge.

Dass dieser Mischtyp dennoch auf den ersten Blick stabil wirkt, ist seiner ergänzenden Ausrichtung geschuldet. Das Verantwortungsverständnis der deutschen Spitzenmanager ist auf einen Handlungsbereich gerichtet (I), der bisher nicht präsent besetzt ist. Die Integration von Mitarbeiter- und Standortbelangen voranzutreiben, ihre berechtigten Interessen zu schützen und mit den ökonomischen Zielsetzungen in Einklang zu bringen, ist eine herausfordernde Aufgabenstellung, die sich in den Verantwortungsverständnissen entsprechend präsent niederschlägt. Die relative Schwäche der Zielerreichung (G) in den Verantwortungsverständnissen wird durch die relative Stärke dieser Dimension in den ökonomischen Handlungsmotiven ausgeglichen. Gleiches gilt für die Dimension kultureller Werte (L). Diese Konstellation ist zwar kurzfristig stabil, birgt aber eine Vielzahl von Unwägbarkeiten, die eine langfristige Stabilität gefährden.[149]

---

[148] Talcott Parsons spricht von der Notwendigkeit aller vier Funktionen, ordnet sie aber gleichzeitig in der Reihenfolge L-I-G-A (Parsons, 1976:172) entsprechend ihrer Bedeutung für die Steuerung von Handlungsprozessen. Dementsprechend sind die im Verantwortungsverständnis dominierenden Funktionen der eher schwach ausgeprägten Funktion der Strukturerhaltung nachgeordnet.

[149] So kann beispielsweise nicht davon ausgegangen werden, dass die Zielsetzungen ökonomischer Handlungskonzepte mit denen der Verantwortung jederzeit verträglich sind. Und selbst wenn sie dies wären, bliebe die Abhängigkeit zwischen beiden Konzepten, die eine gegenseitige Stabilisie-

Die Spitzenmanager haben selbst immer wieder deutlich gemacht, dass durch verantwortungsvolles Handeln in einem Bereich keine groben Verfehlungen eines anderen Bereichs kompensiert werden können. Ähnliches gilt auch für die Stabilität und Leistungsfähigkeit der Verantwortungsverständnisse.

Für die deutsche Wirtschaftselite bildet der Mischtyp eine Ausgangsbasis, die Herausforderung besteht nun aber darin, ein umfassendes und eigenständig stabiles Verantwortungsverständnis zu entwickeln. Im Sinne der struktur-funktionalen Theorie bedeutet das, alle vier Funktionen in ähnlich starker Ausprägung zu entwickeln. Insbesondere die Suche nach Mechanismen, mit denen sich das Zusammenwirken innerhalb des Unternehmens, aber eben auch der Austausch mit der Gesellschaft, sichern lässt, ist im Durchschnittsfall der Verantwortungsverständnisse deutlich unterentwickelt.

rung unmöglich macht – gerät die Zielsetzung des ökonomischen Handlungskonzeptes in die Krise, gefährdet das auch das Verantwortungsverständnis.

6 Fazit und Forschungsausblick

Im Verlauf der Arbeit ist deutlich geworden, dass Verantwortung ein komplexer Begriff ist und die Verantwortungsverständnisse der deutschen Wirtschaftselite vielschichtig sind. Aus den Ergebnissen der empirischen Erhebung ergeben sich daher Konsequenzen auf mindestens zwei Ebenen: erstens auf der Ebene der Wirtschaftselite selbst und zweitens auf der Ebene eines Verantwortungsdiskurses zwischen Wirtschaft und Gesellschaft. Entgegen manch reißerischer Schlagzeile in der Tagespresse und auch entgegen anderslautender Bekundungen in vorangegangenen Studien, kommt diese Arbeit zu dem Schluss, dass *Verantwortung* als Handlungsprinzip hohe Anerkennung und Bedeutung für die deutschen Spitzenmanager hat. Es ist nicht auszuschließen, dass dies teilweise das Ergebnis einer positiven Selbstauswahl ist: wer lässt sich auf eine Gespräch zum eigenen Verantwortungsverständnis ein, wenn er Verantwortung für ein überflüssiges Anhängsel hält? Andererseits wird die Bedeutung der Ergebnisse dadurch nicht grundsätzlich in Frage gestellt, finden sich unter den Befragten doch Vorstände sämtlicher Branchen, Unternehmensformen und -größen. Dass also lediglich Randerscheinungen dokumentiert wurden, kann nicht behauptet werden. Mehr noch, über die Hälfte der Befragten hat keine *spezielle* organisatorische Verbindung zu Corporate Responsibility oder Corporate Citizenship Abteilungen, so dass auch von hier kein Zugzwang entstanden sein kann. Vielmehr haben auch die (undokumentierten) Äußerungen am Rande der Gespräche ein eindeutiges Interesse an der Materie *Verantwortung* seitens der Spitzenmanager gezeigt. Eine neue Verantwortungselite auszurufen, wäre aber ebenfalls verfrüht.

Verantwortungsverständnisse der deutschen Spitzenmanager – Wohl vertraut und dennoch fremd

Verantwortung ist, das haben die Ergebnisse der Untersuchung eindrücklich gezeigt, ein Thema, das die Wirtschaftselite seit der eigenen Kindheit beschäftigt. Als prägend werden verschiedene Formen der gelebten und erlebten Verantwortungsübernahme beschrieben, die sich vielfach bereits auf wirtschaftliche Bezüge erstrecken. Die erfahrene Fürsorge wird dabei nicht als Entbindung von eigenen Pflichten beschrieben, sondern ist vielmehr Ansporn und Aufforderung zu eigenem Handeln. Die Spitzenmanager berichten von einer umfangreichen Prägung in ihrer Biographie, die auch heute noch ihr Verantwortungsverständnis maßgeblich prägt. In der Folge bringen aber weder das Studium noch die ersten Berufsjahre eine intensive Auseinandersetzung mit der eigenen Verantwortung mit sich. Das Verantwortungsverständnis steht in permanenter Gefahr, von außen verschüttet oder zumindest temporär durch andere Notwendigkeiten einer höheren Priorität überdeckt zu werden. In einer Umgebung konfligierender Interessen ist ein nicht aktiv weiterentwickeltes Verantwortungsverständnis damit von wohlwollenden äußeren Umständen abhängig.[150] Gleichzeitig benennen die deutschen Spitzenmanager mit ihrem Wunsch nach Verbundenheit und ihrem Ideal der Selbstreflexion zwei Aspekte, die der Gefahr eines permanenten Abschleifens oder einer Verschüttung der Verantwortungsverständnisse entgegenwirken können.

Das Ideal der Selbstreflexion wird immer wieder von den Spitzenmanagern als zentrales Korrektiv für ihr eigenes Verantwortungsverständnis genannt. Als Herausforderungen erweisen sich in diesem Zusammenhang die notwendige Systematisierung einer Reflexion und die Zeit, die eine solche benötigt. Insbesondere jüngeren Vorständen fehlt es überdies an Erfahrungen und Vorbildern für eine aktive Auseinandersetzung mit der eigenen Verantwortung, zumal die Lehrpläne betriebswirtschaftlicher Studiengänge einen solchen Seitenblick nach wie vor nur sehr selten enthalten.[151] In den Gesprächen wurde immer wieder deutlich, dass die deutschen Spitzenmanager in der jüngeren Vergangenheit eine Aufmerksamkeit für Verantwortungsthemen, die von außen an sie herangetragen werden, entwickelt haben. Eine aktive Auseinandersetzung mit der eigenen Verantwortung auf der Grundlage ihrer persönlichen Werthaltungen und Überzeugungen betreiben hingegen bisher nur wenige.

> *„So wie wir das jetzt gemacht haben, kann ich mich nicht erinnern [das selbst je getan zu haben]. Aber [eine eigene Reflexion] ist möglich. Nicht so sehr während des Tages, aber bei der einen oder anderen Gelegenheit reflektiert man nach dem Arbeitstag schon. Auch im Urlaub, wenn man den Puls vielleicht etwas nach unten gebracht hat. Allerdings nicht in dieser Tiefe, wie wir das jetzt gemacht haben. […] Das macht auch Spaß, insofern war die Stunde bestimmt nicht vergeudet." (CEO 17, Absatz 104)*

Die Gefahr besteht nun darin, dass die Reflexion mit einem pragmatischen Abwägen verwechselt wird. Nur selten sprechen die Spitzenmanager von einer Unabdingbarkeit der Perspektiven ihrer Verantwortungsverständnisse. Meist sind sie bereit, über kleine Zugeständnisse, Schritt für Schritt, auch wesentliche Aspekte zur Disposition zu stellen. Ein schemenhaftes Beispiel verdeutlicht die Konsequenzen: Die Frage, ob Korruption zu dulden ist, wird zunächst klar verneint, es

---

[150] Insbesondere junge Nachwuchskräfte scheinen dies erkannt zu haben und wählen entsprechend ihren Arbeitgeber auch danach aus, ob sie ihre Vorstellung von Verantwortung dort umsetzen können (Bucksteeg und Hattendorf, 2009:18).

[151] An englischen Universitäten hat sich diesbezüglich bereits ein Wandel vollzogen, der auch in Deutschland eine steigende Zahl von Nachahmern findet. Die „neue Vielfältigkeit" die von deutschen Universitäten durch verschiedene Fächerergänzungen im betriebswirtschaftlichen Curriculum angestrebt wird, kann als Zeichen einer Entwicklung gedeutet werden, an deren Ende eine tiefergehende und vielseitigere Reflexion von (betriebswirtschaftlichen) Entscheidungen steht (Buhse, 2012).

werden dementsprechend keine Schmiergelder an Vertragspartner bezahlt. Um aber die Arbeitsplätze am Unternehmensstammsitz zu erhalten, könnten Schmiergeldzahlungen einer Partnerfirma, die den gemeinsamen Auftrag sichern, billigend akzeptiert werden. In der weiteren Folge besteht nun das Risiko, dass das unmissverständliche „Nein zu Korruption", auf Dauer aufgeweicht wird, zumindest so lange gute Gründe dagegen sprechen.

> *„Natürlich ist der ‚Ehrbare Kaufmann' ein Ideal. Das hat man von zuhause mitbekommen, dass es noch Werte gibt, Handschlagqualität. Wobei diese Dinge in der heutigen Unternehmerlandschaft nur noch sehr rar gesät sind. Das bringt auch die Schnelllebigkeit der heutigen Zeit mit sich, dass diese Dinge leider auf der Strecke bleiben und man im Unternehmensinteresse auf Mainstream gehen muss. Dass man auch mal den Weg des ‚Ehrbaren Kaufmanns' verlässt, weil im Unternehmensinteresse andere Ansätze schlagender sind." (CEO 18, Absatz 24)*

Dem Risiko eines solchen Pragmatismus können die Spitzenmanager einerseits selbst durch eine intensive Auseinandersetzung mit ihren eigenen Wertprämissen entgegengetreten. Andererseits liegen aber auch im vielgenannten Wunsch nach Verbundenheit zwischen Führungskraft und Mitarbeitern, wie auch zwischen Wirtschaftselite und Gesellschaft, bedeutsame Chancen für ein dauerhaft tragfähiges Verantwortungsverständnis. So ließe sich Verantwortung beispielsweise als anspruchsvolles und verbindliches Unternehmensziel implementieren, um daran die eigene Verantwortung zu messen und zu prüfen.[152] Anders ausgedrückt: um ihr eigenes Verantwortungsverständnis krisenfest zu machen, müssen sich die Spitzenmanager klare Verantwortungsziele setzen und in ihren Unternehmen die Prozesse zur Definition von Verantwortung aktiv begleiten. Verfügen diese Prozesse dann über eine ausreichende Stärke, um sich gegenüber anderen betrieblichen Interessen zu behaupten, können auch die Verantwortungsverständnisse der Spitzenmanager an diesen Verantwortungsdefinitionen wachsen.

Anzeichen, dass die für einen solchen Prozess der Verantwortungsdefinition auf Unternehmensebene notwendige Verbundenheit in Entstehung begriffen ist, liefern verschiedene Schilderungen von Vorständen. Die Bandbreite erstreckt sich von gemeinsamen, informellen Mittagessen in der Kantine bis hin zu regelmäßigen, hoch strukturierten Austauschrunden über alle Hierarchieebenen hinweg. Nur wenn es gelingt, diese Ebene kulturell zu nutzen und nicht zwanghaft den funktionalen Charakter darin zu sehen, wird dauerhaft die Bereitschaft für solche Verbindungen bestehen. Die gegenseitige Verbundenheit muss im Selbstverständnis aller Beteiligten verankert werden. Wenn diese kulturelle Basis

[152] Wie ein solcher Zielsetzungsprozess aussehen kann, hat Wuttke ausführlich dargelegt (Wuttke, 2000:97ff).

gefestigt wird, ist es möglich, Angemessenheit und Verantwortlichkeit in sich schnell verändernden Situationen so abzuschätzen, dass die Verbundenheit erhalten bleibt. In der Folge könnte sich dann daraus durchaus auch ein ökonomisches Erfolgsziel ableiten. Diesen Erfolg von Beginn an ins Visier zu nehmen und damit zu funktionalisieren, ist jedoch kontraproduktiv.

Verantwortung im Austausch zwischen Wirtschaft und Gesellschaft

Neben den dargestellten Implikationen, die sich für die Spitzenmanager selbst ergeben, bieten sowohl die Ergebnisse der empirischen Erhebung als auch die Konzeption der Idealtypen Hinweise für den Umgang mit Verantwortungsthemen auf der Ebene gesellschaftlicher Akteure. Für die von den Spitzenmanagern selbst angesprochenen Akteure wie Medien, Politik, Kirchen und spezielle Interessenvertreter können die Ergebnisse jeweils spezifische Anknüpfungspunkte bieten. In besonderem Maße könnte der Austausch zwischen Medien und Wirtschaft geprägt sein von einer neuen Kultur der kritischen und offenen Artikulation, anstelle der bisherigen Strategie von Konfrontation und Skandal. Die Wirtschaftselite hat ein durchaus empfindliches Gehör für gesellschaftliche Anliegen entwickelt, das, wenn es regelmäßig und nicht ausschließlich über Skandale angesprochen wird, handlungsleitende Wirkung entfaltet. Für die Politik ergeben sich Möglichkeiten in der gemeinsamen Formulierung von Zielen, die den starken Wunsch nach Freiwilligkeit respektieren, dafür aber um so stärker an die integrative Ausrichtung der Spitzenmanager anknüpfen. Politische Zielsetzungen könnten sich somit nicht länger als ein Gegenpol zur Unternehmensmacht präsentieren, sondern an verschiedenen Stellen direkt mit den Spitzenmanagern gemeinsame Initiativen, eng am Unternehmen und seinen Mitarbeitern orientiert, initiieren. Dieses Vorgehen ist nicht als Klientelpolitik zu betreiben, sondern greift vielmehr die individuellen Zielsetzungen der Spitzenmanager auf, um auf dieser Basis anspruchsvolle Ziele zu formulieren. Die Kirchen könnten schließlich auf der Grundlage ihres Wertekanons konkrete Orientierungshilfen für die Selbstreflexion bieten. Insbesondere durch praxisnahe Angebote für (junge) Führungskräfte könnte sie die Entwicklung und Verfestigung von Verantwortungsverständnissen der (zukünftigen) Wirtschaftselite unterstützen.

Ausblick auf Forschungsperspektiven

Vielfach wurde darüber gerätselt, warum die deutsche Wirtschaftselite so wenig Interesse am Business Case der Verantwortung zeigt. Als mögliche Erklärungen wurden eine fehlende Vision, ein fehlender Bezug zur Profitmaximierung oder einfach fehlende Beispiele – mit denen die Modelle hätten untermauert werden können – genannt. Andererseits blieb unklar, warum Unternehmen in manchen

Bereichen in nachhaltiger und intensiver Weise Verantwortung übernehmen und sich einzelne Führungskräfte sogar über die Grenzen des eigenen Unternehmens hinaus als „Verantwortungsadvocaten" betätigen. Die in dieser Arbeit offengelegten Motive, vor allem aber die Systematisierung unter Zuhilfenahme des AGIL-Schemas, eröffnen ein neues Verständnis für die Verantwortungskonzeptionen der Wirtschaftselite und schaffen damit Anknüpfungspunkte. Diese Anknüpfungspunkte liegen einerseits in einer erweiterten und vertieften Anwendung des AGIL-Schemas und andererseits in der Reinterpretation der Ergebnisse dieser Arbeit.

So sollte die qualitative Vorgehensweise in dieser Arbeit durch breiter angelegte quantitative Erhebungen ergänzt werden. Aus den vier Dimensionen des AGIL-Schemas ließen sich hierfür Wertesets zusammenstellen, die auf unterschiedlichen Ebenen des Unternehmens auf ihre Bedeutung hin untersucht werden sollten. Neben belastbareren Zahlen, die auch Aussagen über Unterschiede im Hinblick auf Branchen, Unternehmensgröße und Unternehmensform ermöglichen, könnten damit Hinweise auf die Übertragbarkeit der Ergebnisse generiert werden. Überdies konnten im Rahmen dieser Arbeit nur ausgewählte Aspekte des AGIL-Schemas und deren Bedeutung für die Interpretation von Verantwortungskonzeptionen betrachtet werden. Für die Ausarbeitung der Idealtypen wurden die Quadranten mit ihren jeweiligen Spezifika herangezogen. Die vielfältigen Beziehungen zwischen den Quadranten blieben unbeachtet. Parsons beschreibt den Austausch zwischen den Subsystemen als Leistungsverflechtungen (interchanges) und Interpenetrationen (gegenseitige Durchdringungen) (Münch, 2004:91). Gerade die Übersetzungen der generalisierten Medien, wie sie im penetrierten Subsystem stattfinden, könnten weitere Einblicke in die Austauschmechanismen zwischen den verschiedenen Verantwortungsverständnissen eröffnen. Ein Beispiel macht das Potential weiterer Forschung in dieser Richtung deutlich: Das Verantwortungsverständnis des Vorstandsgremiums eines mittelständischen Unternehmens wurde auf seine primäre Handlungsorientierung hin untersucht und dem Integrationsquadranten zugeordnet. Verantwortung ist seit vielen Jahren eine klar handlungsleitende Norm des Unternehmens, die eine hohe Bindungskraft entwickelt. Durch neue Marktinteressen und ein neues, von außen hinzugekommenes, Vorstandsmitglied wird dieses Verantwortungsverständnis mit einer wettbewerbsorientierten (A) Konzeption konfrontiert. Wie werden in diesem Fall die finanziellen Nachrichten des Wettbewerbs in das Medium der Integration (Einfluss) übersetzt? Anders gefragt: wie lassen sich Facetten wettbewerbsorientierter Verantwortungsverständnisse so übersetzen, dass sie eine möglichst hilfreiche Interpenetration anderer Verantwortungsverständnisse darstellen? Wenn es nicht weiter ein Rätsel bleiben soll, warum die in gleicher Art an Spitzenmanager und deren Unternehmen adressierten Verantwortungskonzepte auf so unterschiedliche Art beantwortet werden, muss ein Verständnis für die Prozesse der

Übersetzung geschaffen werden. Hierzu könnte die Analyse der Beziehungen zwischen den AGIL-Quadranten einen Beitrag leisten.

Andererseits konnten mit der gewählten Vorgehensweise erstmals tiefergehende Einblicke in die Verantwortungsverständnisse der Wirtschaftselite eröffnet werden. Dies sollte weitere Forschung mit innovativen Ansätzen anspornen, die nach wie vor vorhandenen blinden Flecken in den Blick zu nehmen. Es hat sich gezeigt, dass mit Hilfe des AGIL-Schemas zusätzliche Erkenntnise in der Auswertung der qualitativen Daten generiert werden konnten. Zu untersuchen wäre nun, ob mit einem anderen Forschungsdesign unter Zuhilfenahme des Schemas andere, noch weitreichendere Erkenntnisse gewonnen werden können. Ließe sich beispielsweise über eine Gruppendiskussion ergründen, warum die Funktion der Strukturerhaltung für die Verantwortungskonzepte so gering ist? Oder wäre gerade ein anderes Schema, gar ein anderes Paradigma, notwendig, um diese Frage zu klären? Die Mehrzahl der Veröffentlichungen bedient sich der immer gleichen Paradigmen. Untersuchungen zu relevanten Stakeholdergruppen und deren Repräsentanz häufen sich genauso wie Arbeiten zum Business Case der Verantwortung. So wertvoll diese Erkenntnisinteressen auch sind, die Ergebnisse dieser Arbeit sollten auch als Aufforderung für neue Herangehensweisen an das Themenfeld Verantwortung verstanden werden. Insbesondere die kulturelle Dimension wurde bisher viel zu wenig betrachtet und bietet daher erhebliches Forschungspotential.

Anhang – Leitfaden

Biographischer Hintergrund

1. Wenn Sie zurückblicken, wer hat Ihre **Vorstellungen von Verantwortung** maßgeblich geprägt?

2. Wen **fragen Sie um Rat**, wenn Sie in Ihrem beruflichen Alltag eine schwierige Entscheidung zu treffen haben? Was verbinden Sie mit dieser Person?

3. Welche Bedeutung haben die **Denkweisen Ihrer angestammten Berufsausbildung** im Hinblick auf Ihr heutiges Verständnis von gesellschaftlicher Verantwortungsübernahme durch die Wirtschaft? Wie sehr dominieren da noch die Denkweisen des Ingenieurs, Juristen, Germanisten oder Ökonomen?

4. Welche Bedeutung haben für Sie die Werthaltungen, die mit den traditionellen **Tugenden des ehrbaren Kaufmanns** beschrieben werden?

5. Inwieweit hängt die Übernahme gesellschaftlicher Verantwortung von der **persönlichen Werthaltung** der Wirtschaftslenker ab? Wie bewerten Sie dies für Ihr eigenes Unternehmen?

6. Fühlen Sie sich durch **Sachzwänge** eher an der Ausübung einer verantwortlichen Haltung gehindert, oder verfügen Sie über einen **ausreichenden Gestaltungsspielraum,** um die Rahmenbedingungen selbst zu gestalten?

Entwicklung der Notwendigkeit, sich zu erklären

7. Immer seltener liegen Produkten und Dienstleistungen Handbücher und Bedienungsanleitungen bei. Im Gegensatz dazu hat sich die **Zahl der veröffentlichten Unternehmensleitbilder und Nachhaltigkeitsberichte vervielfacht**. Es scheint, als müsse immer weniger das Produkt an sich, und immer mehr die **Art seiner Auswirkungen in der Herstellung und Verwendung erklärt werden**. Wie nehmen Sie diese Entwicklung wahr?

8. Wenn wir zunächst einen Blick **20 Jahre zurück** wagen, wie haben Sie **damals Ihre Entscheidungen im Berufsalltag legitimiert**? Wie und wem haben Sie erklärt, haben Sie erklären müssen, was Sie tun und wie Sie das tun?

9. Können Sie innerhalb der letzten 20 Jahre einen **Wandel in den Legitimationsanstrengungen** seitens der Wirtschaft feststellen? Was ist für Sie der **Prozess**, den die Wirtschaft dabei vollzogen hat?

10. In **welchen Kategorien** denken Sie, wenn Sie eigene Entscheidungen **gegenüber einer breiten Öffentlichkeit** erklären müssen?

Erwartungen an eine Wirtschaftselite

11. Welchen Erwartungen sehen Sie sich, als Mitglied einer Wirtschaftselite, gegenübergestellt?

12. **Woher speist sich Ihr Bild** darüber, was die Gesellschaft von Ihnen als Führungskraft erwartet? Aus welchen Beobachtungen (Artefakten) leiten Sie dies ab?

13. These: In der Zukunft wird es wichtig sein, über ein systematisches Nachdenken die Erwartungen der Gesellschaft zu erkennen.
    NF:
    [a] um dauerhaft **Erfolg am Markt** zu haben

    [b] um der **eigenen Verantwortung** gerecht zu werden

    NF: Gibt es bei Ihnen ein **systematisches Nachdenken** darüber, welche Erwartungen an Sie von Seiten der Gesellschaft implizit und explizit vorliegen?

Rolle der Wirtschaft und Verhältnis zur Gesellschaft

14. Woran **würden Sie** festmachen, dass sich die **Rolle der Wirtschaft**, wie sie ihr von der Gesellschaft zugeschrieben wird, **im Wesenskern** verändert hat?

15. Worin liegt ihrer Meinung nach die **Grundlage der Verbundenheit** zwischen Wirtschaft und Gesellschaft?

16. Wird durch die wachsende Notwendigkeit, sich gegenüber der Gesellschaft zu legitimieren, die Wirtschaft ihrer **Handlungsgrundlage beraubt**.

17. Welche **Veränderungen im Verhältnis von Wirtschaft und Gesellschaft** nehmen Sie in der Gesellschaft wahr?

18. Wie wäre Ihre Vorstellung einer **wünschenswerten Rollenverteilung**? Was sollte die Gesellschaft von der Wirtschaft erwarten dürfen?

19. Ist es eher Ihr Unternehmen, das **aktiv zusätzliche Themen der gesellschaftlichen Verantwortungsübernahme aufgreift**, oder ist es die Gesellschaft, die diese Erwartungen an Ihr Unternehmen artikuliert?

20. Welchen **Grundsätze und Ziele** sollten Führungskräfte im Zusammenspiel von Wirtschaft und Gesellschaft **unbedingt befolgen**?

Akteure

21. Wer sollten Ihrer Meinung nach die **wesentlichen Akteure im Zusammenspiel** zwischen Wirtschaft und Gesellschaft sein?

22. Wie sehr kommt es darauf an, **wer von ihrem Unternehmen eine größere oder andere Form der Verantwortungsübernahme fordert**? Für wessen Signale sind Sie in besonderer Art und Weise empfänglich?

23. Auch abseits der großen medialen Aufmerksamkeit werden unternehmerische Entscheidungen in zunehmendem Maße in der Gesellschaft diskutiert. **Welche Bedeutung hat diese öffentliche Diskussion** für Ihre Überlegungen im Hinblick auf eine erweiterte Verantwortungsübernahme?

Vertragsmoral und die Rolle der Legalität

24. Besteht über den **gesetzlichen Rahmen** hinaus eine weitere Verpflichtung gegenüber der Gesellschaft?

25. Welche Rolle sollten **Staatseingriffe** ganz allgemein im Zusammenspiel zwischen Gesellschaft und Wirtschaft spielen?

Strategie und Business Case

26. Welchen **Zusammenhang** sehen Sie zwischen **finanzieller Performance** und der Erfüllung gesellschaftlicher Erwartungen?

27. Gibt es einen **Business Case** für eine erweiterte gesellschaftliche Verantwortungsübernahme? Wenn ja, ändert sich dadurch etwas am Charakter der Verantwortungsübernahme?

28. Welchen Einfluss hat das **Verhalten Ihres Wettbewerbs** (ggf. überdies das Verhalten Ihrer **Mitarbeiter und Ihre Unternehmenskultur**) auf Ihre eigenen Aktivitäten im Bereich einer erweiterten Verantwortungsübernahme gegenüber der Gesellschaft? Gibt es eine Art Wettstreit um die Position des „Verantwortungsvollsten"?

29. In welchem **Zusammenhang** stehen für Sie die Begriffe **„Erweiterte Verantwortungsübernahme" und „unternehmerisches Risiko"**?

Erfolgsmaßstäbe und Anerkennung

30. In welchen Dimensionen messen Sie Ihren **persönlichen Erfolg**?

31. Wie bewerten Sie den **Zusammenhang** zwischen den **Erfolgsgrößen Ihres Unternehmens und den gesellschaftlichen Erwartungen**?

    NF: These: **„Man überlebt nicht, wenn man die Moral hochhält"**. Wie stehen Sie zu dieser Aussage eines deutschen Spitzenmanagers? Für wie repräsentativ halten Sie diese Aussage?

Kultur der Verantwortung

32. Gibt es in Ihrem Unternehmen einen **tradierten Maßstab** dessen, was unter Verantwortung zu verstehen ist?

33. In welchem Zusammenhang steht die **Identität des Unternehmens** mit der Vorstellung „notwendiger" Verantwortungsübernahme?

34. **Wer kümmert sich wo** in Ihrem Unternehmen darum, dass Verantwortung übernommen wird?

Schluss

35. Was würden Sie der **nachfolgenden Managergeneration** gern ins Lastenheft schreiben? Worum sollte sie sich in ihrer Ausbildung, und später in der Ausübung ihres Berufs, bemühen?

36. Möchten Sie noch ein Thema ansprechen, das für die Frage nach einer erweiterten Verantwortungsübernahme durch die Wirtschaft wichtig ist, und über das wir noch nicht gesprochen haben?

37. Haben Sie den Eindruck, dass das **Nachdenken über eine möglicherweise veränderte Legitimationsnotwendigkeit auch das eigene Handeln verändert**?

Literaturverzeichnis

Abels, Heinz (2009a): Einführung in die Soziologie, Band 1: Der Blick auf die Gesellschaft, 4. Aufl., Wiesbaden: VS-Verlag.

Abels, Heinz (2009b): Einführung in die Soziologie, Band 2: Die Individuen in ihrer Gesellschaft, 4. Aufl., Wiesbaden: VS-Verlag.

Aguilera, Ruth et al. (2007): Putting the S back in corporate social responsibility. A multilevel theory of social change in organizations, in: The Academy of Management Review, 32(3), S. 836-863.

Apel, Karl (1975): Diskursethik als Verantwortungsethik und das Problem der ökonomischen Rationalität, in: Diskurs und Verantwortung, Frankfurt am Main: Suhrkamp, S. 270-306.

Arbeitskreis Nachhaltige Unternehmensführung der Schmalenbach-Gesellschaft für Betriebswirtschaft e.V (2012): „Verantwortung" – eine phänomenologische Annäherung, in: Schneider, Andreas und René Schmidpeter (Hrsg.), Corporate Social Responsibility. Verantwortungsvolle Unternehmensführung in Theorie und Praxis, Berlin: Gabler, S. 39-54.

Aßländer, Michael und Alexander Brink (2008): Begründung korporativer Verantwortung. Normenkonkretion als Prozess, in: Scherer, Andreas Georg und Moritz Patzer (Hrsg.), Betriebswirtschaftslehre und Unternehmensethik, Wiesbaden: Deutscher Universitätsverlag, S. 103-124.

Attarca, Mourad und Thierry Jacquot (2005): La representation de la Responsabilite Sociale des Entrepreses: une Confronta- tion entre les Approches Theoriques et les Visions Manageriales, in: Working Paper submitted to XIV Con- ference Internationale de Management Strategique, S. 1-26.

Backhaus-Maul, Holger et al. (Hrsg.) (2008): Corporate Citizenship in Deutschland. Bilanz und Perspektiven, Wiesbaden: VS-Verlag.

Baecker, Dirk (2006): Wirtschaftssoziologie, Einsichten: Themen der Soziologie, Bielefeld: Transcript-Verlag.

Bayertz, Kurt (1995): Eine kurze Geschichte der Herkunft der Verantwortung, in: Bayertz, Kurt (Hrsg.), Verantwortung. Prinzip oder problem, Darmstadt: Wiss. Buchgesellschaft, S. 3-71.

Becker, Gary, James Duesenberry und Bernard Okun (1960): An economic analysis of fertility, in: Bureau, Universities-National (Hrsg.), Demographic and Economic Change in Developed Countries, New York: Columbia University Press, S. 225-256.

Beckert, Jens (2006): Sind Unternehmen sozial verantwortlich, in: MPIfG Working Paper, 06/4.

Berger, Peter (1981): New attack on the legitimacy of business, in: Harvard Business Review, 59(5), S. 82-89.

Bernasconi, Robert (2006): Vor wem und wofür? Zurechenbare Verantwortlichkeit und die Erfindung der ministeriellen, hyperbolischen und unendlichen Verantwortung, in: Heidbrink, Ludger (Hrsg.), Verantwortung in der Zivilgesellschaft, Frankfurt/ Main: Campus, S. 221-246.

Biesecker, Adelheid (Hrsg.) (1994): Ökonomie als Raum sozialen Handelns, Bremen: Donat.

Bluhm, Katharina (2008): Corporate Social Responsibility - Zur Moralisierung von Unternehmen aus soziologischer Perspektive, in: Maurer, Andrea (Hrsg.), Die Gesellschaft der Unternehmen - die Unternehmen der Gesellschaft: gesellschaftstheoretische Zugänge zum Wirtschaftsgeschehen, Wiesbaden: VS-Verlag, S. 144-162.

Bohlken, Eike (2011): Die Verantwortung der Eliten, Frankfurt am Main: Campus.

Bohnsack, Ralf (1999): Rekonstruktive Sozialforschung. Einführung in Methodologie und Praxis qualitativer Forschung, 3. Aufl., Opladen: Leske + Budrich.

Bonini, Sheila, Jieh Greeney und Lenny Mendonca (2007a): Assessing the impact of societal issues, in: The McKinsey Quarterly, 9, S. 1-9. Online unter: http://xrl.us/bn9ite [Stand 30.12.2012].

Bonini, Sheila, Kerrin McKillop und Andrew Whitehouse (2007b): CEOs as public leaders, in: The McKinsey Quarterly, 2, S. 1-8.

Bonini, Sheila, Lenny Mendonca und Jeremy Oppenheim (2006): When social issues become strategic, in: The McKinsey Quarterly, 2, S. 20-31.

Borches, Dagmar (2005): Tugenden im Management oder: Warum das Verfassen von Wunschzetteln der Managementethik nicht genügen kann, in: Brink, Alexander und Victor Tiberius (Hrsg.), Ethisches Management. Grundlagen eines wert (e) orientierten Führungskräfte-Kodex, Bern: Haupt, S. 499-529.

Borgatta, Edgar, Robert Bales und Arthur Couch (1954): Some findings relevant to the great man theory of leadership, in: American Sociological Review, 19(6), S. 755-759.

Brand:Trust (2011): Talente finden, die zur Marke passen, Nürnberg: Ideenhaus.

Bucksteeg, Mathias und Kai Hattendorf (2007): Führungskräftebefragung 2007. Online unter: http://xrl.us/bm8ha9 [Stand 30.12.2012].

Bucksteeg, Mathias und Kai Hattendorf (2009): Führungskräftebefragung 2009. Online unter: http://xrl.us/bm8hbs [Stand 30.12.2012].

Bucksteeg, Mathias und Kai Hattendorf (2010): Führungskräftebefragung 2010. Online unter: http://xrl.us/bm8hbf [Stand 30.12.2012].

Bucksteeg, Mathias und Kai Hattendorf (2012): Führungskräftebefragung 2012. Online unter: http://xrl.us/bm8hbb [Stand 30.12.2012].

Buddeberg, Eva (2011): Verantwortung im Diskurs Grundlinien einer rekonstruktiv-hermeneutischen Konzeption moralischer Verantwortung im Anschluss an Hans Jonas, Karl-Otto Apel und Emmanuel Lévinas, Berlin: de Gruyter.

Buhse, Malte (2012): Deutsche Unis entdecken die Vielseitigkeit, in: Handelsblatt Online vom 02.08.2012, S. 1-2. Online unter: http://xrl.us/bobhk6 [Stand 30.12.2012].

Bunz, Andreas (2005): Das Führungsverständnis der deutschen Spitzenmanager. Eine empirische Studie zur Soziologie der Führung, Frankfurt: Lang.

Buß, Eugen (1983): Markt und Gesellschaft. Eine soziologische Untersuchung zum Strukturwandel der Wirtschaft, Berlin: Duncker Humblot.

Buß, Eugen (1997): Wirtschafts- und Arbeitswerte im Wandel, in: Reinhold, Gerd (Hrsg.), Wirtschaftssoziologie, 2. Aufl., München: Oldenbourg, S. 189 - 203.

Buß, Eugen (1999): Das emotionale Profil der Deutschen, Frankfurt am Main: FAZ-Institut.

Buß, Eugen (2004): Eliten wider Willen. Selbstdeutungen der deutschen Spitzenmanager, in: Pöttker, Horst und Thomas Meyer (Hrsg.), Kritische Empirie, Wiesbaden: VS-Verlag, S. 103-124.

Buß, Eugen (2007): Die deutschen Spitzenmanager - wie sie wurden, was sie sind, München: Oldenbourg.

Buß, Eugen (2008): Managementsoziologie: Grundlagen, Praxiskonzepte, Fallstudien, München: Oldenbourg.
Carroll, Archie B. (1979): A Three-Dimensional Conceptual Model of Corporate Performance, in: The Academy of Management Review, 4(4), S. 497-505.
Carroll, Archie B. (1987): In search of the moral manager, in: Business Horizons, 30(2), S. 7-15.
Carroll, Archie B. (1991): The pyramid of corporate social responsibility: Toward the moral management of organizational stakeholders, in: Business Horizons, 34(4), S. 39-48.
Castelló, Itziar und Josep Lozano (2011): Searching for New Forms of Legitimacy Through Corporate Responsibility Rhetoric, in: Journal of Business Ethics, 100, S. 11-29.
Claessens, Dieter (1969): Verantwortung, in: Bernsdorf, Wilhelm (Hrsg.), Wörterbuch der Soziologie, 2. Aufl., Stuttgart: Enke, S. 1221-1223.
Claessens, Dieter (1979): Familie und Wertsystem, 4. Aufl., Berlin: Duncker & Humblot.
Clarkson, Max (1995): A stakeholder framework for analyzing and evaluating corporate social performance, in: Academy of management review, S. 92-117.
Coelho, Philip, James McClure und John Spry (2003a): The social responsibility of corporate management. A classical critique, in: American Journal of Business, 18(1), S. 15-24.
Coelho, Philip, James McClure und John Spry (2003b): The social responsibility of corporate management. A Reprise, in: American Journal of Business, 18(1), S. 51-55.
Colander, David et al. (2009): The Financial Crisis and the Systemic Failure of Academic Economics, in: Universität Koppenhagen Discussion Paper, 09(03). Online unter: http://ssrn.com/paper=1355882 [Stand 30.12.2012].
CSR Europe (2003): Investing in Responsible Business: The 2003 Survey of European fund managers, financial analysts and investor relations officers.
Curbach, Janina (2009): Die Corporate-Social-Responsibility-Bewegung, Wiesbaden: VS-Verlag.
Davis, Gerald, Mina Yoo und Wayne Baker (2003): The small world of the American corporate elite, 1982-2001, in: Strategic organization, 1(3), S. 301-326.
Davis, Keith (1973): The case for and against business assumption of social responsibilities, in: Academy of Management Journal, 16(2), S. 312-322.
Delanty, Gerard (1999): Biopolitics in the Risk Society: the Possibility of a Global Ethic of Societal Responsibility, in: O'Mahony, Patric (Hrsg.), Nature, risk, and responsibility: discourses of biotechnology, New York: Routledge, S. 37-51.
Devereux, Edward (1961): Parsons' sociological theory, in: Black, Max (Hrsg.), The social theories of Talcott Parsons, Englewood Clifs: Prentice-Hall, S. 1-63.
Devillard, Sandrine, Wieteke Graven und Emily Lawson (2012): Making the Breakthrough, in: McKinsey: Woman Matter, 03. Online unter: http://www.mckinsey.de/downloads/publikation/women_matter/20120305_Women_Matter_2012.pdf [Stand 30.12.2012].
Domhoff, William (1967): Who Rules America?, New York: Prentice-Hall.
Domhoff, William (2005): The Class-Domination Theory of Power.
Donaldson, Thomas und Thomas Dunfee (1994): Toward a Unified Conception of Business Ethics. Integrative Social Contracts Theory, in: The Academy of Management Review, 19(2), S. 252-284.

Drucker, Peter (1974): Management: Tasks, Responsibilities, Practices, London: Heinemann.
Drucker, Peter (2001): The essential Drucker. Selections from the management works of Peter F. Drucker, New York: HarperCollins.
Duncker, Christian (1998): Dimensionen des Wertewandels in Deutschland, Frankfurt am Main: Peter Lang.
Durkheim, Emile (1902): Über soziale Arbeitsteilung, 2. Aufl., Frankfurt am Main: Suhrkamp.
Enderle, Georges (2007): The Ethics of Conviction Versus the Ethics of Responsibility, in: Journal of Human Values, 13(2), S. 83-94.
Endruweit, Günter (2004): Organisationssoziologie, 2. Aufl., Stuttgart: Lucius & Lucius.
Esser, Hartmut (1990): Habits, Frames und Rational Choice. Die Reichweite von Theorien der rationalen Wahl, in: Zeitschrift für Soziologie, 19(4), S. 231-247.
Fauconnet, Paul (1928): La responsabilité, Paris: Alcan.
Fetzer, Joachim (2004): Die Verantwortung der Unternehmung. Eine wirtschaftsethische Rekonstruktion, Gütersloh: Gütersloher Verlagshaus.
Friedman, Milton (1984): Kapitalismus und Freiheit, Frankfurt am Main: Ullstein.
Friedman, Milton (2007): The Social Responsibility of Business Is to Increase Its Profits, in: Zimmerli, Walter Ch. (Hrsg.), Corporate Ethics and Corporate Governance, Berlin: Springer, S. 173-178.
Gablentz, Otto (1956): Lebensgruppen erster Ordnung, in: Ziegenfuss, Werner (Hrsg.), Handbuch der Soziologie, Stuttgart: Enke, S. 781-814.
Galonska, Christian, Peter Imbusch und Dieter Rucht (2007): Die Gesellschaftliche Verantwortung der Wirtschaft, in: Imbusch, Peter und Annette von Alemann (Hrsg.), Profit oder Gemeinwohl? Fallstudien zur gesellschaftlichen Verantwortung von Wirtschaftseliten, Wiesbaden: VS-Verlag, S. 9-30.
Gardberg, Naomi und Charles Fombrun (2006): Corporate citizenship: Creating intangible assets across institutional environments, in: The Academy of Management, 31(2), S. 329-346.
Geser, Hans. (1990): Organisationen als soziale Akteure, in: Zeitschrift für Soziologie, 19(6), S. 401-417.
Compact, GfK (2010): 2. Werte im Wandel. Online unter: http://www.gfk-compact.de/index.php?article_id=51&clang=0 [Stand 30.12.2012].
Giddens, Anthony (1984): Interpretative Soziologie eine kritische Einführung, Frankfurt am Main: Campus-Verlag.
Gouldner, Alvin (1960): The norm of reciprocity. A preliminary statement, in: American sociological review, S. 161-178.
Granovetter, Mark (1985): Economic action and social structure: the problem of embeddedness, in: American Journal of Sociology, 91(3), S. 481-510.
Grit, Kor (2004): Corporate Citizenship. How to Strengthen the Social Responsibility of Managers?, in: Journal of Business Ethics, 53(1), S. 97-106.
Habermas, Jürgen (2001): Glauben und Wissenschaft, Frankfurt am Main: Suhrkamp.
Hafner, Sonja (2007): Industrie, Soziologie und CSR. Worüber man (sonst) nicht spricht: Zwang zur Moral, Geld und Wissenschaft im „stahlharten Gehäuse“, in: Hafner, Sonja et al. (Hrsg.), Gesellschaftliche Verantwortung in Organisationen. Fallstudien unter organisationstheoretischen Perspektiven, München: Hampp, S. 39-52.
Hafner, Sonja (2008): Unternehmen im Zugzwang, in: FAZ, Nr. 133, CSR-Sonderbeilage vom 10.07.2008, S. B2.

Hansen, Ursula und Ulf Schrader (2005): Corporate Social Responsibility als aktuelles Thema der Betriebswirtschaftslehre, in: DBW, 65(4), S. 373-395.
Hartmann, Michael (2002): Der Mythos von den Leistungseliten: Spitzenkarrieren und soziale Herkunft in Wirtschaft, Politik, Justiz und Wissenschaft, Campus Verlag.
Hartmann, Michael (2007): Eliten und Macht in Europa, Frankfurt am Main: Campus.
Heckmann, Friedrich (1992): Anwendung der Hermeneutik für die empirische Sozialforschung, in: Hoffmeyer-Zlotnik, Jürgen (Hrsg.), Analyse verbaler Daten, Opladen: Westdeutscher Verlag, S. 142-167.
Heidbrink, Ludger (2003): Kritik der Verantwortung, Weilerswist: Velbrück.
Heidbrink, Ludger (2006): Verantwortung in der Zivilgesellschaft. Zur Konjunktur eines widersprüchlichen Prinzips, Frankfurt am Main: Campus Verlag.
Heidbrink, Ludger (2008): Wie moralisch sind Unternehmen?, in: APuZ, 31, S. 3-6.
Heidenreich, Felix (2008): Ökonomismus - eine Selbstgefährdung der Demokratie? Über Legitimation durch Wohlstand, in: Brodocz, André, Marcus Llanque und Gary Schaal (Hrsg.), Bedrohungen der Demokratie, Wiesbaden: Verlag für Sozialwissenschaften, S. 370-384.
Heiskala, Risto (2007): Economy and society: from Parsons through Habermas to semiotic institutionalism, in: Social Science Information, 46(2), S. 243-272.
Heiß, Dominik (2011): Verantwortung in der modernen Gesellschaft, Freiburg: Herder.
Hennecke, Hans Jörg (2012): Due „vermessene" Wissenschaft, in: FAZ, Nr. 304 vom 31.12.2012, S. 12.
Heuberger, Frank et al. (2009): Topmanagement in gesellschaftlicher Verantwortung, Berlin: Centrum für Corporate Citizenship Deutschland.
Hillmann, Karl-Heinz (2007): Wörterbuch der Soziologie, 5. Aufl., Stuttgart: Kröner.
Hilti AG (2008): Jahresbericht mit Nachhaltigkeitsbericht 2007. Online unter: http:/ /xrl.us/bm8eab [Stand 30.12.2012].
Hilti, Michael (2007): Werteorientierte Unternehmensführung, in: Liz Mohn et al. (Hrsg.), Werte - was die Gesellschaft zusammenhält, Gütersloh: Verl. Bertelsmann-Stiftung, S. 199-216.
Hiß, Stefanie (2006): Warum übernehmen Unternehmen gesellschaftliche Verantwortung? Ein soziologischer Erklärungsversuch, Opladen: Campus-Verlag.
Hiß, Stefanie (2009): Corporate Social Responsibility. Innovation oder Tradition, in: Zeitschrift für Wirtschafts-und Unternehmensethik, 10, S. 287-303.
Holmes, Sandra (1976): Executive perceptions of corporate social responsibility, in: Business Horizons, 19(3), S. 34-40.
Holton, Robert (1988): Talcott Parsons and the theory of economy and society, in: Holton, Robert und Bryan Turner (Hrsg.), Talcott Parsons on economy and society, London: Routledge, S. 25-106.
Homann, Karl. (2006). Die ethische Aufnahmefähigkeit der modernen Ökonomik On *Discussion Paper,* Berlin: Humboldt Universität Berlin.
Homann, Karl und Andreas Suchanek (2000): Ökonomik. Eine Einführung, Tübingen: Mohr Siebeck.
Hradil, Stefan (2002): Vom Wandel des Wertewandels. Die Individualisierung und eine ihrer Gegenbewegungen, in: Glatzer, Wolfgang, Roland Habich und Karl Ulrich Mayer (Hrsg.), Sozialer Wandel und gesellschaftliche Dauerbeobachtung, Opladen: Leske und Budrich, S. 31-48.
Husted, Bryan und José De Jesus Salazar (2006): Taking Friedman Seriously. Maximizing Profits and Social Performance, in: Journal of Management Studies, 43(1), S. 75-91.

Imbusch, Peter und Annette von Alemann (Hrsg.) (2007): Profit oder Gemeinwohl? Fallstudien zur gesellschaftlichen Verantwortung von Wirtschaftseliten, 1. Aufl., Wiesbaden: VS-Verlag.

Imbusch, Peter und Dieter Rucht (2007): Wirtschaftseliten und ihre gesellschaftliche Verantwortung, in: APuZ, 4-5, S. 3-10.

Inglehart, Ronald (1989): Kultureller Umbruch. Wertwandel in der westlichen Welt, Frankfurt am Main: Campus-Verlag.

Inglehart, Ronald (1998): Modernisierung und Postmodernisierung. Kultureller, wirtschaftlicher und politischer Wandel in 43 Gesellschaften, Frankfurt am Main: Campus-Verlag.

IÖW, Institut für ökologische Wirtschaftsforschung (2007): Nachhaltigkeitsberichterstattung in Deutschland. Ergebnisse und Trends im Ranking 2007. Online unter: http://xrl.us/boaimi [Stand 30.12.2012].

Jensen, Stefan (1980): Talcott Parsons. Eine Einführung, Stuttgart: Teubner.

Jonas, Hans (1997): Eine soziologische Transformation der Praxisphilosophie - Giddens Theorie der Strukturierung, in: Giddens, Anthony (Hrsg.), Die Konstitution der Gesellschaft, 3. Aufl., Frankfurt am Main: Campus-Verlag, S. 9-24.

Jonas, Hans (2002): Das Prinzip Verantwortung. Versuch einer Ethik für die technologische Zivilisation, Frankfurt: Metzler.

Kaptein, Muel (2004): Business codes of multinational firms: what do they say?, in: Journal of Business Ethics, 50(1), S. 13-31.

Kaufmann, Franz-Xaver (1992): Der Ruf nach Verantwortung. Risiko und Ethik in einer unüberschaubaren Welt, Freiburg: Herder.

Kaufmann, Franz-Xaver (1995): Risiko, Verantwortung und gesellschaftliche Komplexität, in: Bayertz, Kurt (Hrsg.), Verantwortung. Prinzip oder problem, Darmstadt: Wiss. Buchgesellschaft, S. 72-97.

Kellerman, Barbara (2008): Followership, Boston: Harvard Business School Press.

Klages, Helmut (2001): Brauchen wir eine Rückkehr zu traditionellen Werten, in: Aus Politik und Zeitgeschichte, 29(2001), S. 7-24.

Klages, Helmut, Hans-Jürgen Hippler und Willi Herbert (Hrsg.) (1992): Werte und Wertewandel, Frankfurt am Main: Campus.

Klein, Stefan (1995): Die Konfiguration von Unternehmungsnetzwerken. Ein Parsons'scher Bezugsrahmen, in: Bühner, Rolf, Klaus Haase und Jochen Wilhelm (Hrsg.), Die Dimensionierung des Unternehmens, Stuttgart: Schäffer-Poeschel, S. 323-357.

Kleinfeld, Annette (1998): Persona oeconomica. Personalität als Ansatz der Unternehmensethik, Heidelberg: Physica-Verlag.

Kluckhohn, Clyde (1951): Values and value orientation in the theory of action: An exploration in definition and classification, in: Talcott, Parsons und Shils Edward (Hrsg.), Toward a general theory of action, Cambridge: Harvard University Press, S. 388-433.

Kommission der Europäischen Gemeinschaft (2006): Mitteilung der Kommission an das Europäische Parlament, den Rat und den Europäischen Wirtschafts- und Sozialausschuss – Umsetzung der Partnerschaft für Wachstum und Beschäftigung: Europa soll auf dem Gebiet der sozialen Verantwortung der Unternehmen führend werden, in: KOM(2006), 136. Online unter: http://goo.gl/PFJUd [Stand 30.12.2012].

Köster, Gerd (2010): Kurskorrekturen. Ethik und Werte im Unternehmen, Bielefeld: Bertelsmann.

Lamnek, Siegfried (1995): Qualitative Sozialforschung. Methoden und Techniken, Band 2, 3. Aufl., Weinheim: Beltz.

Leitner, Sigrid und Stephan Lessenich (2003): Assessing welfare state change. The German social insurance state between reciprocity and solidarity, in: Journal of Public Policy, 23(3), S. 325-347.

Leitner, Sigrid und Stephan Lessenich (2007): Civil Economy, Oxford: Peter Lang.

Lenk, Hans und Matthias Maring (1995): Wer soll Verantwortung tragen?, in: Bayertz, Kurt (Hrsg.), Verantwortung. Prinzip oder Problem?, Darmstadt: Wiss. Buchgesellschaft, S. 241-286.

Lin-Hi, Nick (2008): Unternehmensverantwortung im Mittelstand, in: Waldkirch, Rüdiger (Hrsg.), Die Moral der Wirtschaft, Berlin: LIT Verlag, S. 49-62.

Lin-Hi, Nick (2009): Eine Theorie der Unternehmensverantwortung, Berlin: Schmidt.

Lindblom, Cristi (1994): The implications of organizational legitimacy for corporate social performance and disclosure, Proceedings from Critical Perspectives on Accounting Conference, New York.

Loew, Thomas et al. (2004): Bedeutung der internationalen CSR-Diskussion für Nachhaltigkeit und die sich daraus ergebenden Anforderungen an Unternehmen mit Fokus Berichterstattung, Endbericht, Berlin: Bundesministerium für Umwelt, Naturschutz und Reaktorsicherheit. Online unter: http://xrl.us/bm8rrm [Stand 31.12.2012].

Luhmann, Niklas (1978): Legitimation durch Verfahren, 3. Aufl., Darmstadt: Luchterhand.

Luhmann, Niklas (1988a): Ökologische Kommunikation. Kann die moderne Gesellschaft sich auf ökologische Gefährdungen einstellen?, 2. Aufl., Opladen: Westdt. Verlag.

Luhmann, Niklas (1988b): Warum AGIL, in: KZfSS, 40, S. 127-139.

Luhmann, Niklas (1991): Soziologie des Risikos, Berlin: de Gruyter.

Lunau, York und Florian Wettstein (2004): Die soziale Verantwortung der Wirtschaft, Bern: Haupt.

Maon, François, Adam Lindgreen und ValÈrie Swaen (2008): Thinking of the organization as a system. The role of managerial perceptions in developing a corporate social responsibility strategic agenda, in: Systems Research and Behavioral Science, 25(3), S. 413-426.

Martí, Rafael et al. (2011): Heuristics and metaheuristics for the maximum diversity problem, in: Journal of Heuristics, S. 1-25. Online unter: http:/ /www.springerlink.com/index/X2084X6718P7HJ53.pdf [Stand 31.12.2012].

Mathes, Rainer (1992): Hermeneutisch-klassifikatorische Inhaltsanalyse von Leitfadengesprächen, in: Hoffmeyer-Zlotnik, Jürgen (Hrsg.), Analyse verbaler Daten, Opladen: Westdeutscher Verlag, S. 402-422.

McAdam, Dough, John McCarthy und Mayer Zald (1996): Comparative perspectives on social movements: Political opportunities, mobilizing structures, and cultural framings, New York: Cambridge Univ. Press.

McWilliams, Abagail und Donald Siegel (2001): Corporate Social Responsibility: A Theory of the Firm Perspective, in: The Academy of Management Review, 26(1), S. 117-127.

Mills, Wright C. (2000): The power elite, New York: Oxford Univ. Press.

Mohler, Peter (1992): Wertewandel in der Bundesrepublik in den 60er Jahren. Ein „Top Down“- oder ein „Bottom Up“-Prozeß, in: Klages, Helmut, Hans-Jürgen Hippler und Willi Herbert (Hrsg.), Werte und Wertewandel, Frankfurt am Main: Campus, S. 40-68.

Moon, Jeremy, Andy Crane und Dirk Matten (2008): Citizenship als Bezugsrahmen für politische Macht und Verantwortung der Unternehmen, in: Backhaus-Maul, Holger (Hrsg.), Corporate Citizenship in Deutschland: Bilanz und Perspektiven, Wiesbaden: VS-Verlag, S. 45-67.

Müller-Christ, Georg. (2006). Frames, Nachhaltigkeit und Wandel der Managementrationalitäten On *artec-paper*.

Müller, Andreas (2004): Die Implementation von Moral durch die ökonomische Vernunft, Diss., Universität Dresden, Dresden.

Münch, Richard (1988): Theorie des Handelns. Zur Rekonstruktion der Beiträge von Talcott Parsons, Emile Durkheim und Max Weber, Frankfurt am Main: Suhrkamp.

Münch, Richard (2004): Soziologische Theorie, Band 3 - Gesellschaftstheorie, Frankfurt am Main: Campus Verlag.

Münch, Tanja (2011): Wertemanagement in Unternehmen - eine Kampfansage an Werteverfall und Korruption, in: Pohlmann, Markus und Georg Lämmlin (Hrsg.), Neue Werte in den Führungsetagen? Kontinuität und Wandel in der Wirtschaftselite, Karlsruhe: Evangelische Akademie Baden, S. 104-135.

Neuberger, Oswald (2002): Führen und führen lassen. Ansätze, Ergebnisse und Kritik der Führungsforschung, Stuttgart: Utb.

O'Mahony, Patric (Hrsg.) (1999): Nature, risk, and responsibility: discourses of biotechnology, New York: Routledge.

Ogger, Günter (1992): Nieten in Nadelstreifen: Deutschlands Manager im Zwielicht, München: Wiener Verlag.

Pahlke, Julius, Sebastian Strasser und Ferdinand Vieider (2010): Responsibility Effects in Decision Making under Risk, in: Munich Discussion Paper, 37.

Pappi, Franz und Edward Laumann (1974): Gesellschaftliche Wertorientierungen und politisches Verhalten, in: Zeitschrift für Soziologie, 3(2), S. 157-188.

Parsons, Talcott (1973): Die Motivierung des wirtschaftlichen Handelns, in: Parsons, Talcott (Hrsg.), Beiträge zur soziologischen Theorie, 3. unveränd. Aufl., Darmstadt: Luchterhand, S. 136-159.

Parsons, Talcott (1975): Gesellschaften. Evolutionäre und komparative Perspektiven, Frankfurt: Suhrkamp.

Parsons, Talcott (1976): Zur Theorie sozialer Systeme, hg. von Jensen, Stefan, Opladen: Westdeutscher Verlag.

Parsons, Talcott (1979): The Social System, Nachdr. v. 1951, New York: Free Press.

Parsons, Talcott und Edward Shils (Hrsg.) (2001): Toward a general theory of action theoretical foundations for the social sciences, Abridged ed., New Brunswick: Transaction Publishers.

Patton, Michael (2002): Qualitative research and evaluation methods, 3. Aufl., Thousand Oaks: Sage.

Pellizzoni, Luigi (2010): Risk and Responsibility in a Manufactured World, in: Science and engineering ethics, 16(3), S. 463-478.

Pies, Ingo (2001): Können Unternehmen Verantwortung tragen?, in: Wieland, Josef (Hrsg.), Die moralische Verantwortung kollektiver Akteure, Heidelberg: Physica-Verlag, S. 171-200.

Pohlmann, Markus (2008): Management und Moral, in: Pohlmann, Markus et al. (Hrsg.), Integrierte Soziologie - Perspektiven zwischen Ökonomie und Soziologie, Praxis und Wissenschaft., München: Rainer Hampp, S. 161-175.

Pohlmann, Markus (2011): Welche Werte in den Führungsetagen, in: Pohlmann, Markus und Georg Lämmlin (Hrsg.), Neue Werte in den Führungsetagen? Kontinuität und Wandel in der Wirtschaftselite, Karlsruhe: Evangelische Akademie Baden, S. 79-103.

Pohlmann, Markus und Georg Lämmlin (Hrsg.) (2011): Neue Werte in den Führungsetagen? Kontinuität und Wandel in der Wirtschaftselite, 64, Karlsruhe: Evangelische Akademie Baden.

Polanyi, Karl (1957): The economy as instituted process, in: Polanyi, Karl, Conrad Arensberg und Harry Pearson (Hrsg.), Trade and market in the early empires, New York: Free Press, S. 243-270.

Polterauer, Judith (2004): Gesellschaftliche Integration durch Corporate Citizenship?, in: Diskussionspapiere zum Nonprofit-Sektor, 24.

Polterauer, Judith und Stefan Nährlich (2008): Corporate Citizenship: Funktion und gesellschaftliche Anerkennung von Unternehmensengagement in der Bürgergesellschaft, in: Backhaus-Maul, Holger (Hrsg.), Corporate Citizenship in Deutschland: Bilanz und Perspektiven, S. 145-171.

Promberger, Kurt und Hildegard Spiess (2006): Der Einfluss von Corporate Social (and Ecological) Responsibility auf den Unternehmenserfolg, in: Universität Innsbruck - Working Paper, 26/2006, S. 1-101.

Pundt, Alexander et al. (2007): Gesellschaftliche Verantwortung als Unternehmenswert, in: Wirtschaftspsychologie, 9, S. 31-39.

Rawls, John (1993): Political liberalism, New York: Columbia University Press.

Rehbock, Theda (2000): Bemerkungen zu Annette Kleinfeld: Persona Oeconomica, in: Forum Wirtschaftsethik, 1. Online unter: http://xrl.us/boaiqv [Stand 30.12.2012].

Reynolds, MaryAnn und Kristi Yuthas (2008): Moral Discourse and Corporate Social Responsibility Reporting, in: Journal of Business Ethics, 78(1), S. 47-64.

Riesman, David, Nathan Glazer und Reuel Denney (2001): The lonely crowd. A study of the changing American character, New Haven: Yale University Press.

Ropohl, Günter (1994): Das Risiko im Prinzip Verantwortung, in: Ethik und Sozialwissenschaften, 5(1), S. 109-120.

Schluchter, Wolfgang (2000): Individualismus, Verantwortungsethik und Vielfalt, Weilerswist: Velbrück Wissenschaft.

Schranz, Mario (2007): Wirtschaft zwischen Profit und Moral. Die gesellschaftliche Verantwortung von Unternehmen im Rahmen der öffentlichen Kommunikation, Wiesbaden: VS Verlag für Sozialwissenschaften.

Schultz, Friederike und Stefan Wehmeier (2011): Zwischen Struktur und Akteur, in: Raupp, Juliane, Stefan Jarolimek und Friederike Schultz (Hrsg.), Handbuch CSR, Wiesbaden: VS Verlag, S. 373-392.

Schulz, Werner und Sandra Kirstein (2006): Nachhaltiges Wirtschaften in Unternehmen, in: Banzhaf, Jürgen und Stefan Wiedmann (Hrsg.), Entwicklungsperspektiven der Unternehmensführung und ihrer Berichterstattung, Wiesbaden: Dt. Univ.-Verlag, S. 77-89.

Schwerk, Anja (2008): Strategisches gesellschaftliches Engagement und gute Corporate Governance, in: Backhaus-Maul, Holger et al. (Hrsg.), Corporate Citizenship in Deutschland. Bilanz und Perspektiven, Wiesbaden: VS-Verlag, S. 121-148.

Seitz, Bernhard (2002): Corporate Citizenship: Zwischen Idee und Geschäft, in: Wieland, Josef und Walter Conradi (Hrsg.), Corporate Citizenship. Gesellschaftliches Engagement - unternehmerischer Nutzen, Marburg: Metropolis-Verlag, S. 23-196.

Smith, Adam (1974): Der Wohlstand der Nationen. Eine Untersuchung seiner Natur und seiner Ursachen, München: Dt. Taschenbuch-Verlag.

Smith, Adam (1981): An Inquiry Into the Nature and Causes of the Wealth of Nations, in: Campbell, R und A Skinner (Hrsg.), Glasgow Edition of the Works and Correspondence of Adam Smith, 2. Aufl., Indianapolis: Liberty Fund, Online unter: http://xrl.us/boains [Stand 30.12.2012].

Snell, Karoliina (2009): Social Responsibility in Developing New Biotechnology: Interpretations of Responsibility in the Governance of Finnish Biotechnology, Diss., University of Helsinki, Helsinki. Online unter: http://goo.gl/OIqGe [Stand 30.12.2012].

Soudek, Josef (1952): Aristotle's theory of exchange: an inquiry into the origin of economic analysis, in: Proceedings of the American Philosophical Society, 96(1), S. 45-75.

Stahl, Bernd (2000): Das kollektive subjekt der verantwortung, in: Zeitschrift für Wirtschafts-und Unternehmensethik, 1(2), S. 225-236.

Stahl, Bernd (2005): The responsible company of the future: reflective responsibility in business, in: Futures, 37(2-3), S. 117-131.

Stark, Wolfgang (2008): Gesellschaftliche Verantwortung in Unternehmen - zwischen Legitimation und Innovation, in: Heidbrink, Ludger und Alfred Hirsch (Hrsg.), Verantwortung als marktwirtschaftliches Prinzip, Frankfurt am Main: Campus, S. 339-351.

Stark, Wolfgang und Oliver Bluszcz (2007): Unternehmenskultur und gesellschaftliche Verantwortung. Herausforderungen für das Management von morgen, in: Hafner, Sonja et al. (Hrsg.), Gesellschaftliche Verantwortung in Organisationen. Fallstudien unter organisationstheoretischen Perspektiven, München: Hampp, S. 19-32.

Stehr, Nico (2007): Die Moralisierung der Märkte eine Gesellschaftstheorie, Frankfurt am Main: Suhrkamp.

Strydom, Piet (1999): The challenge of responsibility for sociology, in: Current Sociology, 47, S. 65-82.

Suchanek, Andreas (2006): Eine Konzeption unternehmerischer Verantwortung, in: Wittenberger-Zentrum für Globale Ethik - Diskussionspapier, 2006-7, S. 1-22.

Suchman, Mark (1995): Managing legitimacy: Strategic and institutional approaches, in: Academy of management review, 20(3), S. 571-610.

Trinczek, Rainer (2005): Wie befrage ich Manager? Methodische und methodologische Aspekte des Experteninterviews als qualitativer Methode empirischer Sozialforschung, in: Bogner, Alexander, Beate Littig und Wolfgang Menz (Hrsg.), Das Experteninterview, 2. Aufl., Wiesbaden: VS Verlag, S. 209-222.

Türk, Klaus (1995): Entpersonalisierte Führung, in: Kieser, Alfred, Gerhard Reber und Rolf Wunderer (Hrsg.), Handwörterbuch der Führung, 2. Aufl., Stuttgart: Schäffer-Poeschel, S. 328-340.

Ulrich, Günter (2007): Unternehmensverantwortung aus soziologischer Perspektive, in: Schmidt, Matthias und Thomas Beschorner (Hrsg.), Corporate social responsibility und corporate citizenship, München: Hampp, S. 51-72.

Ulrich, Peter (2001): Integrative Wirtschaftsethik: Grundlagen einer lebensdienlichen Ökonomie, 3. Aufl., Bern: Haupt.

van Quaquebeke, Niels, Daniel Henrich und Tilman Eckloff (2007): "It's not tolerance I'm asking for, it's respect!" A conceptual framework to differentiate between tolerance, acceptance and (two types of) respect, in: Gruppendynamik und Organisationsberatung, 38(2), S. 185-200.

Vogt, Markus (2003): Grenzen und Methoden der Verantwortung in der Risikogesellschaft, in: Beaufort, Jan (Hrsg.), Fortschritt und Risiko, Dettelbach: JH Röll, S. 85-108.

Waldman, David et al. (2006): Cultural and leadership predictors of corporate social responsibility values of top management: a GLOBE study of 15 countries, in: Journal of International Business Studies, 37(6), S. 823-837.

Weaver, Gary, Linda Treviño und Philip Cochran (1999): Corporate Ethics Programs as Control Systems. Influences of Executive Commitment and Environmental Factors, in: The Academy of Management Journal, 42(1), S. 41-57.

Weber, Jürgen, Johannes Georg und R Janke (2010): Nachhaltigkeit: Relevant für das Controlling?, in: Controlling & Management, 54(6), S. 395-400.

Weber, Klaus und Mary Glynn (2006): Making sense with institutions: Context, thought and action in Karl Weick's theory, in: Organization Studies, 27(11), S. 1639-1660.

Weber, Max (1956): Wirtschaft und Gesellschaft, 1. Halbband, Tübingen: Mohr.

Weber, Max (1984): Soziologische Grundbegriffe, 6. Aufl., Tübingen: Mohr.

Weber, Max (1991): Die protestantische Ethik. Eine Aufsatzsammlung, 8. Aufl., Gütersloh: Gütersloher Verlagshaus Mohn.

Weber, Max (2002): Wissenschaft als Beruf, in: Kaesler, Dirk (Hrsg.), Max Weber: Schriften 1894 - 1922, Stuttgart: Alfred Körner Verlag, S. 474-513.

Weber, Max (2005): Politik als Beruf, Gesammelte Politische Schriften, hg. von Weber, Max, Potsdam: Potsdamer Internetausgabe. Online unter: http://xrl.us/boainy [Stand 30.12.2012].

Weischedel, Wilhelm (1972): Das wesen der verantwortung, 3. Aufl., Frankfurt/Main: Vittorio Klostermann.

Weisser, Gerhard (1956): Wirtschaft, in: Ziegenfuss, Werner (Hrsg.), Handbuch der Soziologie, Stuttgart: Enke, S. 970-1101.

Welch, Jack und John Byrne (2001): Jack. Straight from the gut, New York: Warner Business Books.

Welzel, Christian (2009): Werte- und Wertewandelsforschung, in: Kaina, Viktoria und Andrea Römmele (Hrsg.), Politische Soziologie, Wiesbaden: VS Verlag, S. 109-140.

Werhane, Patricia und Edward Freeman (1999): Business Ethics. The State of the Art, in: International Journal of Management Reviews, 1(1), S. 1-16.

Weyer, Johannes (2005): Bedeutung und Perspektiven der Wissenschaft in der hybriden Gesellschaft des 21. Jahrhunderts, in: Hartmann, Wolfgang (Hrsg.), Die Bedeutung der Wissenschaft für den Sport des 21. Jahrhunderts, Bonn: im Druck, Online unter: http://xrl.us/boaipd [Stand 30.12.2012].

Wieland, Josef (2002): Corporate Citizenship-Management. Eine Zukunftsaufgabe für die Unternehmen!?, in: Wieland, Josef und Walter Conradi (Hrsg.), Corporate Citizenship. Gesellschaftliches Engagement - unternehmerischer Nutzen, Marburg: Metropolis-Verlag, S. 9-22.

Wuttke, Stephan (2000): Verantwortung und Controlling, Frankfurt am Main: Peter Lang.

Yunus, Muhammad (2007): Creating a world without poverty. Social business and the future of capitalism, New York: Public Affairs.